自由自在問題集

中学入試 理科

受験研究社

この本の特長と使い方

本書は，『小学高学年 自由自在 理科』に準拠しています。おもに小学5・6年の学習内容を網羅し，なおかつ基本から発展レベルの問題まで収載した万能型の問題集です。

ステップ1 まとめノート

『自由自在』に準拠した“まとめノート”です。
基本レベルの空所補充問題で，まずは各単元の学習内容を理解しましょう。

中項目ごとにつけられた★は，入試重要度を示しています（3つが最重要）。

補足説明が必要な文や語句に対しても，簡潔な解説を入れました。

入試ガイド
中学入試でよく出題される内容や形式を紹介しています。

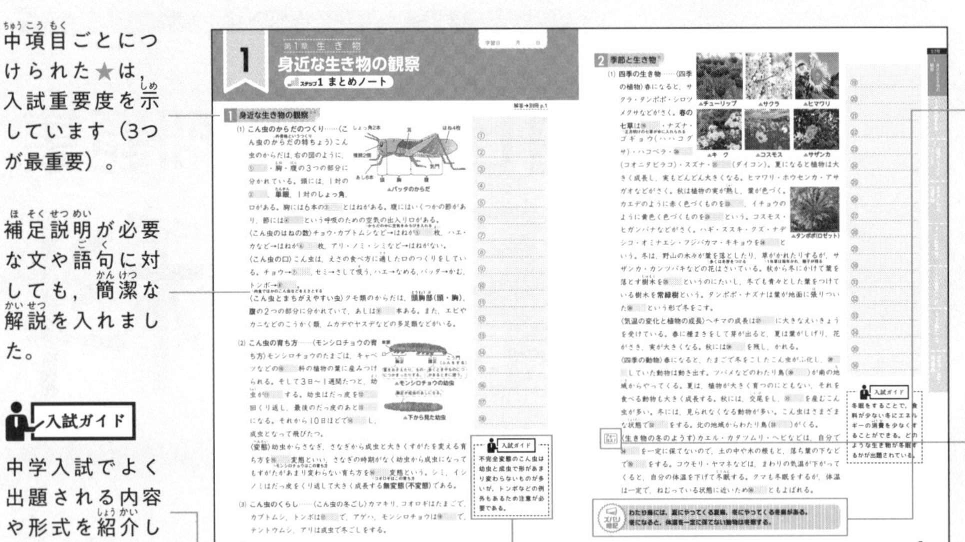

ズバリ暗記
試験によく出る暗記すべき重要事項を，簡潔にまとめました。

フォーカス！
中学入試で頻出の発展的な学習内容を示しています。

ステップ2 実力問題

基本～標準レベルの入試問題で構成しました。確実に解けるように実力をつけましょう。

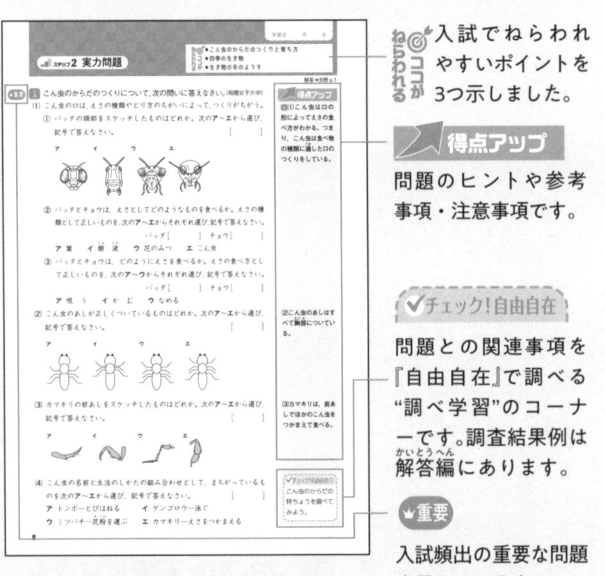

ねらわれるココが
入試でねらわれやすいポイントを3つ示しました。

得点アップ
問題のヒントや参考事項・注意事項です。

チェック！自由自在
問題との関連事項を『自由自在』で調べる“調べ学習”のコーナーです。調査結果例は解答編にあります。

重要
入試頻出の重要な問題を示しています。

ステップ3 発展問題

標準～発展レベルの問題で構成しました。実際の入試問題を解いて実力をグンと高め，難問を解くための応用力をつけましょう。

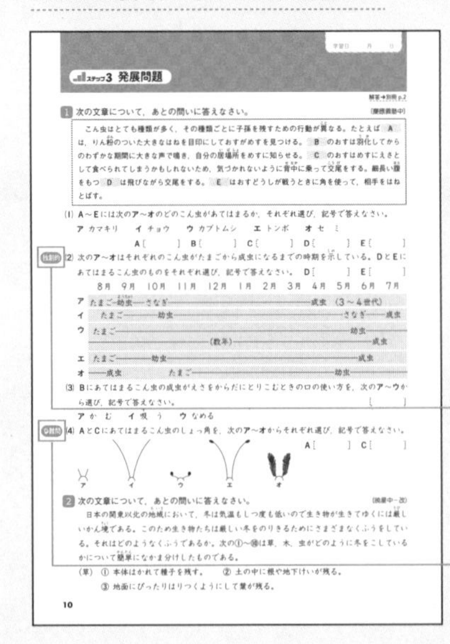

独創的
きわめて類題が少なく独創的な問題を示しています。

難問
特に難易度が高い問題を示しています。

思考力/作図/記述問題に挑戦！

数単元ごとや章末に設けました。判断力・推理力を試す問題や作図問題，記述問題で構成しました。さまざまな形式の問題に挑戦できます。

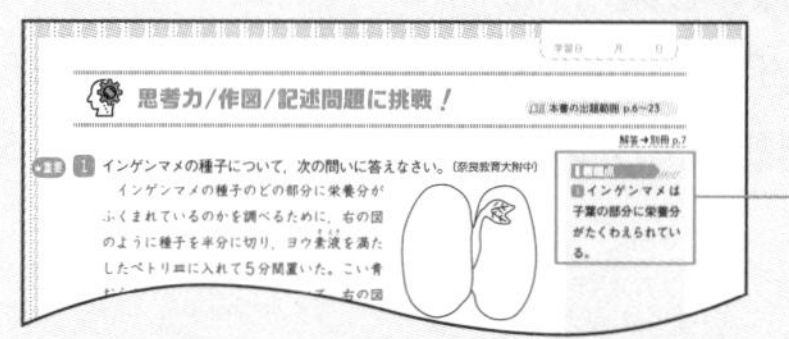

問題を解く手がかりとなる解説を設けました。

中学入試予想問題

問題中に配点や出典校を載せないなど，入試の構成を再現しました（配点は解答編にあります）。

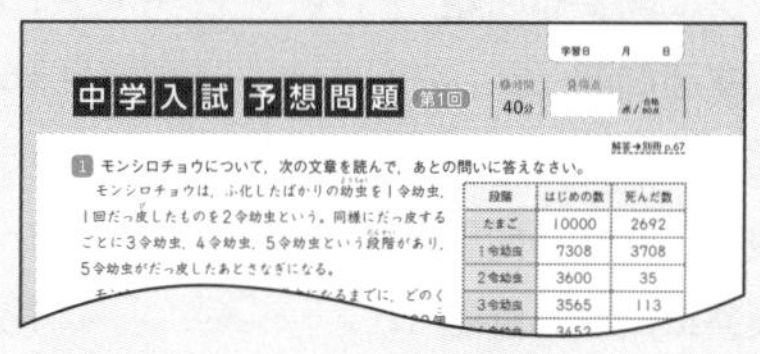

中学入試対策 出題形式別問題

公立中高一貫校 適性検査対策問題

分野別の問題で構成されています。適性検査対策問題では良問を厳選し，独特な適性検査に十分対応できるようにしました。

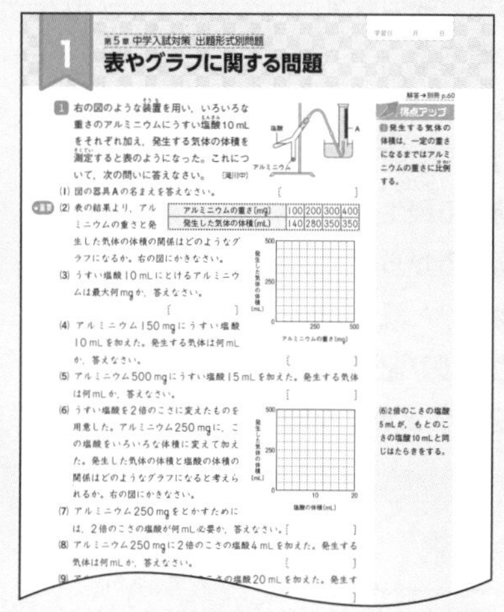

精選 図解チェック＆資料集

精選された図で，章の重要事項を総復習できます。

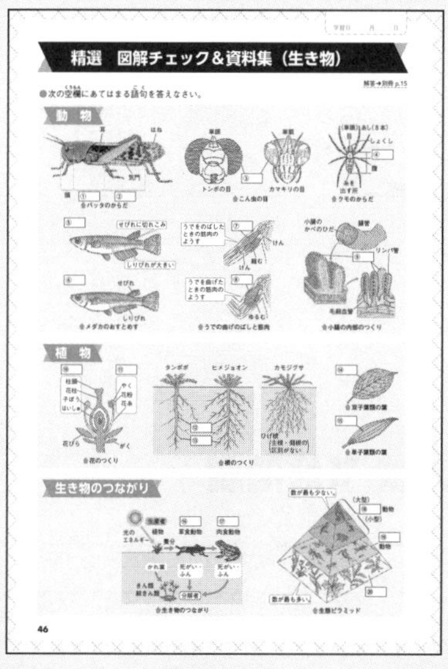

解答編

解説は，分かりやすく充実した内容で，解答編を読むだけでも学力がつくようにしました。

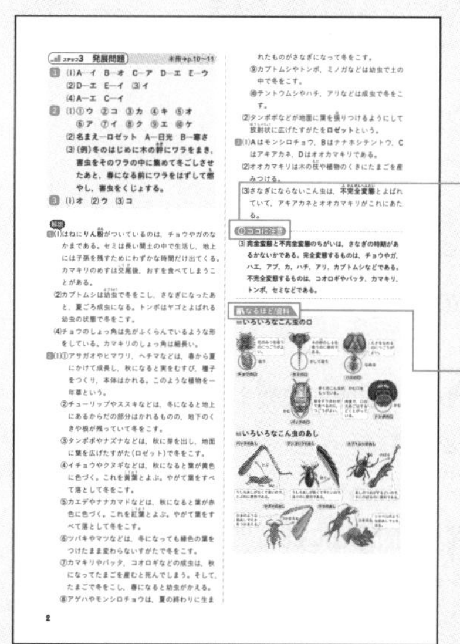

ココに注意

間違えやすいことがらをまとめました。

なるほど！資料

理科は図や写真の理解が大切です。何度もチェックできるように，解答編にも重要な図・写真を設けました。

中学入試
自由自在問題集
理 科

もくじ

第1章 生き物

第2章 地 球

第3章 エネルギー

第4章 物 質

第5章 中学入試対策 出題形式別問題

第6章 公立中高一貫校 適性検査対策問題

中学入試 予想問題

写真提供 アフロ，ピクスタ

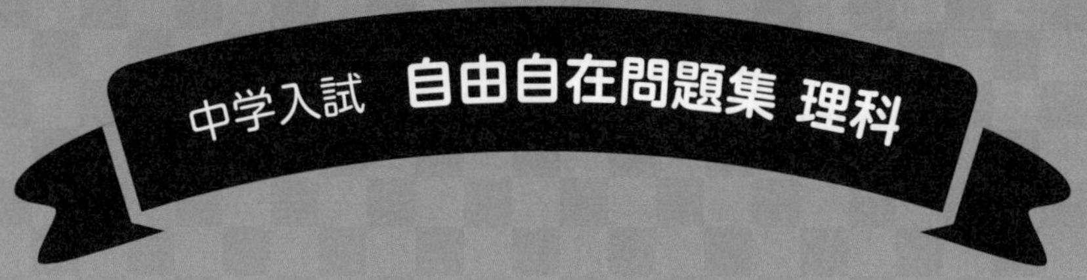

第1章

生き物

1

第1章　生き物

身近な生き物の観察

ステップ1　まとめノート

学習日　　月　　日

解答→別冊 p.1

1 身近な生き物の観察

(1) **こん虫のからだのつくり**……〈こん虫のからだの特ちょう〉こん虫のからだは，右の図のように，①　　・胸・腹の3つの部分に分かれている。頭には，1対の②　　，**単眼**，1対の**しょっ角**，口がある。胸には6本の③　　とはねがある。腹にはいくつかの節があり，節には④　　という呼吸のための空気の出入り口がある。
(外骨格というつくり)
(からだの中に空気をみちびき入れる)

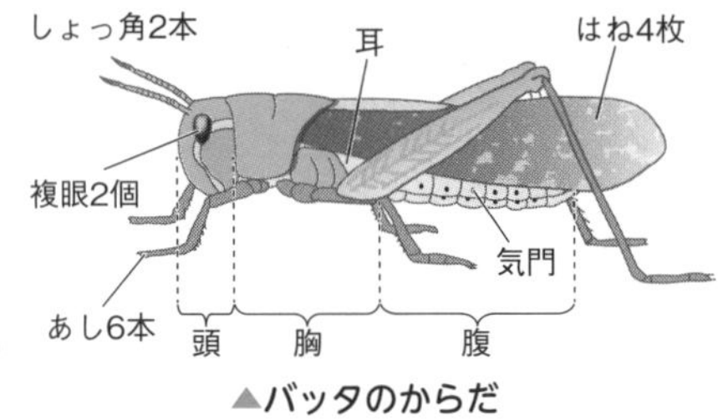

▲バッタのからだ

〈こん虫のはねの数〉チョウ・カブトムシなど→はねが⑤　　枚，ハエ・カなど→はねが⑥　　枚，アリ・ノミ・シミなど→はねがない。

〈こん虫の口〉こん虫は，えさの食べ方に適した口のつくりをしている。チョウ→⑦　　，セミ→さして吸う，ハエ→なめる，バッタ→かむ，トンボ→⑧　　。
(肉食でほかのこん虫などをえさとする)

〈こん虫とまちがえやすい虫〉クモ類のからだは，**頭胸部**(**頭・胸**)，**腹**の2つの部分に分かれていて，あしは⑨　　本ある。また，エビやカニなどのこうかく類，ムカデやヤスデなどの多足類などがいる。

(2) **こん虫の育ち方**……〈モンシロチョウの育ち方〉モンシロチョウのたまごは，キャベツなどの⑩　　科の植物の葉に産みつけられる。そして3日～1週間たつと，幼虫が⑪　　する。幼虫はだっ皮を⑫　　回くり返し，最後のだっ皮のあと⑬　　になる。それから10日ほどで⑭　　し，成虫となって飛びたつ。

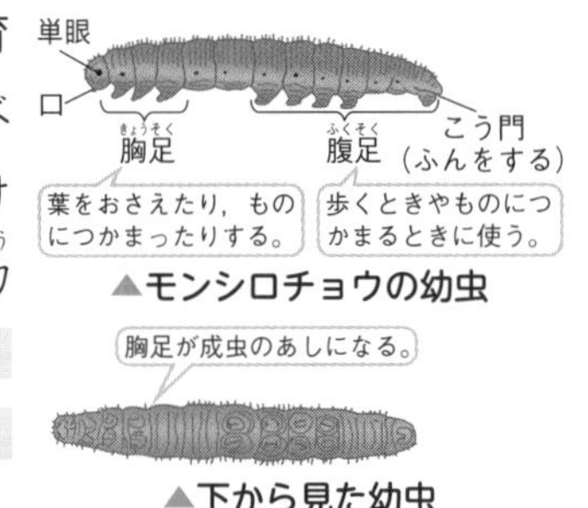

▲モンシロチョウの幼虫

▲下から見た幼虫

〈変態〉幼虫からさなぎ，さなぎから成虫と大きくすがたを変える育ち方を⑮　　変態といい，さなぎの時期がなく幼虫から成虫になってもすがたがあまり変わらない育ち方を⑯　　変態という。シミ，イシノミはだっ皮をくり返して大きく成長する**無変態**(**不変態**)である。
(モンシロチョウはこの育ち方)
(コオロギはこの育ち方)

(3) **こん虫のくらし**……〈こん虫の冬ごし〉カマキリ，コオロギはたまごで，カブトムシ，トンボは⑰　　で，アゲハ，モンシロチョウは⑱　　で，テントウムシ，アリは成虫で冬ごしをする。

①
②
③
④
⑤
⑥
⑦
⑧
⑨
⑩
⑪
⑫
⑬
⑭
⑮
⑯
⑰
⑱

入試ガイド
不完全変態のこん虫は幼虫と成虫で形があまり変わらないものが多いが，トンボなどの例外もあるため注意が必要である。

2 季節と生き物★

(1) **四季の生き物**……〈四季の植物〉春になると，サクラ・タンポポ・シロツメクサなどがさく。**春の七草**は⑲　　・ナズナ・ゴギョウ(ハハコグサ)・ハコベラ・⑳　　(コオニタビラコ)・スズナ・㉑　　(ダイコン)。夏になると植物は大きく成長し，実もどんどん大きくなる。ヒマワリ・ホウセンカ・アサガオなどがさく。秋は植物の実が熟(じゅく)し，葉が色づく。カエデのように赤く色づくものを㉒　　，イチョウのように黄色く色づくものを㉓　　という。コスモス・ヒガンバナなどがさく。ハギ・ススキ・クズ・ナデシコ・オミナエシ・フジバカマ・キキョウを㉔　　という。冬は，野山の木々が葉を落としたり，草がかれたりするが，サザンカ・カンツバキなどの花はさいている。秋から冬にかけて葉を落とす樹木(じゅもく)を㉕　　というのにたいし，冬でも青々とした葉をつけている樹木を**常緑樹**(じょうりょくじゅ)という。タンポポ・ナズナは葉が地面に張(は)りついた㉖　　という形で冬をこす。

（春の七草：└正月明けの七草がゆに入れられる／葉を落とし：└多くは冬芽をつける／草がかれ：└一年草は毎年かれ，種子が残る）

▲チューリップ

▲サクラ

▲ヒマワリ

▲キ　ク

▲コスモス

▲サザンカ

▲タンポポ(ロゼット)

〈気温の変化と植物の成長〉ヘチマの成長は㉗　　に大きなえいきょうを受けている。春に種まきをして芽が出ると，夏は葉がしげり，花がさき，実が大きくなる。秋には㉘　　を残し，かれる。

〈四季の動物〉春になると，たまごで冬をこしたこん虫がふ化し，㉙　　をしていた動物は動き出す。ツバメなどのわたり鳥(㉚　　)が南の地(ち)域(いき)からやってくる。夏は，植物が大きく育つのにともない，それを食べる動物も大きく成長する。秋には，交尾(こうび)をし，㉛　　を産むこん虫が多い。冬には，見られなくなる動物が多い。こん虫はさまざまな状態(じょうたい)で㉜　　をする。北の地域からわたり鳥(㉝　　)がやってくる。

フォーカス! 〈生き物の冬のようす〉カエル・カタツムリ・ヘビなどは，自分で㉞　　を一定に保てないので，土の中や木の根もと，落ち葉の下などで㉟　　をする。コウモリ・ヤマネなどは，まわりの気温が下がってくると，自分の体温を下げて冬眠(とうみん)をする。クマも冬眠をするが，体温は一定で，ねむっている状態に近いため㊱　　ともよばれる。

わたり鳥には，夏にやってくる夏鳥と，冬にやってくる冬鳥がある。
冬になると，体温を一定に保てない動物は冬眠をする。

⑲
⑳
㉑
㉒
㉓
㉔
㉕
㉖
㉗
㉘
㉙
㉚
㉛
㉜
㉝
㉞
㉟
㊱

入試ガイド

冬眠をすることで，食料が少ない冬にエネルギーの消費(しょうひ)を少なくすることができる。どのような生き物が冬眠するかが出題されている。

学習日　　月　　日

ステップ2 実力問題

ねらわれるココが
- こん虫のからだのつくりと育ち方
- 四季の生き物
- 生き物の冬のようす

解答→別冊 p.1

重要 **1** こん虫のからだのつくりについて，次の問いに答えなさい。〔相模女子大中〕

(1) こん虫の口は，えさの種類やとり方のちがいによって，つくりがちがう。

① バッタの頭部をスケッチしたものはどれか。次の**ア**～**エ**から選び，記号で答えなさい。　［　　　］

ア　**イ**　**ウ**　**エ**

② バッタとチョウの成虫は，えさとしてどのようなものを食べるか。えさの種類として正しいものを，次の**ア**～**エ**からそれぞれ選び，記号で答えなさい。　バッタ［　　　］　チョウ［　　　］

ア 葉　**イ** 樹液　**ウ** 花のみつ　**エ** こん虫

③ バッタとチョウの成虫は，どのようにえさを食べるか。えさの食べ方として正しいものを，次の**ア**～**ウ**からそれぞれ選び，記号で答えなさい。　バッタ［　　　］　チョウ［　　　］

ア 吸う　**イ** かむ　**ウ** なめる

(2) こん虫のあしが正しくついているものはどれか。次の**ア**～**エ**から選び，記号で答えなさい。　［　　　］

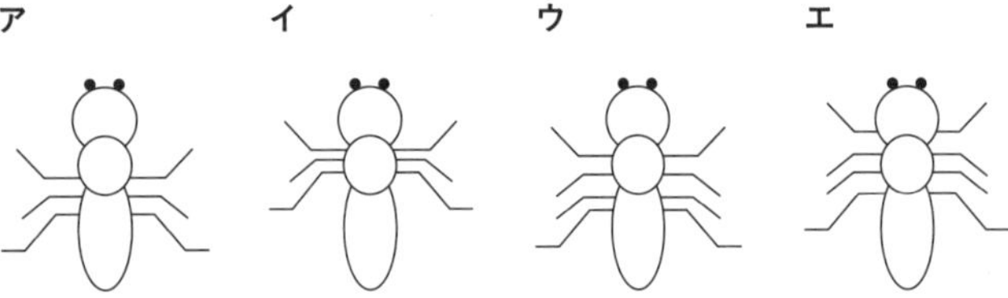

(3) カマキリの前あしをスケッチしたものはどれか。次の**ア**～**エ**から選び，記号で答えなさい。　［　　　］

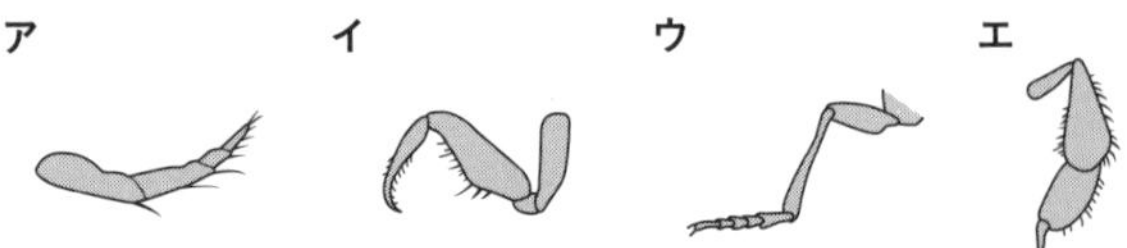

(4) こん虫の名まえと生活のしかたの組み合わせとして，まちがっているものを次の**ア**～**エ**から選び，記号で答えなさい。　［　　　］

ア トンボ―とびはねる　**イ** ゲンゴロウ―泳ぐ
ウ ミツバチ―花粉を運ぶ　**エ** カマキリ―えさをつかまえる

得点アップ

1(1)こん虫は，口の形によってえさの食べ方がわかる。つまり，こん虫は食べ物の種類に適した口のつくりをしている。

(2)こん虫のあしはすべて胸部についている。

(3)カマキリは，前あしでほかのこん虫をつかまえて食べる。

✔チェック！自由自在①
こん虫のからだの特ちょうを調べてみよう。

2 次の文章について，あとの問いに答えなさい。〔神戸龍谷中〕

多くの植物にとって，気温が低く，空気がかんそうしている冬は生きるにはきびしい季節である。ある草は，秋にかれ，冬を種子ですごし，春に発芽(はつが)する。これを　A　草といい，草の種類としては　B　などがある。また，秋に発芽し，若(わか)い植物のすがたで冬をこし，春に花をさかせ，夏にはかれる　C　草があり，草の種類としては　D　などがある。また，木の冬ごしとして，冬に葉を落とす　E　樹(じゅ)と一年中緑色の葉をつけている　F　樹がある。

(1) 文章中のA～Dに入る適切(てきせつ)な語句の組み合わせとして正しいものを次のア～エから選び，記号で答えなさい。［　　］

ア A 一年　B ヒマワリ　C 二年　D アブラナ
イ A 二年　B ヒマワリ　C 一年　D アブラナ
ウ A 一年　B アブラナ　C 二年　D ヒマワリ
エ A 二年　B アブラナ　C 一年　D ヒマワリ

重要 (2) ハルジオンなどの二年草のなかには，冬ごしのために葉を地面に広げて平たくなる植物がある。このすがたを何というか，答えなさい。

［　　　　］

(3) E，Fに入る適切な語句を答えなさい。

E［　　　　］ F［　　　　］

3 学校内に生息する動物を観察していると，季節によって異(こと)なる鳥がいることに気づいた。このような鳥をわたり鳥といい，春から夏にかけて南から日本にやってきてたまごを産み，ヒナを育てる夏鳥と，秋から冬にかけて北から日本にやってきて冬をすごし，春になると北へ帰っていく冬鳥がいる。これについて，次の問いに答えなさい。〔三田学園中〕

(1) 夏鳥としてよく知られ，民家の屋根の下に巣をつくる鳥を，次のア～エから選び，記号で答えなさい。また，その夏鳥の名称(めいしょう)も答えなさい。

記号［　　］ 名称［　　　　］

ア

イ

ウ

エ

(2) (1)で答えたわたり鳥のほかに，日本にやってくる夏鳥，冬鳥をそれぞれ次のア～エから選び，記号で答えなさい。

夏鳥［　　　］ 冬鳥［　　　］

ア カッコウ　**イ** スズメ　**ウ** カラス　**エ** ハクチョウ

2 植物はさまざまな形で冬ごしをする。

✔チェック！自由自在②
植物が冬ごしをする方法はいくつかある。どのように冬ごしをするのか調べてみよう。

3 わたり鳥は，すごしやすいかん境を求めて日本にやってくる。

✔チェック！自由自在③
夏鳥・冬鳥にはどのような種類があるか，調べてみよう。

ステップ3 発展問題

解答→別冊 p.2

1 次の文章について，あとの問いに答えなさい。　〔慶應義塾中〕

こん虫はとても種類が多く，その種類ごとに子孫を残すための行動が異(こと)なる。例えば　A　は，りん粉(ぷん)のついた大きなはねを目印にしておすがめすを見つける。　B　のおすは羽化(うか)してからのわずかな期間に大きな声で鳴き，自分の居場所(いばしょ)をめすに知らせる。　C　のおすはめすにえさとして食べられてしまうかもしれないため，気づかれないように背中(せなか)に乗って交尾(こうび)をする。細長い腹(はら)をもつ　D　は飛びながら交尾をする。　E　はおすどうしが戦うときに角を使って，相手をはねとばす。

(1) A～Eには次の**ア**～**オ**のどのこん虫があてはまるか，それぞれ選び，記号で答えなさい。

ア カマキリ　**イ** チョウ　**ウ** カブトムシ　**エ** トンボ　**オ** セミ

A［　　］ B［　　］ C［　　］ D［　　］ E［　　］

(2) 次の**ア**～**オ**はそれぞれのこん虫がたまごから成虫になるまでの時期を示(しめ)している。DとEにあてはまるこん虫のものをそれぞれ選び，記号で答えなさい。　D［　　］ E［　　］

8月　9月　10月　11月　12月　1月　2月　3月　4月　5月　6月　7月

ア たまご－幼虫(ようちゅう)──さなぎ──────成虫（3～4世代）

イ たまご────幼虫──────────さなぎ──成虫

ウ たまご────────────幼虫──
──────(数年)──────成虫

エ たまご────幼虫──────────成虫

オ ──成虫　　たまご──────────幼虫──

(3) Bにあてはまるこん虫の成虫がえさをからだにとりこむときの口の使い方を，次の**ア**～**ウ**から選び，記号で答えなさい。　［　　］

ア かむ　**イ** 吸(す)う　**ウ** なめる

(4) AとCにあてはまるこん虫のしょっ角を，次の**ア**～**オ**からそれぞれ選び，記号で答えなさい。　A［　　］ C［　　］

ア　**イ**　**ウ**　**エ**　**オ**

2 次の文章について，あとの問いに答えなさい。　〔暁星中－改〕

日本の関東以北の地域(ちいき)において，冬は気温もしつ度も低いので生き物が生きてゆくには厳(きび)しいかん境(きょう)である。このため生き物たちは厳しい冬をのりきるためにさまざまなくふうをしている。それはどのようなくふうであるか。次の①～⑩は草，木，虫がどのように冬をこしているかについて簡単(かんたん)になかま分けしたものである。

（草）① 本体はかれて種子を残す。　② 土の中に根や地下けいが残る。
　　③ 地面にぴったり張(は)りつくようにして葉が残る。

（木） ④ 葉が黄色く色づいてから，すべて落ちる。⑤ 葉が紅く色づいてから，すべて落ちる。
⑥ 葉は緑色をしたままで，すべて落ちることはない。

（虫） ⑦ 自分は死んで，たまごを残す。　⑧ 木の枝などで，さなぎとして過ごす。
⑨ 土の中などで，幼虫として過ごす。　⑩ 石の下などで，成虫として過ごす。

⑴ ①～⑩のなかまにあてはまる生き物を，次の**ア**～**コ**からそれぞれ選び，記号で答えなさい。

ア ツバキ　**イ** カマキリ　**ウ** アサガオ　**エ** カブトムシ　**オ** カエデ
カ タンポポ　**キ** イチョウ　**ク** アゲハ　**ケ** テントウムシ　**コ** チューリップ

①[　　] ②[　　] ③[　　] ④[　　] ⑤[　　]
⑥[　　] ⑦[　　] ⑧[　　] ⑨[　　] ⑩[　　]

⑵ ③は，葉が花びらを重ねたように広がっていることから，バラ（ローズ）を語源とする名まえがついている。これは何という名まえか。また，葉がこのようになっていることは植物にとってどのような利点があるか。これについて説明した次の文中の**A**，**B**にあてはまる適当なことばを答えなさい。

A をじゅうぶんに受けられ，**B** のえいきょうを受けにくいという利点。

名まえ[　　] **A**[　　] **B**[　　]

難問 ⑶ ⑨や⑩のなかまと異なり，幼虫や成虫が集団になって落ち葉の下や木の皮の中などで冬をこすなかまもいる。このような習性を利用して害虫をくじょする方法が昔から行われているが，それはどのような方法か。簡単に説明しなさい。

[　　]

3 下の図は，4種類のこん虫をスケッチしたものである。これについて，あとの問いに答えなさい。　〔東邦大付属東邦中〕

A
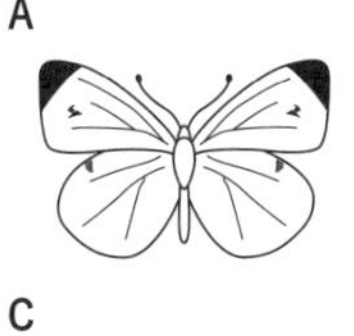
B
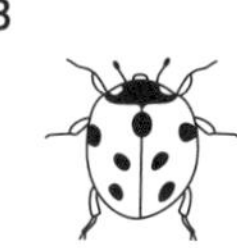
C　D
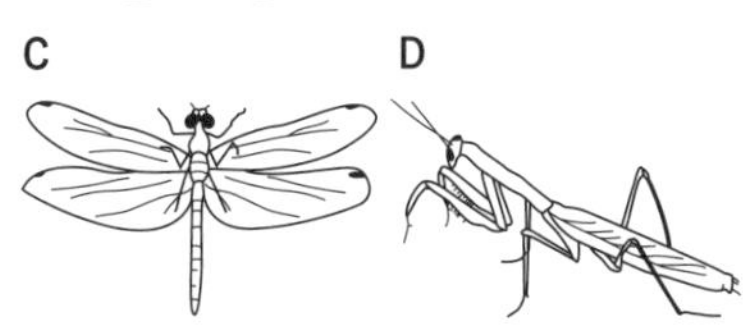

	A	B	C
ア	モンシロチョウ	ナナホシテントウ	アカイエカ
イ	カイコガ	ヒグラシ	アキアカネ
ウ	アゲハ	ナナホシテントウ	オオカマキリ
エ	アゲハ	ヒグラシ	アキアカネ
オ	モンシロチョウ	ナナホシテントウ	アキアカネ
カ	モンシロチョウ	ゲンゴロウ	オオカマキリ
キ	アゲハ	ミツバチ	アカイエカ
ク	カイコガ	ゲンゴロウ	アキアカネ
ケ	モンシロチョウ	ミツバチ	オオカマキリ
コ	アゲハ	ゲンゴロウ	オオカマキリ

⑴ **A**～**C**のこん虫の名まえの組み合わせとして最も適切なものを，上の**ア**～**コ**から選びなさい。

[　　]

⑵ **D**のこん虫はどんな場所に産卵するか。最も適切なものを，次の**ア**～**エ**から選びなさい。

ア 土の中　**イ** 水の中　**ウ** 植物のくき　**エ** ほかの動物のからだの中　[　　]

⑶ **A**～**D**のこん虫のうち，さなぎにならずに成虫になるものの組み合わせとして最も適切なものを，次の**ア**～**ソ**から選び，記号で答えなさい。　[　　]

ア A　**イ** B　**ウ** C　**エ** D　**オ** A，B　**カ** A，C　**キ** A，D
ク B，C　**ケ** B，D　**コ** C，D　**サ** A，B，C　**シ** A，B，D
ス A，C，D　**セ** B，C，D　**ソ** A，B，C，D

2 植物の育ち方

ステップ1 まとめノート

学習日　　月　　日

解答→別冊 p.3

1 種子のつくりと発芽★★★

(1) **種子のつくりと発芽**……〈無はいにゅう種子〉発芽したあとに葉・くき・根になる部分全体を①　　といい，その中には発芽して葉になる②　　（└本葉になる），成長してくきになる③　　，根になる④　　がある。⑤　　に養分をたくわえており，種皮が内部をまもっている。

種皮　幼芽・はいじく・幼根　はい　子葉　子葉　子葉に養分をたくわえている。

▲無はいにゅう種子（インゲンマメ）

イネ　トウモロコシ　カキ　はいにゅう　はい　はいにゅうに養分をたくわえている。　子葉　はいじく　幼根

▲有はいにゅう種子

〈有はいにゅう種子〉（花びらがなくえいがある）イネやカキの種子の大部分は⑥　　がしめる。

〈発芽のようす〉インゲンマメの種子は，まず，はいの⑦　　が根として出てきて，次に種子が土から出る。その後，種皮の中から２枚（まい）の⑧　　が出て，続いて⑨　　が葉になってのびてくる。イネは，根より芽が先に出る。⑩　　は１枚で細長い。（└単子葉類という）

(2) **発芽のときの養分**……〈子葉やはいにゅうのはたらき〉インゲンマメの⑪　　，トウモロコシの⑫　　には，発芽のときとその後少しの間育つために必要な養分がたくわえられている。

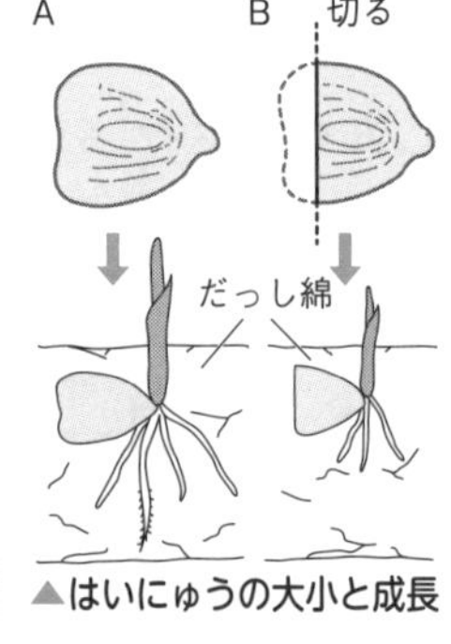

▲はいにゅうの大小と成長

〈種子にふくまれている養分〉種子には，イネ・トウモロコシのように，養分として⑬　　を多くふくむもののほかに，アブラナ（└ナタネ油をとるためにさいばいされた）・ゴマのように⑭　　を多くふくむもの，ダイズのように⑮　　を多くふくむものがある。

(3) **種子の発芽に必要な条件（じょうけん）**（└発芽後の条件と異なる）……〈発芽と水分〉水をふくんだだっし綿（めん）上の種子は芽を出すが水がないと出さない。発芽には⑯　　が必要である。

〈発芽と空気〉空気にふれている種子は発芽するが，水に完全につかった種子は発芽しない。発芽には⑰　　が必要である。

〈発芽と温度〉室温に置いた種子は発芽するが，冷蔵庫（れいぞうこ）に入れておいた種子は発芽しない。発芽には適当（てきとう）な⑱　　が必要である。

〈発芽後の成長〉植物が発芽したあとの成長には**日光**が必要である。日光以外にも，**ちっ素・りん酸・カリウム**などの**肥料（ひりょう）**が必要である。

①
②
③
④
⑤
⑥
⑦
⑧
⑨
⑩
⑪
⑫
⑬
⑭
⑮
⑯
⑰
⑱

入試ガイド

種子が発芽するときの条件を調べるためには，調べたい条件以外の条件をそろえて実験を行う。何を調べる実験かを問われることが多い。

はいは，発芽して根，くき，葉の３つの部分になる。
発芽に必要な条件は，水分，空気，適当な温度の３つである。

2 花のつくりとはたらき★★

(1) **花のつくり**……〈アブラナ〉**がく**（花をまもり支える役目をする）が４枚，**花びら**が⑲　　枚，**おしべ**が⑳　　本，**めしべ**（ふつう花の中心にある）が１本。なかまにはダイコンなどがある。

〈カボチャ〉お花とめ花があり，おしべはお花，㉑　　はめ花だけにある。なかまにはヘチマ・キュウリ・スイカ・ウリなどがある。

〈サクラ〉花びらが５枚，めしべが１本でもとのほうがふくらみ㉒　　になっている。おしべは多数ある。なかまにはウメなどがある。

〈エンドウ〉（自家受粉する花）花びらが㉓　　枚，めしべは１本，おしべは㉔　　本。なかまにはフジ・クズなどがある。

〈完全花と不完全花〉１つの花にがく，花びら，おしべ，めしべの花の㉕　　をもつものを㉖　　，どれか１つでも欠けているものを㉗　　という。

1つの花に花の四要素をもつ。

▲完全花（サクラ）

〈両性花と単性花〉１つの花におしべ，めしべがそろっている花を㉘　　，そうでない花を㉙　　という。

め花（おしべはない）
お花（めしべはない）

▲不完全花（トウガン）

(2) **花のはたらき**……〈花びら〉めしべ・おしべをまもるはたらきや虫を引きつけるはたらきをする。**合弁花**と**離弁花**に区別される。

〈おしべとめしべ〉おしべの先には㉚　　があり，たくさんの**花粉**が入っている。めしべの先を㉛　　といい，根もとのふくらんでいる部分を㉜　　という。

めしべ：柱頭，花柱，子ぼう，はいしゅ
おしべ：やく，花粉，花糸
花びら，がく

▲花のつくり

〈受粉と子ぼうの成長〉花粉が柱頭につくことを㉝　　といい，花粉から**花粉管**がのびて子ぼうの中の㉞　　に達すると子ぼうは実になり，はいしゅが㉟　　になる。

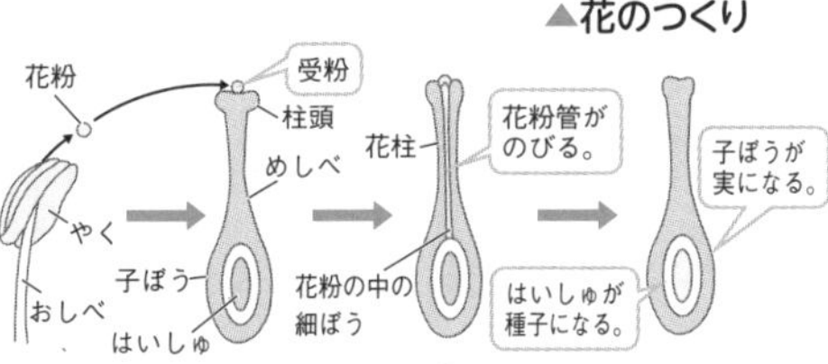

▲受粉から実ができるまで

フォーカス！ 〈野菜・果実の食べる部分〉ダイコン，サツマイモは㊱　　の部分を，ジャガイモ，ハスはくきの部分を，キャベツ，ハクサイは㊲　　の部分を，カキ，ミカンは㊳　　（実）の部分を，リンゴ，ナシは花たく（花床）の部分を，エンドウ，ダイズは㊴　　の部分を食べている。

〈受粉のしかた〉同じ花や同じ株のお花とめ花で行われる受粉を㊵　　といい，ほかの株の花との間で行われる受粉を㊶　　という。花粉を運ぶ役目をするものにより，**虫ばい花**（最も多い），**風ばい花**，水ばい花（水の中に花がさくもの），鳥ばい花に分けられる。また，人の手による受粉を㊷　　という。

がく，花びら，おしべ，めしべの４つを，花の四要素という。
めしべは，柱頭，花柱，子ぼうの３つの部分からできている。

⑲
⑳
㉑
㉒
㉓
㉔
㉕
㉖
㉗
㉘
㉙
㉚
㉛
㉜
㉝
㉞
㉟
㊱
㊲
㊳
㊴
㊵
㊶
㊷

学習日　　月　　日

ステップ2 実力問題

ねらわれるココが
●種子のつくりと発芽
●花のつくりとはたらき
●発芽後の成長の条件

解答→別冊 p.3

重要 **1** 右の表のA～Eに示した条件で，インゲンマメの種子の発芽のようすを観察した。なお，A～Eのすべてに水はじゅうぶんにあたえた。それぞれの条件と発芽の結果は表の通りである。これについて，次の問いに答えなさい。〔上宮学園中〕

	温度	光	肥料	空気	発芽の結果
A	23℃	あり	あり	あり	発芽した
B	23℃	なし	あり	あり	発芽した
C	23℃	あり	あり	なし	発芽しなかった
D	23℃	あり	なし	あり	発芽した
E	3℃	あり	あり	あり	発芽しなかった

(1) 次の**ア**～**ウ**を，インゲンマメが発芽する正しい順番にならべて，記号で答えなさい。　[　　→　　→　　]

ア 芽がのびてくる。　**イ** 根がのびてくる。　**ウ** 子葉が開く。

(2) 表のAとCの結果から，インゲンマメの発芽についてわかることを次の**ア**～**エ**からすべて選び，記号で答えなさい。　[　　　]

ア 発芽するためには，空気が必要であること。
イ 発芽するためには，空気は必要でないこと。
ウ 発芽するためには，水が必要であること。
エ 発芽するためには，水は必要でないこと。

(3) インゲンマメが発芽するためには適当な温度が必要であることは，表のA～Eのうち，どの結果とどの結果を比べることでわかるか。2つ選び，記号で答えなさい。　[　　]と[　　]

(4) Bの条件で発芽したインゲンマメを，その条件のままでしばらく育てたところ，葉が黄色くなってかれてしまった。この原因は，あるはたらきができなくなったためだと考えられる。そのはたらきとは何か，答えなさい。　[　　　]

(5) AとDの条件で発芽したインゲンマメを，それらの条件のままでしばらく育てる。このとき，その後の育ち方を比べるとどうなると考えられるか。次の**ア**～**ウ**から選び，記号で答えなさい。　[　　]

ア Aに比べて，Dのほうが大きく育つ。
イ Dに比べて，Aのほうが大きく育つ。
ウ AとDともに育ち方に大きな差はなく，同じように育つ。

(6) インゲンマメが発芽するときに開いた子葉は，その後どうなるか。次の**ア**～**ウ**から選び，記号で答えなさい。　[　　]

ア やがて葉に成長する。　**イ** やがてくきに成長する。
ウ やがてしおれてしまう。

得点アップ

1 発芽した種子と発芽しなかった種子では，何の条件が異なっていたかを考える。

(1)種子の中の幼芽が葉に，幼根が根になる。子葉は，発芽後に最初に開く葉である。

✔チェック! 自由自在①
インゲンマメやイネの発芽のようすを調べてみよう。

(4)Bのインゲンマメには，光があたっていない。

(5)AとDで異なる条件は，肥料をあたえているかいないかである。

2 次の4種の植物A～Dについて，次の問いに答えなさい。〔獨協中〕

A アブラナ　**B** アサガオ　**C** インゲンマメ　**D** イネ

(1) 4種の植物の種子を小さい順にならべると，どのようになるか。次の**ア～オ**から選び，記号で答えなさい。［　　］

ア A－B－C－D　**イ** B－C－D－A　**ウ** C－D－A－B

エ D－A－B－C　**オ** A－D－B－C

(2) 4種の植物のうち，花びらが4枚の花をつけるのはどれか。**A～D**から選び，記号で答えなさい。［　　］

(3) 4種の植物のうち，花びらがない花をつけるのはどれか。**A～D**から選び，記号で答えなさい。［　　］

(4) (3)の花の花粉はどのようにして運ばれるか。簡単に書きなさい。

［　　　　　　　　　　　　］

重要 (5) 4種の植物のうち，はいにゅうに養分をためているものはどれか。**A～D**から選び，記号で答えなさい。［　　］

(6) (5)の植物のはいにゅうにためられている養分を答えなさい。

［　　　　］

2植物は名まえだけでなく，どのような花をつけ，どのような種子から育つのかを図や写真で確認しておくとよい。

✔チェック！自由自在②
いろいろな植物の花粉の運ばれ方を調べてみよう。

(5)種子には，はいにゅうに養分をためている有はいにゅう種子と，子葉に養分をためている無はいにゅう種子がある。

3 植木ばちにアサガオの種をまき，次の**A～E**の条件で発芽するかどうか調べる実験をした。それぞれの条件と結果は表の通りである。これについて，次の問いに答えなさい。〔聖セシリア女子中〕

(1) 発芽には適当な温度が必要であることを確かめるには，どの実験結果を比べればわかるか。表の**A～E**から2つ選び，記号で答えなさい。

	A	B	C	D	E
温度	0℃	20℃	20℃	20℃	20℃
光	なし	なし	あり	あり	なし
水分	あり	あり	あり	なし	あり
肥料	あり	あり	あり	あり	なし
結果	×	○	○	×	○

○：発芽した　×：発芽しなかった

［　　］と［　　］

(2) **B**と**C**の実験結果を比べるとどのようなことがわかるか。「発芽には」のあとにことばを続けて書きなさい。

発芽には［　　　　　　　　　　］

(3) 右の図は，アサガオの花のつくりを表したものである。**ア～エ**の部分の名まえを答えなさい。

ア［　　　］
イ［　　　］
ウ［　　　］
エ［　　　］

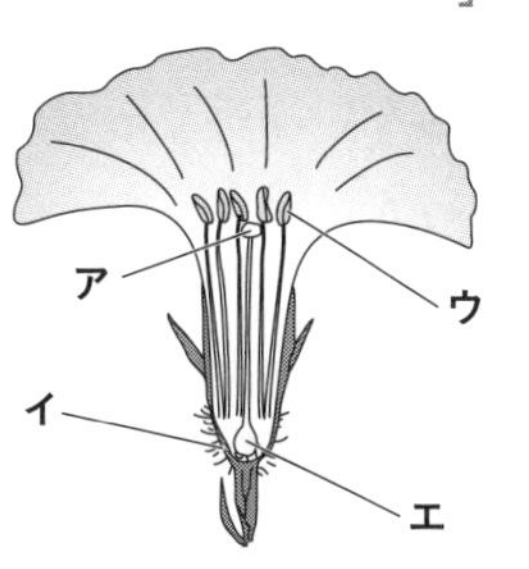

(4) 花粉が出る部分を図の**ア～エ**から選び，記号で答えなさい。［　　］

3実験結果から，どの種子が発芽したかを調べる。

(1)確かめたいこと以外の条件がすべて同じものを選ぶ。

✔チェック！自由自在③
いろいろな植物の花のつくりを調べてみよう。

ステップ3 発展問題

解答→別冊 p.4

1 種子の発芽の実験について，あとの問いに答えなさい。〔関西大中一改〕

実験１　インゲンマメの種子を用いて条件を変えて発芽実験A，Bを行った。

A　しめらせた土　種子　穴をあける

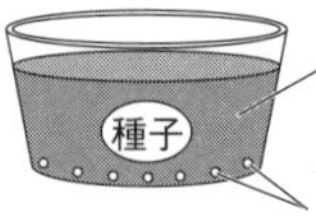

実験２　インゲンマメとホウセンカの種子を用いて条件を変えて発芽実験C～Gを行った。

	種子	条件		発芽の有無
		光	空気	
C	インゲンマメ	○	○	○
D	インゲンマメ	×	○	○
E	インゲンマメ	○	×	×
F	ホウセンカ	×	○	×
G	ホウセンカ	○	×	×

(1) **実験１**のBで，土の上まで水を入れた理由を答えなさい。

[　　　　　　　　　　]

(2) **実験１**で発芽したのはA，Bのどちらか，答えなさい。　[　　　]

(3) **実験２**から，発芽に必要な条件について，インゲンマメとホウセンカでちがう点を答えなさい。

[　　　　　　　　　　　　　　　　　　　　]

(4) 発芽する前と，発芽してしばらくしたあとのインゲンマメの子葉に，ヨウ素液を数てきたらした。発芽する前の子葉は青むらさき色に染まり，発芽してしばらくしたあとの子葉は青むらさき色に染まらなかった。その理由を「成長」ということばを使って答えなさい。

[　　　　　　　　　　　　　　　　　　　　]

2 花子さんは，ある場所の土から種子をいくつか見つけた。右の図は，そのうちの１つの断面をスケッチしたものである。これについて，次の問いに答えなさい。〔実践女子学園中〕

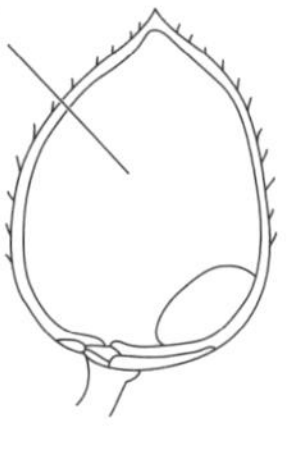

X

(1) 図のXの名称を答えなさい。　[　　　　]

(2) 図のように，Xが種子にある植物の例を次の**ア**～**カ**からすべて選び，記号で答えなさい。　[　　　　]

ア インゲンマメ　　**イ** トウモロコシ　　**ウ** ムギ
エ アサガオ　　**オ** キュウリ　　**カ** カキ

(3) 花子さんが種子を見つけた場所は，まわりには何も植物が生えていなかった。また，人の手で種子をまいたこともない場所であった。花子さんが見つけた種子は，どうやってこの場所にたどりついたのだろうか。考えられることを１つ答えなさい。

[　　　　　　　　　　　　　　　　　　　　]

3 花のつくりについて次の文章を読み，あとの問いに答えなさい。〔西大和学園中〕

大和さんは花が大好きで，よく校庭にさく花を手にとって観察をしている。植物の花のつくりは「めしべ」，「おしべ」，「花びら」，「がく」の４つの部分からなっている。植物が種子をつく

るときは，めしべの先たんの　A　に花粉がつく。これを　B　という。めしべには　C　やはいしゅがあり，それぞれ実や種子になる。あるとき大和さんは，学校の校庭にさいている花のつくりを調べるため，**図1**のようにアブラナの花を分解してスケッチをした。

図1

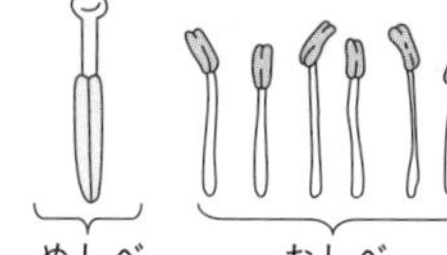
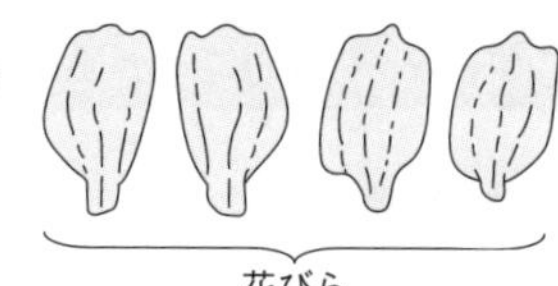

アブラナを分解したときのスケッチ

(1) 文章中の**A**～**C**に入る適切(てきせつ)な語句を答えなさい。

A［　　　　］　**B**［　　　　］　**C**［　　　　］

(2) **図2**はエンドウの花のつくりを示(しめ)している。**図2**の①，②と同じつくりは，それぞれ**図1**のどれか。次の**ア**～**エ**から正しい組み合わせを選び，記号で答えなさい。　［　　　］

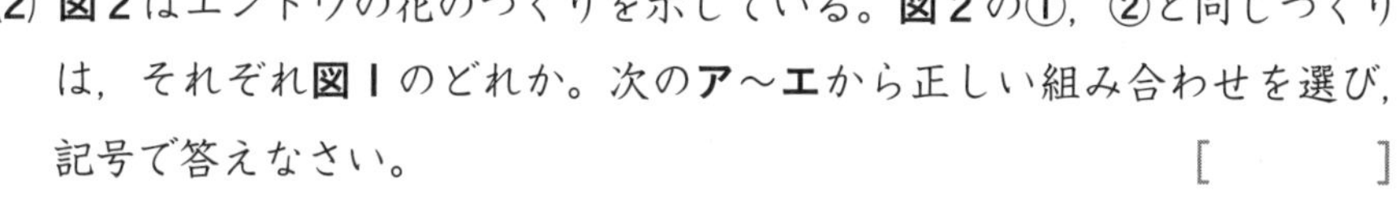

図2

エンドウの花のつくり

ア ① めしべ　② おしべ　　**イ** ① めしべ　② がく

ウ ① 花びら　② めしべ　　**エ** ① がく　② 花びら

(3) アブラナの花は1枚(まい)ずつがはなれている。これと同じ花のつくりになっているのはどの植物か。正しいものを次の**ア**～**オ**から選び，記号で答えなさい。　［　　　］

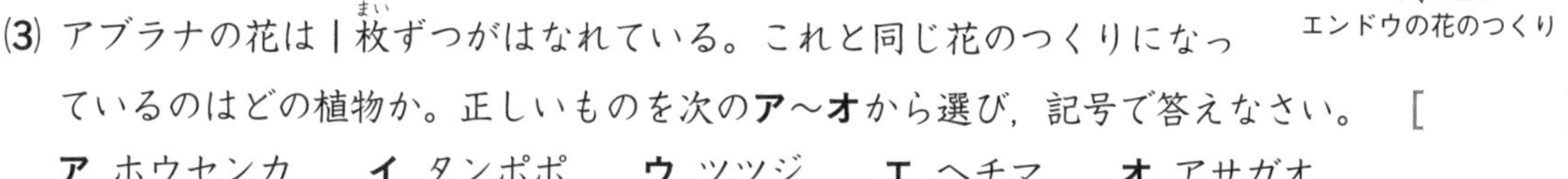

ア ホウセンカ　**イ** タンポポ　**ウ** ツツジ　**エ** ヘチマ　**オ** アサガオ

(4) 次の植物の中で，花粉が風によって運ばれる花の数を答えなさい。　［　　　］

カボチャ　ススキ　ブタクサ　コスモス　トウモロコシ　ヒマワリ　マツ

(5) 花粉が風によって運ばれる花とこん虫によって運ばれる花を比(くら)べると，後者のほうが花びらが発達している。それはなぜか。その理由として適当なものを次の**ア**～**オ**から選び，記号で答えなさい。　［　　　］

ア はいしゅを保護するため。　**イ** 太陽の光を反射(はんしゃ)するため。
ウ 花粉が風に飛ばされやすくするため。　**エ** 花に来るこん虫の目印にするため。
オ 危険(きけん)であることをこん虫に知らせるため。

重要 (6) **図1**をもとに，花のつくりを真上から見てならび方がわかるように表すと，**図3**のようになる。これを花式図(かしきず)という。**図4**は，サクラの花を分解し，スケッチしたものである。ただし，おしべは多数あったので，一部のみをかいた。

図3

アブラナの花式図

このとき，サクラを花式図で表したものとして正しいものを次の**ア**～**オ**から選び，記号で答えなさい。ただし，おしべは多数あり一部しか表していない。　［　　　］

図4

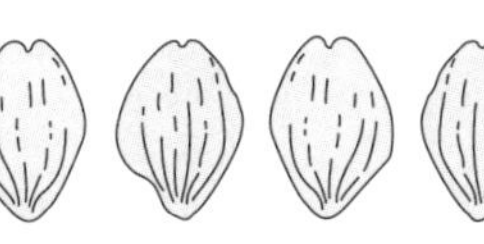
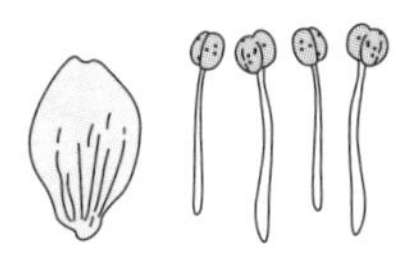
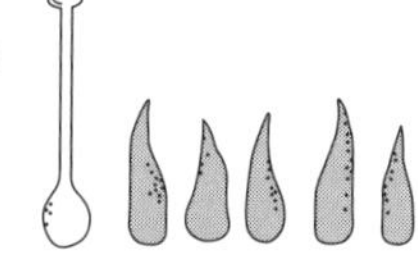
サクラを分解したときのスケッチ

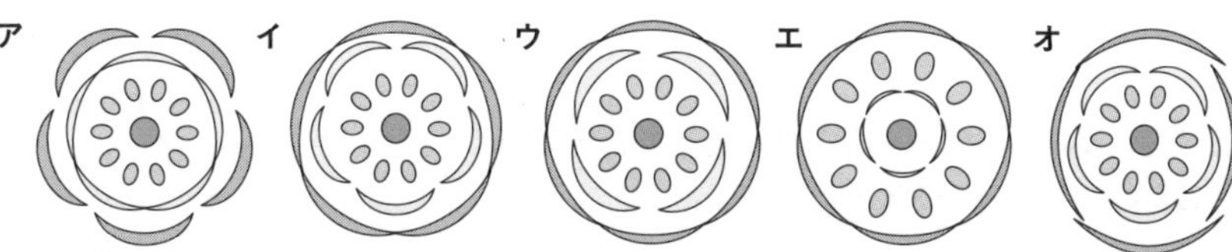

3 第1章 生き物
植物のつくりとはたらき

学習日　月　日

ステップ1 まとめノート

解答→別冊 p.5

1 でんぷんのでき方★★★

(1) **光合成とでんぷん**……〈光合成〉葉の①　で行う，根からとり入れた②　と気こうからとり入れた③　で，でんぷんを合成するはたらき。日光をエネルギーとする。できたでんぷんは糖になり，各部に運ばれる。

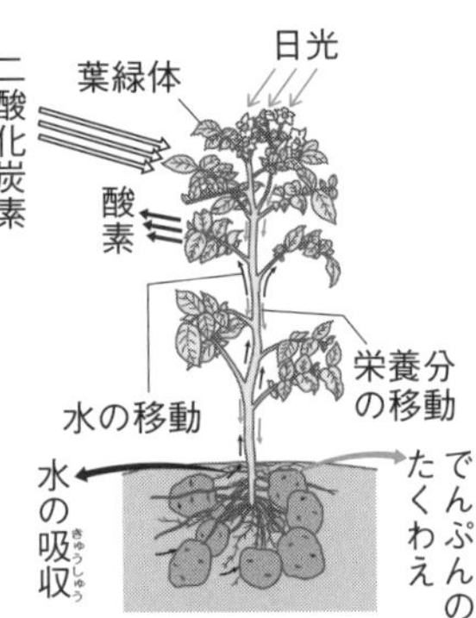

▲光合成のしくみ

2 根のつくりとはたらき★★

(1) **根のつくり**……〈主根と側根〉タンポポ(双子葉類)など発芽のとき子葉が④　枚の植物の根は，⑤　とそこから枝分かれした⑥　からできている。
〈ひげ根〉イネ(単子葉類)など発芽のとき子葉が⑦　枚の根は⑧　になっている。

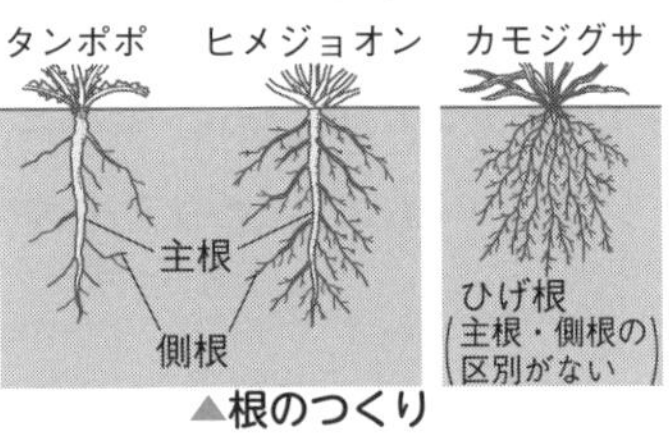

▲根のつくり

(2) **根のはたらき**……〈根のはたらき〉水や水にとけている養分をとり入れるはたらきは根の⑨　によって行われる。また，根にはからだを⑩　たり，生きていくのに必要な⑪　をしたり，サツマイモやダイコンのように⑫　をたくわえたりするはたらきがある。

3 くきのつくりとはたらき★★

(1) **くきのつくり**……〈双子葉類と単子葉類のくき〉ホウセンカのように，発芽のとき子葉が⑬　枚出る植物のくきは，葉でつくられた栄養分が通る⑭　，根から吸い上げた水や養分の通り道である⑮　，くきが成長する所である⑯　がある。トウモロコシのように，発芽のとき子葉が⑰　枚出る植物のくきは，⑱　と⑲　はあるが，**形成層**はない。

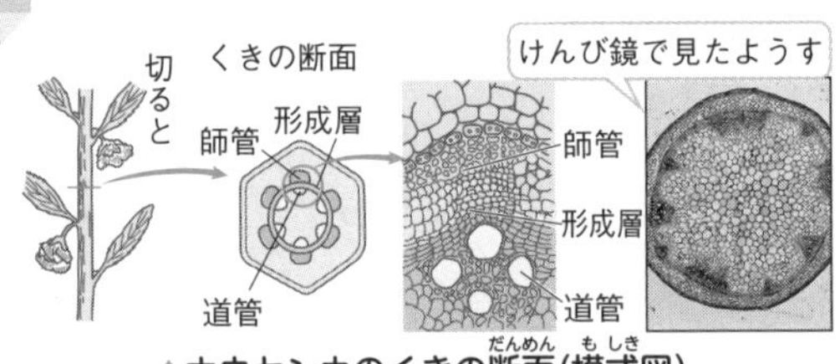

▲ホウセンカのくきの断面(模式図)

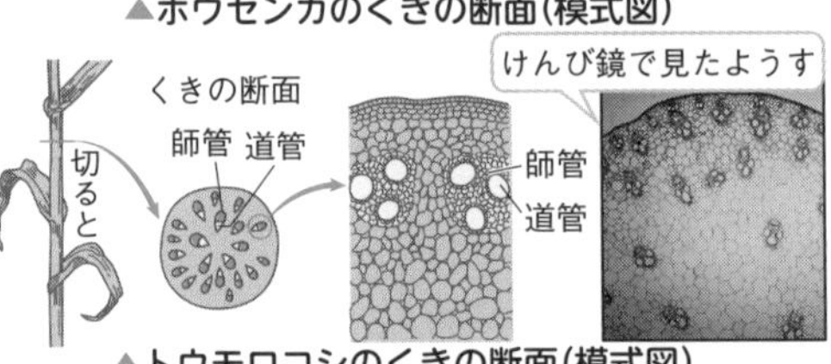

▲トウモロコシのくきの断面(模式図)

光合成は葉緑体で水と二酸化炭素からでんぷんをつくるはたらきである。
根には，主根・側根とひげ根の2種類のつくりがある。

①
②
③
④
⑤
⑥
⑦
⑧
⑨
⑩
⑪
⑫
⑬
⑭
⑮
⑯
⑰
⑱
⑲

入試ガイド
光合成は葉の葉緑体で行われるため，葉のふの部分では行われない。それらを比べる実験が出題されている。

(2) **くきのはたらき**……〈くきのはたらき〉根から吸い上げられた⑳　　　　やそれにとけた養分はくきの中(内側)の㉑　　　　を通って，葉でつくられた栄養分はくきの中(外側)の㉒　　　　を通って，植物のからだ全体に運ばれる。その他，栄養分をたくわえたり，花やくきを支えたりするはたらきがある。(果実や種子にも運ばれる)

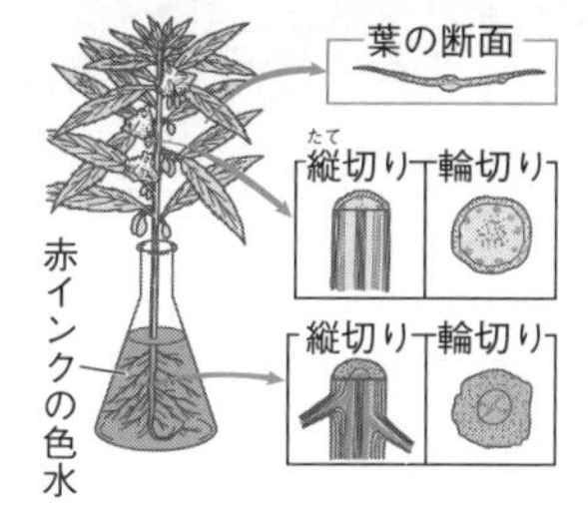

4 葉のつくりとはたらき★★★

(1) **葉のつくり**……〈葉の形〉㉓　　　　は，葉のすじで，水や養分，栄養分の通り道である。
〈表皮〉葉の表と裏をおおっているうすい皮を㉔　　　　といい，㉕　　　　がある。
〈気こう〉三日月形の㉖　　　　にかこまれたすきまで，ここで㉗　　　　や㉘　　　　が行われる。(いっぱんに裏側に多いが表側に多いものもある)
〈葉緑体〉葉の細ぼうの中に見られる緑色のつぶを㉙　　　　という。

表皮(表)
きちんとならんだ細ぼう
まばらにならんだ細ぼう
葉脈　道管　師管
葉緑体
気こう
表皮(裏)

▲葉の細ぼうのようす

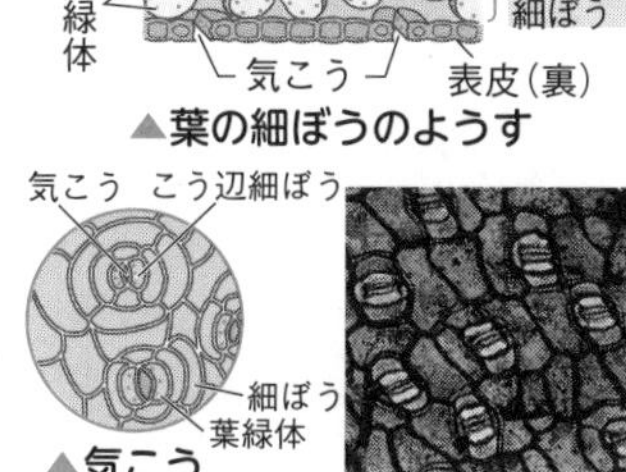

▲気こう

(2) **葉のはたらき**……〈蒸散〉葉の気こうから水が水蒸気になって出て行くことを㉚　　　　という。(気化熱により葉から熱をうばい，温度の調節をする) 気こうはふつう葉の㉛　　　　に多くある。
〈呼吸〉葉では，酸素をとり入れ二酸化炭素を出す㉜　　　　を一日中行っている。
〈光合成〉でんぷんをつくる光合成を行っている。

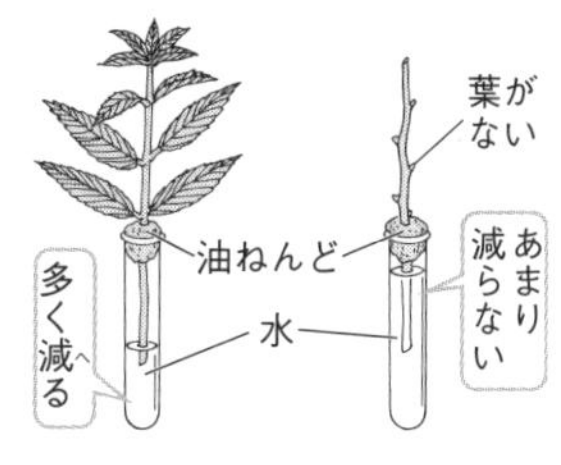

5 植物のなかま分け★★

(1) **種子植物**……〈種子植物の分類〉種子をつくってなかまをふやす種子植物は，はいしゅが子ぼうに包まれている㉝　　　　植物と，子ぼうがなくはいしゅがむき出しになっている㉞　　　　植物に分類される。
〈被子植物の分類〉被子植物は，発芽のときの子葉が2枚の㉟　　　　類と子葉が1枚の㊱　　　　類に分類される。双子葉類はさらに，すべての花びらがくっついている㊲　　　　類と花びらがはなれている㊳　　　　類に分類される。

(2) **種子をつくらない植物**……〈シダ植物とコケ植物〉ほう子をつくってなかまをふやす植物は，維管束が発達している㊴　　　　植物と，根・くき・葉の区別がはっきりしない㊵　　　　植物に分類される。

ズバリ暗記
蒸散は，葉の気こうから水が水蒸気になって出ていくことである。
種子植物は，子ぼうの有無で，被子植物と裸子植物に分類される。

⑳
㉑
㉒
㉓
㉔
㉕
㉖
㉗
㉘
㉙
㉚
㉛
㉜
㉝
㉞
㉟
㊱
㊲
㊳
㊴
㊵

学習日　　月　　日

ステップ2 実力問題

ねらわれるココが
- 植物のからだのつくり
- 光合成と呼吸
- 蒸　散

解答→別冊 p.6

重要 **1** **図1**はある植物の根のつくりを表したものである。**図2～4**は，その植物の根の断面，くきの断面，葉の断面を，それぞれけんび鏡で観察し模式的に表したものである。これについて，次の問いに答えなさい。ただし，それぞれの倍率は異なる。〔高輪中〕

(1) **図1**の**a**はくきから続いている太い根で，**b**は**a**から枝分かれして出ている細い根である。それぞれ何というか，答えなさい。

a［　　　　］

b［　　　　］

図1

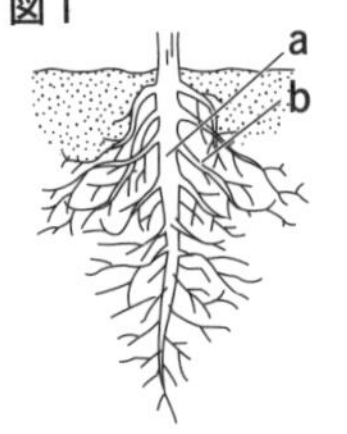

図2

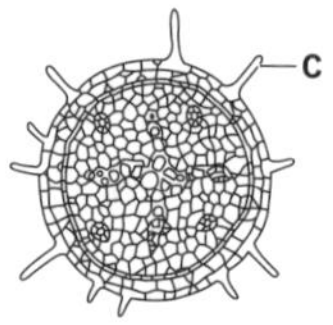

c

図3

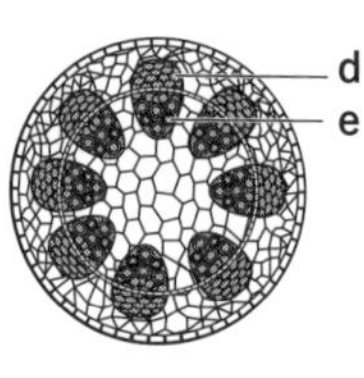

図4

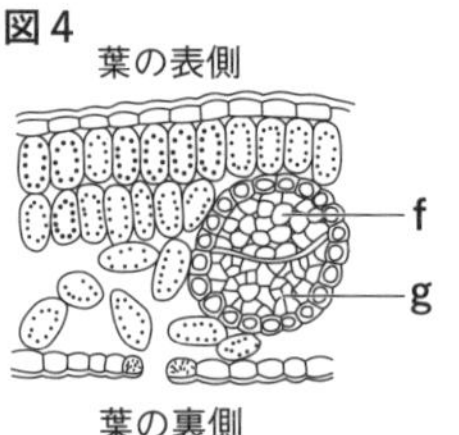

(2) この植物と同じような根のつくりをしている植物を，次の**ア～オ**からすべて選び，記号で答えなさい。

［　　　　］

ア アブラナ　**イ** イネ　**ウ** タンポポ　**エ** ユリ

オ ヘチマ

(3) **図2**の**c**は根の表皮が変形してとっ起のようになったものである。これを何というか。また，これは植物にとってどのような役割があるか。答えなさい。

名称［　　　　］

役割［　　　　］

(4) **図3**と**図4**で，根から吸収された水や水にとけた養分の通り道となる管はどれか。正しい組み合わせを次の**ア～エ**から選び，記号で答えなさい。

［　　　　］

ア dとf　**イ** dとg　**ウ** eとf　**エ** eとg

(5) **図4**の**f**と**g**の管をあわせた部分を何というか，答えなさい。

［　　　　］

(6) 植物が葉で蒸散することにより，植物にとってよい効果がいくつかある。その1つを答えなさい。

［　　　　］

2 次の実験について，あとの問いに答えなさい。〔京都文教中〕

植物の葉にとう明なポリエチレンのふくろをかぶせてしばらく置い

得点アップ

1 双子葉類と単子葉類では根やくき，葉のつくりが異なっている。

(1)双子葉類の根に見られる特ちょうである。

(3)このつくりがあることで，根の表面積が広がっている。

(4)くきの内側には道管，外側には師管が通っている。

✔チェック!自由自在①

水や水にとけた養分，栄養分の通り道について調べてみよう。

ておくと，ふくろの内側が白くくもる。これは，根からとり入れた水が，葉にある ① から出ていくためにおこる現象である。この下線部の作用を ② という。 ② について，次のような実験を行った。

実験 葉の枚数や大きさがそろっている4本のホウセンカ**A**～**D**を用意し，次のようにした。

A 何も処理をしない。

B すべての葉の表側にワセリンをぬる。

C すべての葉の裏側にワセリンをぬる。

D すべての葉をとり，くきだけにする。

図のように，ホウセンカ**A**～**D**を，赤インクで着色した水を入れたメスシリンダーに入れ一定時間明るい場所に置くと， ② の作用により，それぞれのメスシリンダーに入れた水の体積が減った。減った水の体積を調べると下の表のようになった。なお，実験中，メスシリンダー内の水面からの蒸発を防ぐために油をうかせた。また，ワセリンはねばりけのある油で，水を通さず，葉にぬると ② ができなくなる。

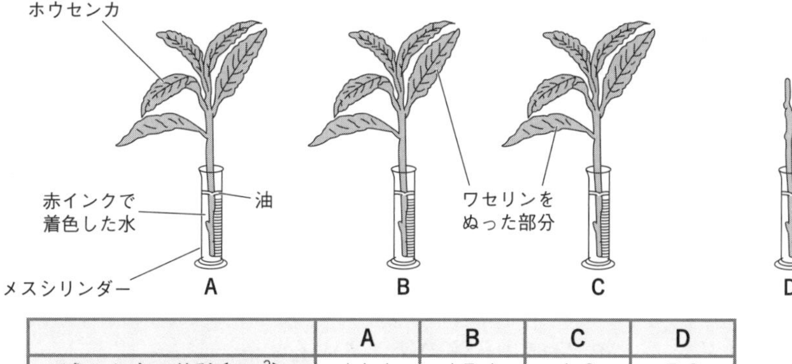

	A	B	C	D
減った水の体積〔cm^3〕	16.6	15.6	6.2	5.2

(1) 文章中の①に適するつくりを答えなさい。

[　　　　]

(2) 文章中の②に適する作用を答えなさい。

[　　　　]

重要 (3) 実験の結果から，植物は葉だけではなくいろいろな部分から水を出していることがわかる。ホウセンカ**A**と**C**は，それぞれどの部分から水を出したと考えられるか。次の**ア**～**カ**からそれぞれ選び，記号で答えなさい。　**A**[　　　　]　**C**[　　　　]

ア 葉の表のみ　**イ** 葉の裏のみ　**ウ** くきのみ

エ 葉の表とくき　**オ** 葉の裏とくき

カ 葉の表と葉の裏とくき

(4) ②の作用によって，葉の表のみから出た水の体積は何cm^3か，答えなさい。　[　　　　]

2この作用は，おもに葉の裏側で行われる。

チェック!自由自在②
植物が葉で行うはたらきについて調べてみよう。

(3)Bは葉の表に，**C**は葉の裏にワセリンをぬっている。

(4)A～**D**それぞれで水の体積が減ったのは，植物のどこから水が出ていったためかを考える。

ステップ3 発展問題

解答→別冊 p.6

1 右の図は2種類の植物X，Yについて，植物にあたる光の強さとでんぷんの量の増減(ぞうげん)の関係を表したグラフである。Aの光の強さのとき，植物に光はまったくあたっていない。また，植物の成長は，増(ふ)えたでんぷんの量が多いほどはやいものとする。これについて，次の問いに答えなさい。〔帝塚山中〕

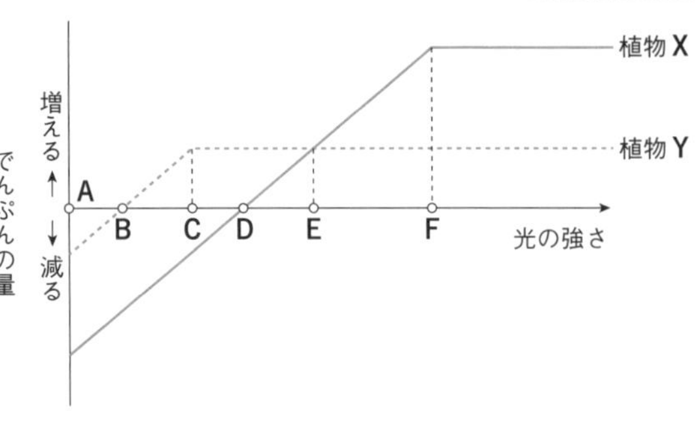

(1) 植物Xが生き続けるために最低限(さいていげん)必要な光の強さを図のA～Fから選び，記号で答えなさい。［　　］

重要 (2) Aの光の強さのとき，植物X，Yともにでんぷんの量は減っている。これは植物が行っている何というはたらきによるものか，漢字2字で答えなさい。［　　］

(3) Fの光の強さのとき，植物Xに出入りする酸素(さんそ)，二酸化炭素(にさんかたんそ)の量について説明した文として適当(てきとう)なものを，次の**ア**～**エ**から選び，記号で答えなさい。［　　］

ア 酸素，二酸化炭素ともに入る量のほうが多い。

イ 酸素は入る量のほうが多く，二酸化炭素は出る量のほうが多い。

ウ 酸素は出る量のほうが多く，二酸化炭素は入る量のほうが多い。

エ 酸素，二酸化炭素ともに出る量のほうが多い。

(4) 植物YをEの光の強さで育てたとき，Cの光の強さで育てた場合と比(くら)べて成長のしかたはどうなるか。次の**ア**～**エ**から選び，記号で答えなさい。［　　］

ア ほぼ2倍の速さで成長する。　**イ** ほぼ1.5倍の速さで成長する。

ウ ほぼ同じ速さで成長する。　**エ** ほぼ半分の速さで成長する。

(5) 植物X，Yがともに成長するが，植物Yのほうが成長がはやいのは，光の強さがどのはん囲(い)のときか。例にならって答えなさい。［　　～　　］

例　A～B

(6) 植物X，Yが入りまじっていて，植物Xの割合(わりあい)のほうが多くなっている森林がある。地面に光が届(とど)きにくい状況(じょうきょう)で，じゅうぶんに時間がたつと，植物X，Yの割合はどのようになると考えられるか。次の**ア**～**エ**から選び，記号で答えなさい。［　　］

ア 植物Xの割合がより多くなる。

イ 植物Yの割合のほうが多くなる。

ウ 植物Xと植物Yの割合は同じくらいになる。

エ 植物Xと植物Yの割合は変わらない。

2 次の文章について，あとの問いに答えなさい。〔女子学院中〕

植物は，光があたると　a　と　b　から　c　をつくり出すことができる。こうしてつくられる c は植物の成長などに使われる。また，植物は d という穴から a をとり入れる。

一方 d では蒸散がおこり， b が失われる。 d は開いたり閉じたりすることができ，植物はかん境に合わせて蒸散量を調節できる。しかし，それは同時に a をとり入れる量にえいきょうをあたえることとなる。

(1) 文章中の **a**～**d** にあてはまる語句を答えなさい。

a［　　　　］ **b**［　　　　］ **c**［　　　　］ **d**［　　　　］

校庭に生えている植物**A**の葉をたくさん用意し，2つのグループに分け，それぞれの重さをはかった。そして，一方は明るい部屋に，もう一方は暗い部屋に置いた。2つの部屋の温度やしつ度は同じであった。数時間たってからふたたび葉の重さをはかり，「実験前の重さにたいする実験後の重さの割合」を計算した。明るい所に置いた葉では70％，暗い所に置いた葉では77％と結果に差が出た。

(2) 次の文章は上の実験について述べたものである。①～④に入ることばをそれぞれ選び，記号で答えなさい。 ①［　　］ ②［　　］ ③［　　］ ④［　　］

葉の重さは①{**ア** 明るい所だけ　**イ** 暗い所だけ　**ウ** 明るい所と暗い所}で②{**ア** 増加　**イ** 減少}しており，「実験前の重さにたいする実験後の重さの割合」は③{**ア** 明るい所　**イ** 暗い所}のほうが大きかった。

明るい所と暗い所とで結果に差が出た原因として，植物**A**の d が明るい所と比べ暗い所では④{**ア** 開いている　**イ** 閉じている}ということが考えられる。

植物**A**とは生育するかん境が大きく異なる植物**B**を用意した。1日のうち12時間は明かりがつき(昼)，12時間は明かりが消える(夜)ように設定した実験室に植物**B**を置いて，植物**B**の蒸散量と a の吸収量を調べた。表はその結果である。

	蒸散量〔g〕	aの吸収量〔g〕
昼	1.33	0
夜	3.47	0.16

(3) 植物**B**の**d**について考えられることを，次の**ア**～**エ**から選び，記号で答えなさい。

［　　］

ア 昼は開いていて，夜も開いている。　**イ** 昼は開いていて，夜は閉じている。
ウ 昼は閉じていて，夜は開いている。　**エ** 昼は閉じていて，夜も閉じている。

(4) 植物**B**の夜の蒸散について考えられることを，次の**ア**～**エ**から選び，記号で答えなさい。

［　　］

ア **d**からのみおきている。
イ **d**とその他の部分からおきているが，**d**からの量が多い。
ウ **d**とその他の部分からおきているが，その他の部分からの量が多い。
エ **d**とその他の部分からおきているが，量は同じである。

難問 (5) 植物**B**はどのようなかん境に生育すると考えられるか。そのかん境の気温と降水量についてそれぞれ書きなさい。また，そのかん境を次の**ア**～**カ**から選び，記号で答えなさい。

気温［　　　　］ 降水量［　　　　］ かん境［　　］

ア 熱帯林　**イ** 針葉樹林　**ウ** ツンドラ　**エ** しっ地
オ さばく　**カ** マングローブ

思考力/作図/記述問題に挑戦！

本書の出題範囲 p.6〜23

解答→別冊 p.7

重要 **1** インゲンマメの種子について，次の問いに答えなさい。〔奈良教育大附中〕

　インゲンマメの種子のどの部分に栄養分がふくまれているのかを調べるために，右の図のように種子を半分に切り，ヨウ素液(そえき)を満たしたペトリ皿に入れて5分間置いた。こい青むらさき色に変わった部分について，右の図に黒く色をぬりなさい。

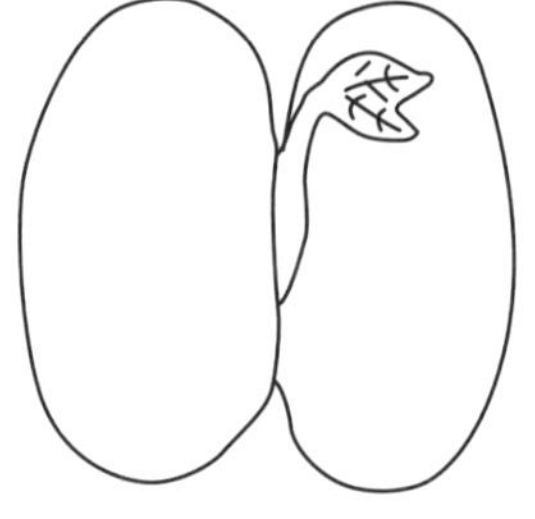

2 こん虫について，次の問いに答えなさい。〔江戸川学園取手中〕

　右の図は，ガのからだの一部を腹側(はらがわ)から見た図である。しょっ角，あし，はねをそれぞれの数がしっかりわかるようにかき加え，図を完成させなさい。

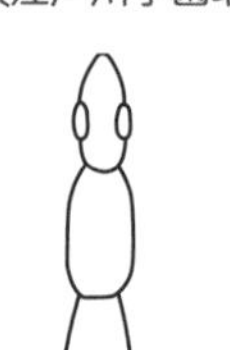

3 次の文章を読んで，あとの問いに答えなさい。〔青山学院横浜英和中〕

> 　現在(げんざい)見つかっている最古の化石は約35億年前の地層(ちそう)から発見され，約27億年前には光合成をする生き物の存在(そんざい)が確認(かくにん)されている。この生き物の光合成のはたらきで発生した気体は，地球のかん境を大きく変化させ，生き物が陸上へ進出するきっかけとなった。

(1) 光合成をするときに必要な物質を2種類答えなさい。

[　　　　　　] [　　　　　　]

難問 (2) 光合成によって発生した気体がおこした大きな変化は，どのようなものであったか。句読点(くとうてん)をふくめて50字以内で説明しなさい。

[　　　　　　　　　　　　　　　　]

着眼点

1 インゲンマメは子葉の部分に栄養分がたくわえられている。

2 こん虫のからだには，ふつう2対のはねと3対のあし，1対のしょっ角がある。

3 (2)光合成によって発生した気体がどのような変化をおこした結果，生き物が陸上にもすめるようになったかを考える。

4 次の文章を読んで，あとの問いに答えなさい。〔穎明館中－改〕

学校の中庭からは雑木林が見える。この雑木林にどんな植物が生えているかは，四季を通して林を観察することである程度知ることができる。

春の雑木林　公園のサクラよりおそい時期からさくサクラが見えた。このサクラは花と同時に葉が出ているようだ。

夏の雑木林　一面が緑で何が生えているかまったくわからなかった。

秋の雑木林　近くを歩いたら「ドングリ」が落ちていた。また，切れこみが入った葉が赤く紅葉している木が見えた。

冬の雑木林　ほとんどの木は落葉したが，落葉せず細い葉が残っている木と広い葉が残っている木があった。「ドングリ」の上にある木は落葉しているものと，していないものの両方があった。

(1) この雑木林には少なくとも何種類の木が生えているか。次の**ア**～**オ**から選び，記号で答えなさい。ただし，上の観察結果以外の植物は考えないものとする。　［　　　］

ア 3種類　**イ** 4種類　**ウ** 5種類　**エ** 6種類
オ 7種類

(2) この雑木林をつくっていると思われる木を以下から選び，記号で答えなさい。ただし，(1)で答えた数だけ選ぶものとする。

［　　　　　　　　　　　］

ア ソメイヨシノ　**イ** ヤマザクラ　**ウ** ウメ
エ クヌギ　**オ** アラカシ　**カ** ケヤキ
キ イチョウ　**ク** カキ　**ケ** カエデ
コ アカマツ

4 サクラの一種であるソメイヨシノは，葉が出る前に花がさく。
ドングリができるのは，シイ，カシ，ナラのなかまの木である。
イチョウは，黄葉する。

5 植物の受粉について，次の問いに答えなさい。〔雲雀丘学園中〕

メロンは，お花とめ花の2種類の花をつけることが知られている。メロンの花にはこん虫がおとずれ，花粉がめしべの先につく。このことから，メロンは，こん虫によって受粉が行われる虫ばい花であるが，人の手で受粉を行うこともある。人の手で受粉を行うのは，こん虫によって受粉させるのと比べて，どのような点でよいとされているか。メロンさいばい農家の立場になって答えなさい。

［　　　　　　　　　　　　　　　　　　　　］

5 こん虫による受粉では，すべてのめしべの先に花粉がつくことはむずかしくなる。

4 第1章 生き物
人や動物の誕生
ステップ1 まとめノート

解答→別冊 p.8

1 魚の育ち方★

(1) **メダカの飼い方**……〈メダカの性質〉まるい水そうにメダカを入れ，水を一方向にかき回し水流をつくると，流れに① 泳ぐ。
〈メダカの飼い方〉水そうの底には水でよく洗った小石や砂を入れ，水は② したものか池の水などを使う。かくれ場所や産卵する場所となるため③ も入れるとよい。水そうは④ があたらない明るい場所に置く。

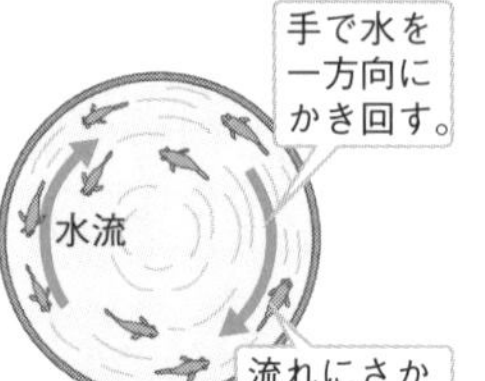

▲メダカの性質

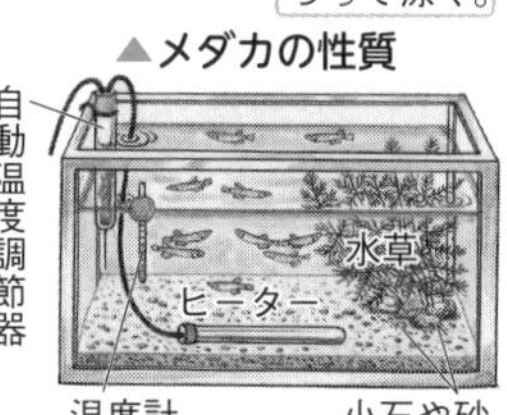

▲メダカの飼い方(例)

(2) **メダカの産卵**……〈魚のおすとめす〉メダカのおすはせびれに⑤ があるがめすにはない。おすのしりびれの形は⑥ に近く，めすの形は⑦ に近い。

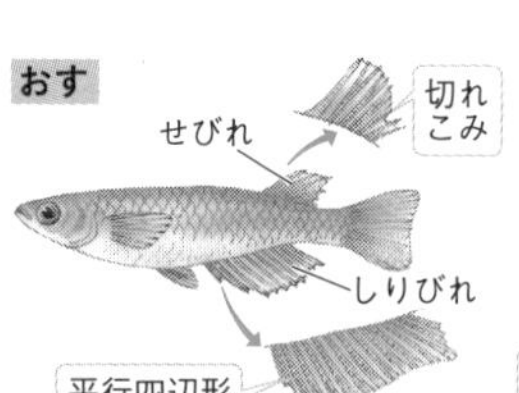

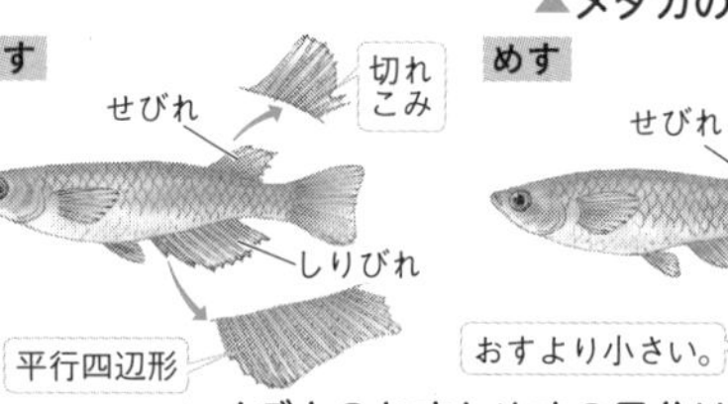

▲メダカのおすとめすの見分け方

〈産卵の条件〉おすとめすを同じ水そうに入れたとき，たまごが産まれ，子メダカが見られるようになる。産卵に適した水温は⑧ ℃ぐらいである。
〈産卵のようす〉産卵の時期になると，おすとめすがならんで泳ぐようになり，めすの腹にたまごが見え始めると，おすがたまごに⑨ をふりかける。たまごは1～1.5 mmくらいの大きさで，⑩ という丸いつぶが見られる。
└水草などに付着毛でからませる

(3) **メダカの育ち方**……〈たまごから子メダカへ〉たまごが産みつけられて3～5日ぐらいたつと，頭が大きくなり，⑪ がはっきりし，心臓の動きや⑫ の流れがわかるようになる。やがてさかんに動くようになり，約⑬ 日たつと，たまごから子メダカが**ふ化**する。ふ化したばかりの子メダカの腹には⑭ というふくろがある。
〈子メダカから親メダカへ〉ふ化して⑮ 日するとふくろはなくなり，えさを食べ始める。子メダカは，水温をおよそ25℃に保っておくと，⑯ か月ぐらいで⑰ cmほどの親になる。

①
②
③
④
⑤
⑥
⑦
⑧
⑨
⑩
⑪
⑫
⑬
⑭
⑮
⑯
⑰

入試ガイド
ふ化したばかりのメダカは腹に養分をもっているため，えさを食べない。メダカがたまごからふ化するまでのようすが出題されている。

メダカのおすとめすは，せびれとしりびれの形で見分ける。
メダカの産卵や成長に適した水温は25℃である。

2 人や動物の誕生★★

(1) **生命の誕生**……〈人の生命の誕生〉女性の体内でつくられた**卵(卵子)**と男性の体内でつくられた⑱　　とが卵管で**受精**して受精卵ができる。卵管を移動した受精卵は，⑲　　のかべに**着床**する。着床した受精卵は成長して，胎児とよばれる状態になっていく。

└2～3億個つくられる

└1つの卵の中に入ることができるのは1つの精子だけ

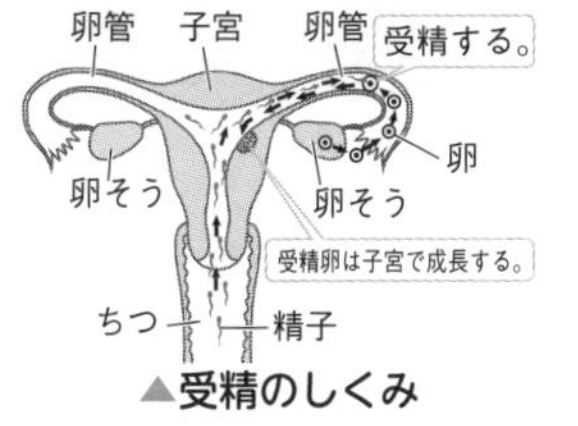

▲受精のしくみ

〈男女のからだのつくり〉男性の精そうでは⑳　　がつくられ，精のうにためられる。女性の**卵そう**では，約1か月に1個ずつ㉑　　がつくられ，卵管を通って子宮へ向かう。

(2) **胎児の育ち方**……〈胎児の成長〉人の㉒　　は着床したあと，㉓　　の中でおよそ㉔　　週かけて育てられる。

〈子宮のしくみ〉子宮は㉕　　を育てるための臓器で，胎児は子宮内で㉖　　にうかんだ状態になっている。胎児は母体と**たいばん**と**へそのお**でつながっている。たいばんは，胎児の成長に必要な㉗　　や養分を運ぶはたらきをする。へそのおには胎児へ酸素や養分を運んだり，いらなくなったものや㉘　　を出したりする血管が通っている。

└さい帯ともいう

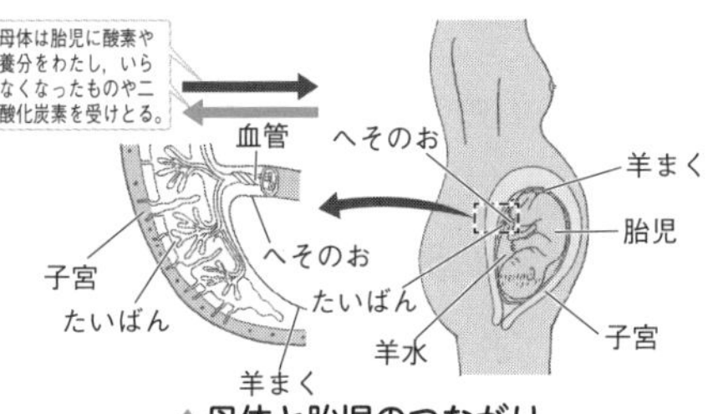

▲母体と胎児のつながり

〈赤ちゃんの誕生〉受精後およそ㉙　　週間子宮の中で育った胎児は，母親のおなかから出てきたら自分の力で肺に酸素をとり入れ，二酸化炭素を出す㉚　　を行うようになる。

(3) **いろいろな動物の誕生**……〈誕生のようす〉鳥や魚，カエルなど，親のからだからたまごで生まれる方法を㉛　　といい，たまごの中にある養分を使って大きくなる。シカやイヌなど，親と似たすがたで生まれてくる方法を㉜　　といい，母親のからだの中で養分をもらいながら育つ。誕生後しばらくは母親の㉝　　を飲んで育つ。

〈おすとめす〉動物のおすには**精そう**があり㉞　　をつくる。めすには㉟　　があり卵をつくる。精子と卵が受精して㊱　　ができる。

〈動物の誕生〉生き物によって受精のしかたは異なり，めすが水中に産んだ卵におすが精子をかける㊲　　を行うものと，おすがめすの体内に精子を送って受精する㊳　　を行うものがある。

⑱
⑲
⑳
㉑
㉒
㉓
㉔
㉕
㉖
㉗
㉘
㉙
㉚
㉛
㉜
㉝
㉞
㉟
㊱
㊲
㊳

入試ガイド
胎児と母体はへそのおでつながっている。このときの血液のようすなどが出題されている。

男性の精そうでは精子がつくられ，女性の卵そうでは卵がつくられる。
胎児は，母親の子宮の中でおよそ38週かけて育てられる。

ステップ2 実力問題

ねらわれるココが
- メダカの育ち方
- 人の誕生・動物の誕生
- 胎児の育ち方

解答→別冊 p.9

重要 **1** メダカについて，あとの問いに答えなさい。〔報徳学園中〕

(1) メダカのたまごの直径は，約何 mm か。次の**ア**～**エ**から選び，記号で答えなさい。［　　］

ア 0.1 ～ 0.5 mm　**イ** 1.0 ～ 1.5 mm　**ウ** 2.0 ～ 2.5 mm
エ 3.0 ～ 3.5 mm

(2) 下の図は，メダカのたまごが育つようすをスケッチしたものである。たまごが育つ順にならべなさい。

［　→　→　→　→　］

ア 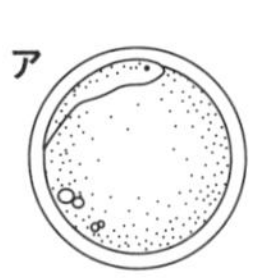
イ 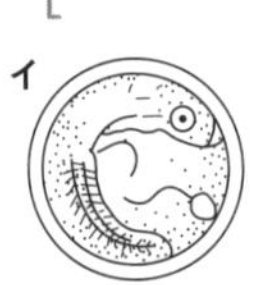
ウ 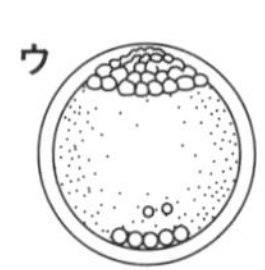
エ 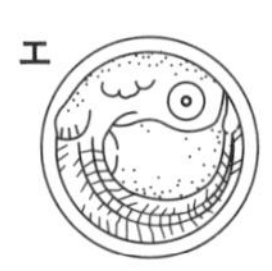
オ 

(3) たまごからかえったばかりのメダカは，2～3日間えさを食べない。その理由を簡単に書きなさい。

［　　　　　　　　　　］

(4) メダカのおすのせびれとしりびれはどれとどれか。下の**ア**～**エ**から正しい組み合わせを選び，記号で答えなさい。［　　］

① 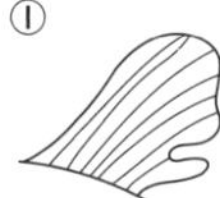
② 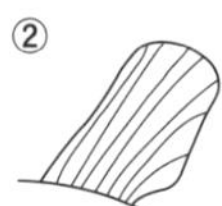
③ 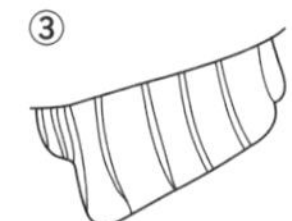
④ 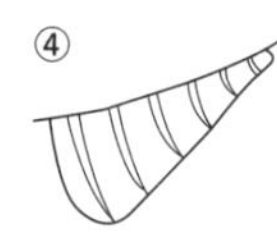

ア ①と④　**イ** ②と③　**ウ** ①と③　**エ** ②と④

(5) めすの腹からたまごが見え始めると，おすはそのたまごに何をかけるか，答えなさい。［　　］

2 人の誕生について，次の問いに答えなさい。〔日本女子大附中〕

(1) 次の文の **a** ～ **f** にあてはまることばを書きなさい。

卵と精子が結びつくことを **a** といい，このときできるものを **b** という。**b** は母親の **c** で成長していく。**c** の中には，赤ちゃんに養分を送ったり不要なものを送り出したりする **d** がある。赤ちゃんと **d** は **e** でつながっている。また，**c** の中は **f** という液体で満たされていて，赤ちゃんをしょうげきなどからまもっている。

A
B
C
D

a［　　］　**b**［　　］　**c**［　　］
d［　　］　**e**［　　］　**f**［　　］

得点アップ

1 (1)メダカのたまごは肉眼で確認することができる。くわしく観察するときは，解ぼうけんび鏡やそう眼実体けんび鏡を使う。

✔チェック！自由自在①
メダカのたまごが育つようすを調べてみよう。

(4)おすのせびれには切れこみがあり，しりびれは平行四辺形のような形をしている。

2 人はほ乳類のなかまで，母親の子宮の中で大きく育ってから生まれる。

(2) (1)のd，eは図のA～Dのどれか。それぞれ記号で答えなさい。

d［　　　］ e［　　　］

(3) 母親の体内で成長をはじめてから，①約１か月後，②約半年後 の赤ちゃんのようすの説明としてあてはまるものを，次のア～エからそれぞれ選び，記号で答えなさい。 ①［　　　］ ②［　　　］

ア 指を動かしたり，からだを回転させたり，活発にからだを動かせるようになる。

イ 手足を動かしたり，からだを回転させたりするような，大きな動きが少なくなる。

ウ 手足が発達しはじめ，からだを動かしまわる。

エ 頭とどう体が区別できるようになり，心臓(しんぞう)が動きはじめる。

(4) 母親の体内で成長をはじめてから生まれるまで，どのくらいの時間がかかるか。次のア～オから選び，記号で答えなさい。 ［　　　］

ア 約58週　イ 約48週　ウ 約38週　エ 約28週　オ 約18週

要 **3** 赤ちゃんの育ち方について，次の問いに答えなさい。〔京都聖母学園中〕

(1) 人のたまごの大きさとして最も正しいものを，次のア～エから選び，記号で答えなさい。 ［　　　］

ア 0.04 mm　イ 0.14 mm　ウ 0.54 mm　エ 0.84 mm

(2) 母親の体内で，赤ちゃんが育つところを何というか，漢字で答えなさい。 ［　　　］

(3) (2)の中にある液体(えきたい)で，赤ちゃんをまもっているものを何というか，漢字で答えなさい。 ［　　　］

(4) 母親から養分をもらい，不要物をわたすところで，へそのおにつながっている部分を何というか，答えなさい。 ［　　　］

(5) 受精後，24週目ごろの特ちょうについて正しく述べたものを，次のア～エから選び，記号で答えなさい。 ［　　　］

ア からだにまるみが出てくる。かみの毛やつめが生えてくる。

イ 手や足の形がはっきりわかるようになり，目や耳ができてくる。

ウ 骨(ほね)や筋肉(きんにく)が発達して，活発に動くようになる。

エ 心臓が動きはじめる。

(6) 次の文のA，Bにあてはまることばを答えなさい。

> 赤ちゃんは，ふつう，誕生(たんじょう)するとすぐに A とよばれる大きな声を出して泣き，自分で B をしはじめる。

A［　　　］ B［　　　］

(7) 人のように，母親の体内で育って誕生し，乳(ちち)を飲んで育つ動物をまとめて何というか，答えなさい。 ［　　　］

(2)Aはたいばん，Bはへそのお，Cは子宮を示(しめ)している。

✔チェック！自由自在②
人の胎児(たいじ)の発育と子宮の特ちょうを調べてみよう。

3 胎児と母親はたいばんを通して酸素，養分と不要物のやりとりをする。

✔チェック！自由自在③
胎児が養分をとる方法を調べてみよう。

(7)ウマ，ネコ，ウシなどがなかまである。

ステップ3 発展問題

解答→別冊 p.9

1 メダカについて，次の問いに答えなさい。　〔女子学院中〕

(1) メダカの飼い方について，次の①～③のA，Bからどちらがよいか選びなさい。また，その理由として適当なものをア～エから選び，記号で答えなさい。

① 水そうは，（A 日光が直接あたる　B 日光が直接あたらない）明るい所に置く。

よいほう［　　］ 理由［　　］

ア 中に入れた水草の光合成によって，水の中の酸素を増やすため。

イ メダカのからだについている細きんを，日光で殺きんするため。

ウ 水の温度が大きく変化しないようにするため。

エ 日光によってメダカが日焼けしないようにするため。

② 水そうの水をかえるときは（A 水道水を2～3日置いておいたもの　B 新せんな水道水）を使う。

よいほう［　　］ 理由［　　］

ア 水がくさる前に使うため。

イ 水道水にとけている薬品が空気中にぬけてから使うため。

ウ 水道水にとけている酸素が減らないうちに使うため。

エ ゾウリムシやミジンコを水の中に発生させてから使うため。

③ えさは（A 少なめに　B 多めに）あたえる。

よいほう［　　］ 理由［　　］

ア えさをあたえる回数を減らせるから。

イ 残ったえさがあると，水がよごれるから。

ウ えさが少ないと，メダカどうしがえさをとり合うから。

エ メダカは食べすぎると太って病気になるから。

重要 (2) メダカの産卵行動について，次の①～⑥から正しいものを選んで行われる順にならべたものをあとのア～カから選び，記号で答えなさい。［　　］

① めすがたまごを産む。　② めすがたまごを腹につけてしばらく泳ぐ。

③ おすがたまごを腹につけてしばらく泳ぐ。　④ めすがたまごを水草につける。

⑤ おすがたまごを水草につける。　⑥ おすがたまごに精子をかける。

ア ①②④⑥　**イ** ①②⑥④　**ウ** ①③⑤⑥　**エ** ①③⑥⑤

オ ①⑥②④　**カ** ①⑥③⑤

(3) おすがたまごに精子をかけるとき，おすはひれをどのように使っているか。次の**ア**～**エ**から選び，記号で答えなさい。［　　］

ア 出した精子をおびれでたまごにつける。

イ 精子がたまごのほうに行くように，おびれを動かし水の流れをつくる。

ウ しりびれと背びれでめすの腹を包む。

エ 精子がたまごのほうに行くように，胸びれと腹びれを動かし水の流れをつくる。

(4) メダカのめすが一度に産むたまごの数はどれくらいか。次の**ア**～**エ**から選び，記号で答えなさい。 [　　　]

ア 1～3個　**イ** 10～40個　**ウ** 200～300個　**エ** 1000～2000個

(5) 成じゅくしたおすとめすはひれの形が異なっているが，ひれのほかにおすとめすのからだの形で異なるところがある。どこがどのようにちがうか。おす，めすのちがいがわかるように答えなさい。[　　　　　　　　　　　　　　　　　　　　　　　　　　　　　　　　]

2 人の誕生について，次の文章を読み，あとの問いに答えなさい。〔早稲田大高等学院中〕

> 人の赤ちゃんは，卵が受精してから約 **A** 週間で生まれる。 **B** などのほ乳類では，子がおなかにいる期間が長く，ふつう出産まで人と同じように長い期間を必要とする。
>
> 生命は，卵と精子が受精して受精卵になることで生まれる。男性の **C** でつくられる精子は，からだから出ると，べん毛というつくりを動かし，泳ぐことができる。女性の **D** でつくられた卵は **E** の中に出され，泳いできた精子と受精する。 **E** から移動した受精卵は，子宮のかべに付着して，成長していく。
>
> ほ乳類では，受精卵は子宮の中で育つ。子宮の中で育っている子は胎児とよばれる。胎児は子宮の中で **F** にういてまもられている。しかし，母親のからだの中にいるため，外から養分や酸素をとり入れることができない。そのため，胎児は， **G** を通して，たいばんにつながり，母親から養分や酸素をもらっている。たいばんでは，母親の血管と胎児の血管が入り組んでいて，こうした物質のやりとりができるようになっている。
>
> 胎児は **F** にういているため，大人のような呼吸をしていない。生まれた直後の子は， **H** という大きな泣き声をあげ，空気を自分の肺に一気に送りこみ，呼吸をはじめる。

(1) 文中の**A**に入る数として，最も適当なものを次から選びなさい。 [　　　]

16　24　38　46　60

(2) **B**に入れることのできるほ乳類として，適当なものを次の**ア**～**オ**から2つ選び，記号で答えなさい。 [　　　] [　　　]

ア ゾウ　**イ** パンダ　**ウ** イヌ　**エ** ネズミ　**オ** ウマ

(3) 文中の**C**～**F**に入ることばとして，適当なものを次の**ア**～**シ**からそれぞれ選び，記号で答えなさい。 **C**[　　　] **D**[　　　] **E**[　　　] **F**[　　　]

ア ぼうこう　**イ** にょう管　**ウ** 血管　**エ** 卵管　**オ** 血液
カ はいにゅう　**キ** 羊水　**ク** リンパ液　**ケ** 卵そう　**コ** 卵白
サ 卵黄　**シ** 精そう

(4) 文中の**G**と**H**に入ることばをそれぞれ答えなさい。**G**[　　　　　] **H**[　　　　　]

(5) 母親のおなかの中で，たいばんと胎児はいっぱん的にどのようになっているか。次の**ア**～**エ**から選び，記号で答えなさい。なお，たいばんと**G**はしゃ線で示してある。 [　　　]

ア
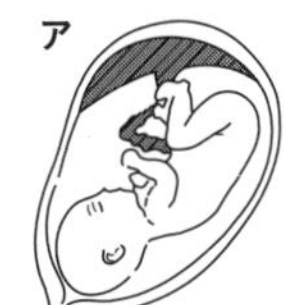
イ
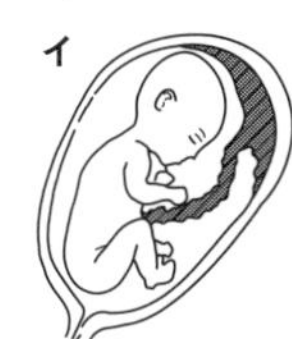
ウ
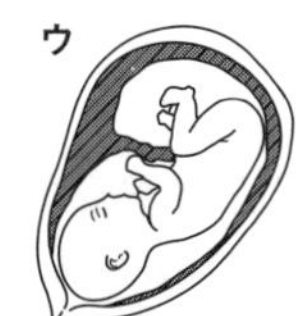
エ
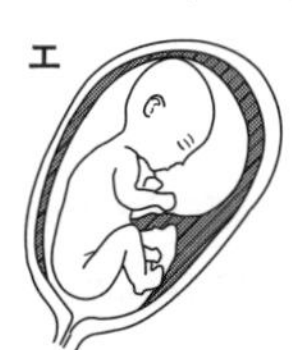

5 第1章 生き物 人や動物のからだ

ステップ1 まとめノート

解答→別冊 p.10

1 骨と筋肉のはたらき★★

(1) **骨のしくみとはたらき**……〈おもな骨〉人の①　　は約200個の骨からなっている。頭と脳をまもる②　　，心臓や肺をまもる胸骨と③　　，からだを支える中心となる④　　などがある。（①：内骨格という）

(2) **筋肉のしくみとはたらき**……筋肉の両はしは⑤　　をはさんで別の骨についている。意志により自由に動かせる⑥　　（ずい意筋）は，両はしがじょうぶな⑦　　で骨についている。意志により自由に動かすことができない，内臓をつくる筋肉を⑧　　（不ずい意筋）という。（⑥：横もん筋ともいう　⑧：平かつ筋ともいう）

2 呼吸のはたらき★★

(1) **呼吸のしくみ**……〈呼吸〉⑨　　をからだにとり入れて，体内にできた⑩　　を出すはたらき。

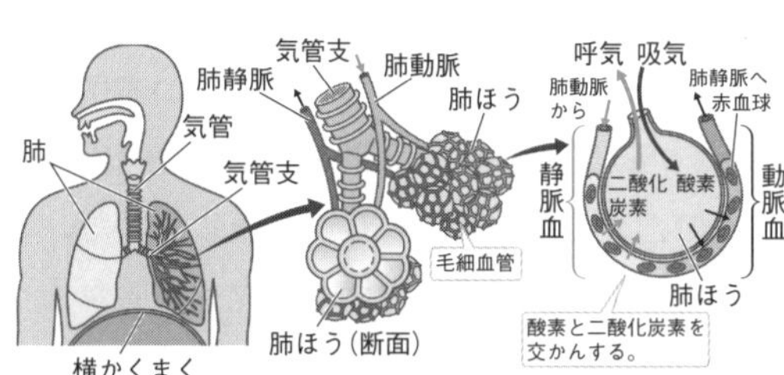

▲肺のつくりとはたらき

(2) **肺のしくみ**……〈肺〉肺はのどから続く**気管**，その先が2本に分かれた⑪　　，さらに細かく分かれたとても小さいふくろになっている⑫　　からできている。

3 血液と心臓のはたらき★★★

(1) **心臓のつくり**……〈心臓〉厚い筋肉でできている。**右心ぼう**，**右心室**，**左心ぼう**，⑬　　に分かれている。

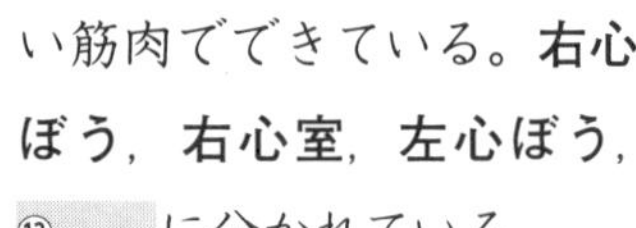

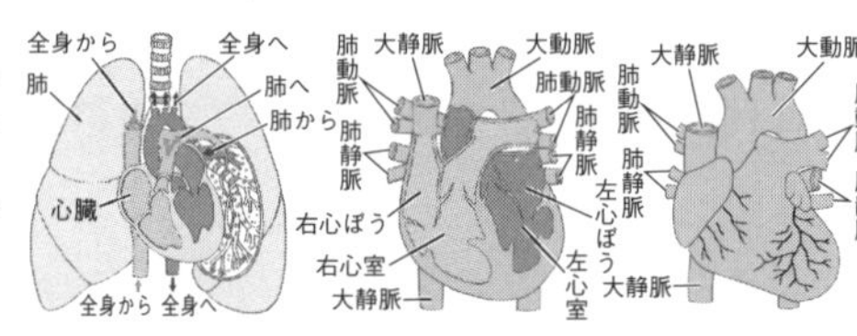

▲心臓と血液の流れ　▲心臓のつくり

(2) **心臓のはたらき**……〈血液のじゅんかん〉**肺**で酸素をとり入れ，二酸化炭素を放出する⑭　　と，全身の毛細血管で酸素を放出し，二酸化炭素をとり入れる⑮　　がある。（酸素：赤血球と結びつく）

〈**血管の種類とはたらき**〉心臓から送り出される血液が流れる⑯　　と，心臓にかえってくる血液が流れる⑰　　がある。動脈と静脈をつなぐ非常に細かい⑱　　は，養分と不要物のやりとりを行う。

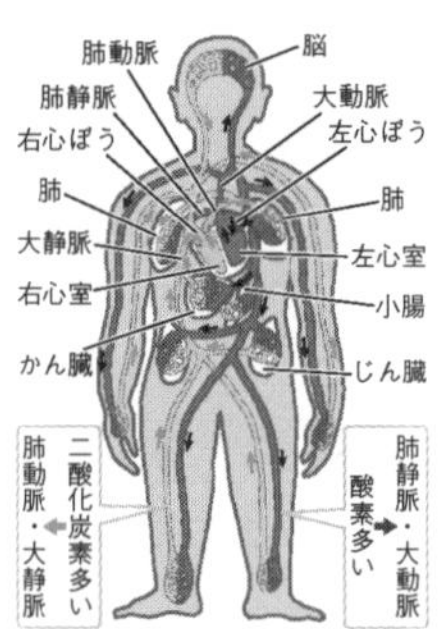

▲血液のじゅんかん

①
②
③
④
⑤
⑥
⑦
⑧
⑨
⑩
⑪
⑫
⑬
⑭
⑮
⑯
⑰
⑱

入試ガイド
動脈と静脈は血管で，動脈血と静脈血は血液である。これらのちがいに注意する。

呼吸では肺ほうをとりまく毛細血管で酸素と二酸化炭素を交かんする。
血液の道すじには肺じゅんかんと体じゅんかんの2つの流れがある。

4 消化，吸収とはい出★★★

(1) **食べ物の消化**……〈消化〉食べ物がからだの中で水にとけるものになることを⑲　　という。また，口，食道，⑳　　，十二指腸（じゅうにしちょう），㉑　　，㉒　　，こう門とつながる管を㉓　　という。この管を通る間に，消化に必要な㉔　　をふくむ㉕　　が出される。

(2) **消化管のはたらき**……〈口と食道〉口には**だ液（えき）せん**という㉖　　を出す器官がある。かみくだかれた食べ物は，食道を通り，胃（い）に送られる。
└ぜん動運動により食べ物を下に送る
〈胃〉胃には胃せんという㉗　　を出す穴（あな）がある。**胃液**には，**塩酸（えんさん）**と**ペプシン**という㉘　　がふくまれている。ペプシンは㉙　　をペプトンに変える。
〈十二指腸と小腸〉小腸は４～６ｍもある長い管で，初めの部分を十二指腸といい，㉚　　からたんじゅう，㉛　　からすい液が出される。また㉜　　のかべで最終的な消化分解が行われる。

(3) **消化されたものの吸収（きゅうしゅう）**……〈養分の吸収〉消化された養分は㉝　　のじゅう毛で吸収される。
〈水分の吸収〉水分は小腸と㉞　　で吸収される。

(4) **不要物のはい出**……〈はい出器官〉血液中の不要物をにょうとして出す㉟　　と，あせとして出す㊱　　をはい出器官という。

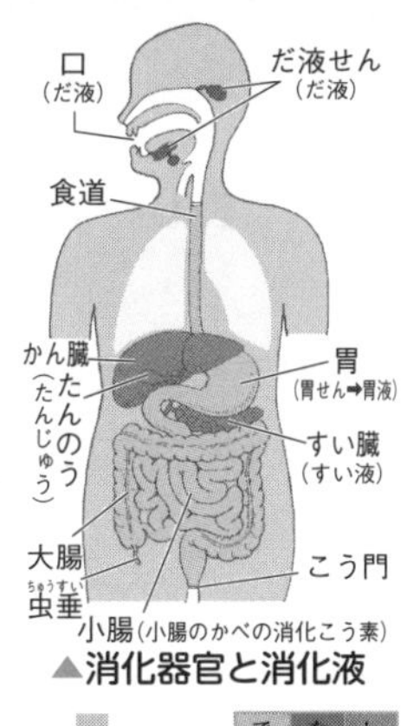

▲消化器官と消化液

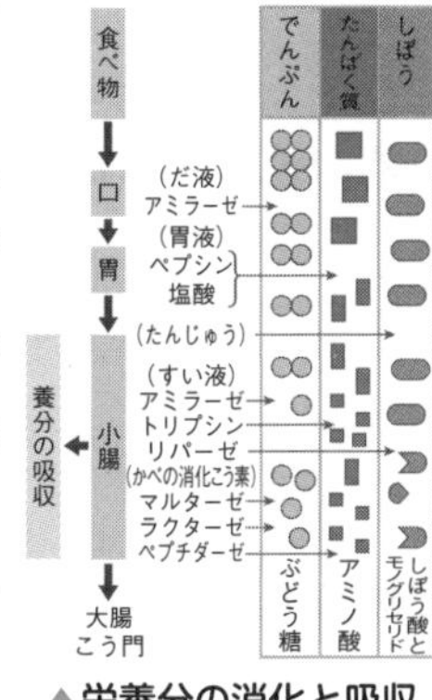

▲栄養分の消化と吸収

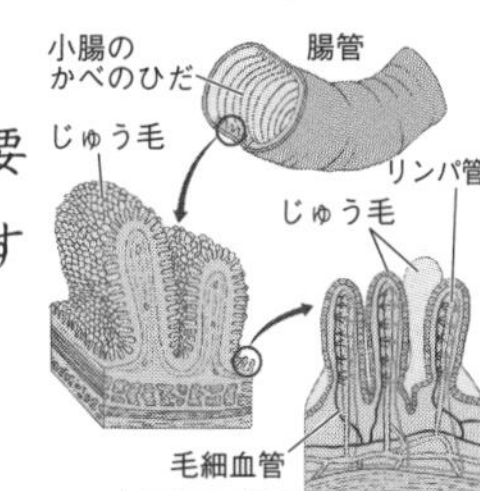

▲小腸の内部のつくり

⑲
⑳
㉑
㉒
㉓
㉔
㉕
㉖
㉗
㉘
㉙
㉚
㉛
㉜
㉝
㉞
㉟
㊱

5 感覚器官のはたらき★★

(1) **目とそのはたらき**……〈目〉明るさや形，色を見分ける。両目で見ることで遠近を見分ける。明るい所ではひとみは小さくなる。

(2) **耳とそのはたらき**……〈耳〉音を集め，よく聞こえるつくりである。

(3) **その他の感覚器官**……〈感覚器官〉**皮ふ**や**鼻**，**舌（した）**などがある。

入試ガイド
消化管は食べ物が通る管で，消化器官は消化にかかわる器官である。両者を区別できているかが問われることがある。

6 動物のなかま分け★★

(1) **背骨（せぼね）の有無**……〈せきつい動物と無せきつい動物〉背骨をもつなかまをせきつい動物，背骨をもたないなかまを無せきつい動物という。

(2) **せきつい動物と無せきつい動物**……〈動物のなかま分け〉せきつい動物は，魚類，両生類，は虫類，鳥類，ほ乳類（にゅうるい）に分けられる。無せきつい動物は，節足動物，なん体動物などに分けられる。

だ液，胃液，たんじゅう，すい液などを消化液という。
消化された養分は，小腸のじゅう毛から吸収される。

ステップ2 実力問題

ねらわれるココが
- 呼吸のはたらき
- 血液と心臓のはたらき
- 消化，吸収とはい出

解答→別冊 p.10

重要 **1** 下の図は人の血管について表したものである。これについて，次の問いに答えなさい。〔かえつ有明中〕

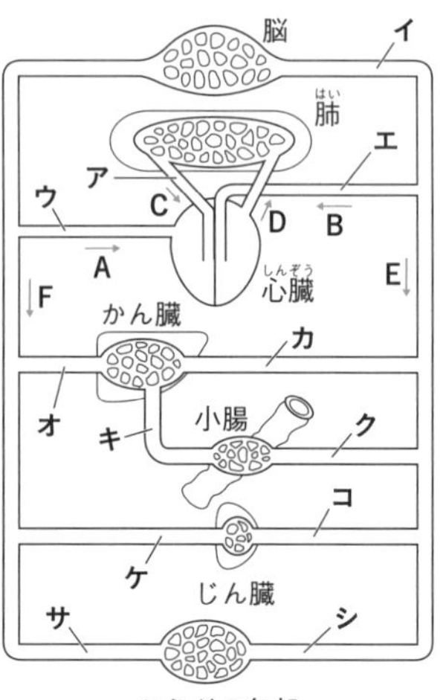

(1) 図のA～Fの矢印は血液の流れを表している。矢印の向きが正しいものをすべて選び，記号で答えなさい。［　　　　］

(2) **エ**の血管の名まえを答えなさい。［　　　　］

(3) 図の**ア～シ**の血管の中で，にょう素などの不要物が最も少ない血液が流れているものを選び，記号で答えなさい。［　　　　］

(4) 図の**ア～シ**の血管の中で，二酸化炭素を最も多くふくんでいる血液が流れているものを選び，記号で答えなさい。［　　　　］

(5) 小腸で養分を吸収しているとき，**オ**，**カ**，**キ**を流れる血液中の養分のこさはどうなっているか。こい順に**オ**，**カ**，**キ**をならべなさい。［　　　　］

(6) **サ**，**シ**のうち，弁がついている血管はどちらか，記号で答えなさい。［　　　　］

2 下の**図1**は人の消化器官を模式的に表したものである。これについて，次の問いに答えなさい。〔明治大付属中野八王子中〕

(1) **図1**の**カ**の器官名を次の語群から選び，記号で答えなさい。［　　　　］

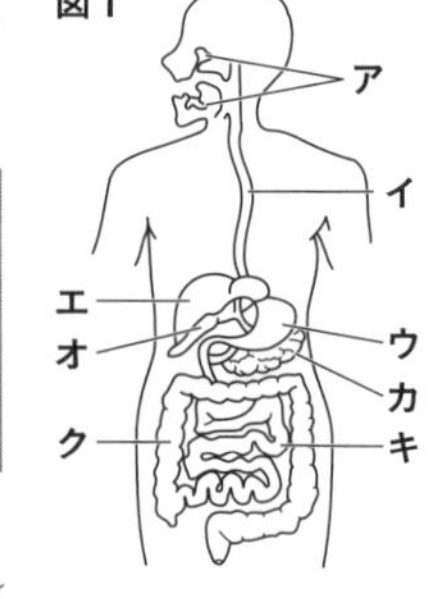

語群

A	大腸	B	たんのう	C	胃
D	小腸	E	食道	F	かん臓
G	すい臓	H	だ液せん		

(2) **図1**の**ウ～ク**のうち消化液をつくらない器官はどれか。すべて選び，記号で答えなさい。［　　　　］

重要 (3) **図2**は，「養分」「消化液」「養分が分解されてできた物質」の関係を表している。ただし，空らん**ア～オ**には

図2

ア　イ　ウ　エ　オ

カ → キ

ク → ケ

コ → サ・シ

得点アップ

1 心臓から出て行く血液が通る血管を動脈，かえってくる血液が通る血管を静脈という。

(3)にょう素はじん臓でこしとられる。

(4)二酸化炭素は肺から体外へ出される。

✔チェック！自由自在①
人の心臓のつくりの特ちょうと血液のじゅんかんの特ちょうを調べてみよう。

2 口からこう門にいたる消化管と，消化液をつくる，かん臓，すい臓などの器官をあわせて消化器官という。

(2)食道は筋肉の管で，ぜん動運動をすることにより，食べ物を口から胃に送る。

(3)消化液は，それぞれ決まった食べ物に作用する。

消化液名，空らんカ，ク，コには養分名，空らんキ，ケ，サ・シには養分が分解されてできた物質名が入る。空らんエをつくる器官はどこか，図1のア～クから1つ選び，記号で答えなさい。 [　　]

(4) 養分が分解されてできた物質のうち，小腸の毛細血管から吸収されるものはどれか，図2の「キ」「ケ」「サ・シ」からすべて選び，記号で答えなさい。 [　　]

✔チェック!自由自在②
消化器官の種類と特ちょうを調べてみよう。

3 次の文章を読んで，あとの問いに答えなさい。 〔共立女子中〕

> 人はたくさんの情報を感知することができ，その感覚をまとめて五感という。1つめは視覚。光の刺激を$_A$目で受けとる。2つめはちょう覚。音の刺激を$_B$耳で受けとる。3つめはきゅう覚。においの刺激を鼻で受けとる。4つめは味覚。味の刺激を$_C$舌で受けとる。5つめは ① 。感覚器官(刺激を受けとる器官)は ② である。

3 人は五感によってまわりからの刺激の情報を受けとっている。

(1) 文章中の①，②に入る適切なことばを書きなさい。

①[　　] ②[　　]

(2) 文章中の下線部Aについての説明として正しいものを次のア～エからすべて選び，記号で答えなさい。 [　　]

ア ひとみのまわりの茶色い部分はこうさいといい，カメラのレンズにあたる。

イ もうまくは目に入った光が像を結ぶ部分で，像は実物とさかさまになっている。

ウ 暗いときにはひとみが縮んで小さくなる。

エ ガラス体は，とう明なゼリー状の物質である。

(2)目はものの明るさや形，色を見分ける感覚器官である。

(3) 文章中の下線部Bについて，耳では音のほかにも刺激を受けとることができる。耳のはたらきとは関係のないものを次のア～エから選び，記号で答えなさい。 [　　]

ア しゃ面に立つと，体がかたむいていることを感じる。

イ 回転すると，回転がとまってもまだ回っているように感じる。

ウ 走っている電車から外を見ると，風景が流れているように感じる。

エ しん動の激しい乗り物に乗ると，乗り物よいをする。

(4) 文章中の下線部Cについて，舌ではあまい・しょっぱい・からいなどさまざまな味を感じることができる。その中で，あまさだけを感じさせないようにする作用がある「ギムネマ茶」というお茶がある。そのお茶を飲んだあと，チョコレートを食べるとどのように感じると考えられるか。次のア～エから1つ選び，記号で答えなさい。 [　　]

ア 口に入れたことを感じない。　**イ** バターのような味がする。

ウ 味をまったく感じない。　**エ** かおりを感じない。

(4)舌は味を感じる感覚器官である。

✔チェック!自由自在③
どのような感覚器官があるか調べてみよう。

ステップ3 発展問題

解答→別冊 p.11

1 人のからだについて，次の問いに答えなさい。 〔初芝富田林中〕

右の図は，人のからだを正面から見たときの血液の流れとそれにかかわるからだのつくりを示したものである。

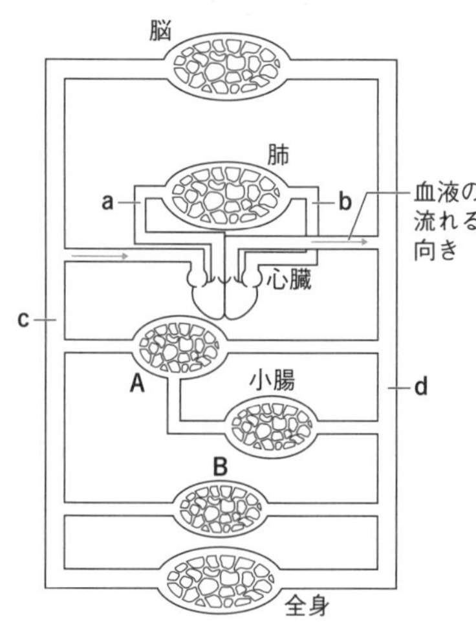

(1) 肺と小腸について説明している文を次の**ア**～**エ**からそれぞれ選び，記号で答えなさい。

肺［　　　］ 小腸［　　　］

ア からだに必要な気体と不必要な気体を交かんしている。

イ からだに2つあって，いらなくなったものを血液の中からとり除いている。

ウ 食べ物の消化を助けたり，アルコールなどの害のあるものを害の少ないものにつくり変えている。

エ 消化された食べ物の養分を血液中にとりこんでいる。

重要 (2) 心臓は4つの部屋に分かれていて，決まった方向にだけ血液が流れるようになっている。血液が逆流しないよう弁があるのは，次の①～④の部屋のうち，どの部屋とどの部屋の間か。次の**ア**～**カ**から2つ選び，記号で答えなさい。 ［　　　］［　　　］

① 血液が全身からもどってくる部屋　② 血液が全身へ出て行く部屋

③ 血液が肺からもどってくる部屋　④ 血液が肺へ出て行く部屋

ア ①と②の間　**イ** ①と③の間　**ウ** ①と④の間

エ ②と③の間　**オ** ②と④の間　**カ** ③と④の間

(3) 図の血管**a**～**d**を，それぞれの血管を通る血液にふくまれる酸素の量が多い順にならべなさい。 ［　→　→　→　］

(4) 図の**A**では，食べ物の養分の一部が一時的にたくわえられ，必要なときに全身に送り出されている。図の**A**はからだのどの部分を表したものか，答えなさい。 ［　　　］

(5) 図の**B**ではにょうがつくられている。図の**B**はからだのどの部分を表したものか，答えなさい。 ［　　　］

右の表は，ある人の1分間あたりの脈はく数，はく動1回あたりに心臓が送り出す血液の体積を表している。あとの(6)，(7)の問いに答えなさい。ただし，この人の全身を流れる血液の体積は3.75 Lとする。また，割り切れないときは小数第2位を四捨五入して小数第1位まで答えなさい。

1分間あたりの脈はく数	75回
はく動1回あたりに心臓が送り出す血液の体積	64 mL

(6) この人の心臓が1分間に送り出す血液の量は何Lか，答えなさい。 ［　　　］

(7) この人の血液は，1時間に全身を何周するか，答えなさい。 ［　　　］

2 消化について，次の問いに答えなさい。　〔立教新座中〕

(1) 胃で消化される栄養素を，次の**ア**～**オ**から選び，記号で答えなさい。　[　　　]

ア でんぷん　**イ** しぼう　**ウ** たんぱく質　**エ** ぶどう糖　**オ** ビタミン

(2) 胃液にふくまれる強い酸性の物質は何か。その名称を答えなさい。　[　　　]

(3) 図中の**A**は，十二指腸に送られる消化液をつくる。**A**の名称を答えなさい。[　　　]

(4) 十二指腸には，たんのうからたんじゅうも送られてくる。たんじゅうといっしょになることで，消化がうながされる栄養素を，次の**ア**～**オ**から選び，記号で答えなさい。　[　　　]

ア でんぷん　**イ** しぼう　**ウ** たんぱく質　**エ** ぶどう糖　**オ** ビタミン

胃の中で胃液と食べ物が混合して消化されると，それらは十二指腸に送られる。十二指腸に消化物が入ると，図中の**A**から消化液が放出される。**A**から消化液が放出されるしくみを調べるために，次の実験を行った。

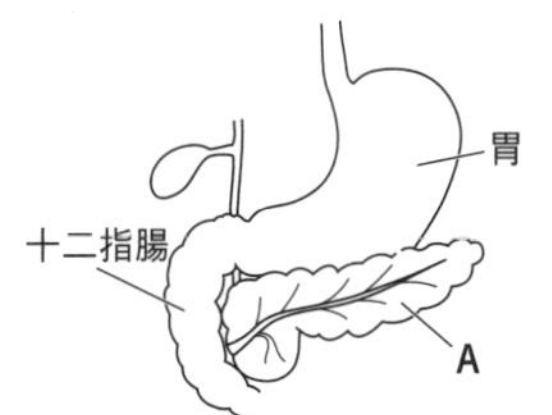

実験　Ⅰ 十二指腸にいろいろな食べ物を直接入れて，**A**から消化液が放出されるかどうか調べ，結果を表にまとめた。

加えたもの	結果
だ液と食べ物をすりつぶしたもの	放出されない
胃液と食べ物をすりつぶしたもの	放出される
胃液にふくまれる強い酸性の物質	放出される

Ⅱ **A**にいろいろなものを注射して，**A**から消化液が放出されるかどうか調べ，結果を表にまとめた。

注射したもの	結果
胃液と食べ物をすりつぶしたもの	放出されない
胃液にふくまれる強い酸性の物質	放出されない

Ⅲ 十二指腸の内側(ねんまく)を少し採取して，胃液にふくまれる強い酸性の物質とまぜた。まぜたものをしぼり，しぼった液を血管に注射したところ，**A**から消化液が放出された。

(5) 次の文章は実験Ⅰ～Ⅲの結果から，**A**から消化液が放出されるしくみをまとめたものである。①～③に入る適切な語句を，あとの**ア**～**カ**から選び，それぞれ記号で答えなさい。

①[　　　]　②[　　　]　③[　　　]

> 胃の消化物が十二指腸に送られると，十二指腸が消化物にふくまれる　①　を感知する。すると，十二指腸の　②　にふくまれる物質が　③　に放出される。その　③　が**A**にとう達すると，**A**から消化液が出される。

ア 食べ物　**イ** 血液　**ウ** たんじゅう　**エ** ねんまく
オ 胃液にふくまれる強い酸性の物質　**カ** だ液

難問 (6) 実験Ⅰ～Ⅲの結果から考えられることとして適切なものを，次の**ア**～**エ**からすべて選び，記号で答えなさい。　[　　　]

ア **A**に入る血管をしばっても，**A**からは消化液が放出される。
イ **A**から消化液が放出されるには，十二指腸からの指令が必要である。
ウ 胃液にふくまれる強い酸性の物質は，十二指腸に変化をおこす。
エ 胃液が直接**A**に作用して，**A**から消化液が放出される。

学習日　月　日

6 生き物とかん境

ステップ1 まとめノート

解答→別冊 p.12

1 生き物のくらしと水・空気★

(1) **生き物のくらしと水**……〈生き物と水〉生き物のからだの大部分は① 　 でできている。
〈水のじゅんかん〉地球上の水はさまざまなすがたに変わる。

▲自然の中の水のじゅんかん

(2) **生き物のくらしと空気**……〈植物のはたらき〉生き物が**呼吸**するのに必要な② 　 は，植物が③ 　 によってつくり出している。

2 生き物のくらしと食物★★

(1) **生活と食物**……〈食物の特ちょう〉食物は材料によって④ 　 と**動物性**に分けることができる。
└たんぱく質，炭水化物，しぼう，ビタミンなど

草食動物	雑食動物	肉食動物
ウシ	ネズミ	カマキリ
シカ	スズメ	タカ
リス	クマ	ヘビ
ウサギ	イノシシ	ライオン

▲動物と食物

(2) **生き物と食物とのかかわり**……〈動物と植物〉植物を食べる動物を⑤ 　 ，ほかの動物を食べる動物を⑥ 　 ，植物と動物のどちらも食べる動物を⑦ 　 という。人や動物の食物のもとになるものはみな⑧ 　 である。

(3) **植物・動物・び生物**……植物はみずから栄養分をつくり出すため，⑨ 　 とよばれる。草食動物・肉食動物は植物がつくった栄養分を食べるため⑩ 　 とよばれる。植物や動物の死がいやふんなどを分解する小さな生き物や**きん類**，**細きん類**を⑪ 　 という。

(4) **生き物とかん境**……〈食物連鎖〉生き物の食べる・食べられるという関係を⑫ 　 という。
〈生き物の数〉食物連鎖の関係では，食べる生き物は，食べられる生き物より数が⑬ 　 。植物を底面とした⑭ 　 の形になる。一時的に増減があっても，長い時間をかけてほぼ一定になり，⑮ 　 が保たれる。

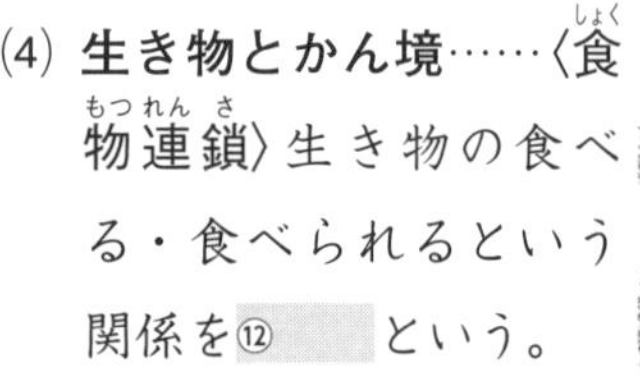
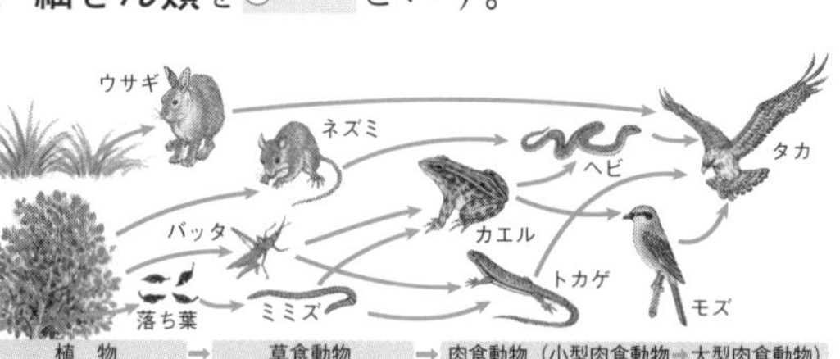
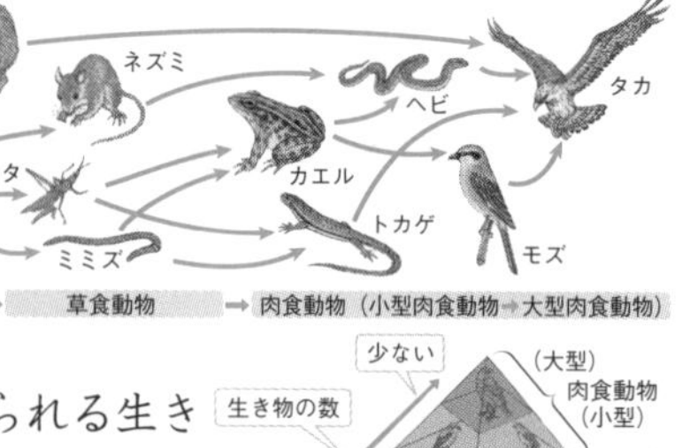

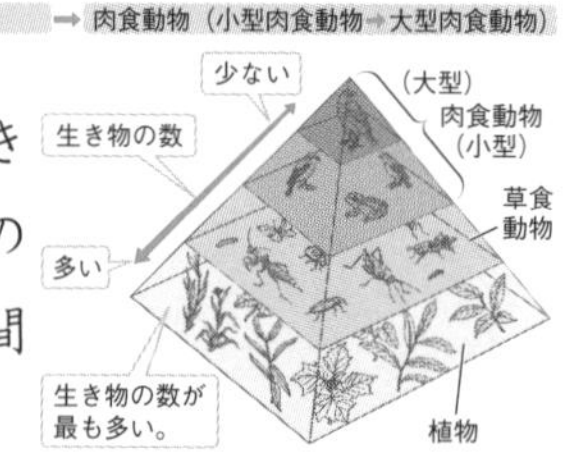

①
②
③
④
⑤
⑥
⑦
⑧
⑨
⑩
⑪
⑫
⑬
⑭
⑮

入試ガイド
食物連鎖において，生き物の数はつりあいがとれている。バランスがくずれた場合どうなるかが出題されている。

ズバリ暗記
人や動物の食物のもとをたどると，植物にたどりつく。
植物は生産者，動物は消費者，小さな生き物やび生物は分解者という。

(5) **さまざまな食物連鎖**……〈海の中の食物連鎖〉植物プランクトンを⑯　　がえさにし，さらに小型の魚，中型の魚，大型の魚という順に陸上の食物連鎖と同じようになっている。
〈土の中の食物連鎖〉落ち葉→ヤスデやダンゴムシ→モグラという食物連鎖ができているとともに，有機物を⑰　　に分解するきん類や⑱　　もいっしょにすんでいる。

3 水の中の小さな生き物★

(1) **魚の食べ物**……〈プランクトン〉けんび鏡で見られる小さな生き物を⑲　　という。プランクトンには光合成を行う⑳　　とそれを食べる㉑　　がいる。
└ふ遊生物ともいう

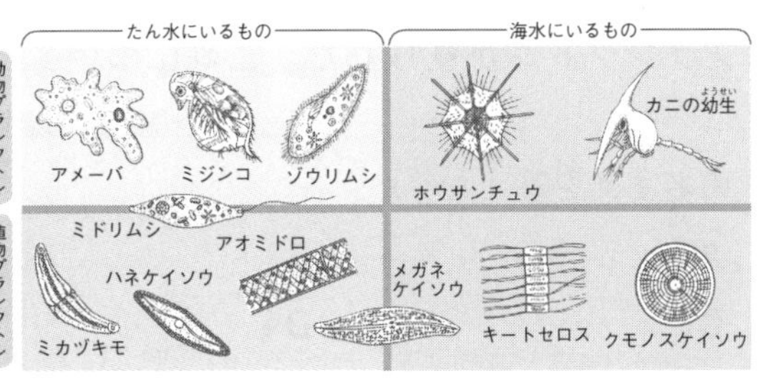

(2) **双眼実体けんび鏡の使い方**……〈双眼実体けんび鏡〉低倍率での観察に適しており，㉒　　で見るため，厚みのあるものを立体的に観察することができる。まず右目でピントを合わせ，その後左目で見えやすいように㉓　　を使って調節をする。

4 生き物のくらしとかん境★★

(1) **オゾン層の破かい**……〈オゾン層〉オゾン層は，太陽光の中にふくまれる㉔　　という有害な光をさえぎる。これは人工的につくり出された㉕　　によって破かいされてしまう。南極上空のオゾンの量は非常に減少しており，オゾン層に穴のあいたようすから㉖　　とよばれている。
└化学的に安定していて分解されにくい┘

▲オゾン層の破かい

(2) **地球温暖化**……〈地球温暖化〉石油や㉗　　などを大量に燃やすことにより大気中の二酸化炭素が増えすぎたことが㉘　　の原因の１つと考えられている。また，㉙　　によって二酸化炭素をとりこむ森林の減少もえいきょうしている。

(3) **酸性雨**……〈酸性雨〉ふつうより強い酸性を示す雨や雪が降る現象が㉚　　である。その原因は，石炭や石油などの㉛　　の燃焼などにより放出される**二酸化イオウ**や**ちっ素酸化物**である。

ズバリ暗記
自然の中の生き物は，食べる・食べられるの食物連鎖でつながっている。
石油を燃やしたときに出る二酸化炭素によって地球温暖化がおこる。

⑯
⑰
⑱
⑲
⑳
㉑
㉒
㉓
㉔
㉕
㉖
㉗
㉘
㉙
㉚
㉛

かん境問題の種類や原因，どのような対策が必要かが出題されている。

ステップ2 実力問題

ねらわれるココが
- 食物連鎖
- 水の中の小さな生き物
- 地球かん境問題

解答→別冊 p.13

1 池の水の中で生活する小さな生き物を観察するため，池の水をとり，非常に目の細かいあみでろ過した。それをけんび鏡で観察したところ，上の図のようなプランクトンが見られた。これについて，次の問いに答えなさい。〔箕面自由学園中〕

A
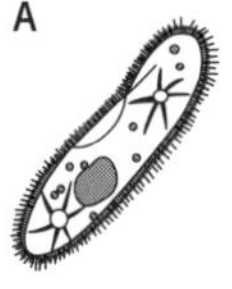
B

C
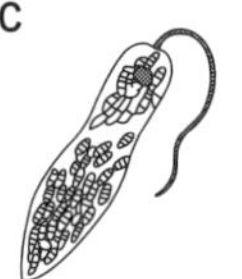
D
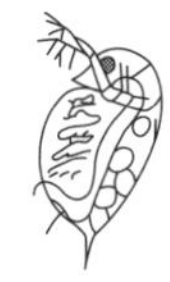

(1) A～Dのプランクトンの名まえを答えなさい。

A［　　　　　　］　B［　　　　　　］
C［　　　　　　］　D［　　　　　　］

(2) A～Dのうち，動物プランクトンをすべて選び，記号で答えなさい。［　　　　］

(3) 植物プランクトンは，日光にあたると栄養分をつくる。その現象を何というか。漢字3文字で答えなさい。［　　　　］

(4) Cのプランクトンにある1本の毛を何というか，答えなさい。［　　　　］

(5) A～Dのうち，からだの大きさがいちばん大きいプランクトンはどれか。記号で答えなさい。［　　］

重要 **2** 下の図は，木の実などの植物をリスのような草食動物が食べ，リスをヘビのような肉食動物が食べ，また，ヘビを食べるイタチもいることを表している。生き物のつながりについて，次の問いに答えなさい。〔京都聖母学院中〕

木の実 → リス → ヘビ → イタチ

(1) 図のような，生き物どうしの「食べる・食べられる」の関係のつながりを何というか，答えなさい。［　　　　］

(2) 植物のように，日光を使ってでんぷんなどの栄養分をつくる生き物を何というか，漢字で答えなさい。［　　　　］

(3) 草食動物や肉食動物のように，ほかの生き物を食べることにより養分を得ている生き物を何というか，漢字で答えなさい。［　　　　］

(4)「食べる・食べられる」の関係として正しいものを，次の**ア**～**エ**から選

得点アップ

1 植物プランクトンと動物プランクトンを見分ける。

✔チェック!自由自在①
どのようなプランクトンがいるか調べてみよう。

(3)植物プランクトンは日光にあたるとでんぷんをつくり出している。

2 自然界では，生き物は食べる・食べられるの関係でつながっている。

✔チェック!自由自在②
海の中，土の中の食物連鎖について調べてみよう。

(3)草食動物や肉食動物は，植物のように自分で養分をつくることができない。

び，記号で答えなさい。ただし，**A→B**は，**A**が**B**に食べられることを示している。 [　　]

ア 植物の葉→モンシロチョウ→クワガタ

イ イカダモ→ミジンコ→メダカ

ウ 落ち葉→ダンゴムシ→ミミズ　　**エ** カマキリ→バッタ→モズ

(5) ある生き物を中心に考えたとき，その生き物をとりまいているものを何というか，答えなさい。 [　　]

3 次の文章を読み，あとの問いに答えなさい。 〔日本大藤沢中〕

> 地球はおよそ46億年前に誕生したといわれている。そのころの地球には酸素がなかったため，酸素がなくても生きることができる生き物が海の中で生活していた。その後，太陽の光を利用して生活する生き物が現れ，その生き物の①あるはたらきにより，地球上に酸素が存在するようになった。そして酸素からオゾン層が形成され，私たち人間をふくめた多くの動物・植物が地上・海中など地球上の多くの場所で生活できるかん境ができあがり，現在にいたっている。しかし近年，この長い歴史をもつ地球かん境が，人間の活動によって少しずつ変化している。②化石燃料の大量消費や森林のばっ採・大規模な焼畑，③大気の汚染，④オゾン層の破かいなどである。

(1) 下線部①のあるはたらきとは何か，漢字3字で答えなさい。

[　　]

(2) オゾン層のはたらきとして正しいものを，次の**ア**～**オ**から選び，記号で答えなさい。 [　　]

ア 生き物の呼吸をしやすくする。

イ 気温が下がりすぎないようにしている。

ウ 気温が上がりすぎないようにしている。

エ 有害な紫外線を防いでいる。　　**オ** 二酸化炭素を吸収している。

重要 (3) 下線部②が原因で二酸化炭素が増え，地球かん境が変化している。この問題を何というか，6字以内で答えなさい。 [　　]

(4) 下線部③によって，強い酸性の雨が降る問題がおこっている。この問題によって考えられるものを，次の**ア**～**エ**から選び，記号で答えなさい。 [　　]

ア 水ぼつする島が出てくる。　　**イ** さばく化する地域が増えてくる。

ウ 屋外の銅像のさびや建造物のいたみがひどくなる。

エ 皮ふがんになる人が増える。

(5) 下線部④のオゾン層を破かいしている気体を，次の**ア**～**エ**から選び，記号で答えなさい。 [　　]

ア ちっ素　　**イ** 酸素　　**ウ** 二酸化炭素　　**エ** フロンガス

3 人間の活動は地球のかん境にいろいろなえいきょうをあたえている。

✔チェック!自由自在③
さまざまなかん境問題について調べてみよう。

(1)酸素をつくり出すはたらきをするのは，植物である。

(4)イオウ酸化物やちっ素酸化物が雨の中にふくまれている。

ステップ3 発展問題

解答→別冊 p.13

1 地球の生態系では，食物連鎖などを通じてさまざまな物質が移動している。植物は生産者とよばれ，太陽エネルギーを使って，二酸化炭素や水から栄養分をつくっている。また，動物は消費者とよばれ，植物がつくった栄養分をとりこみ，それを使って生きている。<u>生産者を直接食べる消費者は一次消費者，一次消費者を食べる消費者は二次消費者とよばれている</u>。また，生産者や消費者の遺がいやはい出物はやがてきん類などの分解者によって分解される。一部は分解されずに化石燃料になるが，ほとんどは分解されて二酸化炭素となり，大気中にもどる。上の図の矢印は炭素をふくんださまざまな物質が移動するようすを示したものである。これについて，次の問いに答えなさい。〔早稲田中〕

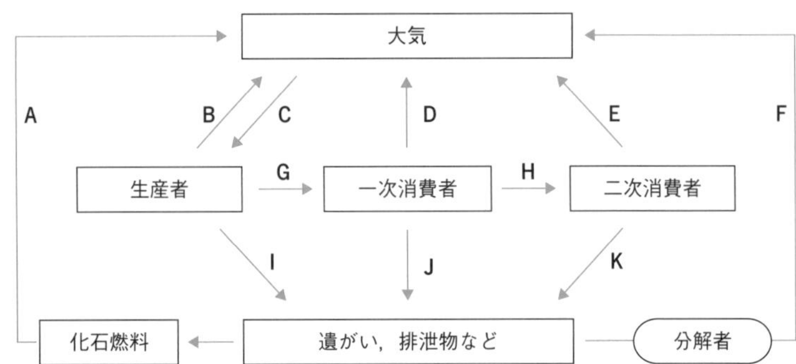

(1) 文章中の下線部について，次の**ア**～**オ**の生き物から一次消費者を２つ選び，記号で答えなさい。

[　　　] [　　　]

ア ミミズ　**イ** ムカデ　**ウ** クモ　**エ** モグラ　**オ** ダンゴムシ

(2) 二酸化炭素の増加が地球温暖化につながるとして，問題になっている。現在の大気中の二酸化炭素の割合はどれくらいか。ふさわしいものを次の**ア**～**コ**から２つ選び，記号で答えなさい。なお，ここでは小さい割合を表すために，％のほかにppm（百万分率）という単位も使っている。１ppmは100万分の１の割合を表す。

[　　　] [　　　]

ア 0.0004％　**イ** 0.004％　**ウ** 0.04％　**エ** 0.4％　**オ** 4％
カ 0.04 ppm　**キ** 0.4 ppm　**ク** 4 ppm　**ケ** 40 ppm　**コ** 400 ppm

(3) 大気中の二酸化炭素が年々増加しているのは，図中の矢印の流れの中に増加したり，減少したりしているものがあるためである。増加・減少していることが問題となっている矢印はどれか。ふさわしいものを図中の**A**～**K**からそれぞれ１つずつ選び，記号で答えなさい。

増加している[　　　]　減少している[　　　]

(4) 物質の中には，生産者→一次消費者→二次消費者と食物連鎖を通じて物質の体内のう度が増加するものが知られている。この現象を生物のう縮という。生物のう縮がおこる多くの物質の特ちょうとして考えられるものを，次の**ア**～**エ**から２つ選び，記号で答えなさい。

[　　　] [　　　]

ア 体内で分解されやすい物質である。
イ 体内で分解されにくい物質である。
ウ 体内からはい出されやすい物質である。
エ 体内からはい出されにくい物質である。

2 右の図は，ある川に生息する生き物の食物連鎖の関係を示したもので，Aのグループの生き物はBのグループの生き物に，Bのグループの生き物はCのグループの生き物に食べられる。A～Cのわく内に，各グループを代表する生き物2つを図で示している。これについて，次の問いに答えなさい。〔甲陽学院中－改〕

(1) 図のaの生き物の名まえとけんび鏡で観察したときの倍率として最も適当なものを，次の**ア～ク**からそれぞれ選び，記号で答えなさい。

名まえ[　　　]　倍率[　　　]

ア イカダモ　**イ** クンショウモ　**ウ** ツヅミモ
エ ボルボックス　**オ** 4倍　**カ** 40倍
キ 400倍　**ク** 4000倍

重要 (2) 次の文章の①～④にあてはまる語句を答えなさい。

> Aの生き物は ① と ② をとり入れ，太陽の ③ を用いて，でんぷんなどをつくり， ④ を出す。A，B，Cの生き物は， ④ をとり入れて， ① を出すはたらきを行う。

①[　　　]　②[　　　]
③[　　　]　④[　　　]

(3) 陸上や土中で図のBのグループに属するものを，次の**ア～ク**から2つ選び，記号で答えなさい。

[　　　] [　　　]

ア ウサギ　**イ** カマキリ　**ウ** クモ　**エ** ザリガニ　**オ** ヘビ
カ ミミズ　**キ** ムカデ　**ク** モグラ

(4) 川において，図のA，B，Cの各グループを，量が多い順にならべるとふつうどのようになるか。適当なものを，次の**ア～カ**から選び，記号で答えなさい。[　　　]

ア A，B，C　**イ** A，C，B　**ウ** B，A，C　**エ** B，C，A
オ C，A，B　**カ** C，B，A

(5) 図のCのグループに属するメダカは，近年全国で減少している。その原因として，食物連鎖以外に，川岸と川底をコンクリートで固めたことがメダカのはんしょくによくなかったことがあげられる。どんな点ではんしょくによくないか，水質が悪化したこと，水流がはやくなりメダカがすみにくくなったこと以外で答えなさい。

[　　　　　　　　　　　　　　　　]

問 (6) 近年日本の川ではブラックバスなどの外来魚が増えたため，もともと日本の川にいた魚(在来魚)が食べられて減っている。そこで在来魚の減少を防ぐため，外来魚をほかくして減らしている。しかしかりに外来魚の数を半分に減らしても，その後外来魚を減らす努力をやめれば，何年かすると外来魚の数はふたたびもと通りになる可能性がある。その理由を，食べる・食べられるの関係から説明しなさい。

[　　　　　　　　　　　　　　　　]

思考力/作図/記述問題に挑戦！

本書の出題範囲 p.26〜43

解答→別冊 p.14

重要 **1** メダカのおすとめすのひれで，大きく異(こと)なるのはどの部分か。その部分のみおすの図にかき入れなさい。〔日本女子大附中〕

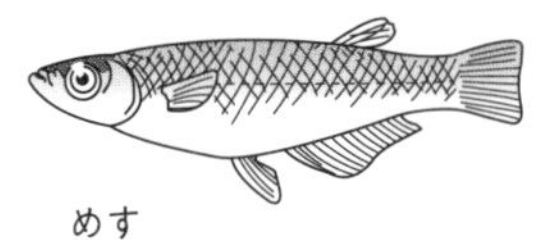
めす

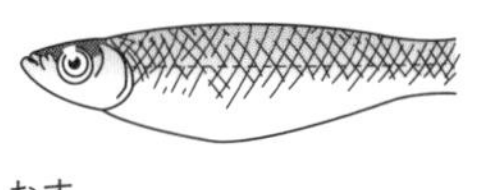
おす

2 口や鼻から入った空気は気管を通って左右2つの肺(はい)に送られる。これについて，図の気管につながるように解答用の図に気管のつづきと肺をかき入れなさい。〔玉川聖学院中〕

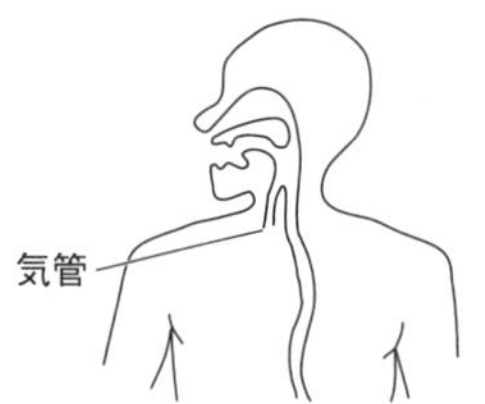

解答用

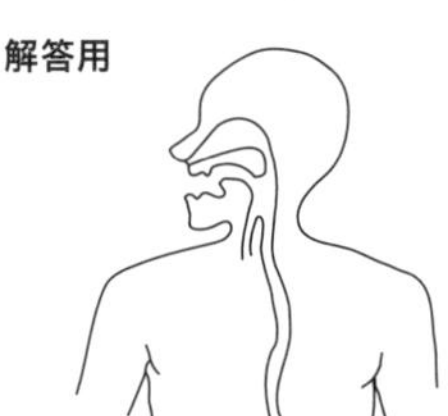

3 生態系(せいたいけい)についての文章を読み，あとの問いに答えなさい。〔関東学院中〕

ある地域(ちいき)に生息するすべての生き物と，その生き物をとりまくかん境(きょう)をひとまとまりと考えたものを生態系という。ある地域には，次の**A**〜**D**の生き物が生活していて「食べる・食べられる」の関係でつながっている。　**A** イネ科植物　**B** イタチ　**C** ウサギ　**D** ワシ

(1) 右の図は**A**〜**D**の生き物の数量関係をピラミッドで表したものである。図中の①と④にあてはまる生き物を**A**〜**D**からそれぞれ選び，記号で答えなさい。

①　②　③　④

生き物の数量関係

①［　　　］　④［　　　］

(2) 図について，③の生き物がくじょやほかくされ急激(きゅうげき)に減少(げんしょう)し，次の図の**ア**のような数量関係になった。このとき，数量関係は時間とともにどのように移(うつ)り変わるか。次の**ア**〜**エ**を適当(てきとう)な順にならべかえ，その順序(じゅんじょ)を記号で答えなさい。ただし，開始を**ア**とする。

［　**ア**→　　　→　　　→　　　］

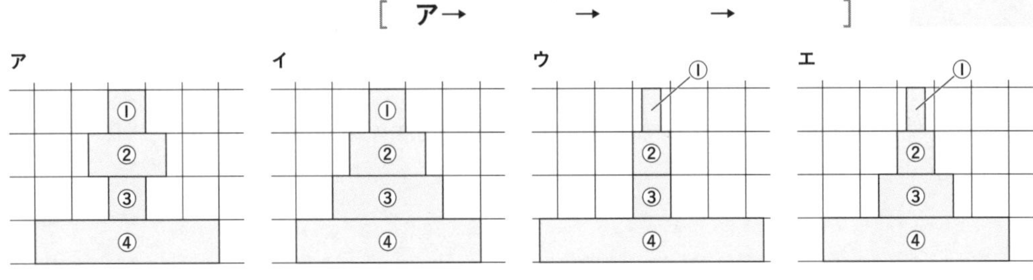

着眼点

1 せびれとしりびれが大きく異なっている。

2 気管は左右に2つに分かれて，肺につながっている。

3 (2)③が急激に減少すると，③に食べられる④および③を食べる②にどのような影響(えいきょう)があるか考える。

4 私たちは身のまわりのさまざまな情報をえるために，さまざまな感覚器官をもっている。光を受けとる目もその１つである。**図１**は，人の目の水平断面を上から見たものである。視神経は，頭の中心に向かってのびている。これについて，次の問いに答えなさい。〔青山学院横浜英和中〕

図１

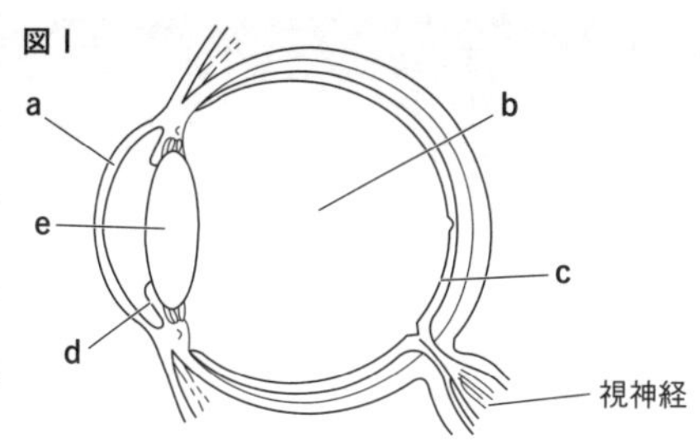

(1) **図１**の**e**は**c**に像を結ぶために厚さが変化する。近くのものを見るときの厚さはどうなるか，答えなさい。［　　　　］

(2) **図２**を見ると，**c**にはどのような像が結ばれるか。次の**ア**～**エ**から選び，記号で答えなさい。［　　　　］

図２

ア

イ

ウ

エ

(3) **図１**を見て，次の**ア**～**ウ**から正しいものを選び，記号で答えなさい。［　　　　］

ア **図１**は右目を表している。　**イ** **図１**は左目を表している。
ウ **図１**では，右目か左目かは判断できない。

4 eの水晶体（レンズ）はとつレンズのはたらきをしている。

(2) cのもうまくには，実像がうつっている。

5 激しい運動をすると，心臓の動く回数（はく動）が増えて，呼吸の回数も多くなる。図のように心臓のつくりをみると，弁でしきられた心ぼうと心室があり，心ぼうには血管から血液が流れこみ，心室からは血液を送り出している。人の心室は２つあり，左心室は右心室に比べて筋肉が厚くなっている。これはなぜか。理由を答えなさい。〔立命館中〕

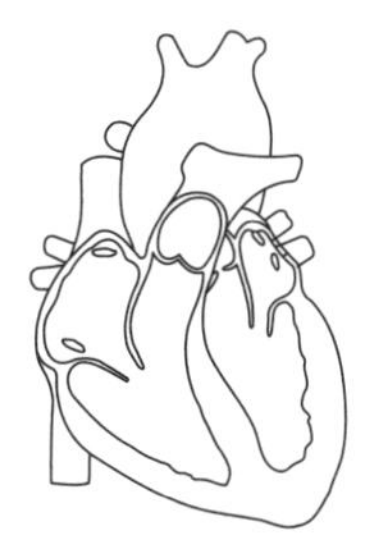

［　　　　　　　　　　　　　　　　　　　　　　　　］

5 心室のはたらきから考える。

6 たんぱく質は，人のからだにとって重要な栄養素の１つであるが，消化されないと体内に吸収されない。なぜたんぱく質のままだと吸収されないのか。その理由を答えなさい。〔開智中〕

［　　　　　　　　　　　　　　　　　　　　　　　　］

6 たんぱく質のつぶの大きさを考える。

精選　図解チェック＆資料集（生き物）

解答→別冊 p.15

●次の空欄(くうらん)にあてはまる語句(ごく)を答えなさい。

動　物

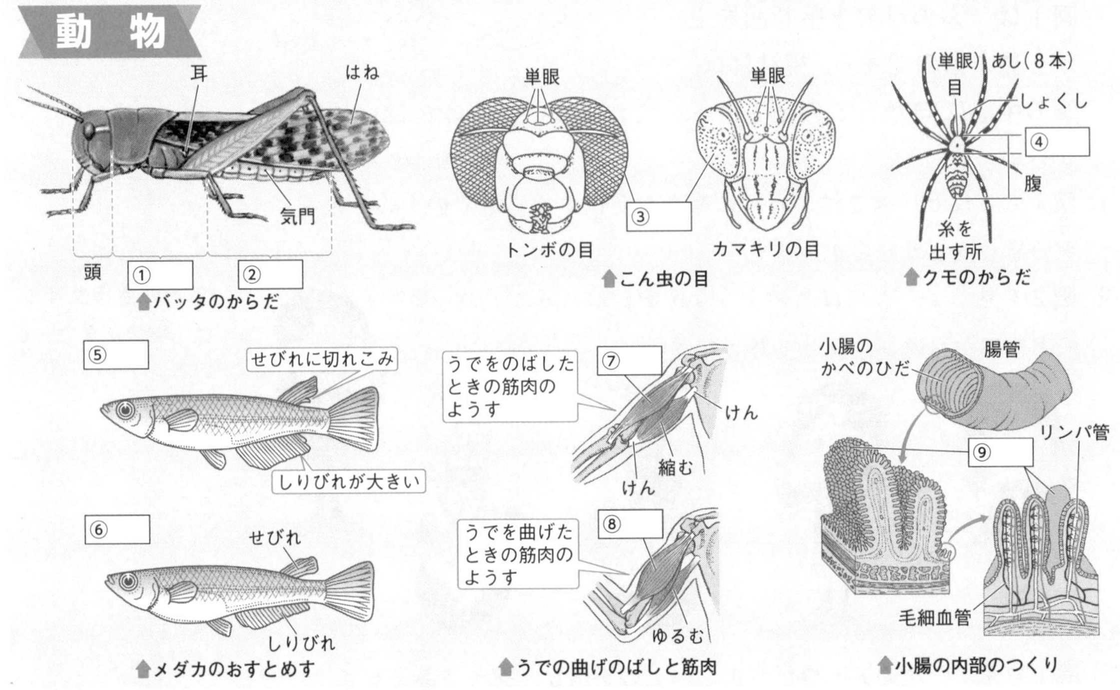

バッタのからだ　こん虫の目　クモのからだ

メダカのおすとめす　うでの曲げのばしと筋肉　小腸の内部のつくり

植　物

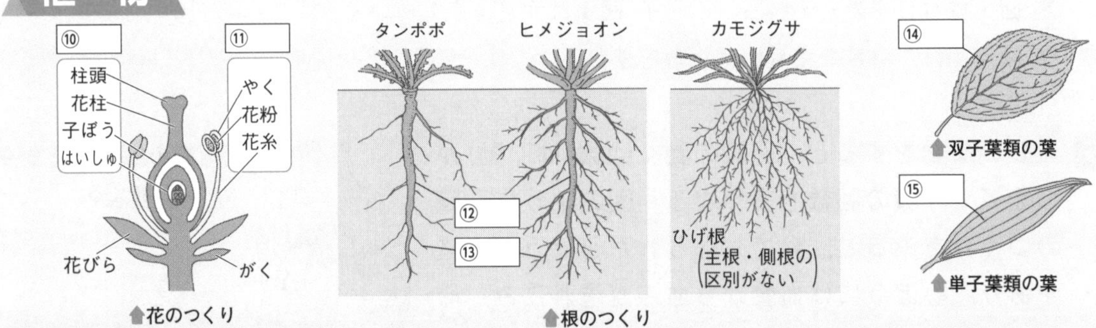

花のつくり　根のつくり　双子葉類の葉　単子葉類の葉

生き物のつながり

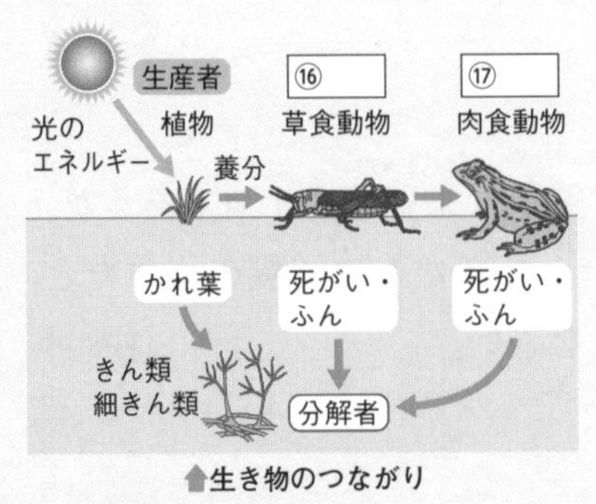

生き物のつながり

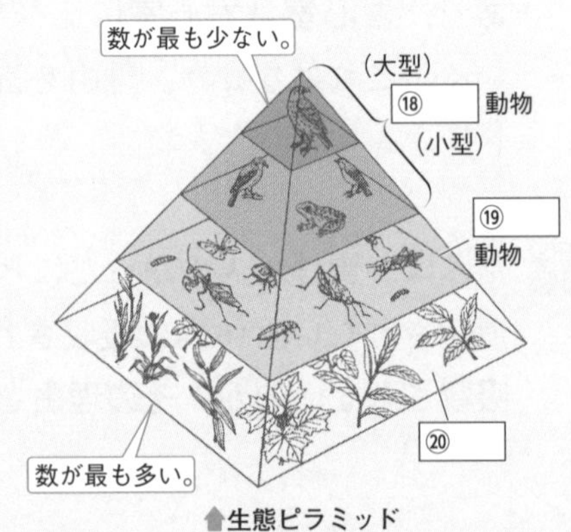

生態ピラミッド

中学入試 自由自在問題集 理科

第2章

地球

学習日　　月　　日

天気のようすと変化

ステップ1 まとめノート

解答→別冊 p.16

1 天気のようす★★★

(1) **太陽の動き**……〈太陽の１日の動き〉太陽の位置は，方位と太陽の①　　を使って表す。太陽が真南にきたときを太陽の南中といい，そのときの高さを②　　，時刻を③　　という。

〈季節と太陽〉春分・秋分の太陽は真東からのぼり真西にしずむ。昼と夜の長さは④　　。夏至の太陽は真東より⑤　　からのぼり，真西より⑤　　にしずむ。昼の時間は⑥　　なる。冬至の太陽は真東より⑦　　からのぼり，真西より⑦　　にしずむ。昼の時間は⑧　　なる。

（この日の南中高度＝90°－その土地の緯度）
（南中高度＝90°－その土地の緯度＋23.4°）
（南中高度＝90°－その土地の緯度－23.4°）

真上　夏至　春分・秋分　冬至　東　北　西　南　南中高度

▲太陽の1年の動き

(2) **気温・風の調べ方**……〈気温のはかり方〉気温は，風通しのよい⑨　　で地上からの高さが1.2～1.5ｍぐらいの所の温度をはかる。

〈百葉箱〉気温などを決まった条件ではかるために百葉箱を使う。中には，⑩　　，最高・最低温度計，かんしつ計，気圧計がある。

〈風の向きと強さ〉風がふいてくる向きを⑪　　といい16方位で表す。風がものを動かす力を⑫　　といい13階級で表す。（0～12）

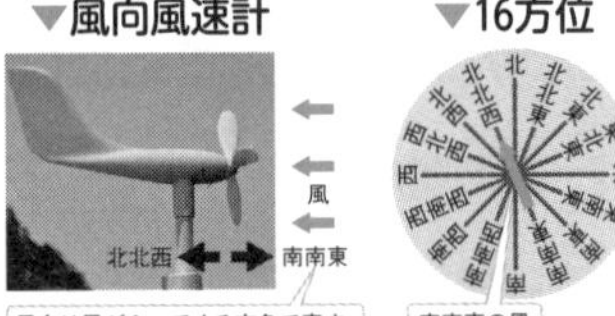

(3) **風のふき方**……〈風がふくしくみ〉地表のものが受ける空気の圧力を⑬　　という。気圧が高い所から低い所に移動する空気の流れが⑭　　である。気圧の等しい地点を結んだ曲線を⑮　　という。（なめらかに結んでいる）

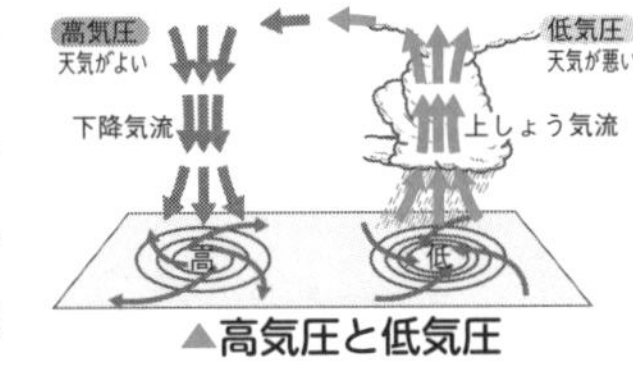

▲高気圧と低気圧

〈高気圧と低気圧〉等圧線が閉じていて，まわりより気圧の高い所を⑯　　，気圧の低い所を⑰　　という。高気圧の中心付近は下降気流，低気圧の中心付近は⑱　　となる。

〈海風と陸風〉よく晴れた日の昼間，海岸付近で海から陸に向かってふく風を⑲　　といい，夜間に陸から海に向かってふく風を⑳　　という。

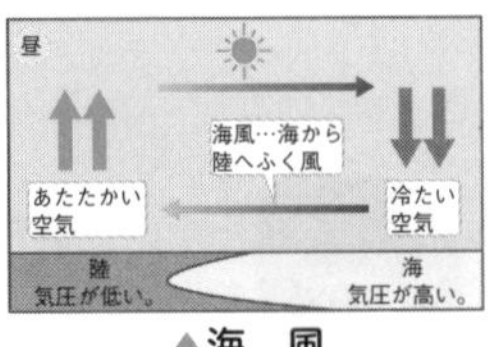

▲海　風

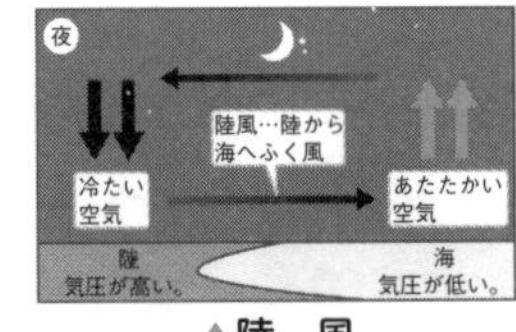

▲陸　風

①
②
③
④
⑤
⑥
⑦
⑧
⑨
⑩
⑪
⑫
⑬
⑭
⑮
⑯
⑰
⑱
⑲
⑳

入試ガイド
季節によって太陽高度が変わるため，かげのようすも変わる。かげから季節を読みとれる。

太陽が真南にきたときを南中といい，そのときの高度を南中高度という。
まわりより気圧の高い所を高気圧，低い所を低気圧という。

(4) **空気中の水蒸気**……〈空気中の水蒸気〉空気中には，蒸発した水が㉑　　となってふくまれる。
〈空気中の水蒸気の変化〉夜，地面が冷えることにより空気が冷やされ，空気中の水蒸気が草木の葉などに水てきとなってついたものを㉒　　，それがこおりついたものを㉓　　という。地面近くで空気が冷やされ，空気中の水蒸気が小さな水のつぶになり，雲のようになる現象を㉔　　という。
〈雲〉空気中の水蒸気が細かい水てきや氷のつぶとなってうかんでいるものを㉕　　という。つぶが大きくなると**雨**や**雪**となる。

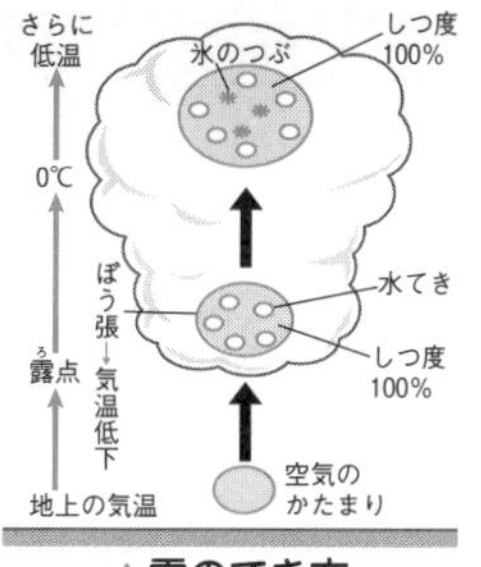

▲雲のでき方

2 天気の変化★★

(1) **天気の変化**……〈雲量〉空全体の広さを10として，0～1のときは㉖　　，2～8のときは㉗　　，9～10のときは㉘　　とする。
〈天気予報〉天気予報は，**気象衛星**㉙　　からの画像や㉚　　などの情報をもとに予想される。
〈天気の変わり方〉日本付近の上空には，㉛　　が西から東へふいており，日本の天気も西から東へと移っていくことが多い。

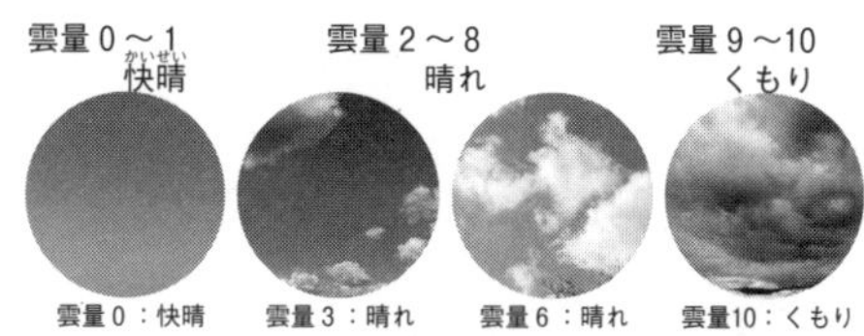

雲量0：快晴　雲量3：晴れ　雲量6：晴れ　雲量10：くもり

	積	層	
巻(上層)	巻積雲	巻層雲	巻雲
高(中層)	高積雲	高層雲	
(下層)	積雲	層積雲	層雲
乱	積乱雲	乱層雲	

気温　風向　15　風力　天気　02―気圧

北東の風
風力3
天気…くもり
気温…15
気圧…1002hPa

(2) **日本の天気**……〈冬の天気〉大陸からふく㉜　　のえいきょうで，日本海側では雨や雪，太平洋側ではかんそうした晴れの日が続く。
〈夏の天気〉北の㉝　　気団と南の㉞　　気団がぶつかって長雨が続く。これを㉟　　といい，これをもたらす前線を㊱　　という。その後㊲　　気団が強くなり夏になる。
└同じ性質をもつ空気のかたまり

シベリア気団　かんそう　寒冷
オホーツク海気団　しめる　寒冷
冬(春・秋)
日本海
つゆ期　初秋
夏(春・秋)
小笠原気団　しめる　温暖
しめる　高温
秋　台風
赤道気団

▲日本付近のおもな気団

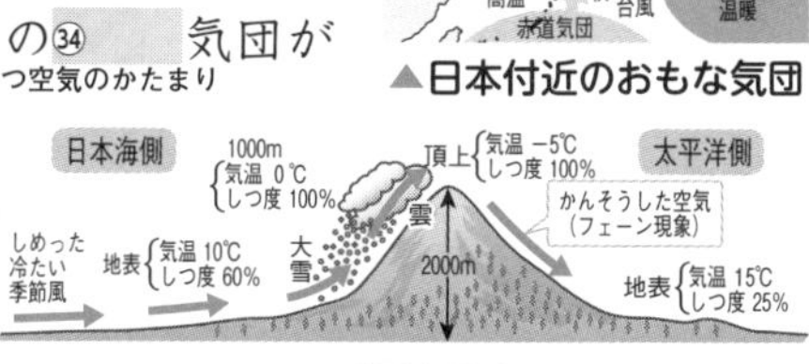

▲冬の天気

(3) **台風**……〈台風とは〉**熱帯低気圧**が発達し，中心付近の風速が㊳　　をこえるものを台風という。台風は中心に向かって強い風が㊴　　にふきこむ。
〈台風によるひ害〉進路の東側では風が強くなる。海岸では㊵　　というひ害がおこる。

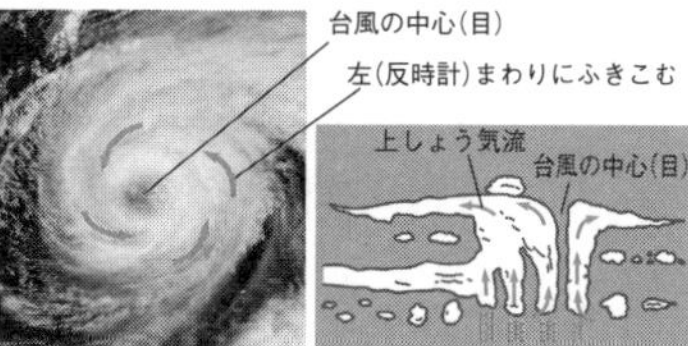

▲台風を上から見たもの　▲台風を横から見たもの

㉑
㉒
㉓
㉔
㉕
㉖
㉗
㉘
㉙
㉚
㉛
㉜
㉝
㉞
㉟
㊱
㊲
㊳
㊴
㊵

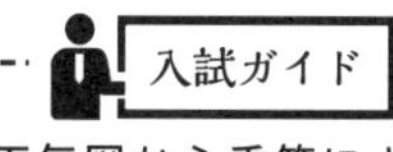

天気図から季節による日本付近の天気の特ちょうを読みとる問題が出題されている。

ズバリ暗記
快晴，晴れ，くもりの天気は，空をおおう雲の量で決まる。
季節風は，夏は南東の風，冬は北西の風がふく。

ステップ2 実力問題

ねらわれるココが
- 天気のようす
- 天気の変化
- 日本の天気

解答→別冊 p.16

1 右の図は，春分・夏至・冬至のそれぞれの日に，太陽の動きをとう明な半球に記録したものである。これについて，あとの問いに答えなさい。〔羽衣学園中〕

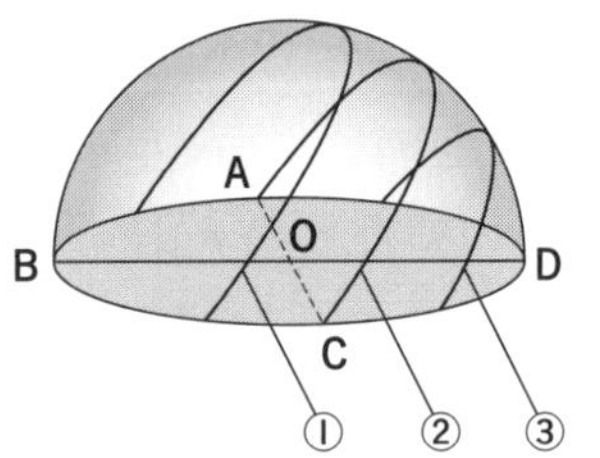

(1) 図のA～Dのうち，東の方角はどれか。記号で答えなさい。［　　］

(2) 図の①～③から夏至の日の記録を選び，番号で答えなさい。［　　］

重要 (3) 春分の日に，太陽がとう明半球上を動いた長さをはかってみると24 cmであった。また，この日の日の出から南中までのとう明半球上を太陽が動いた長さをはかってみると12 cmであった。この日の日の入りの時刻は午後6時であった。この日の日の出の時刻を答えなさい。［　　］

(4) 春分の日に北海道札幌市(東経140度，北緯43度)で太陽が南中したときの時刻を求めなさい。ただし，日本では兵庫県明石市(東経135度，北緯35度)で太陽が南中したときを正午と定めている。［　　］

2 夏から秋にかけて，日本の南の海上で発生した台風が日本列島にくることが多い。台風について，次の問いに答えなさい。〔横浜共立学園中〕

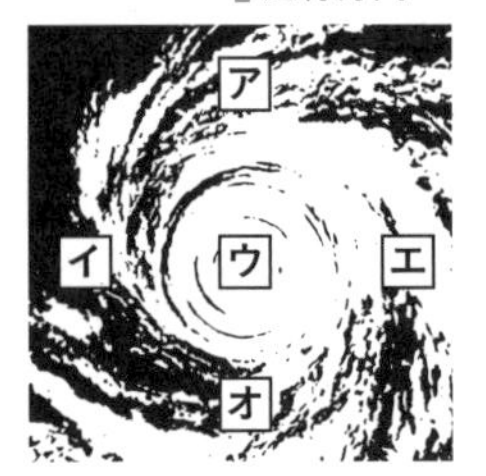

(1) 右の図のように台風が進んでいるとき，風の強さが最も強い所を，図の**ア**～**オ**から選び，記号で答えなさい。［　　］

(2) 台風の風の向きについて正しいものを次の**ア**～**エ**から選び，記号で答えなさい。［　　］

ア うずまきの中心に向かって，時計の針の動く向きと同じ向き
イ うずまきの中心に向かって，時計の針の動く向きと反対向き
ウ うずまきの外に向かって，時計の針の動く向きと同じ向き
エ うずまきの外に向かって，時計の針の動く向きと反対向き

(3) 台風により大きな災害がおこることがある。次の**ア**～**エ**の災害のうち，台風による災害ではないものを選びなさい。［　　］

ア 強風により街路樹がたおれる。
イ 冷たい北東の風により，作物が育ちにくくなる。
ウ 大雨により山のしゃ面で地すべりがおきる。
エ 大雨により川がはんらんして，こう水がおきる。

得点アップ

1 とう明半球上の太陽の動きは季節によって変わる。春分・秋分の日では真東からのぼり，真西にしずむ。

(3)春分の日は，昼の長さと夜の長さが等しい。

✔チェック！自由自在①
季節による太陽の動きを調べてみよう。

2 台風は日本の南の海上で発生し，夏の終わりから秋にかけて日本付近を通過する。

(2)台風は熱帯低気圧が発達したもので，風の向きは低気圧と同じである。

(4) 台風情報として示される「予報円」は何を表したものであるか，次のア～オから選び，記号で答えなさい。 [　　　]

ア 暴風が予想される所　　イ 強風が予想される所

ウ 大雨のおそれがある所　　エ 台風の雲がある所

オ 台風の中心が進むと予想される所

重要 3 高気圧が大陸や海洋上に長い間とどまると，その地域の気温やしつ度と同じ性質をもつ。この空気のかたまりを気団とよび，日本のまわりには4つの気団があり，それぞれの気団が季節ごとに強くなることで，日本の天気にえいきょうをおよぼす。図1は，日本のまわりに現れる4つの気団を示したものである。図2は，ある季節にみられる特ちょう的な天気図である。これについて，次の問いに答えなさい。 〔京都橘中〕

図1

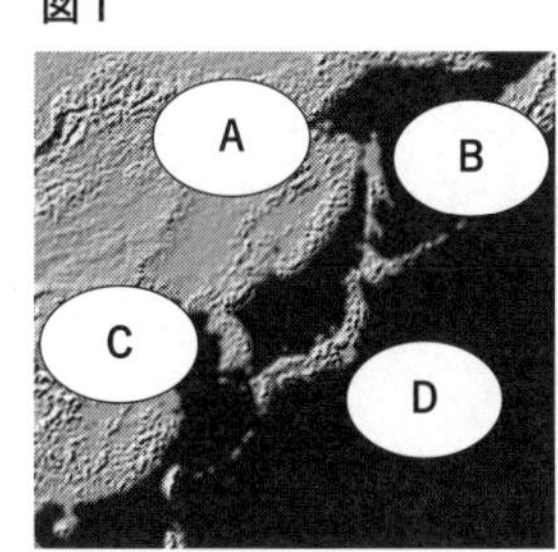

図2

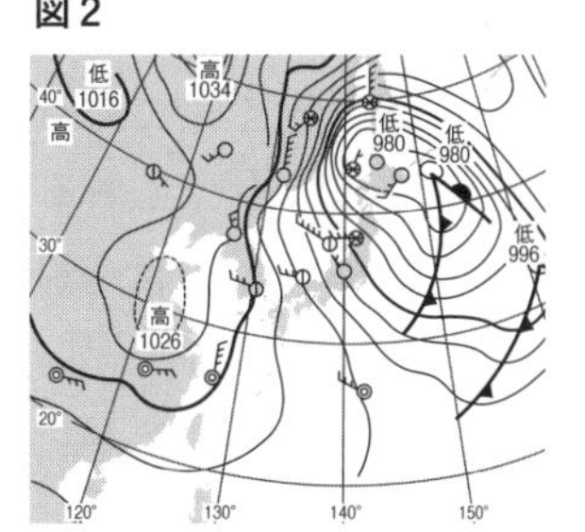

(1) 図1のA～Dのそれぞれの気団を何とよぶか。適当なものを次のア～エから1つずつ選び，記号で答えなさい。

A [　　　] B [　　　] C [　　　] D [　　　]

ア 小笠原気団　　イ 揚子江気団　　ウ シベリア気団

エ オホーツク海気団

(2) 図2のような気圧配置が多くみられるのは，春，夏，秋，冬のどの季節か。また，この季節に日本の天気にえいきょうをあたえる気団はどの気団か，適当なものを図1のA～Dから選び，記号で答えなさい。

季節 [　　　] 気団 [　　　]

(3) 図2のような気圧配置は，「 ① 高 ② 低」とよばれる。①，②にあてはまる方角を，東・西・南・北からそれぞれ1つずつ選びなさい。

① [　　　] ② [　　　]

(4) 図3は図2のある地点での風向，風力，天気を示したものである。①風向，②風力，③天気を答えなさい。ただし，風向は16方位で答えなさい。

図3

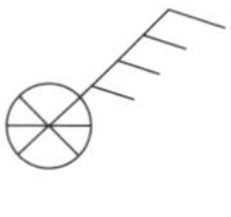

① [　　　] ② [　　　] ③ [　　　]

(5) 図4は図2のある低気圧を拡大した図である。前線a，bをそれぞれ何とよぶか，答えなさい。

図4

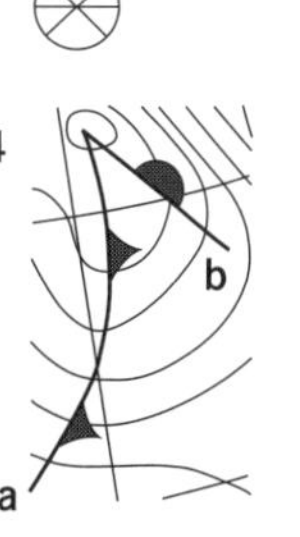

a [　　　] b [　　　]

✓チェック! 自由自在②
台風の特ちょうや，どのようなひ害がおこるか調べてみよう。

3 日本のまわりにある4つの気団は，春・夏・秋・冬の天気に大きなえいきょうをあたえている。

✓チェック! 自由自在③
四季の代表的な天気について調べてみよう。

(2)オホーツク海上に低気圧が，シベリア方面に高気圧が発達している。

(4)風力は矢羽の数で表す。

学習日　　月　　日

ステップ3 発展問題

解答→別冊 p.17

1 日本での春分の日のかげのでき方について，あとの問いに答えなさい。〔大阪女学院中〕

朝，太陽は ① からのぼるため，かげは ② にできる。太陽は南の空を通過し， ③ へしずむ。このように太陽が動く理由は，地球が1日に1回転しているためである。地球から観察したときに太陽が決まった向きに一定の速さで移動することを利用して，時刻を測定できる。**図1**は，時刻を測定する方法の1つである日時計を示したものである。棒に太陽の光があたりそのかげが板上にできる。板はこの日時計の24時間表記の文字ばんで，1時間ごとに線がひかれている。

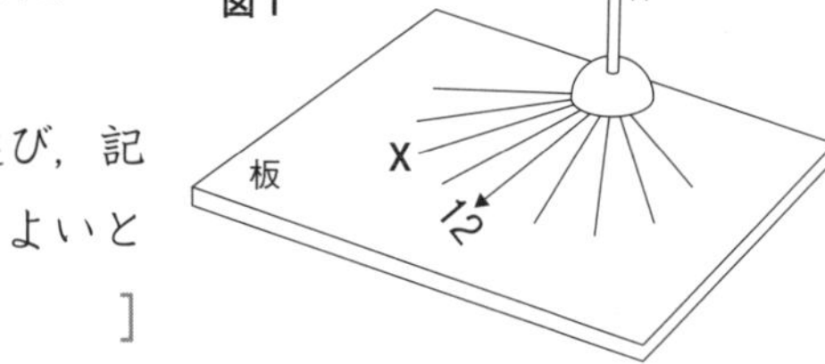

(1) 文中の①～③にあてはまる方位を次の**ア～エ**から選び，記号で答えなさい。ただし，同じ記号を何度使ってもよいとする。　①[　　]　②[　　]　③[　　]

ア 東　**イ** 西　**ウ** 南　**エ** 北

(2) 文中の下線部にあるように，太陽は地球のまわりを一定の速さで移動しているように見える。太陽は1時間あたりに何度移動しているように見えるか。角度を答えなさい。

[　　]

(3) **図1**の板の矢印を向ける方位として適しているものを次の**ア～エ**から選び，記号で答えなさい。　[　　]

ア 東　**イ** 西　**ウ** 南　**エ** 北

(4) **図1**で，棒のかげが**X**の位置にできた。このときの時刻を24時間表記で答えなさい。

[　　]

(5) **図1**の棒のかげが最も長くなる時刻を次の**ア～エ**から選び，記号で答えなさい。

ア 8時　**イ** 13時　**ウ** 15時　**エ** 21時　[　　]

(6) 太陽の方向とアナログ時計を用いて，方位を測定することができる。次の文章の④～⑥にあてはまる数字を答えなさい。　④[　　]　⑤[　　]　⑥[　　]

> 正午のとき，**図2**のように時計を上から見た状態で，短針を太陽に向けると，文字ばんの12時の方向が南となる。その4時間前の午前8時において，**図3**のように短針を太陽に向けた。4時間の間に太陽は ④ 度移動し，時計の短針は ⑤ 度移動する。このことから，午前8時では文字ばんの ⑥ 時の方向が南を示すことになる。

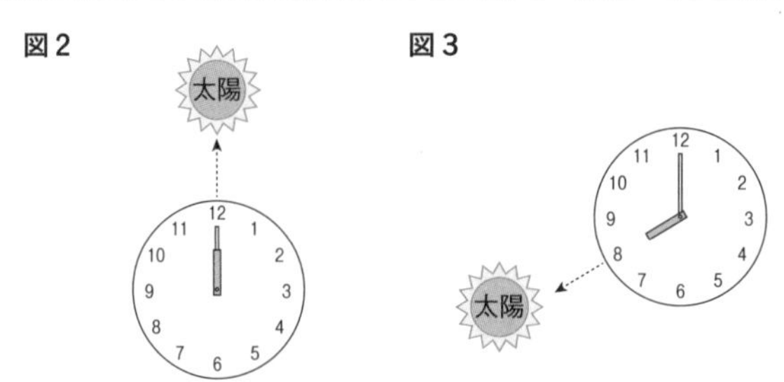

2 よく晴れた日の海辺では，昼と夜で風のふく方向が変わることがある。陸と海では日中のあたたまりやすさや夜間の冷めやすさにちがいがあるから風のふく方向が変わるのではないかと考えて，右の図のような装置(そうち)を組み立てて実験を行った。これについて，次の問いに答えなさい。〔早稲田中〕

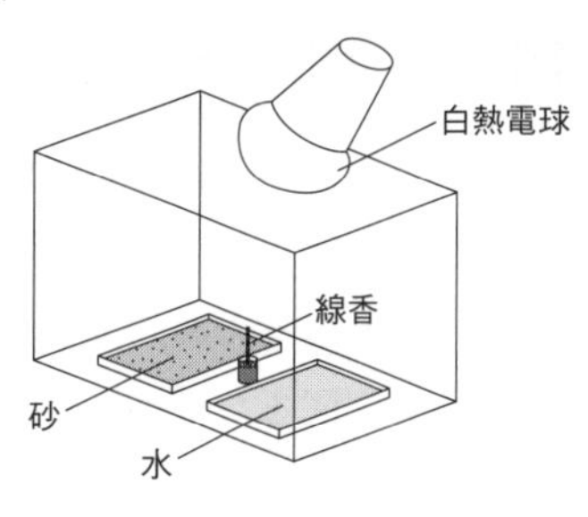

(1) 実験を始める前に，組み立てた装置を日のあたらない教室にそのままおいておいた。その理由を15字以内で答えなさい。

［　　　　　　　　　　　　　　　　］

重要 (2) 水そうの上から白熱電球を30分間照らした。このとき水そうの中の線香(せんこう)のけむりはどのように動いたと考えられるか。次の**ア**～**エ**から選び，記号で答えなさい。ただし，図中の矢印は線香のけむりの動きを示(しめ)している。［　　　］

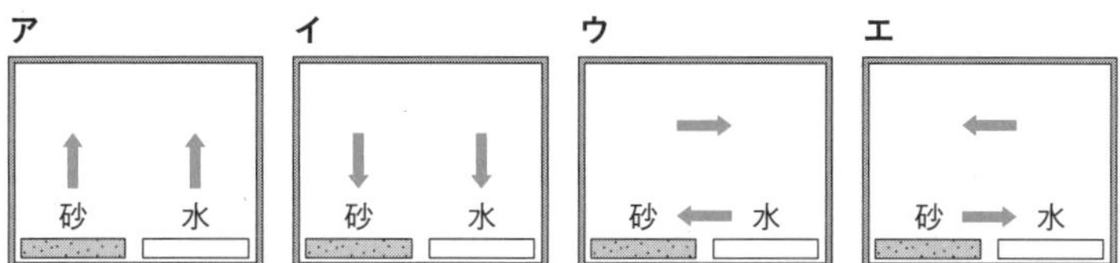

(3) (2)のようになる理由を次の**ア**～**エ**から選び，記号で答えなさい。［　　　］

ア 砂(すな)は水よりもあたたまりやすいので，砂に接(せっ)している空気は軽くなるから。
イ 砂は水よりもあたたまりやすいので，砂に接している空気は重くなるから。
ウ 砂は水よりもあたたまりにくいので，砂に接している空気は軽くなるから。
エ 砂は水よりもあたたまりにくいので，砂に接している空気は重くなるから。

(4) 次に，水そうの上の白熱電球を消して30分間放置し，線香のけむりの動きを観察したところ，(2)の実験の結果とは異(こと)なる結果となった。この実験の結果から考えて，よく晴れた海辺で夜にふく風のようすとして適当(てきとう)なものを次の**ア**～**エ**から選び，記号で答えなさい。［　　　］

ア 海は陸よりも冷めやすいから，夜になると海から陸に向かって風がふく。
イ 海は陸よりも冷めやすいから，夜になると陸から海に向かって風がふく。
ウ 陸は海よりも冷めやすいから，夜になると海から陸に向かって風がふく。
エ 陸は海よりも冷めやすいから，夜になると陸から海に向かって風がふく。

(5) 日本列島は大陸と海洋の境(さかい)に位置しているため，季節による風のふき方も，陸と海のあたたまりやすさや冷めやすさのちがいと関係があると考えられる。夏の典型的な気圧(きあつ)配置と風のふき方を示した図として適当なものを次の**ア**～**エ**から選び，記号で答えなさい。ただし，図中の「高」は高気圧，「低」は低気圧を示し，矢印は風がふく方向を示しているものとする。

［　　　］

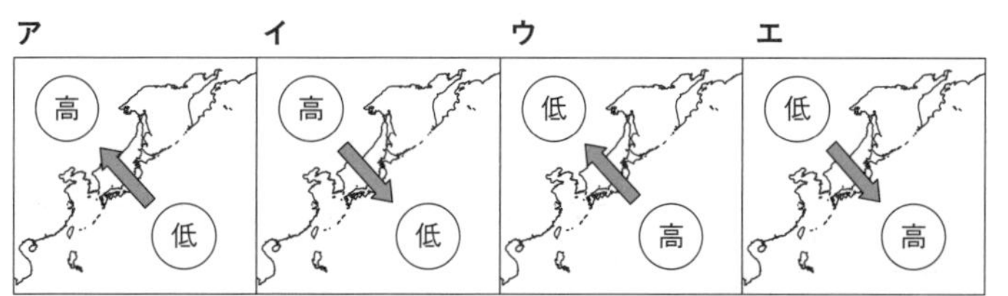

3 次の文章を読んで，あとの問いに答えなさい。 〔青稜中〕

私たちが，テレビや新聞などで日常的に見ている天気図は『地上天気図』といわれるもので，海ばつ０ｍでの気圧(海面と同じ高さでの気圧)を表したものである。気圧は海面からの高さが大きくなるほど小さくなるため，地上で観測したデータを海ばつ０ｍの気圧へと改めるための計算をしたうえで，地上天気図をつくるために使用している。

海面付近の気圧が低い場合，その付近にある空気の量は周囲と比べて少ないことを意味する。これは，この付近の空気が①何らかの理由によってもち上げられて上しょうしたからである。上しょうした空気中にふくまれていた水蒸気は，しだいに冷やされて水のつぶや氷のつぶへと変化し，雲をつくる。②もち上げられた空気の性質や③どのくらいの高さまでもち上げられるのかによって，雲の発達のしかたに差が出る。気温が高い季節になると，毎年のように局地的な強い雨が降ってニュースになるが，これも気温の高い季節は雲が発達しやすい条件がそろいやすくなるからである。

(1) 下線部①について，空気がもち上げられるしくみとして誤っているものを次の**ア**～**エ**から選び，記号で答えなさい。 [　　　]

ア 風が山にぶつかる。　**イ** 異なる方角から流れてくる空気がぶつかる。

ウ 温度やしつ度などの性質の異なる空気がぶつかる。

エ 日ぼつによって地面付近の温度が低くなる。

(2) 下線部②について，雲が発達しやすいのはどのような性質をもった空気がもち上げられたときか，15字以内で答えなさい。 [　　　　　　　　　　]

(3) 下線部③について，空気が高い所までもち上げられるのはどのようなときだと考えられるか。次の**ア**～**オ**から正しいものをすべて選び，記号で答えなさい。 [　　　]

ア 空気がもち上げられているはん囲で風が強いとき

イ 地上付近と上空の高い所との温度差が大きいとき

ウ 地上付近と上空の高い所との温度差が小さいとき

エ 上空の高い所の気圧が，周囲よりも高いとき

オ 上空の高い所の気圧が，周囲よりも低いとき

(4) 雲が極たんに発達すると，かみなりが発生したり，ひょうが降ったりすることがある。かみなりは，雲の中にある氷のつぶが激しくしょうとつすることによって発生した静電気が原因である。では，ひょうはどのようにしてつくられ，降ってくるのか。次の文章中の空らんに入る適切な文をあとの**ア**～**エ**から選び，記号で答えなさい。なお，ひょうとは直径５mm以上の氷のつぶのことをいい，日本では真夏や冬に降ることもあるが，５～６月や10月ごろに多く観測されている。 [　　　]

雲の中の水のつぶや氷のつぶがしょうとつをくり返すことでしだいに大きな氷のつぶができる。ふつう，ある程度の大きさになるとその重さを支えきれなくなり落下する。氷のつぶは落下とちゅうにとけて雨つぶへと変化する。しかし，雲の中で上しょう気流が極たんに強い所では，落下とちゅうの氷のつぶや雨つぶが[　　　　　]そのためさらに大きな氷のつぶができる。この大きな氷のつぶは，とけきらないまま地面まで届く場合がある。

ア たがいに激しくしょうとつする。　**イ** かみなりの静電気によって，たがいに引きあう。

ウ 激しいしょうとつでふんさいする。ふんさいした水や氷のつぶはたがいにくっつきやすい形をしている。

エ ふたたびもち上げられて，雲の中にある水や氷のつぶがさらにくっつくことをくり返す。

(5) 地上天気図を正確に読めるようになると，天気や気温，風のようすなどを，ある程度までは予測することができるようになる。右の天気図はある日の午前9時の地上天気図である。この日の午前9時の東京の天気，気温，風のようすについて，適切なものを次の**ア**～**オ**から選び，記号で答えなさい。　[　　　]

ア 天気はくもり，気温は20℃，南風が強い

イ 天気は晴れ，気温は31℃，南風が弱い

ウ 天気は晴れ，気温は5℃，東風が強い

エ 天気は雪，気温は0℃，北風が弱い　**オ** 天気は晴れ，気温は12℃，北風が弱い

4 フェーン現象について，あとの問いに答えなさい。　〔西大和学園中〕

雲について調べていくと，日本の内陸地域で夏に毎年高温を記録する原因の1つであるフェーン現象にも雲がかかわっていることがわかった。雲ができていない空気は，100 m上しょうするごとに気温が1℃下がり，100 m下降すると気温が1℃上がる。雲ができている空気は，100 m上しょうすると気温が0.5℃下がる。右上の図のように，海側の**A**地点の水蒸気をたくさんふくむ空気が高さ3000 mの山にふきつけられたときを考える。

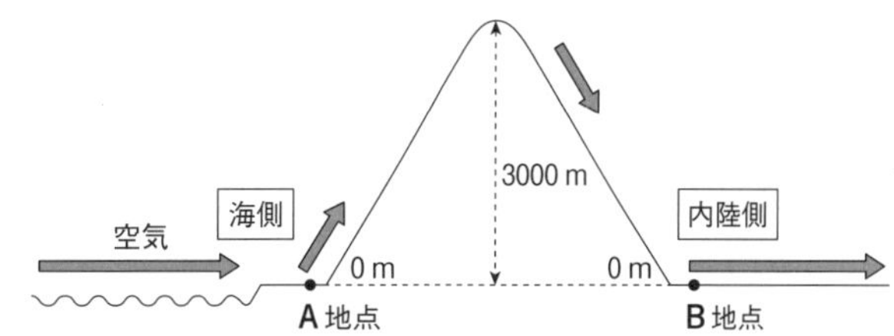

(1) 海側からの風が山に強くふきつけられるのはどのようなときか。次の**ア**～**エ**から選び，記号で答えなさい。　[　　　]

ア 昼間，海と陸の気温差が小さいとき　**イ** 夜間，海と陸の気温差が小さいとき

ウ 昼間，海と陸の気温差が大きいとき　**エ** 夜間，海と陸の気温差が大きいとき

(2) 海側の**A**地点の空気の気温は30℃で，山の高さ1600 mから高さ3000 mまで雲がかかっていた。山頂から**B**地点までは雲ができていないとき，この空気は**B**地点では何℃になっているか，答えなさい。　[　　　]

(3) 雲ができるときの温度を露点という。水蒸気をふくんだ空気は山を上しょうすると温度が下がり露点に近づくが，気圧の関係でこの露点は，100 m上しょうすると0.2℃下がり，100 m下降すると0.2℃上がる。気温と露点が同じになり雲ができると，その空気は100 m上しょうすると気温が0.5℃下がる。**A**地点で気温25℃，露点9℃の空気を考える。

① 高さ何mで雲ができるか，答えなさい。　[　　　]

② **B**地点での気温と露点はそれぞれ何℃か，答えなさい。ただしこのときも，山頂から**B**地点まで雲はできていない。　気温[　　　]　露点[　　　]

学習日　　月　　日

2 流水のはたらき，土地のつくりと変化

ステップ1 まとめノート

解答→別冊 p.19

1 流水のはたらき★★

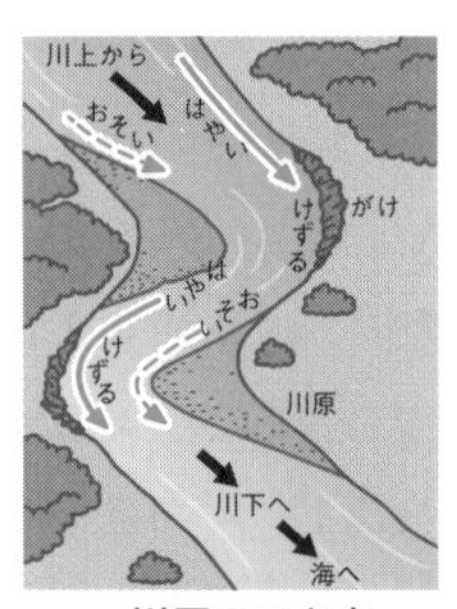

▲川原のでき方

(1) **雨水のはたらき**……〈雨水のしみこみ方〉雨水のしみこみ方は地面によってちがう。つぶが小さい砂（すな）では水がしみこみ①＿＿，つぶが大きい砂では水がしみこみ②＿＿。
└つぶの大きさは0.06～2 mm

(2) **川の水のはたらき**……〈しん食作用〉川の流れは，川底や川岸をけずりとって谷やがけをつくるはたらきがある。このはたらきを③＿＿という。

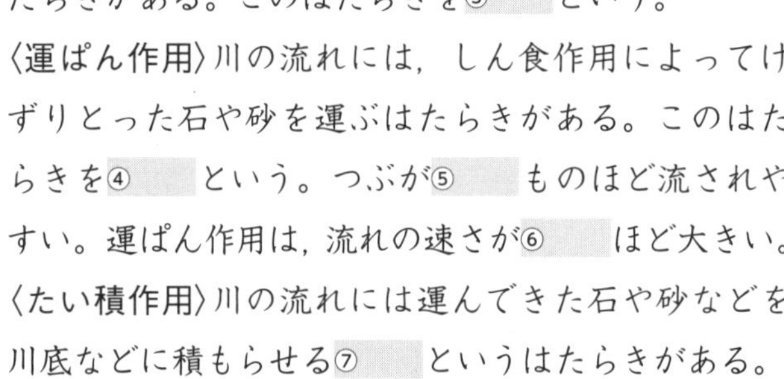

〈運ぱん作用〉川の流れには，しん食作用によってけずりとった石や砂を運ぶはたらきがある。このはたらきを④＿＿という。つぶが⑤＿＿ものほど流されやすい。運ぱん作用は，流れの速さが⑥＿＿ほど大きい。
〈たい積作用〉川の流れには運んできた石や砂などを川底などに積もらせる⑦＿＿というはたらきがある。

▲V字谷

▲扇状地

(3) **川の上流・中流・下流**……〈川の上流〉⑧＿＿・運ぱん作用が大きくはたらく。⑨＿＿という地形が見られる。
〈川の中流〉流れは上流よりゆるやかになり，⑩＿＿作用が見られることもある。川の内側には広い⑪＿＿が見られる。山地から平らな土地に流れが出た所では⑫＿＿という地形ができる。
〈川の下流〉川のかたむきが小さく，広くなり，流れはゆるやかになる。⑬＿＿が大きくはたらき，河口（かこう）には⑭＿＿ができる。
└川の曲がり方がきつくなり，「蛇行」することもある

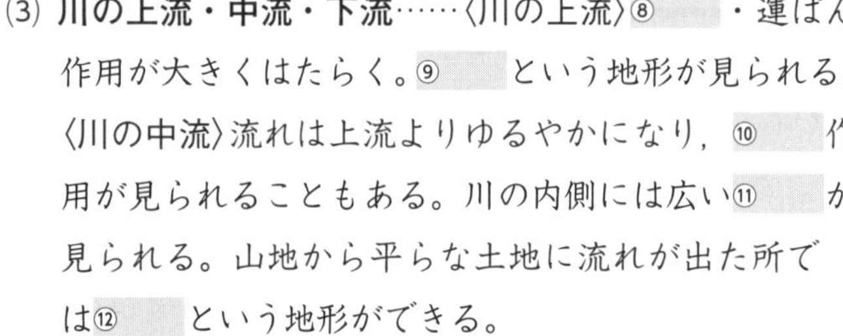

▲三角州

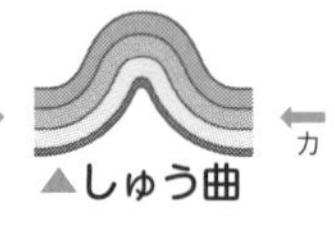

▲しゅう曲

▲正断層

2 地層のでき方★★★

(1) **地層（ちそう）のでき方**……〈流水のはたらき〉つぶの大きいものから積もり，古いものほど⑮＿＿に積もる。
└おくの方まで広がっている
〈地層の変化〉⑯＿＿は地層が横から力を受けて曲がったものである。地層に横から引っ張（ぱ）る力がはたらくと⑰＿＿に，横からおす力がはたらくと⑱＿＿に，水平方向にずれると横ずれ断層になる。

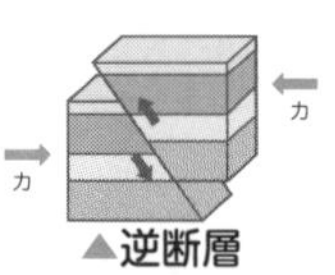

▲逆断層

▲横ずれ断層

①
②
③
④
⑤
⑥
⑦
⑧
⑨
⑩
⑪
⑫
⑬
⑭
⑮
⑯
⑰
⑱

入試ガイド
流水にはどのようなはたらきがあるか確認（かくにん）しておく。流水によりどのような地形や地層ができるか問われることがある。

ズバリ暗記
流れる水にはしん食，運ぱん，たい積の3つのはたらきがある。
川の上流ではV字谷，中流では扇状地（せんじょうち），下流では三角州（さんかくす）ができる。

(2) **化石**……〈化石とは〉大昔にすんでいた生き物やそのあとが石のようになったもの。（生こん化石という）

▲化石のでき方

〈化石からわかること〉当時のかん境がわかる化石を⑲　　という。サンゴは⑳　　海，シジミは㉑　　にたい積したことがわかる。また，地層がたい積した年代がわかる化石を㉒　　という。

3 たい積岩と火成岩★★★

(1) **たい積岩**……〈たい積岩〉地層が長い年月積み重なり，重みでおし固められてできる。角がけずられてつぶがそろっていて，㉓　　がある。

〈たい積岩の種類〉つぶの大きいほうかられき岩，砂岩，㉔　　がある。生き物の石灰分などが固まった㉕　　，火山灰などが固まった㉖　　，チャートがある。

(2) **火成岩**……〈火成岩の種類〉火成岩は㉗　　が冷えてできる。地下深くでゆっくり冷えて固まると㉘　　（数十万～数百万年ほどかかる），地表で急に冷えて固まると㉙　　になる。

〈火成岩の特ちょう〉深成岩は岩石の中の鉱物が大きく成長して㉚　　組織となる。火山岩は大きく成長せずに㉛　　組織となる。

4 火山と地しん★★

(1) **火山**……〈火山のふん火〉ふん火によりマグマが地表に出てきたものを㉜　　という。火山ガスの大部分は㉝　　であり，火山さいせつ物は大きさにより火山れき，㉞　　などに分けられる。

	鉱物名	形		色
無色鉱物	セキエイ		不規則	無色・白色
	チョウ石		柱状・短ざく状	無色～白色，うすもも色
有色鉱物	クロウンモ		板状・六角形	黒～かっ色
	カクセン石		長柱状・針状	こい緑～黒色
	キ石		短柱・短ざく状	緑～かっ色
	カンラン石		まるみ・短柱状	黄緑～かっ色
	磁鉄鉱		不規則	黒

〈造岩鉱物〉火成岩にはセキエイなどの**無色鉱物**（他にはチョウ石など）とクロウンモなどの㉟　　（他にはカクセン石など）がふくまれる。

(2) **地しん**……〈地しん〉地しんが発生した場所を㊱　　，その真上の地点を㊲　　という。

〈地しんの大きさ〉地しんの規模の大きさは㊳　　，ゆれの強さは０～７の１０階級に分けた㊴　　で表す。

〈プレート〉地球表面をおおう固い岩ばんで，海洋プレートは海底の下にあり，㊵　　は陸地の下にある。

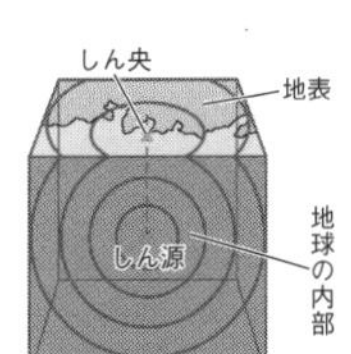

▲しん源としん央

⑲
⑳
㉑
㉒
㉓
㉔
㉕
㉖
㉗
㉘
㉙
㉚
㉛
㉜
㉝
㉞
㉟
㊱
㊲
㊳
㊴
㊵

入試ガイド
しん源からのきょりと地しんの到達時刻がわかれば，地しんが伝わるはやさがわかる。

化石によって，その地層の年代や当時のかん境がわかる。
地しんが発生した場所をしん源，その真上の地点をしん央という。

学習日　　月　　日

ステップ2 実力問題

ねらわれるココが
- 流水のはたらき
- 地層のでき方とそのようす
- 火山と地しん

解答→別冊 p.19

1 雨水の流れについて，次の問いに答えなさい。〔三輪田学園中〕

地面を流れている雨水には，はやく流れている所とゆっくりと流れている所がある。これらのようすを正しく述べているものを次の**ア**～**エ**から2つ選び，記号で答えなさい。

［　　　］［　　　］

ア 雨水がはやく流れている所は流れるはばが広く，ゆっくり流れている所ははばがせまい。

イ 雨水がはやく流れている所は流れるはばがせまく，ゆっくり流れている所ははばが広い。

ウ 雨が上がったあとの地面を観察してみると，雨水がはやく流れていた所にはまるい小石がたくさん積もっている。

エ 雨が上がったあとの地面を観察してみると，雨水がゆっくり流れていた所にはまるい小石がたくさん積もっている。

重要 **2** 右の図はある地層のようすを示している。これについて，次の問いに答えなさい。〔帝塚山学院中〕

A 砂岩の層
B 火山灰の層
C 石灰岩の層
D れきの層
E 化石をふくんだ層
F でい岩の層
a

(1) 最も古い地層を地層**A**～**F**から選び，記号で答えなさい。

［　　　］

(2) 地層**A**・**D**・**F**のうち，海岸から最も遠い海でたい積したものを選び，記号で答えなさい。［　　　］

(3) 地層**B**にふくまれる火山灰をけんび鏡で観察した。観察の結果として正しいものを次の**ア**～**エ**から選び，記号で答えなさい。［　　　］

ア 小さな生き物の化石が見られた。

イ ガラスのかけらのようなつぶが見られた。

ウ まるいつぶが多く見られた。

エ 川が運んだどろのつぶが見られた。

(4) 地層**E**をつくるものとして，誤っているものを次の**ア**～**エ**から選び，記号で答えなさい。［　　　］

ア どろ　**イ** よう岩　**ウ** 砂　**エ** れき

(5) 図の**a**で示す層は，水平ではなく，大きく波打つように曲がっている。このような地層の曲がりを何というか，答えなさい。

［　　　］

得点アップ

1 雨水の流れは，地面のようすを変えるはたらきがある。

✔チェック!自由自在①
流水のはたらきとその特ちょうを調べてみよう。

2 地層は下から積もっていく。

(2) つぶが大きいものほど，海岸の近くにたい積する。

✔チェック!自由自在②
地層に力が加わるとどのような変化をおこすか調べてみよう。

(5) 左右から大きな力が加わって，波打つように曲がる。

要 **3** 図は，がけのようすのスケッチである。次の問いに答えなさい。

〔湘南学園中〕

(1) C層がでてきた時期と関係が深いものを，記号で答えなさい。[　　　]

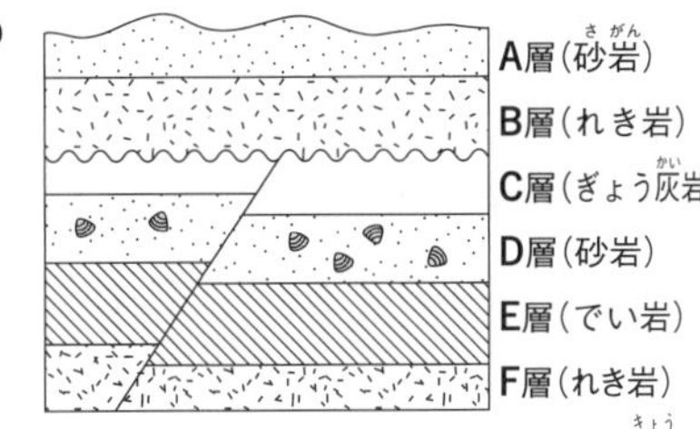

ア 大きな地しん　イ 火山活動
ウ 平均気温の変化
エ 海面上しょう　オ 津波

(2) D層からはアサリの化石が見つかった。このことから当時のかん境はどのようであったと考えられるか，記号で答えなさい。[　　　]

ア 大きな川　イ 浅い海　ウ 深い海　エ 大きな湖

(3) D層のアサリの化石のように，地層ができた当時のかん境がわかる化石を示相化石という。これにたいして，サンヨウチュウやアンモナイトなどの化石のように，その地層ができた時代を知る手がかりとなる化石を示準化石という。示準化石に適する生き物の特ちょうとして正しいものを記号で答えなさい。[　　　]

ア 短い期間にせまい地域でさかえた生き物
イ 長い期間にせまい地域でさかえた生き物
ウ 短い期間に広い地域でさかえた生き物
エ 長い期間に広い地域でさかえた生き物

(4) このがけのある部分から地下水がしみ出していた。地下水がしみ出していた場所として適当な場所はどこか，記号で答えなさい。[　　　]

ア A層とB層の間　イ B層とC層の間　ウ C層とD層の間
エ D層とE層の間　オ E層とF層の間

(5) この地層ができるまでに，この地域が陸地になったのは少なくとも何回あったと考えられるか，答えなさい。[　　　]

(6) 図の地層のずれが生じた理由として正しいものを記号で答えなさい。[　　　]

ア 左右からおす強い力が加わった　イ 上下からおす強い力が加わった
ウ 左右に引く強い力が加わった　エ 上下に引く強い力が加わった

(7) この地層ができた順にア～ケをならべたとき，5番目と7番目となる記号を答えなさい。ただし，必要であれば同じ記号を使ってもよい。

5番目[　　　]　7番目[　　　]

ア A層がたい積する　イ B層がたい積する
ウ C層がたい積する　エ D層がたい積する
オ E層がたい積する　カ F層がたい積する
キ 地層のずれが生じる　ク 地層が海面の上に出て陸地になる
ケ 地層が海面の下にしずみ海底となる

3(1)ぎょう灰岩は火山灰が積もってできた岩石である。

✔チェック！自由自在③
示相化石，示準化石について調べてみよう。

(2)アサリがどんな所にすんでいるか考える。

(3)サンヨウチュウは古生代の，アンモナイトは中生代の示準化石である。

(4)地下水は水を通さない地層の上から出てくる。

(5)不整合面は地層が地面に出てけずられたあとである。

ステップ3 発展問題

解答→別冊 p.20

1 川遊びをしていたところ，水の流れの速さや深さが場所によってちがうことに気づいた。右の図は川の中流を示(しめ)したものである。これについて，次の問いに答えなさい。〔慶應義塾中〕

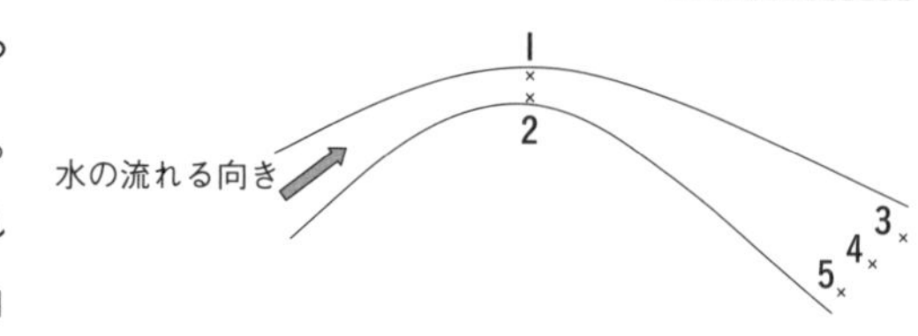

(1) 図の1～5から水の流れが最もはやい場所を選びなさい。　[　　]

(2) 図の1～5から最も深い場所を選びなさい。　[　　]

(3) 図の地点1と地点2を結ぶ川底の断面図(だんめんず)として最も適切(てきせつ)なものを次の**ア～オ**から選び，記号で答えなさい。ただし，断面図は下流から見たものとする。　[　　]

2 次の問いに答えなさい。〔桜蔭中〕

重要 (1) 地層(ちそう)のでき方を調べるために，**図1**のような，水の入ったじゅうぶんに長いつつに，大きさの異(こと)なる3種類のつぶ(れき・砂(すな)・どろ)を流しこんだ。一度流しこむのをやめ，水のにごりがうすくなってからもう一度流しこんでしばらく静かに置いたところ，6つの層と水の層ができた。

図1

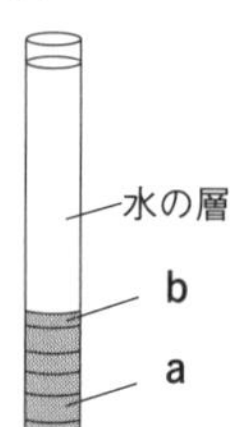

① **図1**のように実験を行ったとき，たい積するまでにかかる時間が最も長いと考えられるつぶを次の**ア～エ**から選び，記号で答えなさい。　[　　]

ア れき　**イ** 砂　**ウ** どろ　**エ** つぶの大きさとは関係ない

② **図1**のaとbの層におもにふくまれるものをそれぞれ次の**ア～ウ**から選び，記号で答えなさい。　a [　　]　b [　　]

ア れき　**イ** 砂　**ウ** どろ

(2) **図2**は水の流れる速さと，たい積物のつぶの大きさの関係を表したグラフである。曲線①はとまっていたつぶが流され始めるときの水の流れる速さを，曲線②は流されていたつぶがとまり始めるときの水の速さを表している。

図2

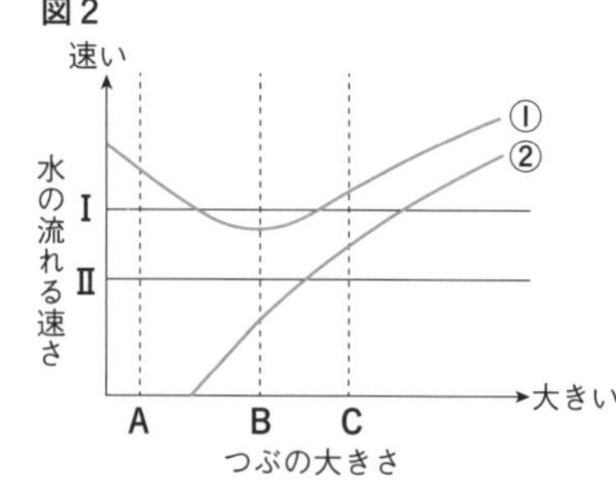

① 水の流れる速さを少しずつはやくしていったとき，最初に流され始めるつぶをA～Cから選び，記号で答えなさい。　[　　]

② 水の流れる速さが**図2**のⅠからⅡに変化したとき，運ぱんされていたA，Cはそれぞれどうなるか。次の**ア**，**イ**から選びなさい。　A [　　]　C [　　]

ア 底にたい積する　**イ** 運ぱんされ続ける

(3) 川の河口付近で見られる三角州は，川の何という作用がおもにはたらいたためにできたものか。次の**ア**～**ウ**から選び，記号で答えなさい。 [　　　]

ア しん食　　**イ** 運ぱん　　**ウ** たい積

(4) 火山のつぶを水で洗い，双眼実体けんび鏡で観察した。火山灰のつぶには，川で採取した砂のつぶとは異なるどのような特ちょうが見られるか。簡単に答えなさい。

[　　　　　　　　　　　　　　　　]

3 地しんについて，次の問いに答えなさい。 〔高輪中〕

(1) 次の文章は，2016年4月14日以降に発生した熊本地しんについて記したものである。文章中の**a**，**b**にあてはまる語句を答えなさい。

> 熊本地しんでは，4月14日夜に最大しん度7の大きな地しんがおこり，その後16日未明にさらに最大しん度7の大きな地しんがおこった。16日の地しんの規模を表す　**a**　は1995年の阪神大しん災と同じ7.3で，熊本県，大分県を中心に大きなひ害をもたらした。大きなゆれで土石流や地すべりが発生したり，住宅がたおれてつぶれたりするなどのひ害もおこった。しかし，この2つの大きな地しんのしん源は陸地の下であったので　**b**　によるひ害はなかった。

a [　　　　　]　**b** [　　　　　]

重要 (2) 地しんがおきると，しん源からは2つのゆれが同時に発生する。はじめに感じる小さなゆれを初期び動，続いて感じる大きなゆれを主要動という。また，初期び動と主要動の届く時刻の差を初期び動けい続時間という。ある地しんがおきたとき，**図1**の観測地点A，Bにおいて初期び動が始まった時刻と主要動が始まった時刻，しん源からのきょりを表にまとめた。これをもとに次の①～④に答えなさい。ただし，初期び動が伝わる速さは毎秒6 kmであり，ゆれは一定の速さで伝わるものとする。

図1

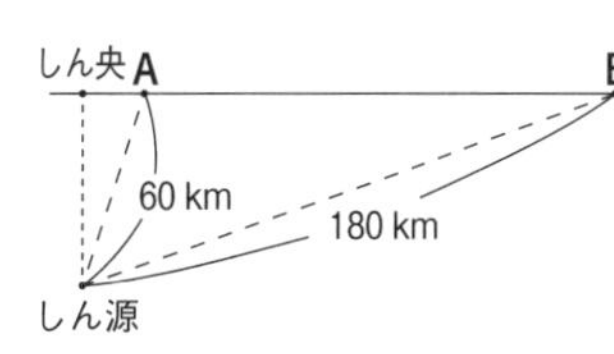

	初期び動が始まった時刻	主要動が始まった時刻	しん源からのきょり
A	14時54分6秒	14時54分16秒	60 km
B	14時54分26秒	I	180 km

① 地しんが発生した時刻は何時何分何秒か，答えなさい。 [　　　]

② 表の**I**にあてはまる時刻は何時何分何秒か，答えなさい。 [　　　]

③ しん源から270 kmはなれた地点での初期び動けい続時間は何秒か，答えなさい。

[　　　]

④ この地しんでは観測地点A，Bで初期び動が始まった時刻の差は20秒であったが，**図2**のようにしん源がもっと地下深い位置であったとすると，観測地点A，Bにおける初期び動が始まる時刻の差はどうなるか。次の**ア**～**ウ**から選び，記号で答えなさい。 [　　　]

ア 20秒より短くなる。　**イ** 20秒のまま変わらない。

ウ 20秒より長くなる。

図2

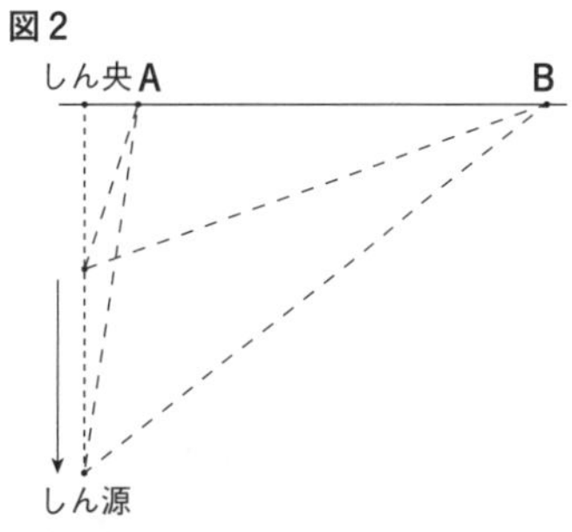

4 次の文章を読み，あとの問いに答えなさい。 〔東邦大付属東邦中〕

地球の表面はプレートという岩石の層が，十数枚，ジグソーパズルのように組み合わさることでおおわれている。プレートは1年のうちに数cmほど移動している。日本列島付近では日本海こうという所で，陸のプレートの下に海のプレートがもぐりこみながら移動している。このとき，海のプレートは陸のプレートを巻きこみながらもぐりこむので，陸のプレートには大きな力がかかる。この力にたえきれなくなると，陸のプレートが反発してはね上がったり，内陸で<u>地層にずれが生じたりする</u>。このようなしくみによって地しんが発生する。

地しんが発生すると，しん源から速さの異なる2種類の波が発生し，波が周囲に伝わることでゆれがおこる。はやい波をP波，おそい波をS波という。地しんが観測された地点においてはP波が伝わると小さなゆれがおこり，その後S波が伝わることで大きなゆれがおこる。このP波が伝わってから，S波が伝わるまでの時間を初期び動けい続時間という。

(1) 日本海こうはどこにあるか，次の**ア**～**エ**から選び，記号で答えなさい。 [　　　]

ア オホーツク海　**イ** 日本海　**ウ** 太平洋　**エ** 東シナ海

(2) 文中の下線部の地層のずれを何というか，漢字2字で答えなさい。 [　　　]

(3) P波の速さが毎秒7km，S波の速さが毎秒3km，初期び動けい続時間が15秒のとき，しん源から観測地点までのきょりは何kmになるか，小数第1位を四捨五入して整数で答えなさい。ただし，P波，S波が地中を伝わる速さは一定で，初期び動けい続時間はしん源から観測地点までのきょりに比例するとする。 [　　　]

5 マグマのはたらき，および火山について，次の問いに答えなさい。 〔東山中〕

(1) **図1**と**図2**はマグマのはたらきによってできた岩石を，けんび鏡で観察したものである。

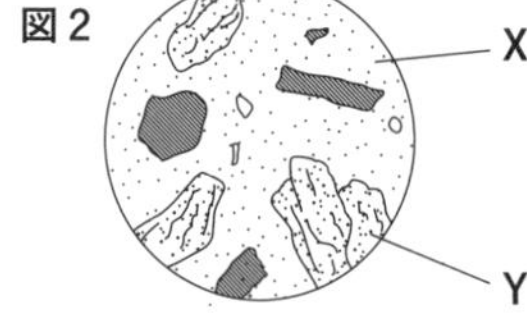

① **図1**の岩石は，ほぼ同じ大きさの結しょうがたがいに組み合わさってできている。このようなつくりを何組織というか，答えなさい。 [　　　]

② **図2**の岩石は非常に小さな結しょう(**X**)の中に，大きな結しょう(**Y**)が散らばったようにできている。このようなつくりを何組織というか，答えなさい。 [　　　]

③ **図2**の**X**を何というか，答えなさい。 [　　　]

④ **図1**と同じつくりをもった岩石を，次の**ア**～**オ**からすべて選び，記号で答えなさい。 [　　　]

ア げん武岩　**イ** 流もん岩　**ウ** せん緑岩　**エ** 安山岩　**オ** 花こう岩

⑤ **図1**と**図2**の岩石のでき方について正しいものを次の**ア**～**エ**から選び，記号で答えなさい。 [　　　]

ア **図1**の岩石のほうが，**図2**の岩石よりもゆっくり時間をかけてできた。
イ **図2**の岩石のほうが，**図1**の岩石よりもゆっくり時間をかけてできた。
ウ **図1**と**図2**の岩石は，両方とも同じぐらいの時間でできた。
エ 岩石のでき方に時間は関係ない。

(2) 火山のふん火によりふん出したものを，つぶの大きいものから順番にならべたものとして正しいものを次の**ア**～**カ**から選び，記号で答えなさい。 [　　　]

ア 火山灰→火山岩かい→火山れき　**イ** 火山灰→火山れき→火山岩かい

ウ 火山れき→火山灰→火山岩かい　**エ** 火山れき→火山岩かい→火山れき

オ 火山岩かい→火山れき→火山灰　**カ** 火山岩かい→火山灰→火山れき

(3) 火山の形にはさまざまなものがある。次の①～④に関係の深い火山を次の**ア**～**エ**からそれぞれ選び，記号で答えなさい。

① ふん火したあと，頂上付近が落ちこんでできた火山 [　　　]

② マグマのねばりけが少なく，横にうすく広がってできた火山 [　　　]

③ 円すい状の形をし，よう岩と火山灰が交ごに積み重なってできた火山 [　　　]

④ ふん火のようすが激しく，上に盛り上がったドーム状の形をした火山 [　　　]

ア 富士山　**イ** マウナロア　**ウ** 阿蘇山　**エ** 有珠山

問 **6** **図1**はある山の地図である。曲線は等高線を表している。**点A**～**点C**の場所でボーリング調査をした。その結果が**図2**である。なお，縦軸は地面からの深さを表している。これについて，次の問いに答えなさい。 〔神戸女学院中〕

(1) このとき砂岩の地層の中からフズリナの化石が出てきた。この地層ができた年代としてふさわしいものを次の**ア**～**エ**から選び，記号で答えなさい。 [　　　]

図1

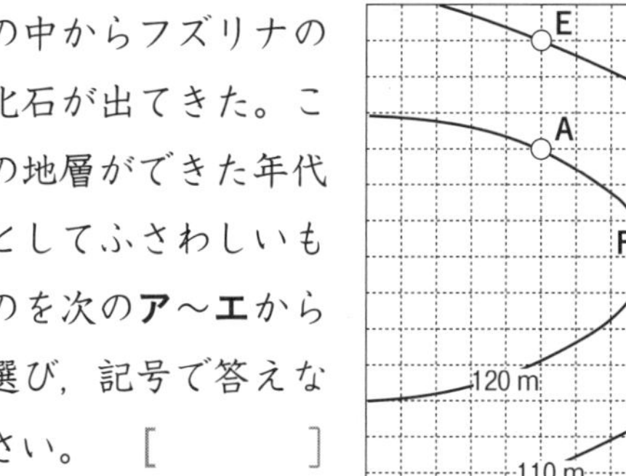

図2

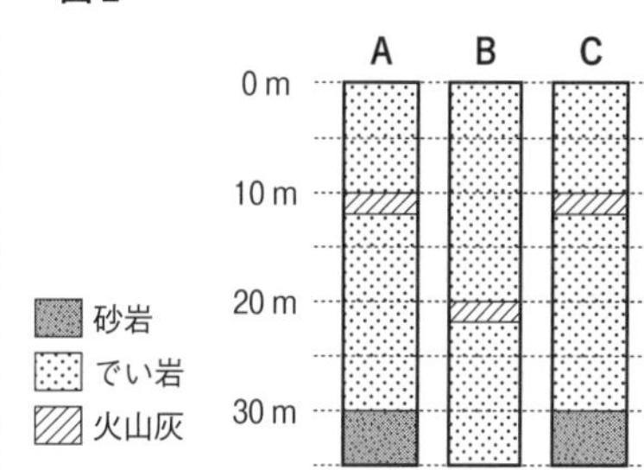

ア 3億年前

イ 1億3000万年前　**ウ** 1500万年前　**エ** 180万年前

(2) この地域が同じかたむきの地層でできているとする。**点D**の場所でボーリング調査を行うと，何mほれば火山灰の地層が出てくるはずか，答えなさい。 [　　　]

(3) 実際には**点D**では20mほった所から火山灰の地層が出てきた。これはどこかに断層があり，一方の大地がもう片方の大地よりおし上げられたからである。次の**ア**～**エ**から可能性のあるものを選び，記号で答えなさい。 [　　　]

ア **点A**と**点D**の間に東西に断層があり，**点D**側がおし上げられた。

イ **点B**と**点C**の間に東西に断層があり，**点B**側がおし上げられた。

ウ **点A**と**点D**の間に南北に断層があり，**点D**側がおし上げられた。

エ **点B**と**点D**の間に南北に断層があり，**点D**側がおし上げられた。

(4) (3)の可能性を確かめるためには，**点E**，**点F**，**点G**のどの場所でボーリング調査をすればよいか，答えなさい。 [　　　]

思考力/作図/記述問題に挑戦！

本書の出題範囲 p.48〜63

解答→別冊 p.22

重要 **1** 横浜(よこはま)で6月のある日に太陽の1日の動きを観察するために，水平な地面に東西南北の方位を書き，東西の線と南北の線が交わる所に垂直(すいちょく)に棒(ぼう)を立てた。次に，棒のかげの先たんの位置を午前8時から午後4時まで1時間おきに記録し，線で結んだところ，右上の図のようになった。次の問いに答えなさい。〔森村学園中－改〕

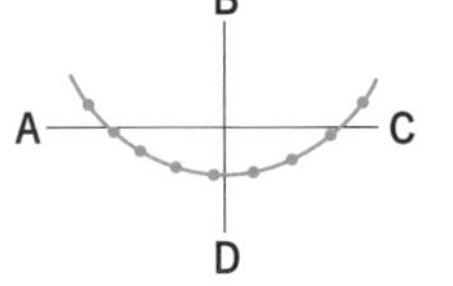

(1) 秋分の日に同じ観察を行うと，このときできる線はどのようになるか。次のア～エから選び，記号で答えなさい。　[　　　]

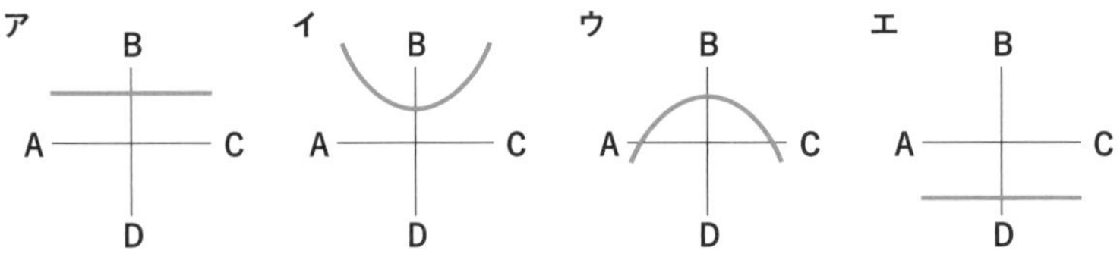

(2) 12月に同じ実験を同じ場所で行うと，このときできる線はどのようになるか。右の図にその線をかきなさい。

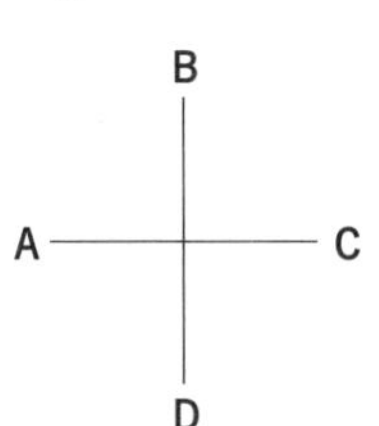

2 右の図のように流れているA川がある。図中のa－a'とb－b'における川底の形を次の図にそれぞれかきなさい。〔雙葉中〕

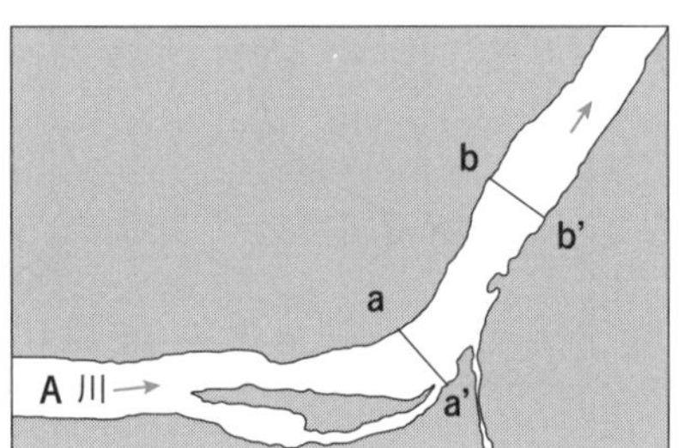

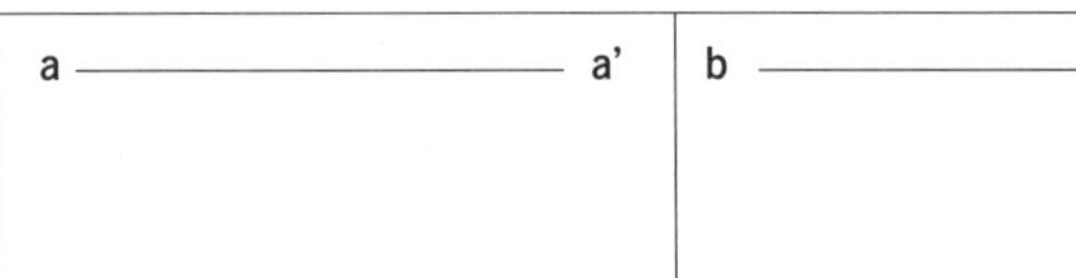

3 右の図のように実験室で理科実験を行っているときにきん急地しん速報(そくほう)が入った。安全のために大きなゆれが来るまでにどのような行動をとる必要があるか。簡単(かんたん)に説明しなさい。

〔自修館中〕

[　　　　　　　　　　　　　　　　　　]

着眼点

1 棒のかげは太陽と反対側にできる。冬は夏より太陽の高度が低いので太陽が南中したときのかげの長さは長くなる。

2 川が曲がっている所では，流れの外側にはがけが，流れの内側には川原ができる。

3 図から最初にするべきことを考える。

4 夏のよく晴れた日に，海辺で陸と海の温度，風の向きを観測した。これについて，次の問いに答えなさい。〔甲南中〕

(1) 陸と海の温度を比べると，昼は陸の温度のほうが高く，夜は海の温度のほうが高かった。陸と海の温度の高低が昼と夜で変わる理由を書きなさい。

[　　　　]

重要 (2) この海辺では，昼から夕方にかけては南風がふいていたが，夕方から北風に変わった。海は陸からみて東西南北のどちらにありますか。

[　　　　]

(3) この海辺で，午前11時から翌日の午前11時までの風の向きを観測した場合，風がふかない時間帯は何回あると考えられますか。また，その理由を答えなさい。

回数[　　　　]

理由[　　　　]

4 夏のよく晴れた日，海辺では昼は海風，夜は陸風がふく。

(3)風がふかない時間帯をなぎという。

5 右の図は，日本に接近している台風の雲画像で，矢印は台風が進む方向を表している。特に強い風がふく所をA～Dから選び，記号で答えなさい。また，その理由を答えなさい。〔神戸海星女子学院中〕

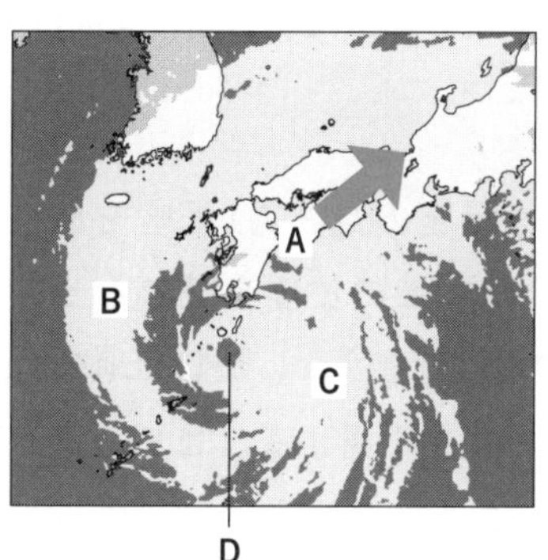

記号[　　　　]

理由[　　　　]

5 台風には，中心に向かって左まわり（反時計まわり）に風がふきこんでいる。

6 右の図は火山灰をしきつめて，けんび鏡で観察したときの模式図である。※色指数を，方眼紙の交点100個の中に，黒っぽいつぶと重なる交点がいくつあるかによって表すことにする。右の図の火山灰の場合，色指数はいくつになるか，数字で答えなさい。〔三輪田学園中〕

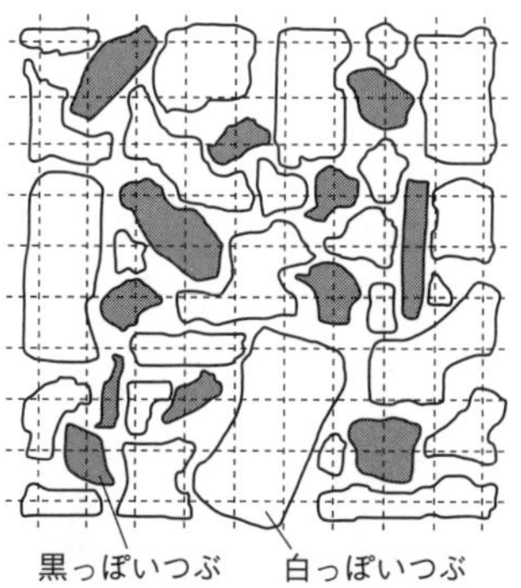

[　　　　]

※色指数…黒っぽいつぶがどれくらいふくまれているかを表す数

6 黒っぽいつぶと重なる交点の数の割合を求める。

3 第2章 地 球

星とその動き

ステップ1 まとめノート

解答→別冊 p.23

1 星のすがた★★

▲わく星（金星）

(1) **いろいろな星**……〈こう星とわく星〉太陽のように，星自身が光を出しているものを① 　　という。地球のように太陽のまわりを回る② 　　や，さらにそのまわりを回る月などの③ 　　は太陽の光を反射して光っている。

〈星までのきょり〉星までのきょりは，１秒間に約30万km進む光が１年間に進むきょりの④ 　　を単位として表す。

(2) **星の色と明るさ**……〈星の明るさ〉星の明るさは，見かけの明るさによって，いちばん明るく見える星を⑤ 　　，肉眼で見えるいちばん暗い星を⑥ 　　としている。

└全天で6000個～8000個ある

〈星の色〉星の色がちがって見えるのは，星の表面の⑦ 　　がちがうためである。⑦ 　　が高い星ほど青白く，低い星ほど赤い。オリオン座のリゲルは⑧ 　　色，ベテルギウスは⑨ 　　色に見える。

2 四季の星座★★

夏の空

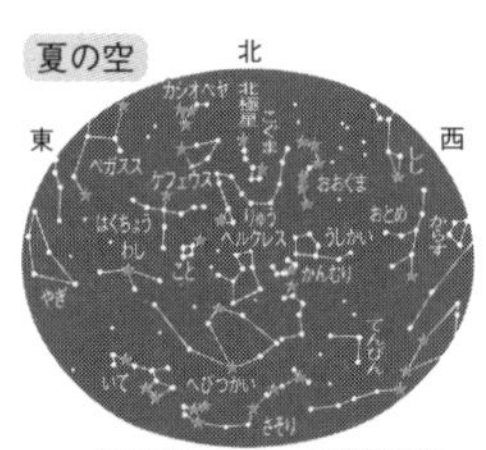

7月15日　南　午後9時ごろ

冬の空

1月15日　南　午後9時ごろ

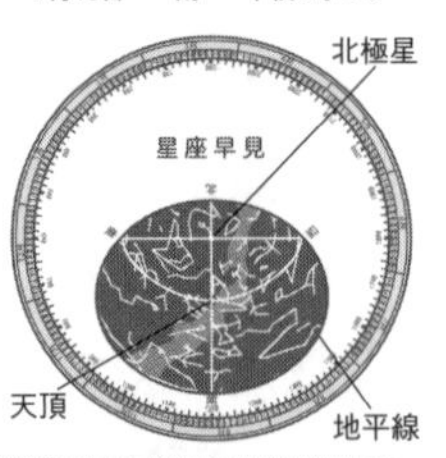

(1) **星座**……〈季節による星座の見え方〉星座を形づくっている星は，地球との位置をほとんど変えないので星座の形は⑩ 　　。しかし，地球が１年で⑪ 　　のまわりを１周することで，毎日の同じ時刻に見える星座の位置は少しずつ動く。このため，夜に見える星座の方向が変わっていき，⑫ 　　によって見える星座がちがってくる。

(2) **星座のさがし方**……〈星座早見〉大小２枚の円盤でできており，窓のような穴があいている。２枚の円盤は⑬ 　　を示す軸でつながっており，窓の周囲には東西南北の方位がかかれている。頭上にかざして見るため，南北に対して東西が⑭ 　　になっている。その日その時刻に見える星が，窓に示される。窓の真ん中は⑮ 　　になっている。

星の明るさは１等星から６等星に分けられる。北極星は２等星である。
こう星の表面の温度によって，見える色はちがって見える。

①
②
③
④
⑤
⑥
⑦
⑧
⑨
⑩
⑪
⑫
⑬
⑭
⑮

入試ガイド

星座早見の使い方を確認しておく。操作の方法を問われることがある。

(3) **北の空の星**……〈北極星〉**北極星**は，⑯　　という星座をつくる星の１つで，いつも北の方角にあって動かない。これは，地球が⑰　　する中心の地軸の方向がちょうど北極星あたりにあるためである。
〈北極星の見つけ方〉北極星は，⑱　　のしっぽの部分にあたる北と七星のひしゃくの形をした部分を５倍にのばした所にある。

秋ごろには**北と七星**が見えにくくなるので，北と七星と北極星をはさんでほぼ反対側にあるＷの形をした⑲　　から見つける。
〈北極星の見える高さ〉北極星の見える高さは，見る場所によってちがう。北極星の見える角度は，見ている場所の⑳　　に等しい。

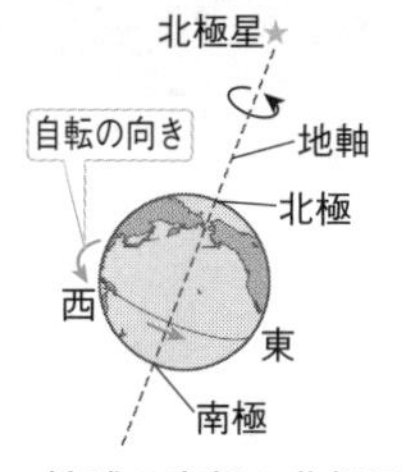

▲地球の自転と北極星

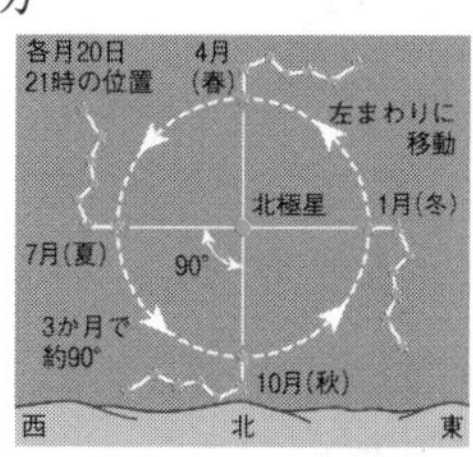

▲季節と北と七星の位置

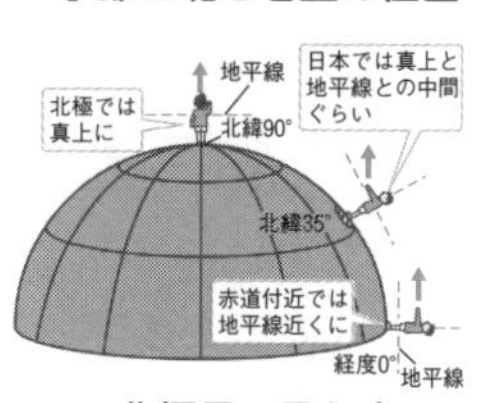

▲北極星の見え方

(4) **四季の南の空の星**……〈夏の星座〉夏の星座には，さそり座（└アンタレス），はくちょう座，こと座，わし座などがある。はくちょう座の**デネブ**，こと座の**ベガ**，わし座の**アルタイル**がつくる大きな三角形を㉑　　とよぶ。
〈冬の星座〉冬の星座には，オリオン座（└リゲル，ベテルギウス），おうし座，おおいぬ座，こいぬ座などがある。おおいぬ座の**シリウス**，オリオン座の**ベテルギウス**，こいぬ座の**プロキオン**がつくる大きな三角形を㉒　　とよぶ。

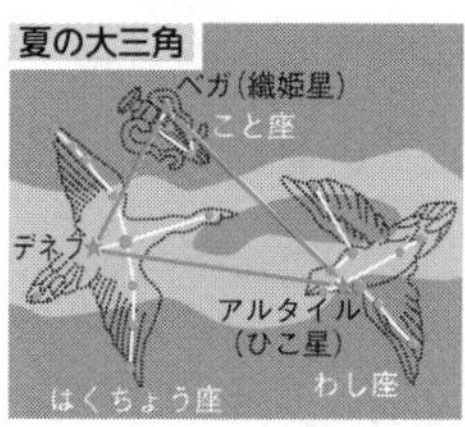

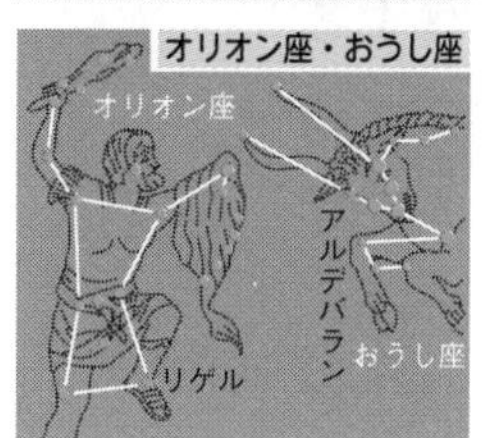

星が移動した角度から移動時間を求める問題が出題されている。1時間に動く角度は15°である。

3 星の動き★★

(1) **星の１日の動き**……〈北の空の星〉北半球では，北の空の星は，㉓　　を中心にして円をえがくように㉔　　まわりに回っている。
〈星の動く速さ〉地球が１日に１回㉕　　するので，１時間に㉖　　動いているように見える。
〈空全体の星〉北半球では，南の空の星は㉗　　，東の空の星は㉘　　，西の空の星は㉙　　に動いているように見える。空全体の星の１日の動きをうつす丸天じょうを㉚　　といい，どの星も，北極星を中心にして東から西に動いている。

ズバリ暗記
南の空の星は，季節によって見える星座がちがっている。
星は，１時間に15°の速さで動いている。

ステップ2 実力問題

ねらわれるココが
- 季節の星座
- 星の動き
- 星の色と明るさ

解答→別冊 p.23

重要 **1** 図1，図2は，日本で夏の夜に見られる星座と冬の夜に見られる星座であり，夏の大三角と冬の大三角のいずれかを表している。これについて，次の問いに答えなさい。〔浪速中〕

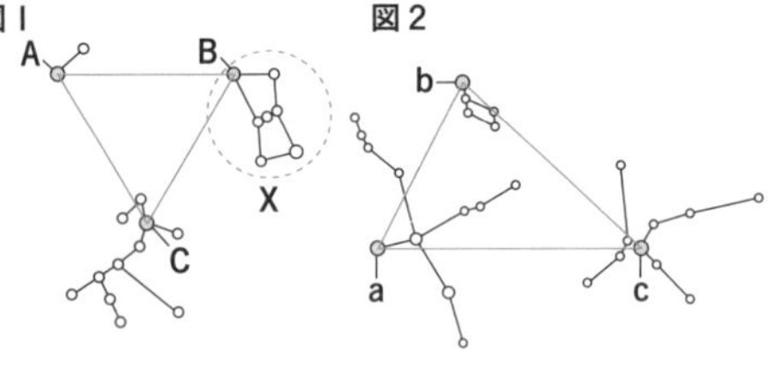

(1) 冬の夜に見られる星座は**図1**，**図2**のどちらですか。［　　　　］

(2) **図1**の◌で囲まれた**X**の星座の名まえを答えなさい。［　　　　］

(3) **図1**の**A**～**C**の星の中で，最も明るい星を選び，記号で答えなさい。また，その星の名まえをカタカナで答えなさい。

記号［　　　］　名まえ［　　　　　］

(4) **図2**の**a**の星がある星座の名まえを答えなさい。［　　　　］

(5) おりひめ星とよばれている星を，**図1**の**A**～**C**または**図2**の**a**～**c**から選び，記号で答えなさい。また，その星の名まえをカタカナで答えなさい。　記号［　　　］　名まえ［　　　　　］

2 川崎市内で，ある日の夜12時に南の空を観察すると，図1のような星座が南中していた。これについて，次の問いに答えなさい。〔カリタス女子中〕

図1

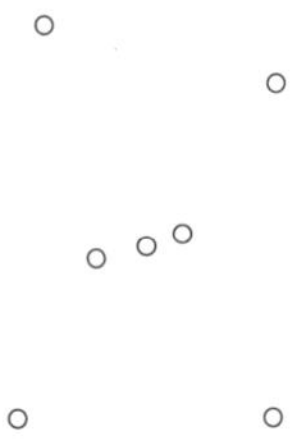

図2

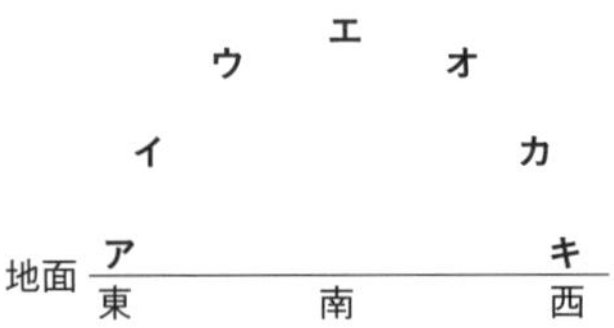

ウ　エ　オ
イ　カ
地面　ア　キ
東　南　西

(1) 観察した季節を次の**ア**～**エ**から選び，記号で答えなさい。［　　　］

ア 春　**イ** 夏　**ウ** 秋　**エ** 冬

(2) 観察した日の同じ時刻に，どの方向の空にも見えない星を次の**ア**～**エ**から選び，記号で答えなさい。［　　　］

ア シリウス　**イ** プロキオン　**ウ** アルデバラン　**エ** アンタレス

(3) 観察した日の夜10時には**図1**の星座はどこに見えていたと考えられるか。**図2**の**ア**～**キ**から選び，記号で答えなさい。［　　　］

(4) (3)のように，同じ日に時刻によって星が見える位置が変化するのはなぜか。15字以内で答えなさい。

［　　　　　　　　　　］

(5) 観察した日から3か月後の夜8時には**図1**の星座はどこに見えると考えられるか。**図2**の**ア**～**キ**から選び，記号で答えなさい。［　　　］

得点アップ

1 夏の夜と冬の夜には，3つの明るい星を結んだ三角形ができる。

✔チェック!自由自在①
夏の夜と冬の夜に見られる星座を調べてみよう。

(3)全天でいちばん明るく見える星である。

2 南の空に見える星は，1時間に15°東から西へ動いていく。

✔チェック!自由自在②
いろいろな星の色を調べてみよう。

(5)1か月に30°東から西へ動いて見える。

3 1月の晴れた夜に，奈良市(ならし)で星を観察した。下の**A**～**D**は，それぞれ東，西，南，北の空のいずれかについて星の動きを観察したものである。これについて，次の問いに答えなさい。〔育英西中〕

A
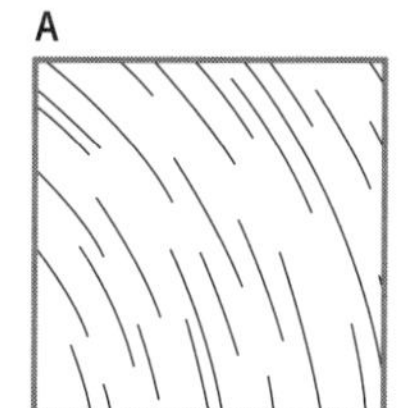
B
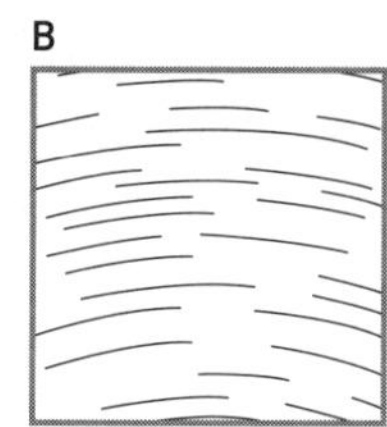
C
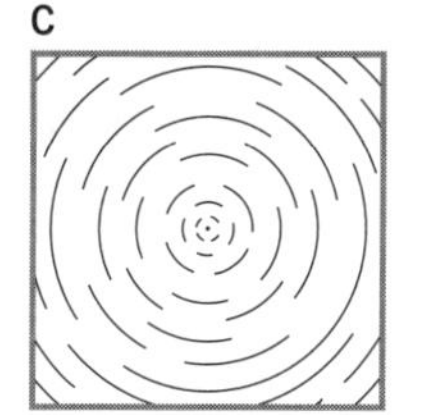
D
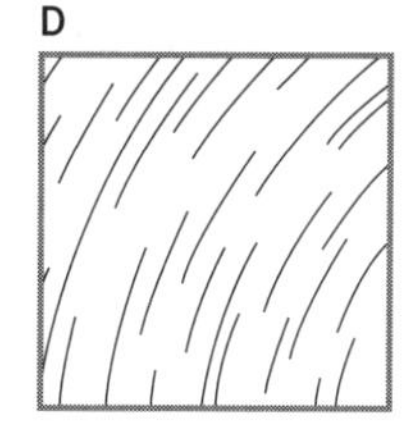

(1) **A**～**D**のうち，東の空と南の空の図をそれぞれ選び，記号で答えなさい。　東[　　　]　南[　　　]

重要 (2) **C**の中心には，ほとんど動かないように見える星がある。

① この星は何とよばれているか，答えなさい。[　　　]

② この星といくつかの星でできている星座(せいざ)の名まえを答えなさい。[　　　]

③ この星を見つける手がかりとしてわかりやすい星座をまず見つけ，その星座をもとにさがす。この観察をした日に，この方法に使える星座の名まえを，1つ答えなさい。[　　　]

④ この星の少し右に見える星は2時間後にはどの方向に動くか。次の**ア**～**エ**から選び，記号で答えなさい。[　　　]

ア 右　**イ** 左　**ウ** 上　**エ** 下

⑤ **C**の空に見られる星座を，次の**ア**～**エ**から選び，記号で答えなさい。[　　　]

ア はくちょう座　**イ** おおぐま座
ウ オリオン座　**エ** さそり座

3東の空からのぼった星は，南の空を通って西の空にしずむ。

✔チェック!自由自在③
いろいろな場所での星の見え方を調べてみよう。

(2)地球の地軸(ちじく)をのばした所にあるので，ほとんど動かないように見える。

4 右の図は，北半球におけるある地点で，北の空に見える星の動きをカメラのシャッターを一定時間開けてうつしたものである。これについて，次の問いに答えなさい。〔東京女学館中〕

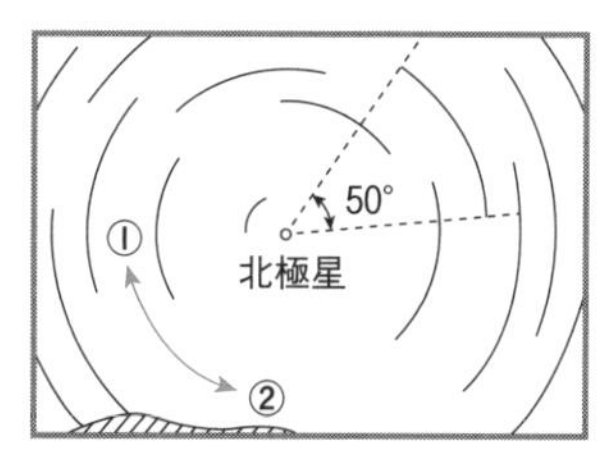

(1) 図で，星は①，②のどちらの向きに動いたか。番号で答えなさい。[　　　]

(2) 図は，カメラのシャッターを何分間あけてうつしたものか，答えなさい。[　　　]

(3) 図のように，星が動いて見える原因(げんいん)を，次の**ア**～**エ**から選び，記号で答えなさい。[　　　]

ア 地球の自転　**イ** 地球の公転　**ウ** 星の自転　**エ** 星の公転

4北の空に見える星は，1時間に15°左まわり(反時計まわり)に動いて見える。

ステップ3 発展問題

解答→別冊 p.24

1 横浜(よこはま)で2017年7月下じゅんの晴れた日に，夜空の明るい星を20時から1時間ごとに3枚(まい)スケッチし，星がどのように動いていくかを観察した。これについて，次の問いに答えなさい。　〔神奈川大附中〕

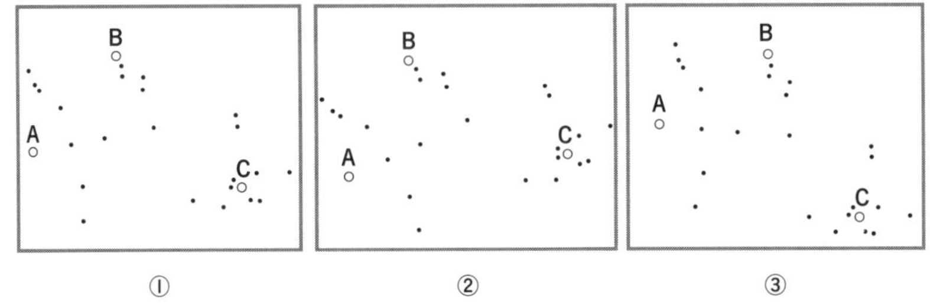

(1) スケッチ3枚をかいた順にならべたものを次の**ア**〜**カ**から選び，記号で答えなさい。　[　　]

ア ①→②→③　**イ** ②→①→③　**ウ** ③→②→①　**エ** ③→①→②
オ ②→③→①　**カ** ①→③→②

重要 (2) (1)のように，時間により星座(せいざ)の位置が変化していく理由を次の**ア**〜**オ**から選び，記号で答えなさい。　[　　]

ア 月が地球のまわりを回っているから。　**イ** 月が太陽のまわりを回っているから。
ウ 地球が太陽のまわりを回っているから。　**エ** 宇宙(うちゅう)全体が収縮(しゅうしゅく)しているから。
オ 地球が24時間かけて1周回っているから。

(3) ①の中央部分の方角を次の**ア**〜**エ**から選び，記号で答えなさい。　[　　]

ア 東　**イ** 西　**ウ** 南　**エ** 北

(4) スケッチにかかれている星座を次の**ア**〜**ク**からすべて選び，記号で答えなさい。　[　　]

ア はくちょう座　**イ** おおぐま座　**ウ** オリオン座　**エ** こと座
オ おおいぬ座　**カ** こいぬ座　**キ** かに座　**ク** わし座

(5) スケッチにかかれている**A**〜**C**は1等星である。それぞれの名まえを書きなさい。

A [　　]　**B** [　　]　**C** [　　]

(6) 同じ時期に，スケッチにかかれている星座を見ることができない場所を次の**ア**〜**エ**から選び，記号で答えなさい。　[　　]

ア ワシントン(アメリカ)　**イ** ロンドン(イギリス)
ウ パリ(フランス)　**エ** シドニー（オーストラリア)

2 次の文章を読み，あとの問いに答えなさい。　〔桐朋中〕

古代の天文学者ヒッパルコスは，夜空に見える星を明るさによって6つのグループに分けて，いちばん明るい星を1等星，最も暗い星を6等星と決めた。この基準(きじゅん)は現在(げんざい)でも引きつがれている。

(1) 現代では，都市部で星を観察すると，3等星さえ見えにくくなっている。その理由を次の**ア**～**オ**から選び，記号で答えなさい。 [　　　]

ア 古代に比べて，暗い星が少なくなったから。

イ 昔は3等星だった星が，6等星より暗い星になったから。

ウ 宇宙全体の星の明るさが低下したから。

エ 昔に比べて，空が街のあかりで明るくなったから。

オ ほとんどの星が，地球から遠ざかっているから。

星の明るさについて考えてみよう。星の明るさとは，星からの光にたいして垂直な同じ面積の平面を，1秒間に通過する光の量であるとする。星の光は，一点から宇宙空間にいちように広がっていく。それは，スプレーをふん射したときのようすに似ている。したがって，星からのきょりが遠くなれば，星の明るさは減っていく。

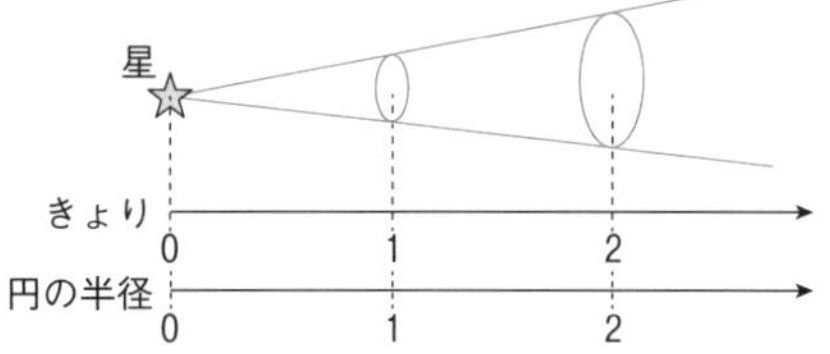

(2) ある星から1光年はなれた所での明るさを100としたとき，2光年はなれた所での明るさは，いくらになるか。右上の図を参考にして答えなさい。なお，1光年とは光が1年間に進むきょりである。 [　　　　]

次の表は，1等星としてかがやく代表的な星とその星座名，色，きょりを示したものである。

星	星座名	色	きょり〔光年〕
ベガ	こと座	白色	25
アルタイル	わし座	白色	17
デネブ	[A]	白色	1424
リゲル	オリオン座	青白色	863
ベテルギウス	オリオン座	[C]	497
アンタレス	[B]	[C]	558
アルデバラン	おうし座	だいだい色	67

(3) 表中の**A**，**B**にあてはまる星座名を書きなさい。**A** [　　　　] **B** [　　　　]

(4) 表中の**C**にあてはまる色を次の**ア**～**オ**から選び，記号で答えなさい。 [　　　]

ア むらさき色　**イ** 青白色　**ウ** 緑色　**エ** 黄色　**オ** 赤色

夜空にかがやく星にもかがやき続ける時間，つまり生き物でいうところの寿命がある。表にあるオリオン座のベテルギウスは，寿命がつきる段階の星で，この星はちょう新星ばく発とよばれる大ばく発によって，一生を終える。ばく発すると満月ほど明るくなると予想する研究者もいる。

(5) ちょう新星ばく発によって，ベテルギウスはどうして明るくなるのか。その理由としてふさわしいものを次の**ア**～**エ**から選び，記号で答えなさい。 [　　　]

ア ベテルギウスと地球のきょりが急に縮まるから。

イ ベテルギウスの重さが重くなるから。

ウ ベテルギウスが短時間にたくさんの光を放出するから。

エ ベテルギウスの色が青色に変化するから。

学習日　月　日

太陽・月・地球

ステップ1 まとめノート

解答→別冊 p.25

1 太陽のすがた★

(1) **太陽の大きさと太陽までのきょり**……〈太陽の大きさと太陽までのきょり〉太陽の直径は約140万kmで，月の直径の約①　倍であり，地球と太陽のきょりが，地球と月のきょりの約②　倍なので，太陽と月はほぼ③　大きさに見える。地球と太陽のきょりは約④　kmである。

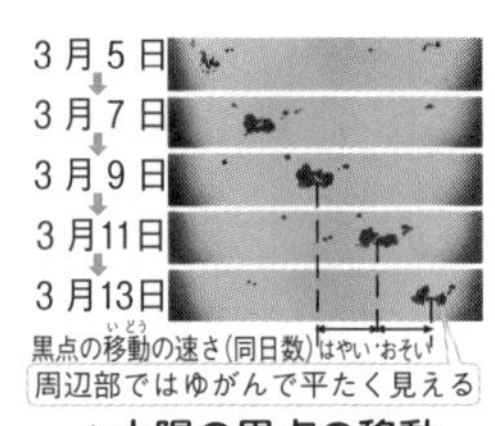

(2) **太陽のつくり**……〈太陽のつくり〉太陽は気体でできている。表面を光球といい，その外側には彩層(さいそう)があり，さらに外側に⑤　がある。
└うすい気体からできている
〈太陽の温度〉太陽の表面温度は約⑥　℃，**黒点**の部分は約⑦　℃である。

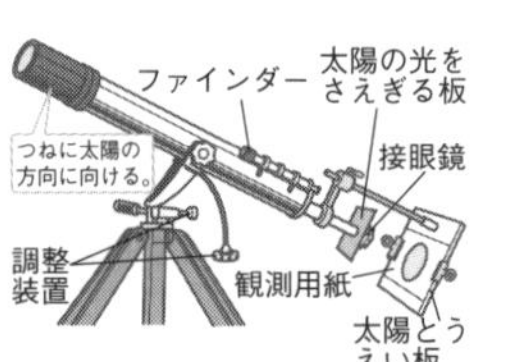

▲太陽の黒点の移動

(3) **太陽の観察**……〈太陽の観察〉太陽を観察するときは，太陽の光を弱める⑧　を使ったり，天体望遠鏡(てんたいぼうえんきょう)で⑨　にうつしたりする。太陽の表面には黒点があり，その動きから太陽は⑩　しており，その形と移動(いどう)の速さの変化から太陽は⑪　とわかる。

▲太陽を観察する装置(天体望遠鏡)

2 月の表面のようすと動き★★★

(1) **月の表面のようす**……〈月の表面のようす〉月の表面には⑫　とよばれる丸い穴(あな)と，⑬　とよばれる黒く見える部分がある。
〈月の自転〉月は地球のまわりを1回公転するとき，1回⑭　している。

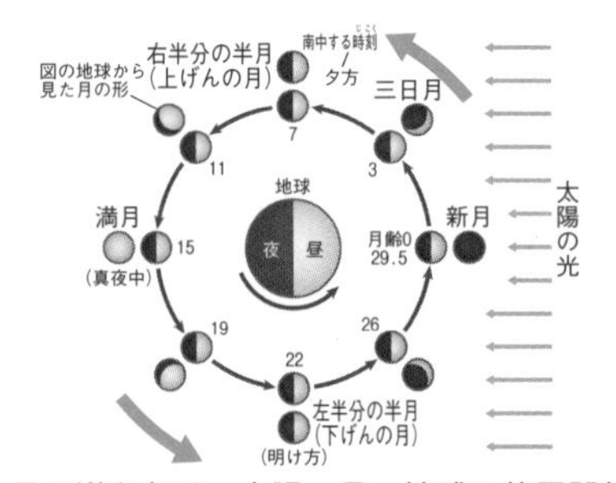

▲月の満ち欠け―太陽・月・地球の位置関係

(2) **月の満ち欠け**……〈月の形〉月は太陽の光を受けて光るため，太陽と⑮　と地球の位置関係で形が変化する。新月から新月までは約⑯　かかる。月の形を新月からの日数でいい表したものを⑰　という。

①
②
③
④
⑤
⑥
⑦
⑧
⑨
⑩
⑪
⑫
⑬
⑭
⑮
⑯
⑰

太陽の黒点が移動(いどう)することから，太陽は何でできていて，どのような動きをするか問う問題が出題されている。

太陽は気体でできており，高い温度で燃えて，熱や光を出している。
月の表面には，クレーターという丸い穴や海といわれる部分がある。

(3) **月の形とその動き**……〈月の動きと太陽の動き〉月の出，月の入りの時刻は，１日に約⑱　　，角度にして約12°太陽におくれる。
〈月の形と動き〉三日月は夕方に⑲　　の空に，上げんの月は夕方に⑳　　の空に見え，満月は夕方に㉑　　の空からのぼり，下げんの月は朝に㉒　　の空に見える。

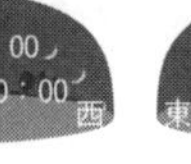
▲三日月　▲上げんの月

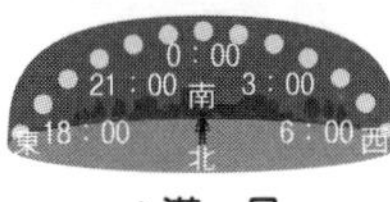
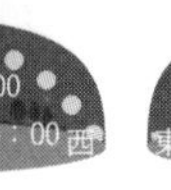
▲満　月　▲下げんの月

3 地球のようすと動き★★

(1) **地球上での位置の表し方**……〈緯度と経度〉地球を南北に分ける角度を㉓　　といい，地球を東西に分ける角度を㉔　　という。

▲地球の自転

(2) **地球の自転と公転**……〈地球の自転〉地球が１日に１回，地軸を中心に西から東に向かって回転することを地球の㉕　　といい，これにより，星や太陽は東から西へ動いて見える。
〈地球の公転〉天体がほかの天体のまわりを回ることを㉖　　といい，地球は１年間かけて太陽のまわりを回っている。

▲公転き道と公転面

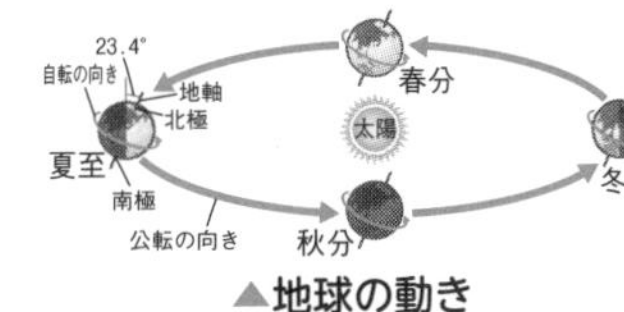

▲地球の動き

(3) **季節による太陽の南中高度**……〈太陽の南中高度〉北半球では，南中高度がいちばん大きくなるのは㉗　　の日で，いちばん小さくなるのは㉘　　の日である。**春分の日**と**秋分の日**はその中間になる。

4 太陽系と宇宙の広がり★★★

(1) **太陽系**……〈太陽系〉太陽とそのまわりを回っている天体を合わせて㉙　　といい，８つの㉚　　と，小わく星，衛星，すい星からなる。

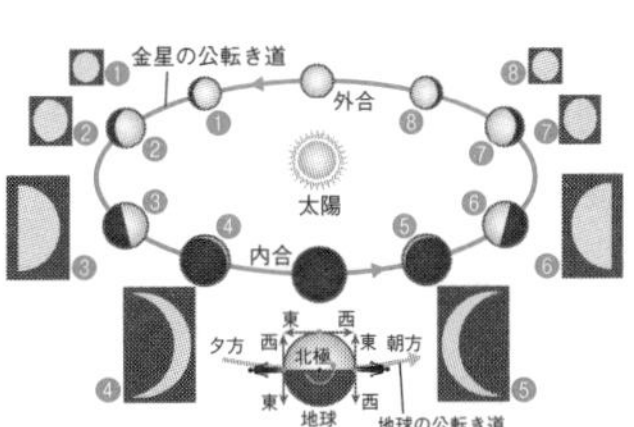

▲金星の位置と見え方

(2) **金星**……〈金星の見え方〉金星は月と同じように満ち欠けし，日の出よりはやく東の空からのぼる金星を㉛　　，日の入りよりおそく西の空にしずむ金星を㉜　　という。

(3) **火星**……〈火星の見え方〉天球上で西から東へと移動しているような動きを㉝　　，東から西へと移動しているような動きを㉞　　という。

⑱
⑲
⑳
㉑
㉒
㉓
㉔
㉕
㉖
㉗
㉘
㉙
㉚
㉛
㉜
㉝
㉞

入試ガイド
太陽と地球の位置関係からどの季節かを見分けることができる。太陽の光が多くあたっているときが夏である。

地球が自転しているため，太陽や星が東から西に動いて見える。
金星は，朝方の東の空と夕方の西の空にしか見えない。

学習日　　月　　日

ステップ2 実力問題

ねらわれるココが
- 地球の自転と公転
- 月の動きと形
- わく星の動き方

解答→別冊 p.26

重要 **1** 右の図の①～④は日本で見た月の形を表している。これについて，次の問いに答えなさい。〔同志社女子中〕

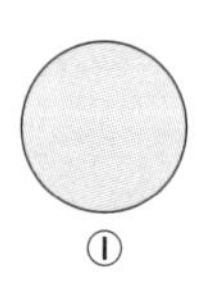
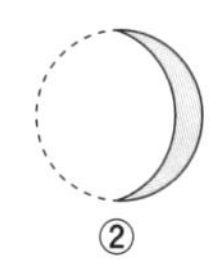
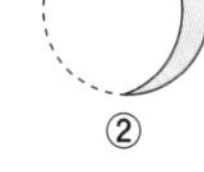
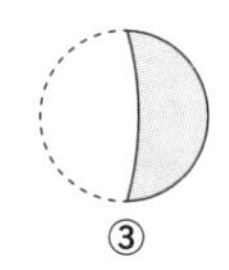
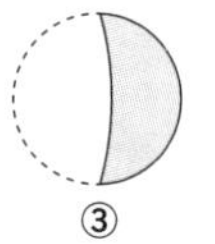

①　②　③　④

(1) ①～④を，①から変化していく順にならべたものとして正しいものを次の**ア**～**カ**から選び，記号で答えなさい。［　　］

ア ①→②→③→④　**イ** ①→②→④→③　**ウ** ①→③→②→④
エ ①→③→④→②　**オ** ①→④→②→③　**カ** ①→④→③→②

(2) 太陽と月が，地球から見てちょうど反対の位置にあるときの月の形として正しいものを図の①～④から選び，番号で答えなさい。［　　］

(3) ①と②が見える時刻(じこく)と方角の組み合わせとして正しいものを次の**ア**～**オ**からそれぞれ選び，記号で答えなさい。①［　　］②［　　］

ア 夕方の南の空　**イ** 夕方の西の空　**ウ** 真夜中の南の空
エ 明け方の東の空　**オ** 明け方の南の空

(4) 月の表面についての次の文章を読んで，文中の**A**～**E**にあてはまる語句(ごく)をそれぞれ答えなさい。

A［　　］ B［　　］ C［　　］
D［　　］ E［　　］

> 月の表面は，岩石や砂(すな)でできていて，**A** とよばれる円形のくぼみが数多くある。暗く見える部分は **B** とよばれ，平らな低地になっている。日本では，暗く見える部分の形を **C** のもちつきに見立ててきた。人類で初めて月面に降(お)り立ったのは，アメリカの宇宙船(うちゅうせん) **D** 11号の宇宙飛行士である。また，日本の月周回衛星(えいせい) **E** は，月面のようすをくわしく調べ，さまざまなことがわかってきた。

2 地球は太陽のまわりを自転しながら公転している。右の図はその模式図(もしきず)である。ただし，図の天体の大きさやようすは実際(じっさい)とは異(こと)なる。これについて，次の問いに答えなさい。〔女子美術大付中〕

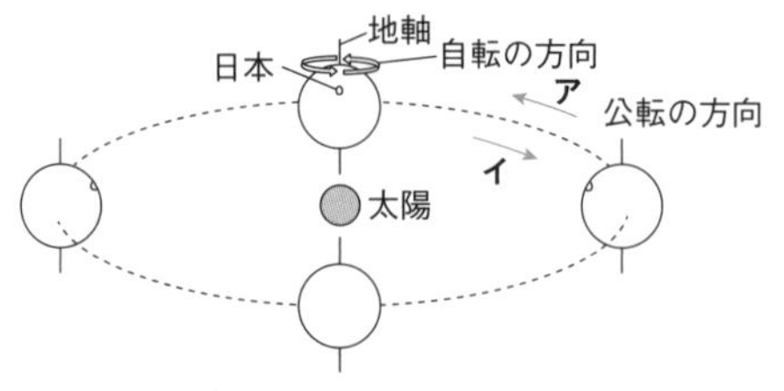

(1) 地球の公転の向きは図の**ア**，**イ**のどちらか，答えなさい。［　　］

(2) 日本で太陽の南中高度が最も高い季節はいつか，答えなさい。［　　］

得点アップ

1 地球から見た月の形は，新月→三日月→上げんの月→満月→下げんの月→新月と変化していく。

✔チェック！自由自在①
月の形と動きについて調べてみよう。

(3) 満月は太陽が西の空にしずむころ，東の空からのぼってくる。

2 地軸(ちじく)は，公転面に垂直(すいちょく)な線にたいして23.4°かたむいている。

(3) 日本は季節ごとに太陽の南中高度が変化する。しかし，図のままでは太陽の南中高度は変化しない。太陽の南中高度を変化させるには，図をどのようにしたらよいか，説明しなさい。

[　　　　　　　　　　　　　　　　　　　　　　　　　　　　]

重要 (4) 地球上では1日の中で昼と夜がある。昼と夜がある理由について正しく説明したものを次の**ア**～**エ**から選び，記号で答えなさい。[　　　]

ア 地球が自転しているから。　**イ** 地球が公転しているから。

ウ 太陽が自転しているから。　**エ** 太陽が公転しているから。

(5) 地球が太陽のまわりを公転する周期は約365.25日である。この公転周期から1年間は365日とされている。1年間を365日とした場合，毎年0.25日ずれてしまう。このずれを解消する方法を説明しなさい。

[　　　　　　　　　　　　　　　　　　　　　　　　　　　　]

(3)季節によって太陽の光のあたり方が変わるようにするには，どうすればよいか考える。

(5)0.25日×4＝1.00日から考える。

3 次の文章を読み，あとの問いに答えなさい。〔大谷中(大阪)〕

金星は，月と同じように自ら光っているのではなく，太陽の光を反射(はんしゃ)して光っている。**図1**は，太陽のまわりを公転している金星の位置(①～⑧)と地球との位置関係を図示(ずし)して表したものである。

図1

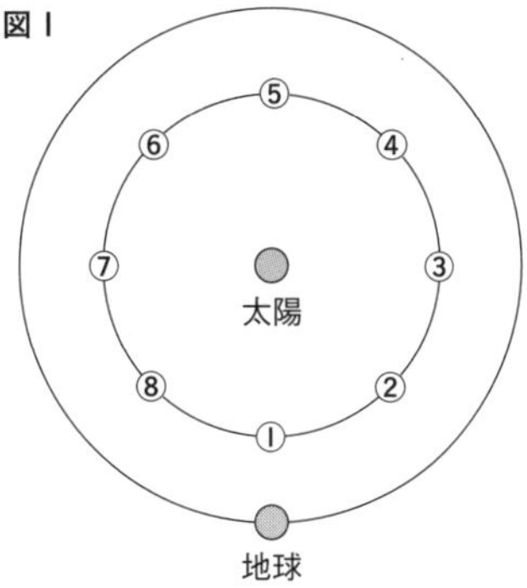

①②③④⑤⑥⑦⑧ 太陽 地球

(1) 地球から金星を見ることができるのは夕方または朝方だけで，真夜中に見ることはできない。その理由を次の**ア**～**エ**から選び，記号で答えなさい。[　　　]

ア 金星は，真夜中になると太陽の光を反射できなくなり，暗くなるため。

イ 金星は，真夜中になると地球のかげに入り，太陽の光を反射できないため。

ウ 金星は，地球の内側を公転しているため。

エ 金星は，地球の外側を公転しているため。

図2

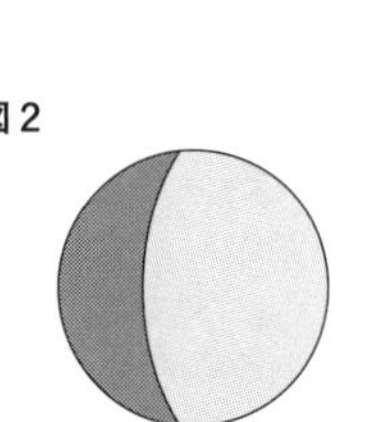

※黒い部分は金星が光っていない影(かげ)の部分

(2) 地球から金星を見ることがむずかしい位置を，①～⑧から2つ選び，番号で答えなさい。[　　　　　]

(3) **図1**の①～⑤のうち，地球から金星が最もよく見える位置として適当(てきとう)なものを選び，番号で答えなさい。[　　　]

(4) 金星は月と同じように太陽の光を反射して光っているので，地球から見ると満ち欠けする。金星が**図2**のように見える位置を，**図1**の①～⑧から選び，番号で答えなさい。ただし，**図2**は望遠鏡を使わずに，直接(ちょくせつ)目で見たときの向きになおしたものである。[　　　]

3 金星は夕方の西の空あるいは朝方の東の空に見ることができる。

✔チェック！自由自在②
金星の見え方と動きを調べてみよう。

(4)金星の右側が反射して光って見えることから考える。

ステップ3 発展問題

解答→別冊 p.26

1 月と暦について，次の文章を読み，あとの問いに答えなさい。〔洛南高附中〕

> 日本では明治５年まで旧暦を使っていた。旧暦では，月の始めの１日は新月で，15日は満月である。三日月，二十六日月なども暦の日付を用いた月の名称である。満月の日には月は日ぼつのとき　　　にあるが，翌日16日には，太陽が西の空にしずんでも，月はなかなか出てこない。まだか，まだかと待っているころに，ようやく出てくる月なので，十六日月を「いざよいの月」という。「いざよい」とは，「いざよう」で，ためらう，ぐずぐずするという意味がある。その後も毎日おくれて出てくるので，17日以降は立ち待ちの月，居待ちの月，……とよび方が変わっていく。また，朝の明るくなった空に残っている白い月を有明の月という。

(1) 　　　にあてはまるものを次の**ア**～**エ**から選び，記号で答えなさい。［　　］

ア 南の空　**イ** 西の地平線　**ウ** 東の地平線　**エ** 北の空

重要 (2) 下線部について，次の文章中の**a**～**c**にあてはまる数をあとの**ア**～**タ**からそれぞれ選び，記号で答えなさい。**a**［　　］ **b**［　　］ **c**［　　］

> 新月から三日月・満月・下げんの月と，月の形が変化して，次に新月になるまでおよそ30日である。ある時刻に月を見て，翌日同じ時刻に月を見ると，位置が約　**a**　度ずれることになる。地球は１時間に約　**b**　度自転しているので，満月の15日の翌日16日には，いざよいの月が　**c**　分たってから出てくることになる。これが毎日の月の出のおくれである。

ア 2　**イ** 3　**ウ** 4　**エ** 5　**オ** 6　**カ** 10　**キ** 12　**ク** 15
ケ 18　**コ** 20　**サ** 24　**シ** 30　**ス** 40　**セ** 48　**ソ** 60　**タ** 75

(3) 9月ごろ，右の**A**～**D**のように月が見えるのは，それぞれ何時ごろか。適当なものをあとの**ア**～**ク**からそれぞれ選び，記号で答えなさい。ただし，同じ記号をくり返し使ってもかまわない。

A［　　］ B［　　］
C［　　］ D［　　］

ア 0時　**イ** 3時　**ウ** 6時　**エ** 9時
オ 12時　**カ** 15時　**キ** 18時　**ク** 21時

B　C　D　A
東　南　西

(4) 太陽が出ていないとき（日ぼつから夜明けまで），次の**ア**～**ク**の月の中で最も高くのぼるものを選び，記号で答えなさい。［　　］

ア 6月の満月　**イ** 8月の三日月　**ウ** 9月の下げんの月　**エ** 2月の二十六日月
オ 9月の上げんの月　**カ** 3月の三日月　**キ** 8月の二十六日月　**ク** 3月の下げんの月

2 ある日，奈良市にある学校の校庭で，太陽と月の動きについて調べた。これについて，次の問いに答えなさい。〔奈良教育大附中〕

(1) 朝の6時30分ごろ，日の出をむかえたとき，月はある方位に見えていた。月のおよその方位を調べるために，方位磁針を使うことにした。月に向かって指先を向け，方位磁針を見ると図1のようになっていた。このときの月のおよその方位を答えなさい。

[ ]

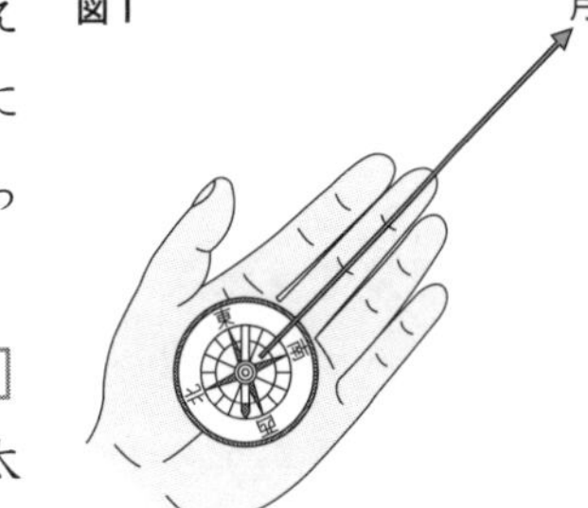

(2) (1)のとき，図2のように南に向かって立ち，両手を使って月と太陽の方向をさして，その間の角度(角a)について調べた。その結果，角aは90°より大きく180°より小さくなっていた。このときの月の形として最も正しいものを次のア～キから選び，記号で答えなさい。 [ ]

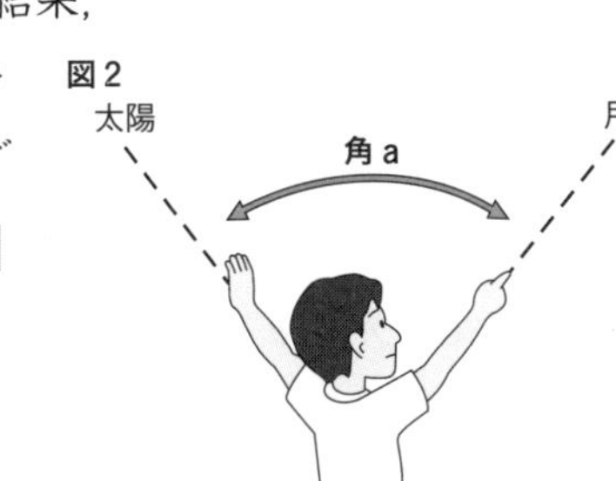

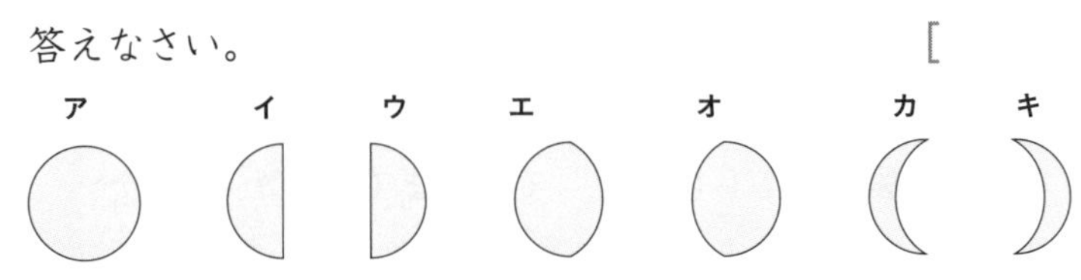

(3) 図3は，地球と月の位置関係と太陽光の向きを表した図である。この日の月の位置として正しいものを図3のA～Hから選び，記号で答えなさい。 [ ]

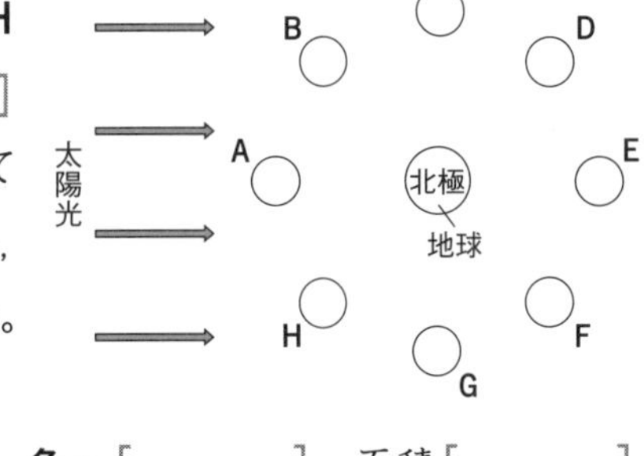

(4) この日から3日後の朝6時30分ごろ，同じ位置に立って図2の角aを調べると，3日前と比べてどうなったか。また，観察された月のかがやいている部分の面積はどうなるか。次のア～ウからそれぞれ選び，記号で答えなさい。

角a [ ] 面積 [ ]

ア 大きくなる　イ 小さくなる　ウ 変わらない

3 図1は地球が太陽のまわりを公転するようす，図2は月が地球のまわりを公転するようすをそれぞれ表したものである。これについて，次の問いに答えなさい。〔早稲田実業学校中〕

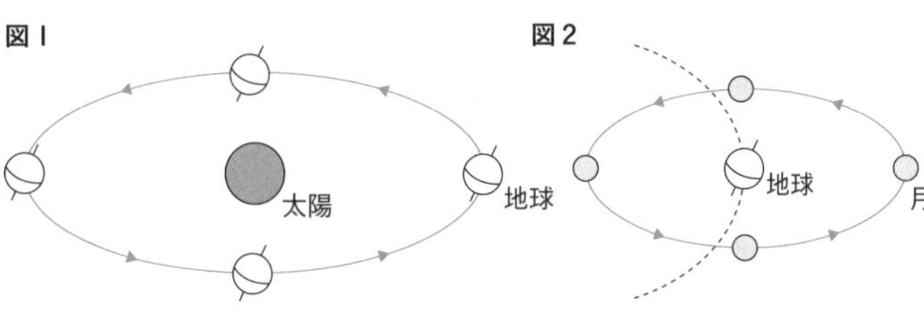

重要 (1) 太陽などの天体が真南にきていちばん高く上がったとき，その天体と地平線との間の角度のことを南中高度という。東京(東経139°，北緯36°)における冬至の日の太陽の南中高度を求めなさい。ただし，地軸は図1のようにいつも一定の向きにかたむいており，地球が太陽のまわりを回る公転面と地軸がなす角度は66.6°とする。[ ]

(2) ①満月と，②上げんの月について，東京におけるこれらの月の南中高度が最も高くなる時期を次のア～カからそれぞれ選び，記号で答えなさい。ただし，地球の公転面と月の公転面は約5°かたむいているが，同じ平面上を公転するものとする。 ①[ ] ②[ ]

ア 春分のころ　イ 夏至のころ　ウ 秋分のころ　エ 冬至のころ
オ 春分のころと秋分のころ　カ 夏至のころと冬至のころ

4 太郎さんは冬休みの宿題で月の観察をした。右の図は，ある日の月の写真である。これについて，次の問いに答えなさい。〔立教池袋中〕

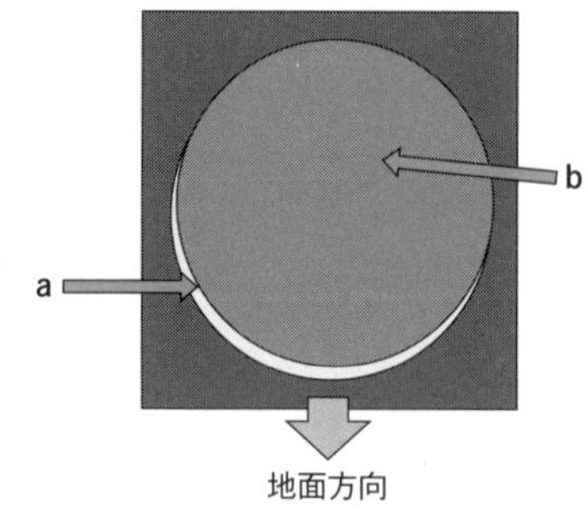

(1) 双眼鏡(そうがんきょう)で注意深く観察すると，月には図の **a** のように明るくかがやいている部分と，**b** のように暗くなっている部分があり，**b** も肉眼(にくがん)でうっすらと見えることに気づいた。**b** が肉眼で見えるのはなぜか。正しいものを次の**ア**～**エ**から選び，記号で答えなさい。［　　］

ア **b** が自ら光を放ち，地球まで届(とど)くから。

イ 太陽光が直接(ちょくせつ) **b** に届き，反射(はんしゃ)して地球まで届くから。

ウ 太陽光が **a** で反射したのち，**b** に届き，さらに反射して地球まで届くから。

エ 太陽光が地球で反射したのち，**b** に届き，さらに反射して地球まで届くから。

(2) 図はいつごろさつえいされたものか。時間帯として正しいものを次の**ア**～**エ**から選び，記号で答えなさい。［　　］

ア 昼間　**イ** 夕方　**ウ** 真夜中　**エ** 明け方

(3) 太郎さんは月の観察を１か月間続け，「肉眼で **b** が最もよく見えるのは，新月の３日前や３日後である」ことに気づいた。この時期に肉眼で **b** がよく見える理由として正しいものを次の**ア**～**エ**からすべて選び，記号で答えなさい。

［　　　　］

ア **a** が小さく，明るくかがやいて見える部分からの光が弱い時期だから。

イ **a** が大きく，明るくかがやいて見える部分からの光が弱い時期だから。

ウ 月から見ると，地球が大きく欠けた三日月形となり，地球があまり太陽光を反射しないから。

エ 月から見ると，地球が満月形に近くなり，地球がたくさんの太陽光を反射するから。

(4) 月には大気や雲がなく，表面は岩石のみであるため，太陽光を反射する割合(わりあい)は約７％である。一方，地球は雲や水，雪などがよく光を反射するため，太陽光を反射する割合は約37％である。また，月から見た地球の大きさは，地球から見た月の大きさの約13.5倍であることがわかっている。これらのことから，月から見る満月形の地球は，地球から見る満月の何倍明るいかが求められる。その値(あたい)として最も近いものを次の**ア**～**エ**から選び，記号で答えなさい。

［　　］

ア 2.5倍　**イ** 30倍　**ウ** 70倍　**エ** 200倍

5 次の文章を読み，あとの問いに答えなさい。〔青山学院横浜英和中－改〕

2018年夏，火星と地球が大接近した。太陽，地球，火星の順に直線状(ちょくせんじょう)にならび，火星，地球間が近くなったときを「しょう」という。2018年の「しょう」は特に火星，地球間のきょりが近くなったので，火星はとても明るく見えた。

地球と火星のそれぞれの太陽との平均(へいきん)きょり，公転周期(太陽のまわりを１周するのにかかる時間)は次の表の通りである。

	地球	火星
太陽との平均きょり	1.5億km	2.3億km
公転周期	365日	687日

※火星の1日の長さは地球の1日と同じ時間をとっている。

(1) 地球より太陽に近いわく星の名まえをすべて答えなさい。

[　　　　　　]

(2) 日本で見たとき，「しょう」のとき火星の高度が最も高くなるのは，いつごろか。次の**ア**～**ウ**から選び，記号で答えなさい。また，どの方角の空か。次の**エ**～**キ**から選び，記号で答えなさい。

高度[　　　]　方角[　　　]

ア 真夜中　**イ** 明け方　**ウ** 夕方

エ 東の空　**オ** 南の空　**カ** 西の空　**キ** 北の空

(3) 「しょう」から次の「しょう」までの時間はどのくらいか。次の**ア**～**オ**から選び，記号で答えなさい。

[　　　]

ア 約0.8年　**イ** 約1.5年　**ウ** 約2.1年　**エ** 約15年　**オ** 約21年

(4) 次の①～④の天体を，地球から見える明るさで比かくした。明るく見える順にならべるとどうなるか。正しいものを次の**ア**～**ク**から選び，記号で答えなさい。

[　　　]

① 2018年夏，地球に大接近したときの火星

② オリオン座のリゲル

③ 金星の平均的な明るさ

④ おおいぬ座のシリウス

ア ①>②>③>④　**イ** ③>①>④>②　**ウ** ①>③>④>②

エ ④>①>②>③　**オ** ②>③>①>④　**カ** ④>②>③>①

キ ③>④>②>①　**ク** ②>①>④>③

(5) 地球太陽間のきょりにたいして，火星太陽間のきょりは約1.5倍ある。火星表面1 m^2 あたりに受ける太陽からのエネルギーは，地球表面1 m^2 あたりに受ける太陽からのエネルギーの何倍と考えられるか。小数第3位を四捨五入して，小数第2位までで答えなさい。

[　　　]

(6) 地球から見ると火星は赤くかがやいて見える。どうして赤く見えるのか，簡単に答えなさい。

[　　　　　　　　　　　　]

(7) 火星と金星の大気は成分の割合がよく似ている。しかし大きなちがいがある。火星と金星の大気にはどのような大きなちがいがあるか。「金星は～，火星は～」という表現で，簡単に答えなさい。

[金星は

火星は　　　　　　　　　　　　]

思考力/作図/記述問題に挑戦!

本書の出題範囲 p.66〜79

解答→別冊 p.28

重要 **1** カシオペヤ座(ざ)，北と七星，星Pを観察した。右の図は，そのときのカシオペヤ座と北と七星のようすをスケッチしたものである。その後も，数時間ごとに観察すると，カシオペヤ座や北と七星は位置が少しずつ変わったが，星Pは同じ位置にあるように見えた。これについて，次の問いに答えなさい。〔横浜共立学園中〕

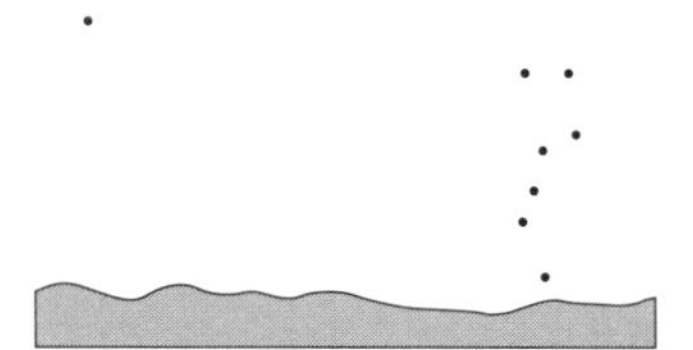

(1) 星Pの名まえを答えなさい。

[　　　　　　]

(2) 星Pは，星座早見を利用する以外に，北と七星からもさがすことができる。右の図に，星Pがある位置を・でかきなさい。

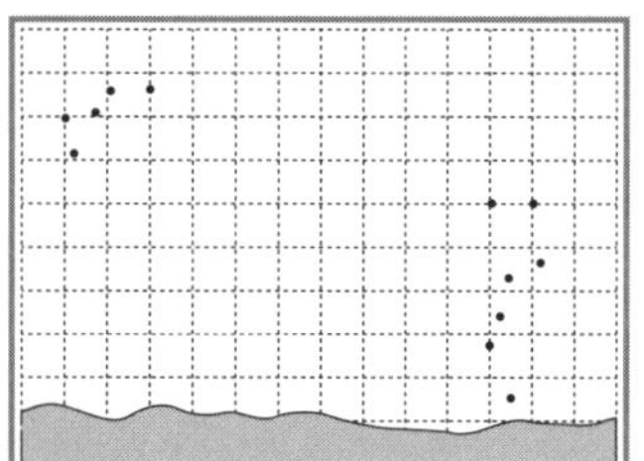

着眼点

1 星Pは地球の地軸(ちじく)の延長線(えんちょうせん)上にあるので同じ位置にあるように見える。北と七星やカシオペヤ座を利用して見つけることができる。

2 右の図は，地球のまわりを公転している月を，地球の北極上空から見下ろしたようすを表している。図の②，③，⑤の位置に月があるとき，日ぼつごろに東京で観察した月の位置と見え方がわかるように図をかきなさい。〔白百合学園中〕

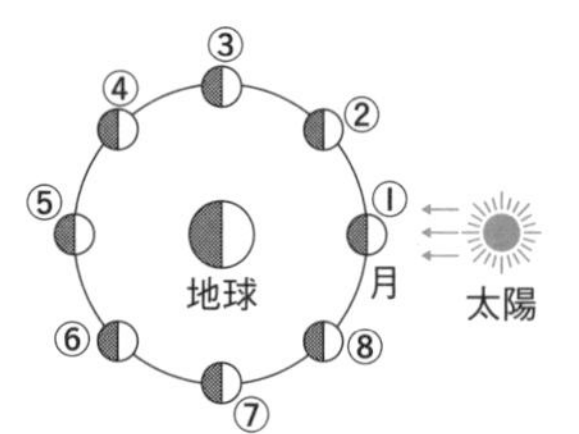

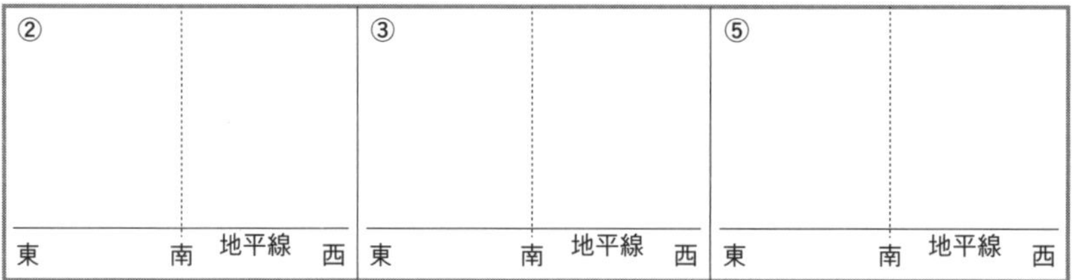

2 ②の月は三日月，③の月は上げんの月，⑤の月は満月である。日ぼつごろそれぞれの月はどの方角の空に見えるかを考える。

3 月面上から地球を観察すると，地球はほとんどとまっているかのように見える。その理由を説明しなさい。〔逗子開成中〕

[　　　　　　　　　　　　]

3 月の公転の向きと自転の向き，周期を考える。

4 金星は満ち欠けしながら見かけの大きさも変化する。その理由を説明しなさい。〔大谷中(大阪)〕

[　　　　　　　　　　　　]

4 金星と地球の位置関係から金星が見える方角ときょりを考える。

5 日食を次の図のように再現(さいげん)してみた。自分が地球として，月と太陽のかわりにボールを置いた。月のかわりには直径4 cmのボールを，太陽のかわりには直径20 cmのボールを使った。これについて，次の問いに答えなさい。 〔学習院中〕

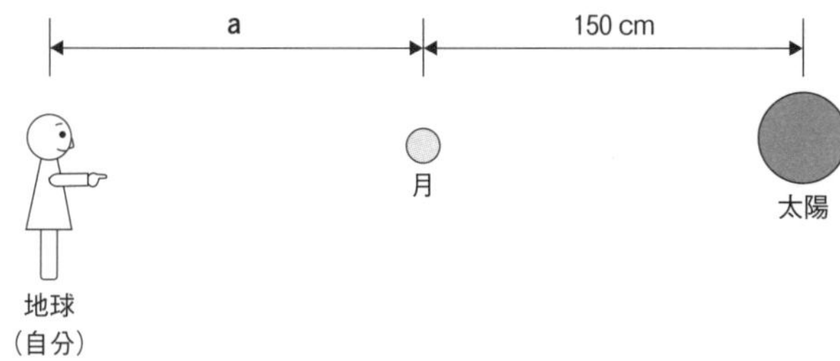

(1) 図のaの長さを小数で答えなさい。 [　　　　]

(2) 実際には月の直径は太陽の400分の1である。図のaの長さが380000 kmのとき，地球と太陽のきょりを答えなさい。

[　　　　]

重要 (3) 日食がおこるときの月を次の**ア**～**オ**から選び，記号で答えなさい。

[　　]

ア 上げんの月　**イ** 満月　**ウ** 三日月　**エ** 下げんの月　**オ** 新月

6 地球は365日で太陽のまわりを1周し，火星はおよそ2倍の687日で1周する。1日あたりに公転する角度は，地球は $\frac{360}{365}$ 度，火星は $\frac{360}{687}$ 度である。1日あたりに公転する角度の差の合計が360度になるたびに，地球が火星を追いこす。地球がふたたび火星を追いこすまでの期間はおよそどれくらいか。次の**ア**～**エ**から選び，記号で答えなさい。 〔共立女子中〕

[　　]

ア 6か月　**イ** 1年2か月　**ウ** 2年2か月　**エ** 4年2か月

7 北の空を代表する星座(せいざ)には，カシオペヤ座がある。この星座は秋に最も観察しやすいといわれる。そして，北と七星とともに，北極星を見つけるのに役にたつ。では，カシオペヤ座と北と七星の観察に適(てき)した季節が，秋と春というように約半年ずれる理由を，説明しなさい。 〔藤嶺学園藤沢中〕

[　　　　]

8 皆既(かいき)日食と金環(きんかん)日食とでは，太陽の欠ける面積が異(こと)なる。そのようなことがおこる理由を説明しなさい。 〔海城中〕

[　　　　]

5 日食は，太陽ー月ー地球の順に一直線にならんだときにおこる。

(1)月と太陽はほぼ同じ大きさに見えることから，月と太陽の大きさの比(ひ)と地球から月までと地球から太陽までのきょりの比は等しいといえる。

6 360÷(1日あたりの角度の差)で求める。

7 カシオペヤ座と北極星，北と七星と北極星の位置関係から考える。

8 月の公転き道面はだ円形になっていることから考える。

精選　図解チェック＆資料集（地　球）

解答→別冊 p.29

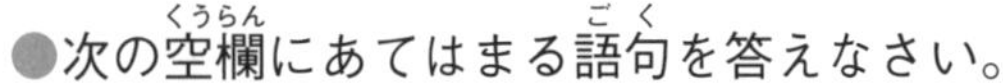

●次の空欄にあてはまる語句を答えなさい。

天気の変化

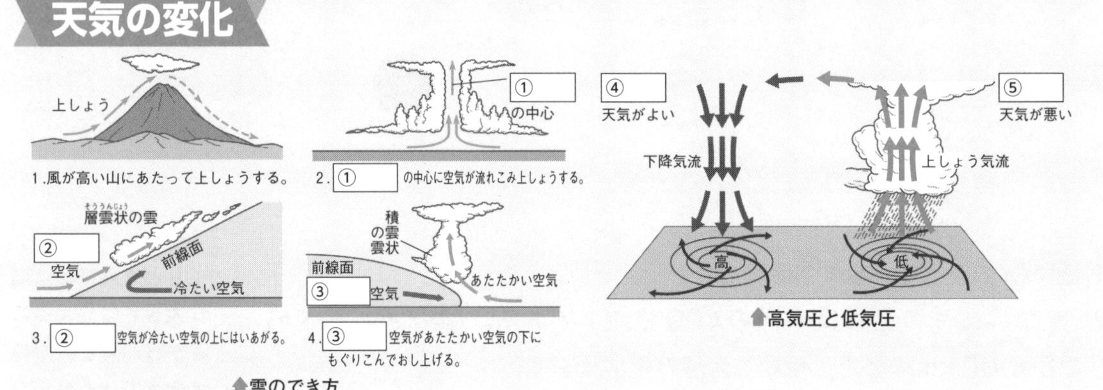

↑高気圧と低気圧

↑雲のでき方

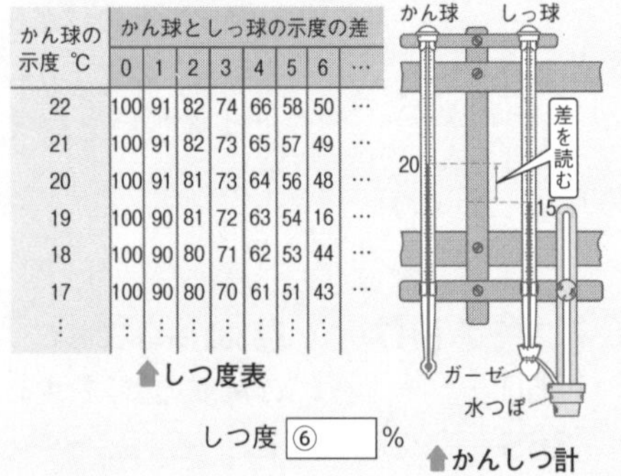

かん球の示度 ℃	かん球としっ球の示度の差							
	0	1	2	3	4	5	6	…
22	100	91	82	74	66	58	50	…
21	100	91	82	73	65	57	49	…
20	100	91	81	73	64	56	48	…
19	100	90	81	72	63	54	16	…
18	100	90	80	71	62	53	44	…
17	100	90	80	70	61	51	43	…
⋮	⋮	⋮	⋮	⋮	⋮	⋮	⋮	

↑しつ度表

しつ度 ⑥ %

↑かんしつ計

大地の変化

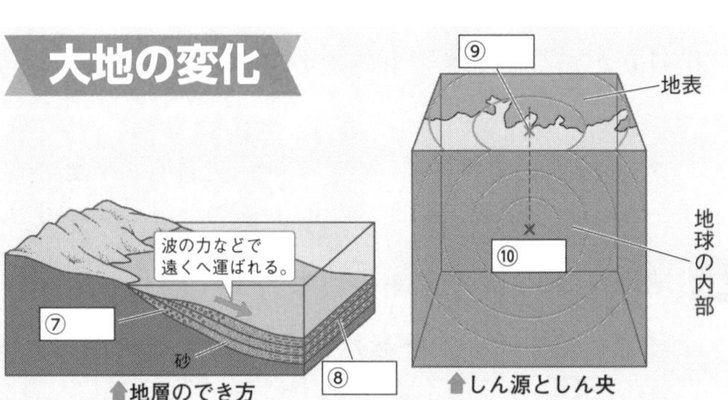

↑地層のでき方

↑しん源としん央

天体の動き

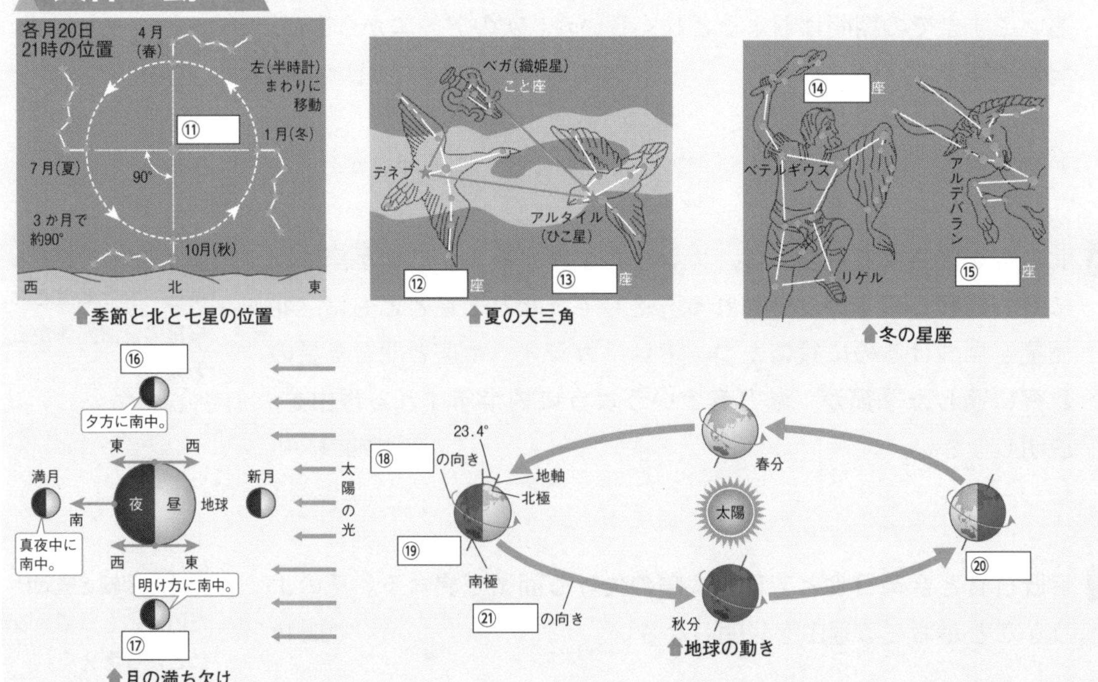

↑季節と北と七星の位置

↑夏の大三角

↑冬の星座

↑月の満ち欠け

↑地球の動き

中学入試 自由自在問題集 理科

第3章

エネルギー

1
第3章　エネルギー
光と音
ステップ1 まとめノート

解答→別冊 p.30

1 光★★★

(1) **光の進み方**……〈光の直進〉光は，空気中や水中をまっすぐに進む性質(せいしつ)がある。これを①　　という。
〈光の反射(はんしゃ)〉鏡などにあたる②　　光とはね返る③　　光は，鏡と垂直(すいちょく)な面にたいしていつも同じ角度である。
〈光のくっ折〉光は，質のちがうものへななめに出入りするときは，折れ曲がって進む。これを④　　という。
└ものによって角度がちがう
〈全反射〉光が水中から空気中へ進むとき，すべて反射されて空気中に出なくなるような反射を⑤　　という。
〈鏡にうつる像〉物体から出た光は，鏡で⑥　　して目に届(とど)く。

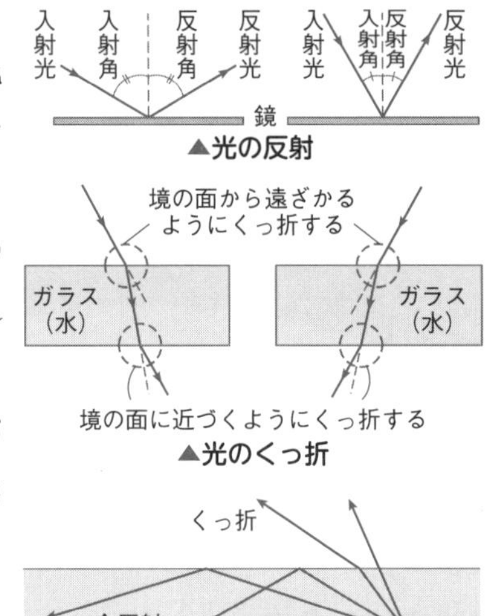

▲光の反射
▲光のくっ折

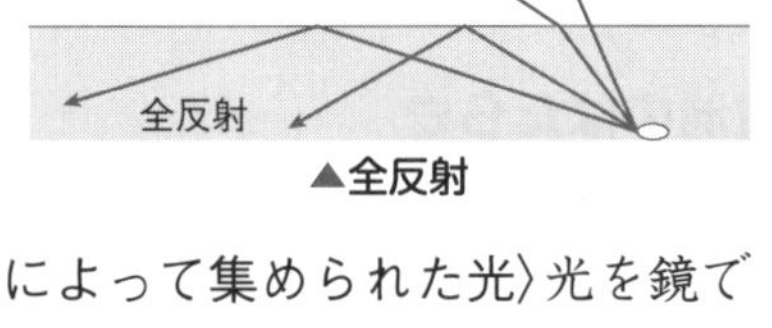

▲全反射

(2) **光のあたり方と明るさ・温度**……〈鏡によって集められた光〉光を鏡で反射させ重ね合わせると，より多く重ね合わせたほうが⑦　　なる。
〈もののあたたまり方〉黒いものは光を⑧　　しやすく，白いものは光を⑨　　しやすい。

(3) **とつレンズ**……〈とつレンズを通る光〉とつレンズの軸(じく)に平行な光は，レンズを通ったあと，とつレンズのうしろの⑩　　を通る。とつレンズの中心を通った光は，そのまま⑪　　する。とつレンズの手前の⑫　　を通った光は，レンズを通ったあとレンズの軸に平行に進む。
〈とつレンズによってできる像(ぞう)〉物体がとつレンズのしょう点よりも遠い所にあるとき，光が集まってスクリーン上にできる上下・左右がさかさまの像を⑬　　という。物体がとつレンズのしょう点の内側にあるとき，とつレンズを通して見える，上下・左右が物体と同じ向きの像を⑭　　という。

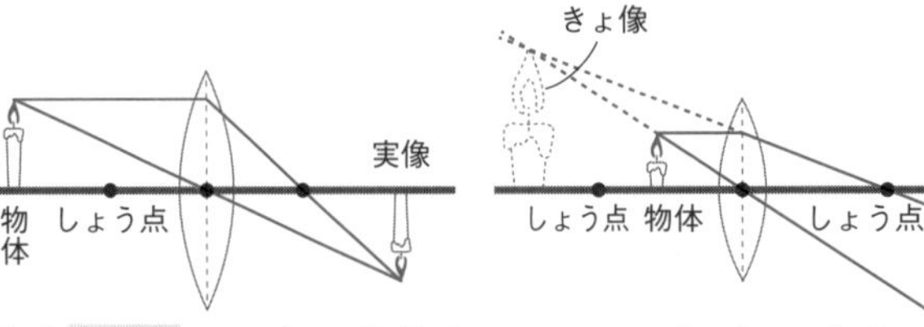

①
②
③
④
⑤
⑥
⑦
⑧
⑨
⑩
⑪
⑫
⑬
⑭

入試ガイド
物体がしょう点の上にあるとき，像はできない。像ができる位置と物体の位置の関係について出題される。

ズバリ暗記
空気中→ガラス中…境(さかい)の面から遠ざかるようにくっ折する。
とつレンズを通してできる像には実像ときょ像がある。

2 音の伝わり方★★

(1) **音**……〈音としん動〉音が出ているものをよく見ると，激(はげ)しくふるえているのがわかる。これを，⑮＿＿しているという。また，音を出すものを，⑯＿＿という。ものがしん動すると音が出る。

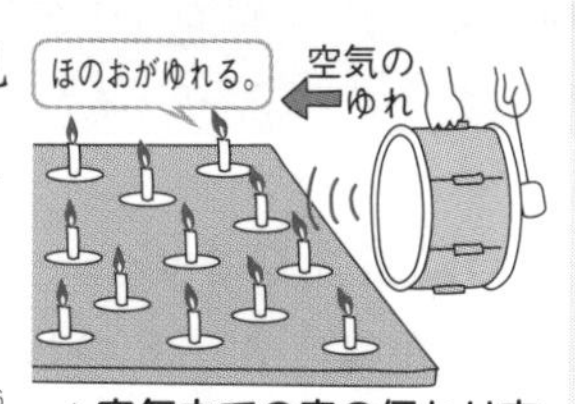

▲空気中での音の伝わり方

〈音を伝えるもの〉フラスコの中の空気が水蒸(すいじょう)気(き)によって追い出されて⑰＿＿になると，すずの音は聞こえなくなる。このことより，真空中（空気のない状態）では音は⑱＿＿が，しん動を伝えるものがあれば⑲＿＿。

▲真空中での音の伝わり方

〈音の大小〉大きい音が出ているときと，小さい音が出ているときでは，⑳＿＿がちがう。モノコード（げんを張り，しん動により音を出す器具）を強くはじくと，㉑＿＿音が出て，しんぷくは㉒＿＿。弱くはじくと，㉓＿＿音が出て，しんぷくは㉔＿＿。

強くはじく
モノコード
げんは同じ太さ 同じ長さ
同じ張り方
弱くはじく
▲モノコードによる音の大小

〈音の高低〉音の高低は，しんぷくに関係なく，㉕＿＿によって決まる。その単位には，1秒間に何回しん動しているかを示(しめ)す㉖＿＿が使われる。高い音を出すには，げんの太さを㉗＿＿，げんの長さを㉘＿＿，げんの張り方を㉙＿＿する。

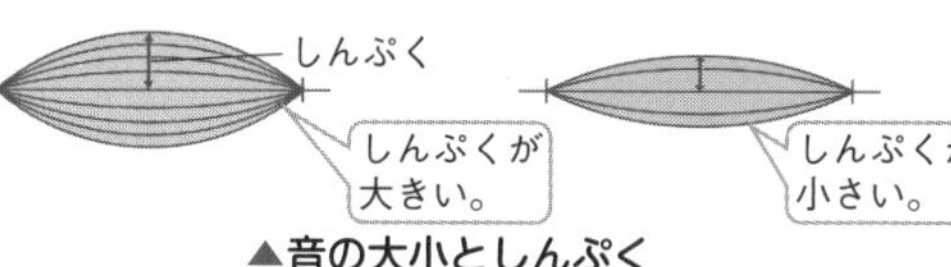

▲音の大小としんぷく

(2) **音の伝わり方と速さ**……〈音の伝わり方〉音は，音源(おんげん)の㉚＿＿によってそのまわりの空気や水などがしん動し，そのしん動がまわりに伝わっていく現象(げんしょう)である。

〈音の速さと光の速さ〉音の速さは光よりもずっとおそく，光は1秒間に約30万km進むが，音は空気中を1秒間に約㉛＿＿しか進まない。

〈音の高さの変化〉音源が音を出しながら近づいてくるとき，その音は㉜＿＿聞こえ，逆(ぎゃく)にはなれていくときは㉝＿＿聞こえる。この現象を**ドップラー効果**という。

(3) **音の反射(はんしゃ)と吸収(きゅうしゅう)**……〈音の反射〉音が山などではね返る現象を㉞＿＿という。音が反射するときは，**入射角＝反射角**である。

〈音の吸収〉音がものにあたって吸(す)いとられることを㉟＿＿という。布(ぬの)や綿(わた)など，表面がやわらかくでこぼこしたものは音を吸収(きゅうしゅう)しやすい。

入試ガイド

音の速さを利用して，きょりや時間を求める問題が多く出題されている。

ズバリ暗記

音の高さは1秒間にしん動する回数によって表せる。
音は，空気中では毎秒約340 mの速さで進む。

ステップ2 実力問題

ねらわれるココが
- 光の性質
- 光の進み方
- 音の性質

解答→別冊 p.30

1 光について，次の問いに答えなさい。〔聖園女学院中〕

(1) 鏡の前に，**図1**のような位置でA～Eの5人が立っている。次の問いに答えなさい。

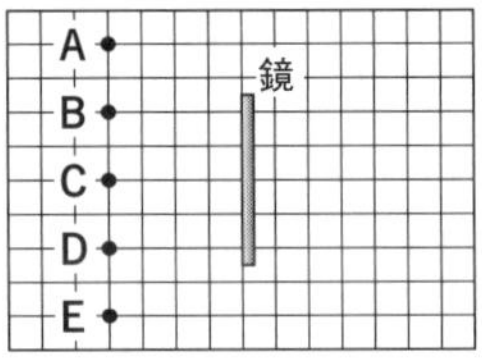

① 自分のすがたを鏡で見ることができるのはだれか。すべて選び，記号で答えなさい。

[　　　　　]

② Aさんのすがたを見ることができるのはだれか。すべて選び，記号で答えなさい。

[　　　　　]

図1

図2

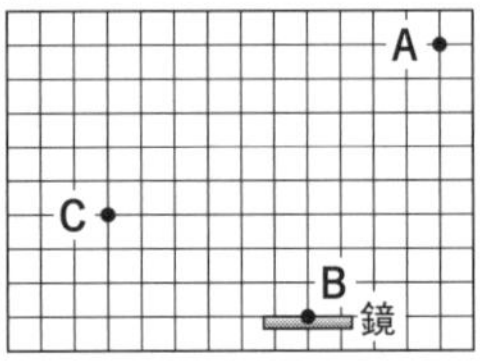

(2) **図2**のAの位置からかい中電灯で光を出す。この光をBの位置にある鏡の中央にあてはね返し，Cの位置にある的にあてるには，Bの位置にある鏡をどのような角度に置けばよいか。光の道すじと鏡のおよその向きを**図3**に作図しなさい。

図3

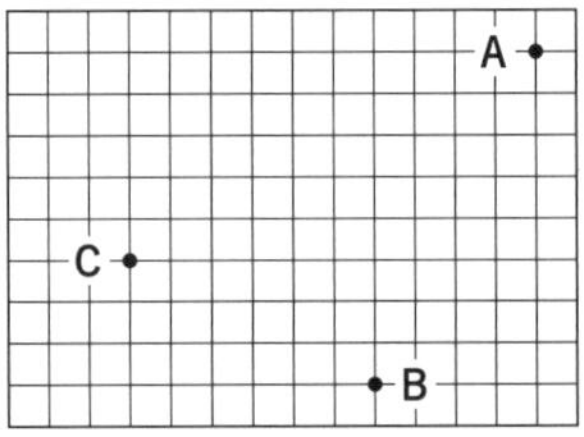

重要 **2** 次の文章を読み，あとの問いに答えなさい。〔東京純心女子中〕

> 音は，音を出しているもの(音源)のしん動が耳のこまくに伝わって聞こえる。音源が1秒間にしん動する回数が多いほど音は高く聞こえ，音源が大きくしん動するほど，音は大きく聞こえる。

(1) **図1**のように，すずの入った容器がある。この容器をふるとすずの音が聞こえた。次に，容器の中の空気をぬき，容器をふるとすずの音はどのように聞こえるか。次の**ア**～**ウ**から1つ選び，記号で答えなさい。[　　　　]

図1

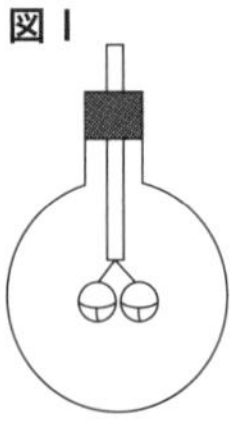

ア 聞こえなくなる。　　**イ** 大きく聞こえる。

ウ 聞こえる大きさは変わらない。

(2) 空気中を伝わる音の速さを秒速340 mとして，次の問いに答えなさい。ただし，風はふいていないものとする。

① 花火を見てから3秒後に「ドーン」という音を聞いた。花火までのきょりは何mか。[　　　　]

図2

② **図2**のように，静止している船から岸ぺきに向かって音を出したところ，5秒後にはね返ってきた音が聞こえた。船から岸ぺきまでのきょりは何mか。[　　　　]

得点アップ

1 光は直進したり，くっ折したりする。

(1)自分自身を見ることができるのは本人とその像の間に鏡がある人だけである。

(2)光は入射角と反射角が等しくなるように反射する。これを光の反射の法則という。

2 (1)容器の中は真空になっている。真空中では音は伝わらない。

✔チェック!自由自在①
光と音の伝わり方について調べてみよう。

(2)光はいっしゅんで届くが，音は毎秒340 mの速さで伝わる。

重要 **3** とつレンズについて，あとの問いに答えなさい。 〔西武学園文理中〕

図1はとつレンズの像(ぞう)の作図に必要な光である。**A**はレンズの中心を通る光で，**B**はレンズの軸(じく)(光軸(こうじく))に平行な光である。

図1

(1) **A**の光はレンズを通過(つうか)したあとどのように進むか。特ちょうを明らかにして答えなさい。 [　　　　　　　　　　]

(2) **B**の光はレンズを通過したあとどのように進むか。特ちょうを明らかにして答えなさい。 [　　　　　　　　　　]

図2で**F**はレンズのしょう点，**O**はレンズの中心からしょう点までのきょりの２倍の位置である。

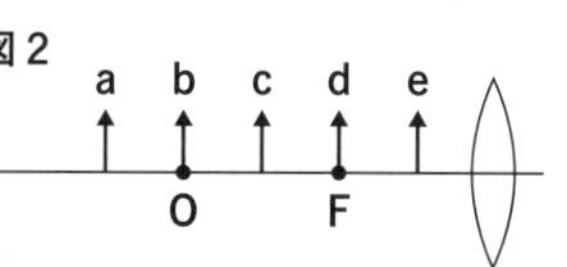

(3) レンズの右側にスクリーンを置き，その位置を調整して物体(矢印)の像をスクリーン上にはっきりとうつそうとした。どのように調整しても，スクリーン上にうつらないのは，物体を**a**～**e**のどの位置に置いた場合か。あてはまる記号をすべて答えなさい。 [　　　　]

(4) 物体の位置を**b**にしたとき，レンズによってできる像にはどのような特ちょうがあるか。像の大きさ，像の向き，像の種類それぞれについて，**ア**～**ウ**(もしくは**ア**，**イ**)から選び，記号で答えなさい。

	像の大きさ		像の向き		像の種類
ア	実際の物体より大きい	**ア**	正立	**ア**	実像
イ	実際の物体と同じ	**イ**	倒立(とうりつ)	**イ**	きょ像
ウ	実際の物体より小さい				

像の大きさ [　　]
像の向き [　　]
像の種類 [　　]

(5) スクリーン上にはっきりと像がうつっているとき，レンズの上半分を黒い紙でおおった。スクリーン上の像はどうなったか。その理由を明らかにして答えなさい。 [　　　　　　　　　　]

4 下の**図1**のような装置(そうち)をつくり，げんの中央をはじいた。これについて，次の問いに答えなさい。 〔横浜英和女学院中〕

(1) おもりの重さを変えて高い音を出すには，どのようなおもりに変えればよいか。 [　　　　]

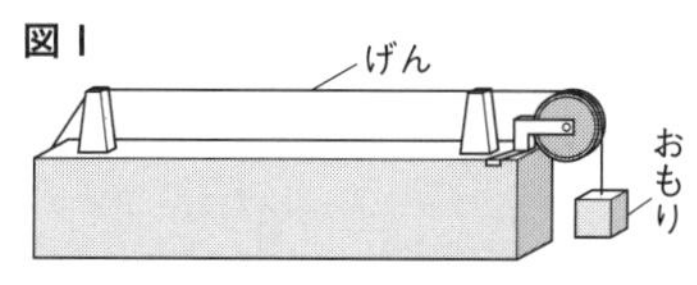

(2) げんの太さを変えて低い音を出すには，どのようなげんに変えればよいか。 [　　　　]

図2

(3) **図2**はある音をオシロスコープで表した図である。この音より高い音を表す図を，右の**ア**～**エ**からすべて選びなさい。 [　　　　]

ア　イ　ウ　エ

3(1)とつレンズのどこを通るかで，光の進み方は異(こと)なる。

(4)レンズから遠ざかれば像は小さくなり，近づけば像は大きくなる。

(5)レンズを通る光の量はどうなるか考える。

✔チェック!自由自在②
とつレンズの性質(せいしつ)について調べてみよう。

4モノコードはげんの太さ，おもりの重さを変えていろいろな音を出せる。音の高低はしん動数によって決まる。

ステップ3 発展問題

解答→別冊 p.30

重要 **1** 次の文章を読んで，あとの問いに答えなさい。〔同志社女子中－改〕

光の反射（はんしゃ）について，右の図のように**鏡A**と**鏡B**を使い実験をした。**鏡A**を図の位置に固定し，**鏡A**の中心と**鏡B**の中心が縦横（たてよこ）それぞれ１ｍずつはなれる位置に**鏡B**を置いた。**鏡B**は図のように回転できるものとする。**鏡A**の中心に図のように45°の角度で光をあてた。ただし，鏡の厚（あつ）みは考えないものとする。

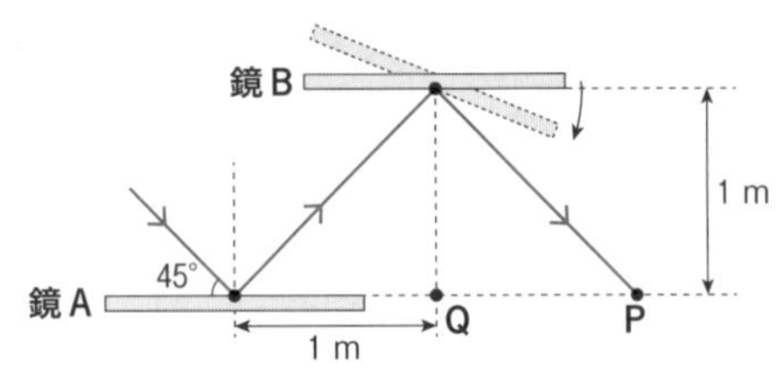

(1) 光が鏡の面で反射するとき，入射角と反射角との間にはどのような関係があるか答えなさい。
[　　　　　　　　　　]

(2) **鏡B**を**鏡A**と平行になるように置いたとき，光は**鏡A**と**鏡B**で反射し，**鏡A**の延長線上（えんちょうせんじょう）の点**P**に達した。このとき，**鏡A**の中心から点**P**までの長さは何ｍか答えなさい。
[　　　　　　]

(3) **鏡B**を回転させ，ある角度にしたとき，**鏡B**で反射した光は**鏡A**の延長線上の点**Q**に達した。このとき，**鏡B**は(1)の状態（じょうたい）から何度回転させたか。90°以内で答えなさい。ただし，**鏡A**の中心から点**Q**までの長さは１ｍであった。
[　　　　　　]

独創的 **2** 鏡について，あとの問いに答えなさい。〔茗溪学園中〕

図１

平らな鏡を円柱に沿（そ）って曲げて，光をはね返す面が円柱の一部になるような鏡(**図１**)をつくった。この鏡を，「曲げた鏡」とよぶことにする。曲げた鏡は，上から見ると円を４等分したおうぎ形になっている。平らな鏡と曲げた鏡を使って，実験をした。

(1) **図２**と**図３**のように，平らな鏡と曲げた鏡を置いた。図の目の位置から見たとき，**A**～**G**の位置にある光は，鏡にうつって見えるか。平らな鏡，曲げた鏡それぞれについて，見える場合は○，見えない場合は×を記入しなさい。

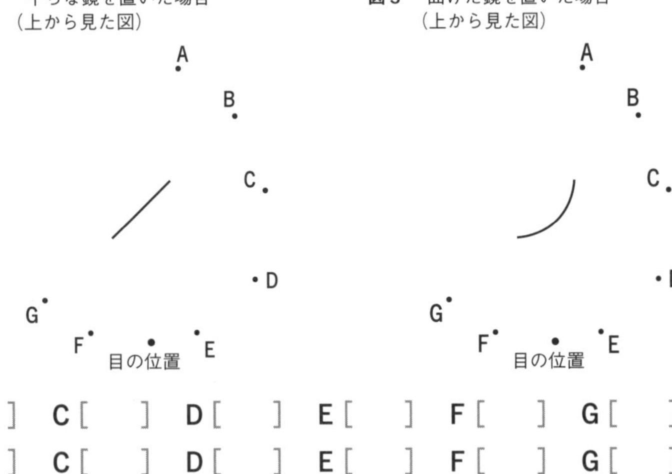

図２　**A**[　]　**B**[　]　**C**[　]　**D**[　]　**E**[　]　**F**[　]　**G**[　]
図３　**A**[　]　**B**[　]　**C**[　]　**D**[　]　**E**[　]　**F**[　]　**G**[　]

(2) (1)の結果を参考にして，曲げた鏡は，平らな鏡に比（くら）べて，どのような特ちょうがあるといえるか答えなさい。
[　　　　　　　　　　]

(3) (2)の特ちょうが生かされている，身のまわりのものを１つあげなさい。[　　　　　　　　　　]

3 音について，次の問いに答えなさい。 〔明星中(大阪)〕

(1) 音が空気中を伝わる速さは，そのときの気温によって変わる。気温が0℃のときは秒速331 mの速さで進み，その速さは気温が1℃上がるごとに秒速0.6 mずつはやくなることが知られている。ある気温のとき空気中を進む音の速さは秒速340 mであった。このときの気温は何℃か答えなさい。 [　　　　]

これよりあとの問いでは，空気中を進む音の速さは秒速340 mとし，車の長さは考えないものとする。

(2) **図1**のように，スピーカーをつけた車をとめておく。スピーカーから音を出したところ，音を出してから5秒後に車の所で右側のかべで反射(はんしゃ)した音が聞こえた。車とかべのきょりは何mか答えなさい。 [　　　　]

図1

(3) **図2**のように，このスピーカーをつけた車と太郎さんが一本の長い直線道路上にいる。はじめ，車と太郎さんのきょりは680 mはなれていた。車が太郎さんに向かって秒速17 mの一定の速さで進み始めると同時に，車にとりつけたスピーカーからサイレンを鳴らし始め，10秒間サイレンを鳴らし続けた。太郎さんはとまったままである。スピーカーが動いていても，空気中を進む音の速さは秒速340 mで変わらない。このとき，太郎さんにはサイレンの音がどのように聞こえるだろうか。次の文章の**A**～**F**にあてはまる数字を答えなさい。

図2

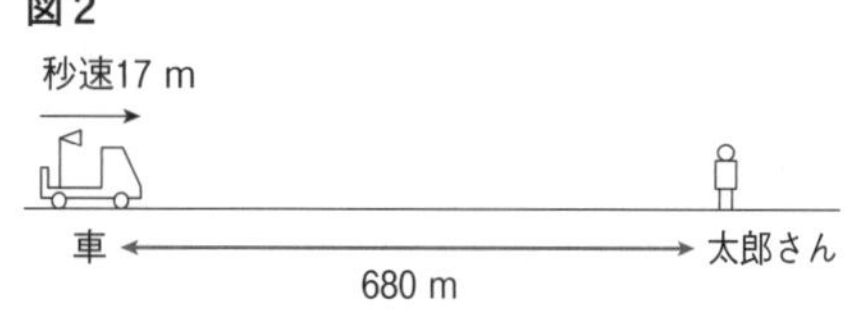

> 太郎さんがサイレンの音を聞き始めるのは車が進み始めてから　A　秒後である。サイレンを鳴らし終わったとき(車が進み始めてから10秒後)には，車ははじめの位置から　B　m進んでいるので，このとき車と太郎さんのきょりは　C　mになっている。　C　mのきょりを音が進むのにかかる時間は　D　秒なので，太郎さんがサイレンの音を聞き終わるのは，車が進み始めてから　E　秒後である。これらのことより，太郎さんにはサイレンの音が　F　秒間聞こえる。

A [　　　　] B [　　　　]
C [　　　　] D [　　　　]
E [　　　　] F [　　　　]

問 (4) **図3**のようにスピーカーをつけた**車A**と太郎さんを乗せた**車B**が一本の長い直線道路上にいる。はじめ**車A**と**車B**のきょりは720 mはなれていた。**車A**はとめたままにして，**車B**が**車A**に向かって秒速20 mの一定の速さで進み始めると同時に，**車A**にとりつけたスピーカーからサイレンを鳴らし始め，9秒間サイレンを鳴らし続けた。

図3

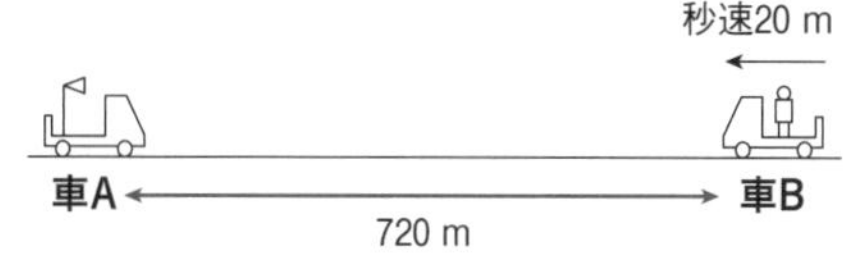

① **車B**に乗った太郎さんがサイレンの音を聞き始めるのは，**車B**が動き始めてから何秒後ですか。 [　　　　]

② 太郎さんにはサイレンが何秒間聞こえますか。 [　　　　]

2 第3章　エネルギー
電池のはたらき

ステップ1 まとめノート

解答→別冊 p.32

1 電気の通り道★★

(1) **電気の通り道**……〈電気の通り道〉かん電池にモーターをつなぎスイッチを入れると回転するのは，かん電池から① ＿＿ を通ってモーターに電気が流れたからである。かん電池の② ＿＿ 極を出て③ ＿＿ 極にかえる電気の通り道を，④ ＿＿ という。また電気の流れを⑤ ＿＿ という。

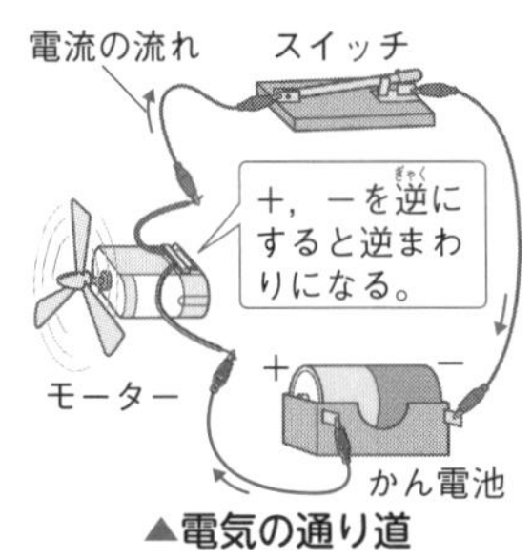

▲電気の通り道

(2) **導体と不導体**……〈導体と不導体〉金属のように電気を通すものを⑥ ＿＿，ガラスのように電気を通さないものを⑦ ＿＿ という。いっぱんに，⑧ ＿＿ は金属にはよく流れるが，金属以外のものにはほとんど流れない。

金属のような導体には，⑨ ＿＿ という自由に移動できる電流の素が多くふくまれており，これが金属の中を移動することにより電流が流れる。（電流の流れる向きとは逆向きに移動する）同じ導体でも，ふくまれる自由電子の⑩ ＿＿ によって，電流のよく通るものと通りにくいものがある。⑪ ＿＿ には自由電子はふくまれていない。

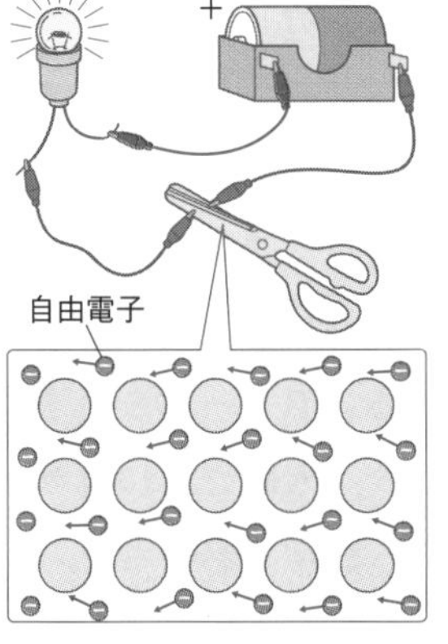

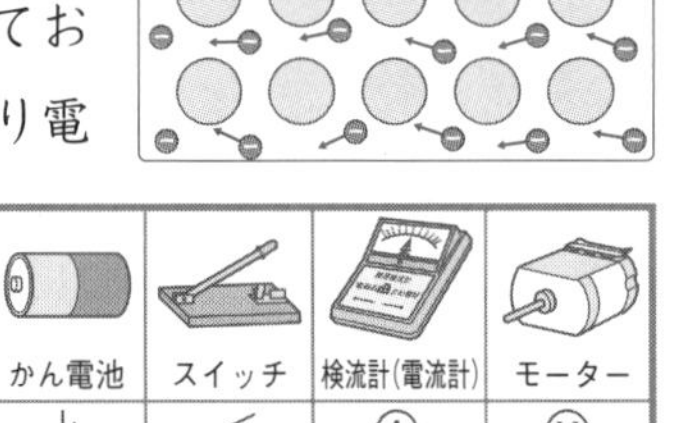

豆電球	かん電池	スイッチ	検流計(電流計)	モーター
⊗	─┤├─	─╱ ─	Ⓐ	Ⓜ

〈回路図〉電気回路を，記号を使って簡単に表した図を⑫ ＿＿ という。

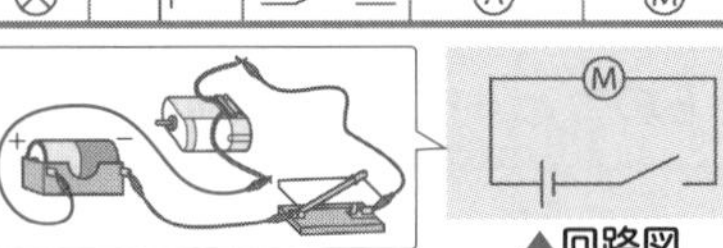

▲回路図

(3) **豆電球のしくみ**……〈豆電球〉小型の白熱電球で，電気を⑬ ＿＿ に変えるはたらきがある。電流は⑭ ＿＿ とよばれる非常に細い金属線を通ることで高温になり，白色光を発する。
〈豆電球の内部〉内部は⑮ ＿＿ になっていたり，アルゴンというガス（燃えない気体）が入れてあったりする。フィラメントには⑯ ＿＿ という金属が用いられる。

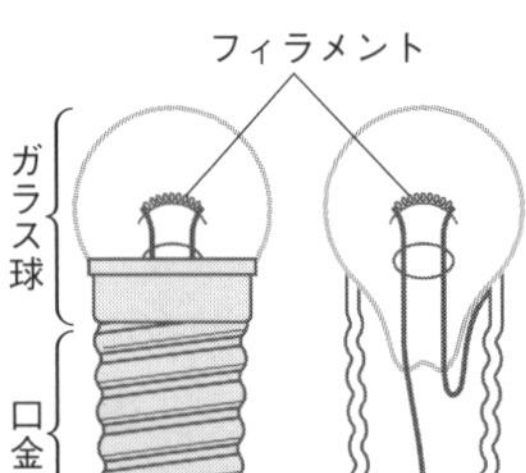

▲豆電球のつくり

①
②
③
④
⑤
⑥
⑦
⑧
⑨
⑩
⑪
⑫
⑬
⑭
⑮
⑯

入試ガイド
回路図を読みとる問題が多く出題されている。どの記号が何を表しているか確認しておく。

電流が＋極から出て，－極へかえる道を回路という。
電気回路を記号を使って簡単に表した図を回路図という。

2 かん電池のつなぎ方とはたらき★★★

(1) **かん電池の直列つなぎ**……〈かん電池の直列つなぎと電流〉かん電池の＋極に，ほかのかん電池の－極を順につないでいくつなぎ方をかん電池の⑰　　という。電気の通り道は⑱　　本である。電流を流すはたらき（電圧）は⑲　　なる。

直列つなぎ　豆電球　電流の流れ　スイッチ　モーター

▲かん電池の直列つなぎ

(2) **かん電池の並列つなぎ**……〈かん電池の並列つなぎと電流〉かん電池の＋極どうしと－極どうしをつなぎ，それぞれのかん電池が平行になるようにつないだつなぎ方をかん電池の⑳　　という。電流の大きさはかん電池㉑　　個のときと同じになる。

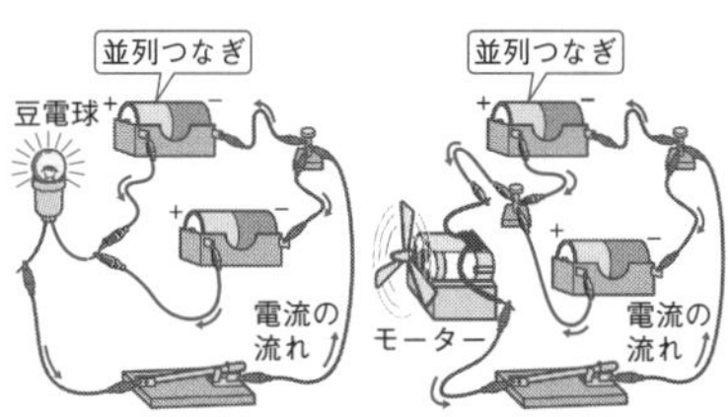

▲かん電池の並列つなぎ

(3) **検流計の使い方**……〈検流計のつなぎ方〉回路に流れている電流の大きさを調べるときは㉒　　を使い，電池と豆電球のとちゅうに1本の回路になるように㉓　　につなぐ。

切りかえスイッチ

▲検流計

〈目盛りの読みとりと針のふれる向き〉はじめに切りかえスイッチを電磁石のほうにしてあまり針が㉔　　
└はかることができる電流の大きさが大きい
ときはモーター（豆電球）のほうにして目盛りを読みとる。針のふれる向きは㉕　　が流れる向きを示している。

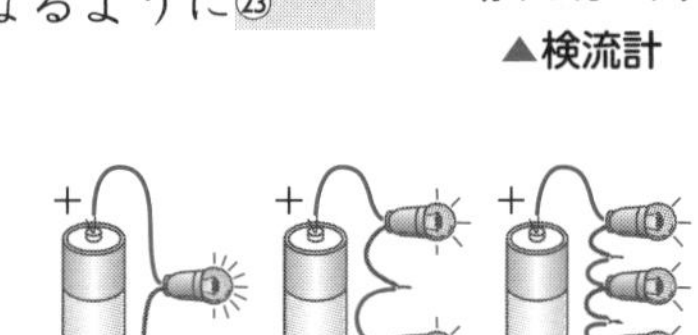

▲豆電球の直列つなぎと豆電球の明るさ

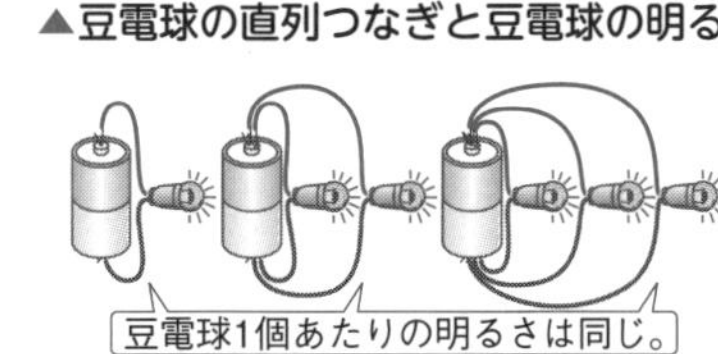

▲豆電球の並列つなぎと豆電球の明るさ

〈電流の表し方〉回路に流れる電流は㉖　　（記号A）の単位で表す。
└1Aの1000分の1はmA（ミリアンペア）

⑰
⑱
⑲
⑳
㉑
㉒
㉓
㉔
㉕
㉖
㉗
㉘
㉙
㉚

入試ガイド

かん電池や豆電球をいろいろなつなぎ方でつないだときに，どの豆電球がいちばん明るく光るかといった問題が出題されている。

3 豆電球のつなぎ方と明るさ★★★

(1) **豆電球のつなぎかた**……〈豆電球の直列つなぎ〉豆電球とかん電池が1本の回路になっているつなぎ方を豆電球の㉗　　という。豆電球の数が多いほど，1個あたりの明るさは㉘　　なる。

〈豆電球の並列つなぎ〉豆電球がそれぞれ別々の回路になっているつなぎ方を豆電球の㉙　　という。豆電球1個あたりの明るさは㉚　　。

かん電池を直列につなぐと，豆電球は明るくつく。
豆電球を直列につなぐと，豆電球は暗くなる。

学習日　　月　　日

ステップ2 実力問題

ねらわれるココが
- 導体と不導体
- 電池のはたらき
- 直列つなぎと並列つなぎ

解答→別冊 p.32

1 矢印で示す豆電球の明るさが最も明るくなるものと，最も暗くなるものは，それぞれどのつなぎ方か。次の**ア**～**オ**から選び，記号で答えなさい。〔穎明館中〕

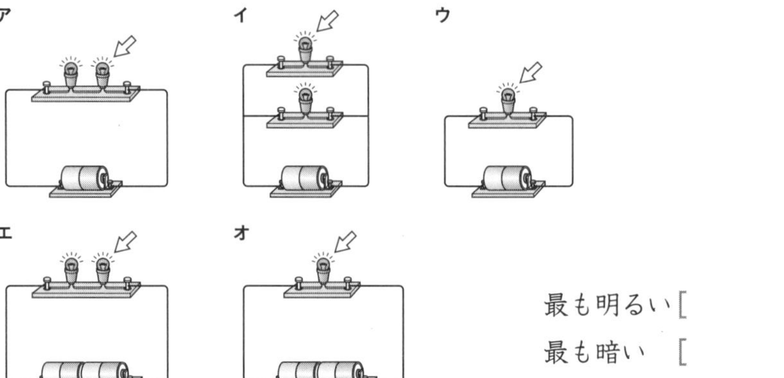

最も明るい［　　　］
最も暗い［　　　］

重要 **2** 豆電球と電池を用いて，次の①～④のような回路をつくった。ただし，豆電球と電池は，すべて同じものとする。これについて，次の問いに答えなさい。〔大宮開成中〕

① A　② B C　③ D E　④ G F スイッチ H

(1) 豆電球**A**と同じ明るさでついている豆電球はどれか。図の**B**～**E**からすべて選び，記号で答えなさい。［　　　］

(2) ①～③の回路のうち，電池が最も長くもつ回路を選び，番号で答えなさい。［　　　］

(3) ③の回路において，豆電球**D**をソケットからはずすと，豆電球**E**の明るさはどのようになるか。次の**ア**～**ウ**から選び，記号で答えなさい。［　　　］

ア 明るくなる。　**イ** 暗くなる。　**ウ** 変わらない。

(4) ④の回路において，スイッチを閉(と)じたときの豆電球**F**～**H**のようすについて説明したものとして，最も適当(てきとう)なものはどれか。次の**ア**～**エ**から選び，記号で答えなさい。［　　　］

ア 3つとも同じ明るさでつく。
イ **F**はつくが，**G**と**H**はつかない。
ウ **G**と**H**はつくが，**F**はつかない。　**エ** 3つともつかない。

得点アップ

1 豆電球の明るさは，かん電池の数，豆電球の数，つなぎ方によって決まる。

✔チェック!自由自在①
豆電球の直列つなぎと並列(へいれつ)つなぎについて調べてみよう。

2 (1)かん電池1個(こ)分に豆電球1個分のつなぎ方である。

(2)かん電池の並列つなぎでは，かん電池の数を増(ふ)やしても電流の大きさは同じである。

(3)豆電球の並列つなぎでは，豆電球が1つ消えても，ほかの豆電球にはえいきょうしない。

✔チェック!自由自在②
かん電池の直列つなぎと並列つなぎについて調べてみよう。

3 次の文章を読んで，あとの問いに答えなさい。〔清風中〕

図１のように，電池と豆電球をそれぞれ１つずつ使って回路をつくった。次に，**図１**の回路と同じ電池と豆電球をそれぞれ２つずつ使って，**図２**の①～④の回路をつくり，電池と豆電球との関係について調べた。

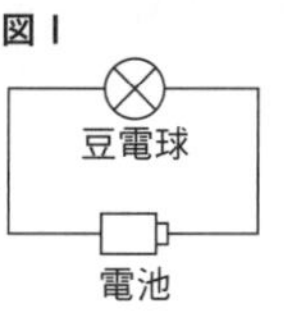

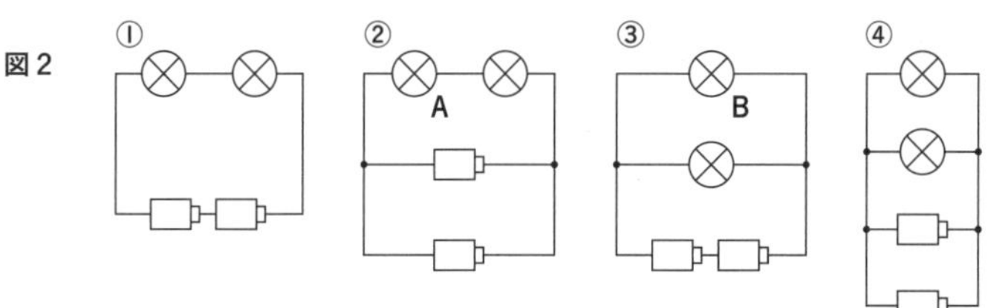

(1) **図１**の豆電球を流れる電流の大きさを１とすると，②の回路の豆電球Aと③の回路の豆電球Bに流れる電流の大きさはいくらか。次の**ア**～**エ**からそれぞれ選び，記号で答えなさい。 A［　　　］ B［　　　］

ア 0.5　**イ** １　**ウ** ２　**エ** ４

重要 (2) **図２**の４つの回路で，２つの豆電球のうち１つを回路からとりはずしても，もう１つの豆電球が消えない回路を，次の**ア**～**エ**からすべて選び，記号で答えなさい。［　　　］

ア ①　**イ** ②　**ウ** ③　**エ** ④

(3) **図２**の４つの回路で，２つの電池のうち１つを回路からとりはずしても，豆電球が２つともついたままの回路を，次の**ア**～**エ**からすべて選び，記号で答えなさい。［　　　］

ア ①　**イ** ②　**ウ** ③　**エ** ④

3 かん電池のつなぎ方と豆電球のつなぎ方によって流れる電流の大きさは決まる。

✔チェック！自由自在③
かん電池と豆電球のつなぎ方によって流れる電流の大きさがどうなるかを調べてみよう。

(2)豆電球の直列つなぎでは，１つの豆電球をとりはずすと，もう一方の豆電球は消える。

4 次の文章を読んで，あとの問いに答えなさい。〔初芝富田林中〕

図１のように，豆電球と並列(へいれつ)に導線(どうせん)をつなぐと，豆電球は光らない。これは，豆電球と導線が並列になっていると，電流は流れやすい導線のほうばかりに流れ，流れにくい豆電球のほうには流れないからである。この現象(げんしょう)をショートという。**図２**は，豆電球３つ，スイッチ３つ，かん電池１つでつくった回路の図である。

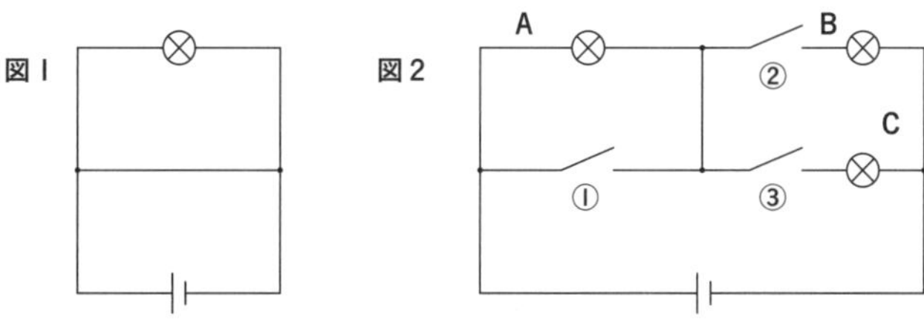

(1) **図２**の①，②，③のスイッチをすべて入れたときに光る豆電球はどれか。A～Cからすべて選び，記号で答えなさい。［　　　］

(2) すべての豆電球が光るためには，①～③のどのスイッチを入れればよいか。すべて選び，番号で答えなさい。［　　　］

4 豆電球（の直列つなぎ）と導線が並列になっていると，ショートがおこり，豆電球は光らない。

(1)ショートがおこる場合がないか確(たし)かめる。

ステップ3 発展問題

解答→別冊 p.33

1 次の文章を読んで，あとの問いに答えなさい。〔開明中〕

電気回路の実験を行った。**図1**では，電球**ア**，**イ**の明るさが同じであることから，これらに流れる電流の大きさは等しいことがわかり，これを参考にする。ただし，**図1**～**図4**の電池と電球はすべて同じものとし，**図2**，**図4**の矢印(→)は，電流の向きとする。

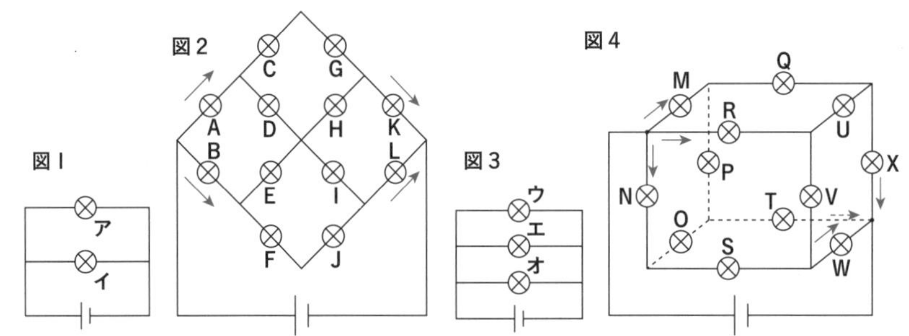

重要 (1) **図2**の電球**A**と同じ大きさの電流が流れている電球は，電球**B**～**L**の中でいくつあるか。数字で答えなさい。［　　　］

(2) **図2**の電球**B**，**E**，**F**に流れる電流の大きさの関係として正しいものを次の①～⑤から選び，番号で答えなさい。［　　　］

① B＝E－F　② B＝E＋F　③ B＋E＝F　④ B＋F＝E　⑤ B＝E＝F

(3) **図3**の電球**ウ**～**オ**に流れる電流の大きさの関係として正しいものを次の①～⑤から選び，番号で答えなさい。［　　　］

① **ウ**＞**エ**＞**オ**　② **ウ**＝**エ**＞**オ**　③ **ウ**＞**エ**＝**オ**　④ **ウ**＝**エ**＝**オ**　⑤ **オ**＞**ウ**＝**エ**

(4) **図4**の電球**M**と同じ大きさの電流が流れている電球は，電球**N**～**X**の中でいくつあるか。数字で答えなさい。［　　　］

難問 (5) **図4**の電球**S**，**V**，**W**に流れる電流の大きさの関係として正しいものを次の①～⑤から選び，番号で答えなさい。［　　　］

① S＝V－W　② S＝V＋W　③ S＋V＝W　④ S＋W＝V　⑤ S＝V＝W

2 豆電球と電池を導線(どうせん)で図のようにつないだ。ただし，豆電球と電池はすべて同じものを使った。これについて，次の問いに答えなさい。〔大阪女学院中〕

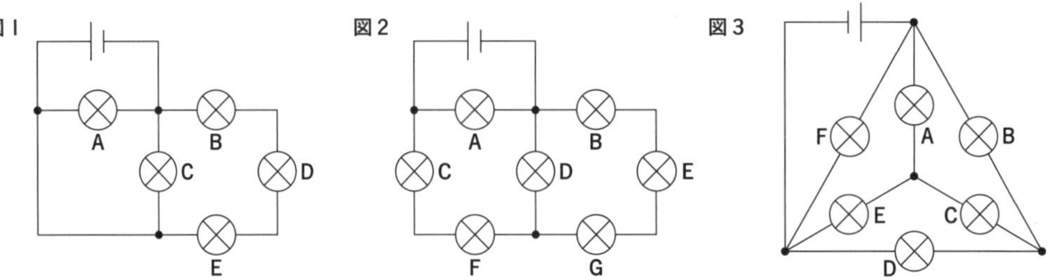

(1) **図1**で**C**と同じ明るさになる豆電球を1つ選び，記号で答えなさい。［　　　］

(2) **図2**で最も明るくなる豆電球と，**C**と同じ明るさになる豆電球をそれぞれ選び，記号で答えなさい。　最も明るい[　　　]　**C**と同じ[　　　]

(3) **図3**で最も明るくなる豆電球を選び，記号で答えなさい。　[　　　]

3 次の文章を読んで，あとの問いに答えなさい。〔女子学院中〕

電池，豆電球，検流計(けんりゅうけい)を導線(どうせん)でつないで回路をつくる。使用する電池，豆電球はすべて同じもので，検流計の針(はり)は電流が流れた向きにふれるものとする。**図1**のように回路をつくり，豆電球の明るさを比(くら)べたところ，**A**は**B**より明るく，**B**と**C**は同じ明るさ，**A**と**D**と**E**は同じ明るさであった。

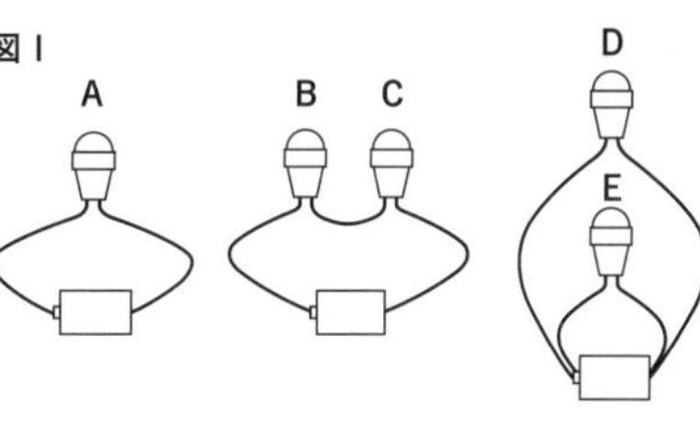

Ⅰ 次の①〜⑤の回路を考えた。

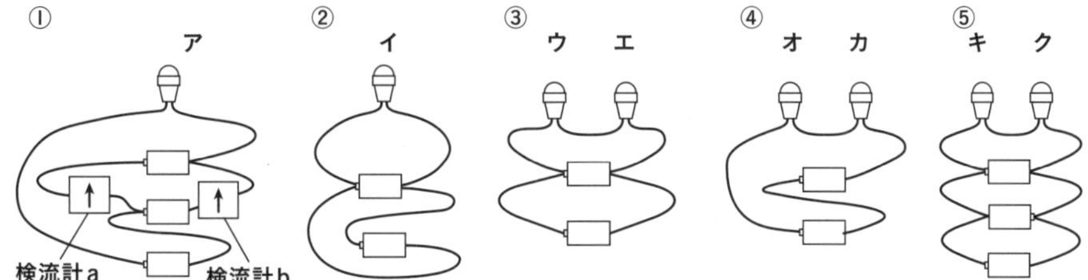

(1) **検流計a**，**検流計b**の針はそれぞれ左右どちらにふれるか，答えなさい。針がふれない場合は×と書きなさい。　**a**[　　　]　**b**[　　　]

(2) ②〜⑤にはつくってはいけない回路がふくまれている。その回路を②〜⑤からすべて選び，番号で答えなさい。　[　　　]

重要 (3) **ア**〜**ク**の豆電球を，明るい順にならべなさい。同じ明るさのものは(　)でくくりなさい。ただし，(2)で選んだ回路の豆電球はのぞくことにする。

例：**ア(イウ)エ**　[　　　]

Ⅱ 電池，豆電球，検流計，スイッチを使って，**図2**のような回路をつくった。スイッチ①，②は「切りかえスイッチ」で，**ア**，**イ**どちらかに必ず接続(せつぞく)され，スイッチ③，④は接続しないときを**ア**，接続するときを**イ**とする。

図2

(4) 検流計の針のふれを最も大きくするには，スイッチ①〜④の接続はそれぞれ**ア**，**イ**のどちらにすればよいか，答えなさい。ただし，どちらにしても同じ場合は**ウ**とする。

①[　　　]　②[　　　]　③[　　　]　④[　　　]

(5) (4)のとき，検流計の針は左右どちらにふれるか，答えなさい。　[　　　]

(6) 検流計の針のふれを最も小さくするには，スイッチ①〜④の接続はそれぞれ**ア**，**イ**のどちらにすればよいか，答えなさい。ただし，どちらにしても同じ場合は**ウ**とする。

①[　　　]　②[　　　]　③[　　　]　④[　　　]

(7) (6)のとき，検流計の針は左右どちらにふれるか，答えなさい。ただし，針がふれない場合は**ウ**とする。　[　　　]

学習日　　月　　日

3 第3章　エネルギー
磁石と電流のはたらき

ステップ1 まとめノート

解答→別冊 p.35

1 磁　石★★

(1) **磁石につくもの，つかないもの**……〈磁石につくもの，つかないもの〉金属はいっぱんに電気を通すが，その中で磁石につくものは，①　　，ニッケル，コバルトである。それ以外の金属や，金属以外のものは磁石につかない。
└木やプラスチックなど

▲磁石につくクリップ（鉄）

〈磁石になるもの，ならないもの〉磁石でこするなどして物質が磁石になることを②　　という。磁石でぬい針などを一方向にこすった場合，こすった先にこすりつけた極とは③　　の極ができる。鉄やニッケルなど強い磁化がおこる物質を④　　という。

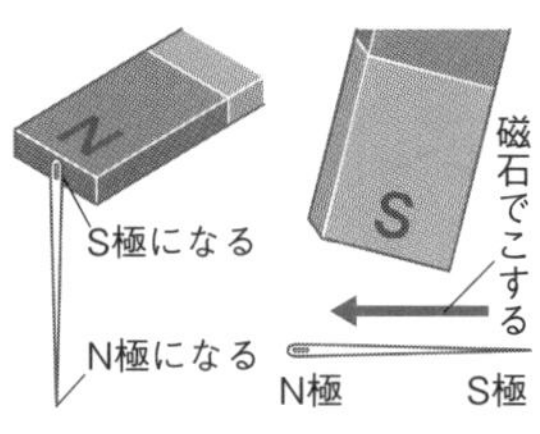

(2) **磁石の性質**……〈磁石の強さ〉磁石が鉄などを引きつける力を⑤　　という。磁石の⑥　　ほど大きくなる。磁石の両はしにある磁力の最も大きい部分を⑦　　といい，Ｎ極と⑧　　がある。異なった極どうしはたがいに⑨　　，同じ極どうしはたがいに⑩　　。

北極
S極
地球の磁石
N
S
方位磁針
N極
南極

〈磁石の方位〉東西南北の方位を知るために⑪　　を使う。方位磁針のＮ極は地球の⑫　　をさし，反対にＳ極は地球の⑬　　をさす。

〈磁石の切断〉磁石は，非常に小さな磁石の集まったものだと考えることができる。

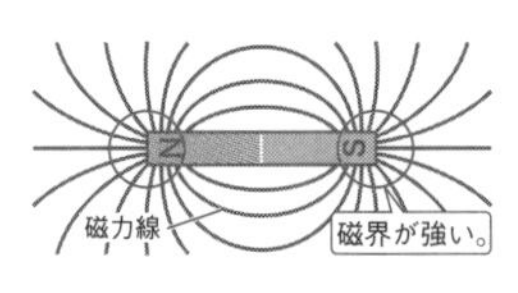

〈磁界〉棒磁石のまわりに鉄粉をまくと，鉄の小さなつぶは磁力を受け，その力の向きに沿ってならぶ。できた曲線を⑭　　という。磁石のまわりの磁力のはたらく空間を⑮　　といい，そのようすは磁力線で表せる。磁極のように⑯　　が多く集まっている所ほど磁界は⑰　　。磁界中のある点に方位磁針を置いたとき，方位磁針の⑱　　がさす向きがその点での磁界の向きである。

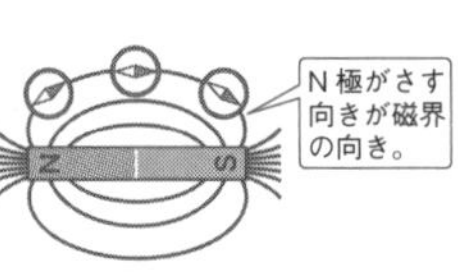

①
②
③
④
⑤
⑥
⑦
⑧
⑨
⑩
⑪
⑫
⑬
⑭
⑮
⑯
⑰
⑱

入試ガイド
方位磁針の向きから磁界の向きがわかる。磁力線がどのような形になっているか問われることがあるので注意する。

ズバリ暗記
磁石が鉄などを引きつける力を磁力という。
磁界中に方位磁針を置いたとき，N極のさす向きが磁界の向きである。

2 電流のはたらき★★★

(1) **導線に流れる電流と磁力**……〈1本の導線のまわりにはたらく力〉電流が流れている導線のまわりの空間には⑲　　がはたらく。⑳　　の中指の向きを電流の向きと同じにしたとき，親指を導線にたいして直角に開いたときの向きが，方位磁針の㉑　　がふれる向きを示す。流す電流を大きくすると，方位磁針も㉒　　ふれる。

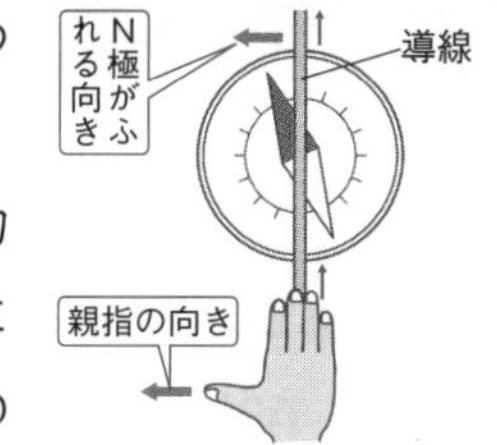

▲導線のまわりにはたらく力の向き

〈導線をコイルにしたときの磁力〉コイルに電流を流すことで，永久磁石と同じはたらきをする磁石を㉓　　という。

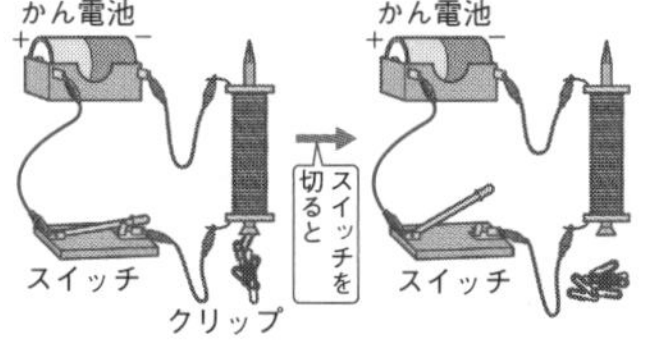

▲電磁石

(2) **電磁石の性質**……〈電磁石のつくり〉電磁石はコイルの中に㉔　　を入れたものである。

〈電磁石と永久磁石のちがい〉電磁石は自由に磁石にすることができ，磁石の㉕　　や強さを変えることができる。永久磁石はいつも㉖　　になっており，極の場所や磁石の強さは㉗　　。

右手の4本の指(電流の向き)
N　S
電流
親指の向きにN極
▲電磁石の極の見つけ方

〈電磁石の極〉電磁石にできる極は，コイルに流れる㉘　　の向きや㉙　　の巻き方で自由に変えることができる。

〈電磁石の磁力〉電磁石に㉚　　電流を流したり，コイルの㉛　　を多くしたり，㉜　　導線を使ったりすると磁力は㉝　　なる。太い鉄しんを使うと磁力は㉞　　なる。

(3) **電磁石の利用**……〈ベル〉電流を流すと㉟　　のはたらきにより鉄片を引きつけ，つちがベルを打つ。

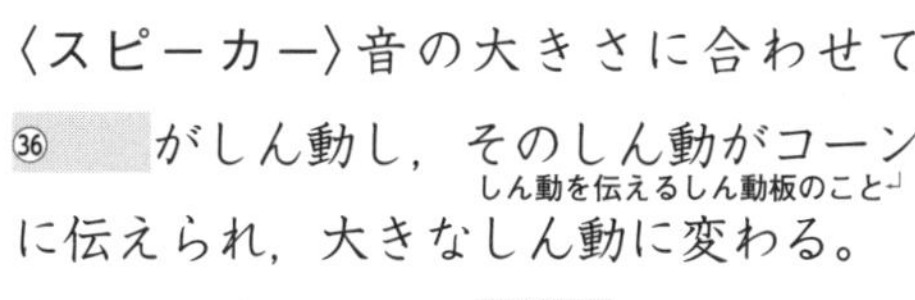
〈スピーカー〉音の大きさに合わせて㊱　　がしん動し，そのしん動がコーン（しん動を伝えるしん動板のこと）に伝えられ，大きなしん動に変わる。

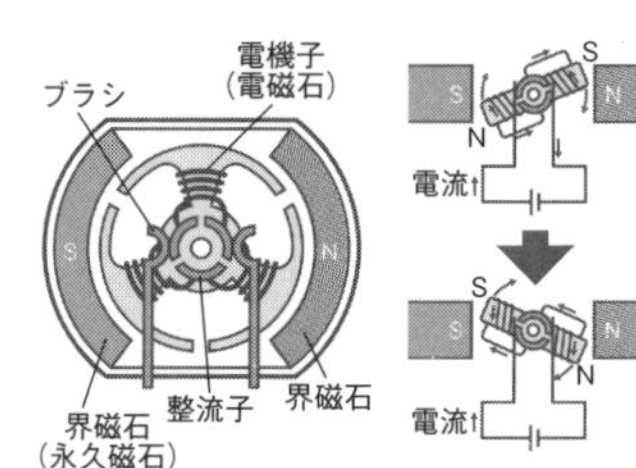

S　N　電流
▲モーターのつくり

フォーカス！ 〈モーター〉界磁石（永久磁石）と㊲　　（電磁石）の2つの磁石が引き合ったり，しりぞけ合ったりして回転する。整流子と㊳　　のふれ方が半回転ごとに変わることにより，極の入れ変わりがくり返されて回転を続ける。

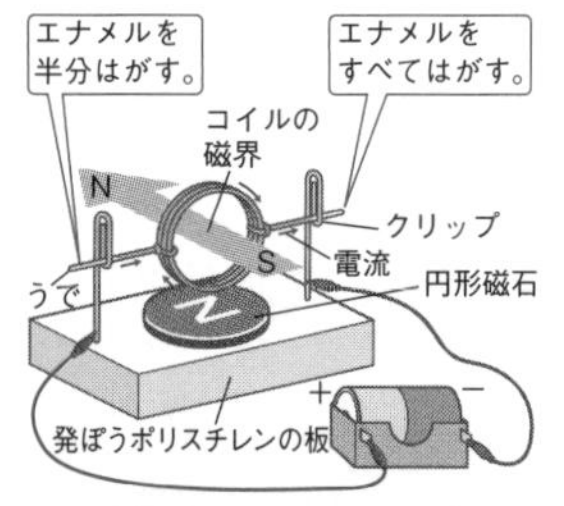

⑲
⑳
㉑
㉒
㉓
㉔
㉕
㉖
㉗
㉘
㉙
㉚
㉛
㉜
㉝
㉞
㉟
㊱
㊲
㊳

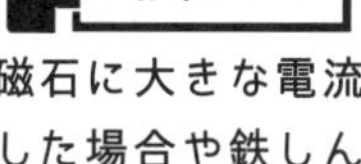

電磁石に大きな電流を流した場合や鉄しんの太さを変えた場合など，条件を変えて実験する問題が出題されている。

ズバリ暗記
鉄しんに導線を巻き，電流を流すと電磁石になる。
電流を右ねじと同じ向きに流したとき，コイルのN極はねじの進む向き。

ステップ2 実力問題

ねらわれるココが
- 磁石の性質
- 電磁石の極
- 電磁石の利用

解答→別冊 p.35

1 次の実験について，あとの問いに答えなさい。〔ノートルダム女学院中〕

ここに棒磁石と鉄の棒がある。ただしこれらには同じ色のペンキがぬってあり，区別がつかない。そこで桜子さんは，これらを使って次のような実験をした。

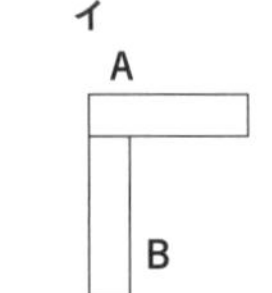

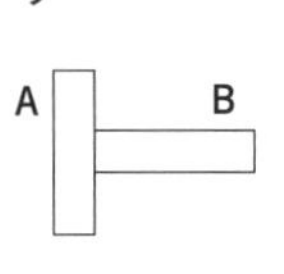

実験　桜子さんは，棒磁石と鉄の棒を，それぞれ**ア**～**エ**のように近づけた。**ア**や**イ**のように近づけたときには，2つの棒はくっついたが，**ウ**や**エ**のように近づけたときには，2つの棒はくっつかなかった。

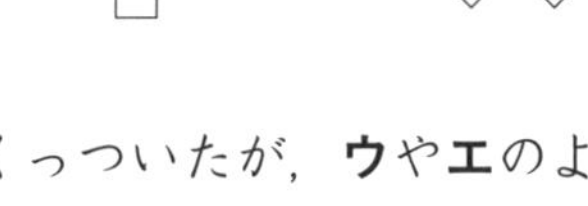

(1) **棒A**と**棒B**のどちらが棒磁石か。また，それがわかるのは，どのように近づけたときか。**ア**～**エ**から選び，記号で答えなさい。

棒磁石[　　　　　]　近づけ方[　　　]

(2) この棒磁石の両はしのうちどちらがN極かを知るには，どんな道具が必要か，また，その道具をどう使えば，それを知ることができますか。

道具[　　　　　]　使い方[　　　　　　　　　]

実験で使った棒磁石と，新しく用意したU字型磁石をうっかり落としてしまい，棒磁石とU字型磁石はそれぞれ2つに割れてしまった。桜子さんが，棒磁石のN極側の破片とU字型磁石のS極側の破片を近づけたところ，あることがおこった。

重要 (3) おこったことについて述べた次の文の**a**，**b**にあてはまる正しい組み合わせを，あとの**ア**～**エ**から選び，記号で答えなさい。[　　]

> この割れた断面どうしを近づけると　a　あい，割れていない断面どうしを近づけると　b　あう。

ア　a—引き，b—引き　　**イ**　a—引き，b—反発し
ウ　a—反発し，b—引き　　**エ**　a—反発し，b—反発し

重要 **2** 図1のように，電磁石の近くに2つの方位磁針を置いたら，①のN極は東をさした。これについて，次の問いに答えなさい。〔江戸川学園取手中〕

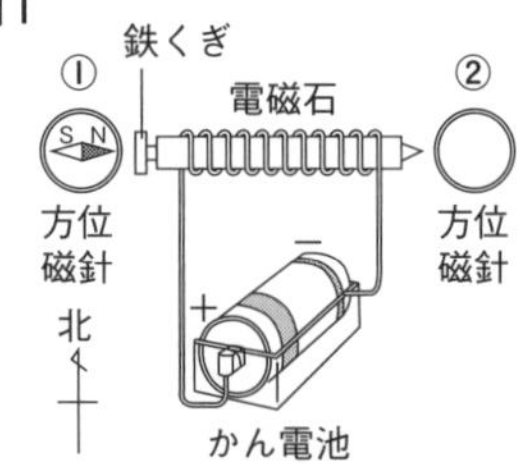

(1) ②の方位磁針は東・西・南・北のどの方位をさすか，答えなさい。[　　]

得点アップ

1 棒磁石の両はしには磁力がはたらいているが，中央では磁力がなくなる。

✔チェック！自由自在①
磁石の性質を調べてみよう。

(3)割れた磁石は，小さな新しい磁石になっている。

2 電磁石にも棒磁石と同じようにN極とS極があらわれる。

図2のA～Eの電磁石が引きつけるゼムクリップの数を調べて，電磁石の強さを比べた。ただし，導線の太さやコイルの長さ，鉄くぎ，かん電池はどれも同じものとする。

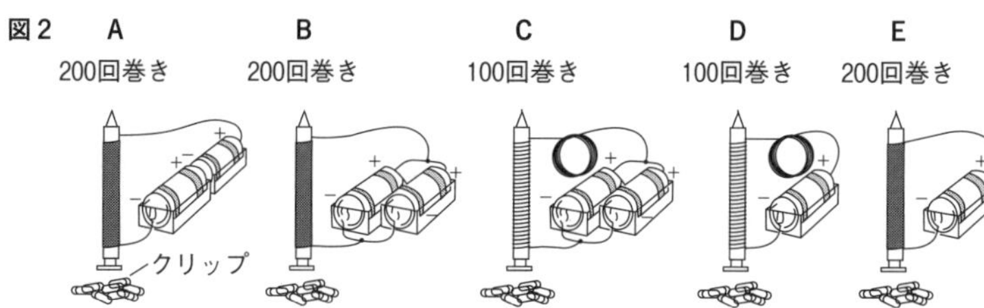

(2) DとEの結果を比べると，電磁石の強さと何の関係がわかるか。次のア～ウから選び，記号で答えなさい。 [　　　]

ア 導線の種類　　イ 電流の向き　　ウ コイルの巻き数

(3) A～Eのうち，クリップを最も多く引きつける電磁石はどれか。記号で答えなさい。 [　　　]

(4) 引きつけられるクリップの数が，Cとほぼ同じになると考えられるのはどれか。A・B・D・Eから選び，記号で答えなさい。 [　　　]

3 右の図はブザーとよばれる装置である。金属Pと鉄の板Q，コイルの鉄しんが台座に固定されており，Pとコイルの鉄しんとの間には，Qの先たんが上下に動けるだけのわずかなすき間がある。次の①～⑦は，この装置がブザー音を発生させるしくみについて述べたものである。スイッチが切れているとき，PとQは接している。スイッチを入れている間は①～⑦がくり返されて，Qの先たんが上下にすばやく動き続けるため，ブザー音が発生する。③～⑥にあてはまる文をそれぞれあとのア～エから選び，記号で答えなさい。 〔晃華学園中〕

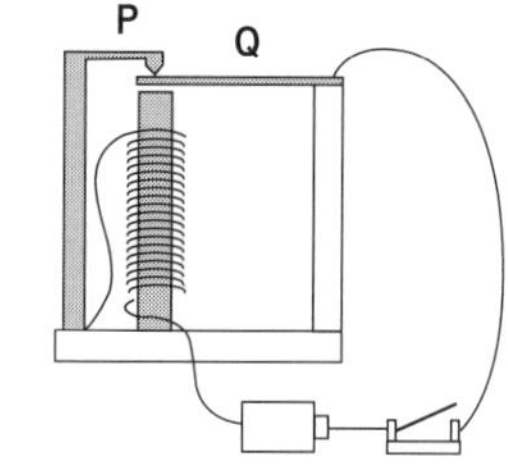

③[　　　] ④[　　　] ⑤[　　　] ⑥[　　　]

① コイルに電流が流れる。

② コイルの鉄しんがQを引きつけるはたらきがあらわれる。

③

④

⑤

⑥

⑦ ①にもどる。

ア コイルに電流が流れなくなる。　　イ QがPに接する。

ウ QがPからはなれる。

エ コイルの鉄しんがQを引きつけるはたらきがなくなる。

✔チェック！自由自在②
電磁石の磁力が強くなる条件を調べてみよう。

(2) DとEでは何が異なっているかを考える。

3 PとQがはなれたり接したりすることをくり返すことで，ブザーは鳴り続ける。

✔チェック！自由自在③
ベルが鳴るしくみを調べてみよう。

ステップ3 発展問題

解答→別冊 p.36

重要 **1** 鉄しんにエナメル線を200回巻きつけて電磁石をつくった。これについて，次の問いに答えなさい。〔同志社香里中〕

(1) この電磁石に方位磁針を近づけると，右の図のようになった。Xの場所に方位磁針を置くとどうなるか。次の**ア**～**エ**から選び，記号で答えなさい。［　　］

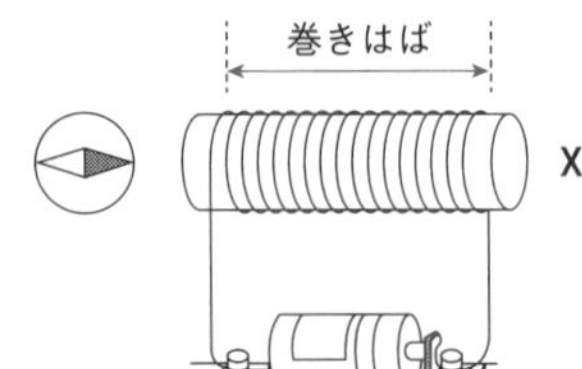

ア  イ  ウ  エ 

次に，電磁石の巻き数や電池の数のつなぎ方を，表のA→B→C→D→Eのように変えていきながら，ゼムクリップのつく数を調べる実験を行った。なお，使ったかん電池はすべて同じものであり，コイルの巻きはばは変えないものとする。

	巻き数	電池の数	電池のつなぎ方	ゼムクリップのついた数
A	200回	1個	——	8個
B	200回	2個	Ⅰつなぎ	16個
C	100回	2個	Ⅱつなぎ	4個
D	100回	1個	——	4個
E	50回	2個	Ⅰつなぎ	Y個

(2) この実験で電磁石をつくり変えるときに行う作業として，誤っているものを次の**ア**～**エ**からすべて選び，記号で答えなさい。［　　］

ア エナメルにあまりが生じたら，切りとる。　**イ** 鉄しんは毎回同じものを使う。

ウ 巻き数を減らすときには，細い鉄しんにとりかえる。

エ 巻き数を減らすときには，エナメル線は切らずにたばねる。

(3) 表のⅠにあてはまる語を答えなさい。［　　］

(4) 電磁石の強さと電流の大きさの関係について調べるには，A～Eのどの2つの結果を比べればよいか。記号で答えなさい。［　　］と［　　］

(5) 表のYに入るゼムクリップの数を答えなさい。［　　］

2 次の文章を読んで，あとの問いに答えなさい。〔四天王寺中〕

鉄しんにエナメル線を巻いてつくった電磁石と，**電球A**，**B**，**スイッチA**，**B**，電源装置を用いて**図1**のような回路をつくった。最初，**スイッチA**，**B**は接点**a**，**b**，**c**のいずれにもつながっておらず，電磁石に電流は流れていなかった。この状態からスイッチをつないで電磁石に電流を流し，電磁石の左はしに近い位置に置いた方位磁針のN極が電磁石のほうを向くようにしたい。

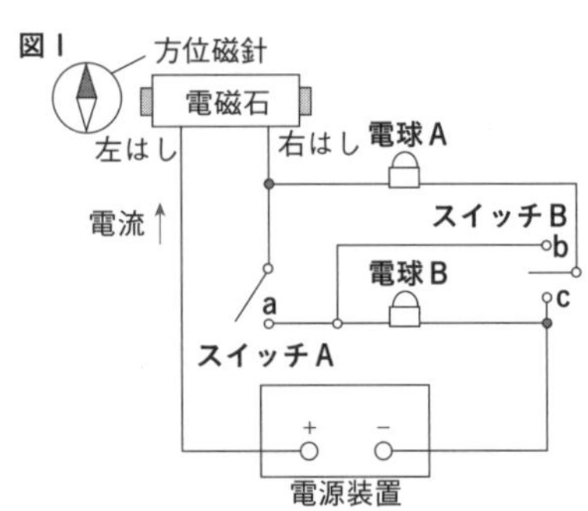

(1) 方位磁針のN極が電磁石のほうを向くためには，電磁石のエナメル線を巻く向きは，**図2**のいずれの向きであればよいか。次の**ア**～**ウ**から選び，記号で答えなさい。ただし，電流を流す向きは，**図2**の矢印で示した向きであるとする。　［　　　］

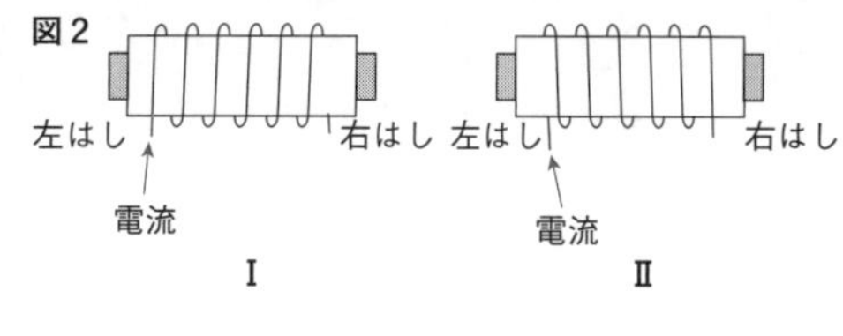

ア 図2のIの向き　**イ** 図2のIIの向き　**ウ** 図2のI，IIのいずれでもよい

図1の回路において，右の表のように，①，②，③の3通りのスイッチのつなぎ方をして，電磁石の強さを比べる。ただし，流れる電流が大きいほど，電磁石は強くなることがわかっている。また，いずれの場合も電源装置の電圧は同じであるとする。

つなぎ方	スイッチA	スイッチB
①	つながない	bにつなぐ
②	つながない	cにつなぐ
③	つなぐ	cにつなぐ

(2) 電磁石の強さのちがいについて記したものとして適切なものをあとの**ア**～**キ**から選び，記号で答えなさい。ただし，「>」，「<」，「＝」の記号の意味は次の通りである。　［　　　］

記号の意味　①>②：①のつなぎ方をするほうが②のつなぎ方をするより電磁石は強くなる。
①<②：①のつなぎ方をするほうが②のつなぎ方をするより電磁石は弱くなる。
①＝②：①のつなぎ方と②のつなぎ方で電磁石の強さは同じである。

ア ①<②<③　**イ** ①<②＝③　**ウ** ①＝②<③　**エ** ①＝②＝③
オ ①>②>③　**カ** ①>②＝③　**キ** ①＝②>③

3 図のように，コイルを2つ用意し，間かくをあけて動かない台の上に，東西にならぶよう固定した。また，2つのコイルを結んだ直線に沿ってゆかに線をひいた。2つのコイルをそれぞれ電源につなぎ，N極が西，S極が東を向くように棒磁石を固定した木の台車を，台の間にしいたレール上を南へおして走らせたところ，台車は加速してはやくなった。次の問いに答えなさい。　〔高槻中〕

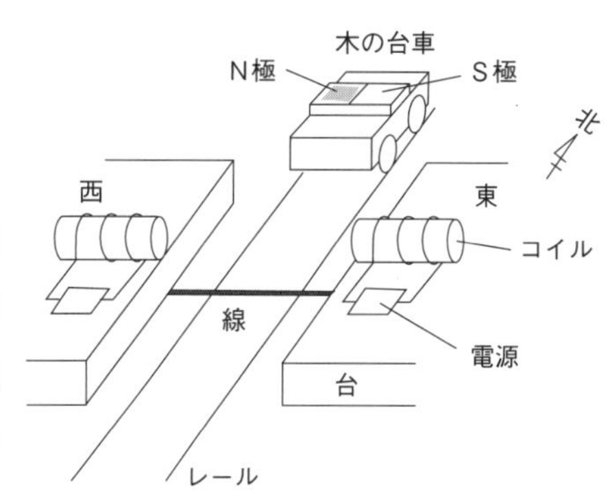

(1) 2つのコイルにつないだ電源の＋極，－極の向きの組み合わせとして正しいものを次の**ア**～**エ**から選び，記号で答えなさい。　［　　　］

ア

イ

ウ
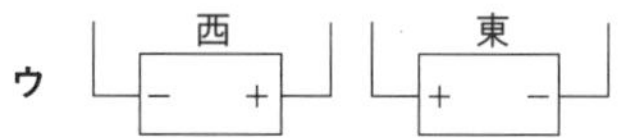

エ

(2) 木の台車の棒磁石が，ゆかの線をこえた直後に，東西それぞれのコイルにつないだ電源の＋極と－極を入れかえた。このしゅん間の木の台車の運動として正しいものを，次の**ア**～**ウ**から選び，記号で答えなさい。　［　　　］

ア 加速する　**イ** 減速する　**ウ** とまる

4 電気の利用

ステップ1 まとめノート

学習日　　月　　日

解答→別冊 p.37

1 電気の利用★★

(1) **発電と蓄電**……〈発電〉モーターは，電流を流すと①　　し，逆にモーターの回転軸を回すと②　　する。手回し③　　のハンドルを回すと，モーターの軸が回り，④　　をつくる。手回し発電機のハンドルの回転数を大きくすると，流れる電流は⑤　　なり，ハンドルを逆に回すと，流れる電流の向きは⑥　　になる。

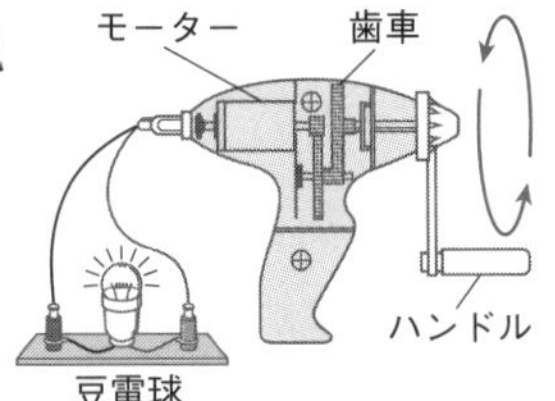

▲手回し発電機

〈蓄電〉電気をためることを蓄電という。じゅう電器には，じゅう電と放電をコントロールする⑦　　と，化学変化を利用して電気をためる⑧　　がある。
└バッテリーともよばれる

(2) **光電池のはたらき**……〈光電池〉太陽の光を電気に変える装置を⑨　　という。光電池は太陽のエネルギーを電気に変えて使っているので空気をよごすことがない。光電池に光が強くあたると⑩　　電流が流れ，光があたる面積が広いほど，流れる電流は⑪　　なる。

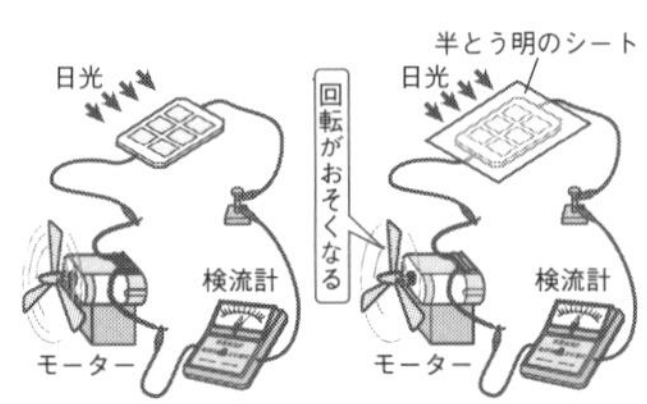

▲光の強さと電流の大きさ

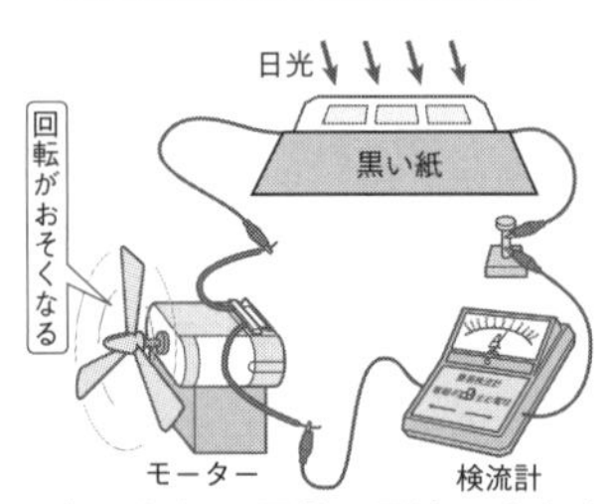

▲光のあたる面積と電流の大きさ

(3) **電気と光・音・熱**……〈電気を光に変える〉豆電球は，フィラメントに電流を流すと高温になり⑫　　を出す。また，⑬　　には極性があり，＋から－に向かって電流が流れるときだけ点灯する。

〈電気を音に変える〉電子オルゴールや⑭　　，イヤホンなどがある。スマートフォンなどでは電気信号を⑮　　に変えている。

〈電気を熱に変える〉電熱線や，電磁誘導加熱の⑯　　，誘導電流加熱の⑰　　などがある。IH調理器はコイルから発生した磁力線がなべ底を通過するときに電流となり，その抵抗でなべ自体が発熱している。
└うず電流

▲IH調理器

①
②
③
④
⑤
⑥
⑦
⑧
⑨
⑩
⑪
⑫
⑬
⑭
⑮
⑯
⑰

入試ガイド
光電池の向きやかたむきによって光にあたる面積が変わるため，流れる電流の大きさが変化する。電流の大きさを比べる問題が出題されている。

ズバリ暗記
光電池には，光を電気に変えるはたらきがある。
電気は光・音・熱に形を変えられる。

2 電流による発熱★★

(1) **電熱線の発熱**……〈電熱線〉電流が流れると発熱する部分を⑱　　といい，ニクロム線やタングステン線とよばれる電熱線が使われている。

▲電流による発熱作用を利用した器具

電熱線は電流を流しにくく，⑲　　や光を出しやすい金属でつくられている。

〈電熱線のつなぎ方と発熱〉並列につないだ回路では，それぞれの電熱線に同じ電圧がかかるので，太い電熱線のほうが⑳　　が多く流れ，より熱くなる。直列につないだ回路では，それぞれの電熱線に同じ電流が流れるので，細い電熱線のほうが両はしにかかる㉑　　が大きくなり，より熱くなる。回路内に生じる電流を流しにくくするはたらきを㉒　　という。同じ太さの電熱線の場合，並列つなぎでは長さが㉓　　電熱線のほうが，直列つなぎでは長さが長い電熱線のほうが発熱量が多くなる。

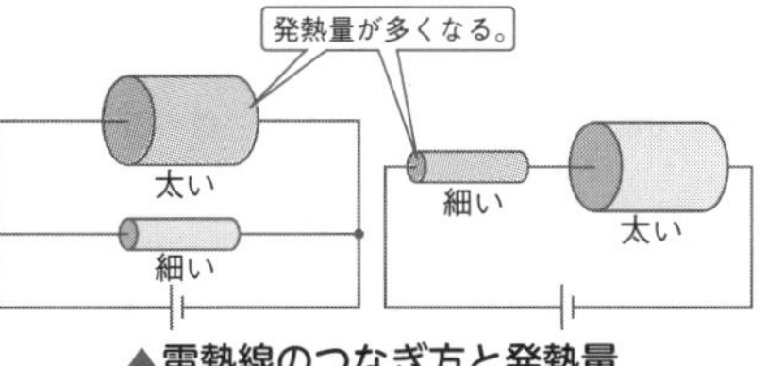

▲電熱線のつなぎ方と発熱量

3 身のまわりの電気の利用★

(1) **身のまわりの電気の利用**……〈電流のはたらき〉電流のはたらきには，おもに，光が発生する，音が発生する，㉔　　が発生する，磁界が発生する，の4つの種類がある。

〈身のまわりの電気の利用〉電流による㉕　　は電球，信号機，照明などに，㉖　　はスピーカー，電子ピアノ，ICレコーダーなどに，㉗　　はIH調理器，電気ポット，アイロンなどに，㉘　　は電磁石，ベル，モーターなどに利用されている。発電と蓄電を組み合わせて利用するものにハイブリッドカーなどがある。

〈これからの電気の利用〉**太陽光発電**は，ソーラーパネル(㉙　　が複数入ったパネル)を用いて光エネルギーを電気エネルギーに変える発電方法で，半永久的に使えるエネルギーとして注目されている。また，水素と㉚　　とを反応させて電気をとり出す㉛　　は，エネルギーの損失が非常に少なく，高い発電効率をえることができる。

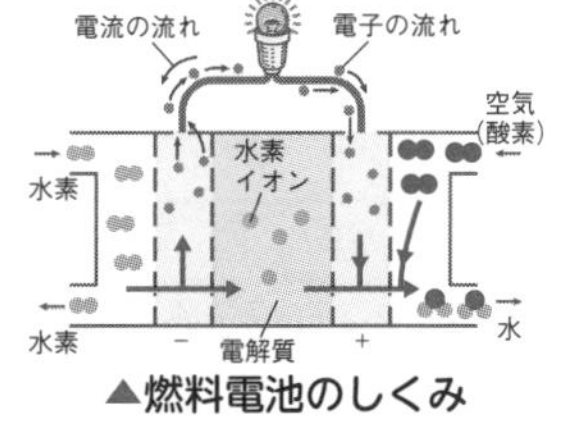

▲燃料電池のしくみ

⑱
⑲
⑳
㉑
㉒
㉓
㉔
㉕
㉖
㉗
㉘
㉙
㉚
㉛

入試ガイド
電熱線に流れる電流の大きさや電熱線の発熱量を求める問題が出題されている。

ズバリ暗記
電熱線に電流を流すと発熱する。
太陽光発電や燃料電池は新しいエネルギー源である。

学習日　　月　　日

ステップ2 実力問題

ねらわれるココが
- 発電と蓄電(ちくでん)
- 光電池のはたらき
- 電熱線の発熱

解答→別冊 p.38

重要 **1** 清子さんは，電化製品が，電気を何に変えて利用されているのか考えた。これについて，次の問いに答えなさい。〔清泉女学院中〕

(1) 次の**a**～**d**は，電気を何に変えて利用しているか。光に変えるものには**ア**，音に変えるものには**イ**，熱に変えるものには**ウ**，ものの動きに変えるものには**エ**と書きなさい。

a アイロン　**b** そうじ機　**c** ラジオ　**d** けい光灯

a［　　　］ **b**［　　　］ **c**［　　　］ **d**［　　　］

清子さんが，ドライヤーの中を見たところ，電熱線が見えたので，泉さんといっしょに電熱線について調べることにした。

清子：まず，電熱線の太さによる発熱量のちがいを調べましょう。
泉　：どのような方法で実験すればよいかしら。
清子：同じ時間で，温度が何℃上がるかを調べればいいと思うわ。
泉　：それなら数字で比(くら)べられるから正確(せいかく)ね。それと，電熱線の長さは ① しなくてはね。
清子：あと，かん電池2個(こ)を ② つなぎにすることで豆電球が明るく光ったように，今回も ② つなぎにして実験すれば，発熱しやすくなると思うわ。

2人は，太さと発熱量の関係を調べる実験を行い，学校で習ったように，方法と結果，わかったことをまとめた。

実験の方法　Ⅰ 太い**電熱線A**と細い**電熱線B**を用意し，それぞれ右の図のようにえん筆に巻(ま)きつけた。

Ⅱ 2個のかん電池を ② つなぎにしたものに，**電熱線A**または**電熱線B**をつなぎ，それぞれ同じ量の水が入ったビーカーに入れた。

Ⅲ それぞれ1分ごとに水の温度を調べた。

結果　水の温度は，次の表のように変化した。

電流を流した時間〔分〕		0	1	2	3	4		7
水温〔℃〕	電熱線A	22.0	23.6	25.2	26.8	28.4		
	電熱線B	22.0	22.4	22.8	23.2	23.6		

わかったこと　電熱線 ③ のほうが発熱量が多かった。これは，電熱線が ④ ほうがより多く発熱するからである。

(2) 上の①～④にあてはまるものを，次の**ア**～**ケ**からそれぞれ選び，記号で答えなさい。

①［　　　］ ②［　　　］ ③［　　　］ ④［　　　］

得点アップ

1 電熱線の発熱量は，電圧の大きさが同じ場合，電熱線の太さによって決まる。

(1)そうじ機は電気のはたらきをモーターの回転に使っている。

✔チェック!自由自在①
電熱線のつなぎ方と発熱量の関係を調べてみよう。

ア 太いほうを長く　**イ** 細いほうを長く　**ウ** 2本とも同じ長さに
エ 直列　**オ** 並列　**カ** A　**キ** B　**ク** 太い　**ケ** 細い

(3) **電熱線Aに7分間電流を流したときの水温を答えなさい。**

［　　　　　］

(3)電熱線の発熱量は時間に比例している。

2 次の文章を読んで，あとの問いに答えなさい。〔桜蔭中〕

モーターは，電流を流すと軸が回転するが，逆に，軸を回転させることにより，発電機としてはたらき，電流をとり出すことができる。

右の図のように，豆電球と電流計をモーターのたんしにつなぎ，モーターの軸に糸のはしをとめて巻きつける。糸のもう一方のはしにおもりをつけ，100 cmの高さから地面まで落とすことでモーターの軸を回転させた。モーターの軸の直径は1 cmである。おもりの重さを変え，おもりが100 cm落ちるのにかかる時間と，豆電球に流れる電流を調べた結果が上の表である。

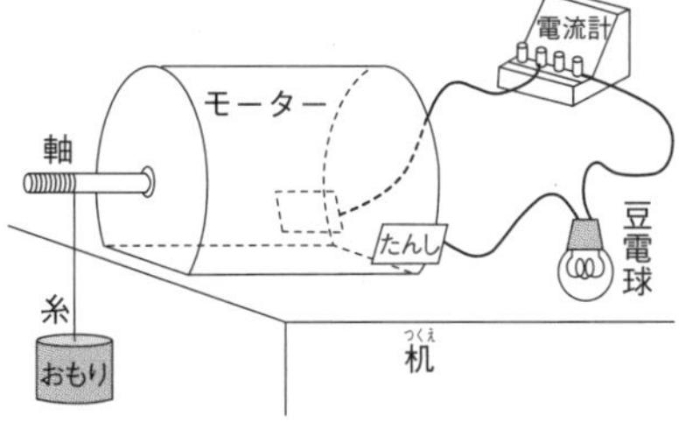

おもりの重さ〔g〕	600	900
時間〔秒〕	18	8
電流〔A〕	a	b

2おもりを落とすことにより，モーターは，発電機としてはたらいている。

✔チェック！自由自在②
発電のしくみについて調べてみよう。

重要 **(1)** 図の装置は回転運動を電気に変えるしくみをもっている。このしくみをもたないものを次の**ア**～**カ**からすべて選び，記号で答えなさい。

［　　　　　］

ア 太陽光発電　**イ** 風力発電　**ウ** 火力発電
エ 原子力発電　**オ** 水力発電　**カ** 燃料電池

(2) 表のaとbではどちらの値が大きいと考えられるか。aまたはbの記号で答えなさい。［　　　］

(2)同じ時間でのモーターの軸の回転数を比べる。

(3) おもりは始めから終わりまで一定の速さで落ちたものとする。900 gのおもりを用いると，モーターの軸が1回転するのに何秒かかったか。円周率を3.14として計算し，四捨五入して小数第2位まで求めなさい。

［　　　　　］

(4) 600 gのおもりを用い，モーターのたんしにつなぐものを次の**ア**～**エ**のように変えて実験を行った。おもりが100 cm落ちるのにかかる時間を比べるとどのようになるか。かかる時間の短い順に**ア**～**エ**の記号で答えなさい。［　　→　　→　　→　　］

ア 豆電球を1つつないだ場合
イ 発光ダイオードを1つ，光る向きにつないだ場合
ウ 発光ダイオードを1つ，光らない向きにつないだ場合
エ 1本の導線で2つのたんしをつないだ場合

(4)回路に流れる電流が大きくなるとおもりが落ちるのにかかる時間は長くなる。

ステップ3 発展問題

解答→別冊 p.38

重要 **1** 次の文章を読んで，あとの問いに答えなさい。〔甲陽学院中〕

電熱線，電池，スイッチ，電流計を右の図のようにつなぎ，電熱線を水にしずめた。このときの水温をはじめの水温とする。スイッチを入れてから10分で水温は22℃になった。さらに2分後水温は24℃になった。この間，電流は2.0 Aであった。答えが割(わ)り切れないときは分数で答えなさい。

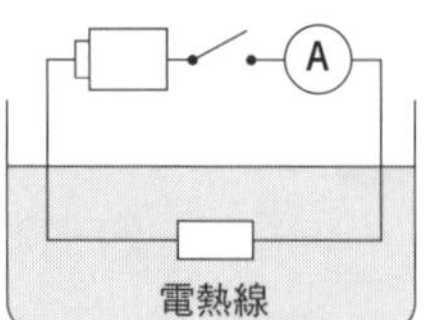

(1) はじめの水温は何℃か，答えなさい。 [　　　　]

(2) この水の体積を半分にし，同じ装置(そうち)であたためた。水温がはじめの水温から16℃になるまでの時間は何分か，答えなさい。 [　　　　]

電池の数を直列に増(ふ)やしたり，電熱線の数を直列に増やしたりして，はじめの水温から水をあたため，水温が24℃になるまでの時間〔分〕をはかって比(くら)べたのが**表1**である。また，電流の値(あたい)〔A〕を調べたのが**表2**である。ただし，表中の―は測定(そくてい)していない。

表1　時間〔分〕

		電熱線の数		
		1	2	3
電池の数	1	12	24	③
	2	3	6	9
	3	―	②	4
	4	①	1.5	―

表2　電流の値〔A〕

		電熱線の数			
		1	2	3	4
電池の数	1	2.0	⑤	―	0.5
	2	④	2.0	―	1.0
	3	―	―	⑥	―

(3) **表1**の①～③にあてはまる数値(すうち)を答えなさい。

①[　　　　] ②[　　　　] ③[　　　　]

(4) **表2**の④～⑥にあてはまる数値を答えなさい。

④[　　　　] ⑤[　　　　] ⑥[　　　　]

0℃の水に0℃の氷を入れて，電熱線1本と電池1個(こ)をつなぎ，スイッチを入れたところ，しばらくの間，水温は0℃のままであった。スイッチを入れてから，水温が10℃になるまでの時間を，氷の量を変えて調べてみた。その結果，5 gの氷を入れたときは20分，10 gの氷を入れたときは32分であった。

(5) 〰〰部について，この間に何がおきているかを説明しなさい。

[　　　　]

(6) この0℃の水に氷を入れないとき，スイッチを入れてから水温が10℃になるまでの時間は何分か，答えなさい。 [　　　　]

(7) この0℃の水に5 gの氷を入れてスイッチを入れた。水温が変化し始めたときから電池を2個にしたところ，スイッチを入れてから水温が10℃になるまでの時間は13分であった。スイッチを入れてから水温が変化し始めるまでの時間は何分か，答えなさい。

[　　　　]

2 次の実験について，あとの問いに答えなさい。〔西大和学園中〕

右の図の手回し発電機，**部品X**，ほかのさまざまな部品を用いて次の**実験1**～**実験4**を行った。**部品X**には電気をためることができる。

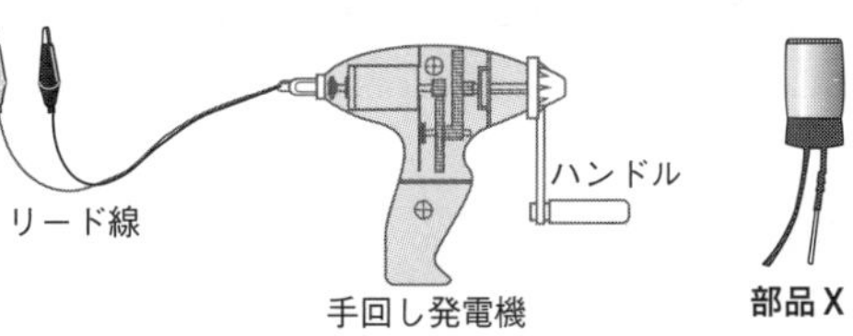

実験1　手回し発電機に**部品X**をつなぎ，ハンドルを回したあと，手をはなした。

実験2　手回し発電機で**部品X**に電気をためたあと，すぐに発電機からはずし，豆電球につなぎ，豆電球が点灯する時間をはかった。ハンドルを回す回数を変えて実験を行うと，結果は上の表の通りになった。ただし，ハンドルを回す速さは一定であった。

ハンドルを回した回数〔回〕	20	40	60	80	100
豆電球が点灯した時間〔秒〕	51	63	72	72	72

実験3　手回し発電機で**部品X**に電気をためたあと，すぐに発電機からはずし，電子ブザーにつなぎ，電子ブザーが鳴る時間をはかった。同じように，発光ダイオード(LED(エルイーディー))，モーターにつなぎ，実験を行った。結果は右の表の通りになった。ハンドルを回す回数は20回とし，その速さは**実験2**と同じであった。

電子ブザーが鳴った時間〔秒〕	372
LEDが点灯した時間〔秒〕	2917
モーターが回転した時間〔秒〕	19

実験4　手回し発電機のリード線に，次の①～⑥の通りにつなげて，同じ速さで10回ハンドルを回した。

① リード線に豆電球のみをつなげた。　② リード線に電子ブザーのみをつなげた。

③ リード線にLEDのみをつなげた。　④ リード線にモーターのみをつなげた。

⑤ リード線にガラス棒のみをつなげた。

⑥ リード線に何もつなげず，リード線どうしを直接(ちょくせつ)つなげた。

(1) **部品X**の名まえを答えなさい。［　　　　］

重要 (2) **実験1**で，手をはなすとどのようなことがおこるか，10字程度(ていど)で答えなさい。

［　　　　］

(3) **実験2**と**実験3**の結果からわかることを次の**ア**～**オ**から選び，記号で答えなさい。［　　　　］

ア 発電機のハンドルを回した時間と，モーターが回転した時間は等しい。

イ 同じ時間の間に，最も電気を消費する部品は豆電球である。

ウ 発電機のハンドルを回せば回すほど，**部品X**には多くの電気がたまる。

エ LEDは豆電球よりも故障(こしょう)しにくい。　**オ** 電子ブザーは豆電球よりも電気を消費しない。

(4) **実験3**と同じ量の電気をためた**部品X**に，豆電球とLEDを並列(へいれつ)につなぐとどうなるか。適当なものを次の**ア**～**カ**から2つ選び，記号で答えなさい。［　　　　］［　　　　］

ア 豆電球が消えたあと，しばらくしてからLEDが消える。

イ LEDが消えたあと，しばらくしてから豆電球が消える。

ウ 豆電球とLEDが同時に消える。　**エ** 豆電球が点灯する時間は51秒より長くなる。

オ 豆電球が点灯する時間は51秒より短くなる。　**カ** 豆電球が点灯する時間は51秒である。

(5) **実験4**の①～⑥を，ハンドルを回す重さが重い順にならべかえなさい。

［　　→　　→　　→　　→　　→　　］

思考力/作図/記述問題に挑戦！

本書の出題範囲 p.84〜107

解答→別冊 p.40

重要 **1** 次の問いに答えなさい。〔京都橘中〕

右の図で，**線A**は頭頂部の高さ，**線C**は目の高さ，**線G**は地面の高さを示している。また，図のように，**線B**，**D**，**E**，**F**をひいた。点線に囲まれた部分に鏡を置くとすると，全身が見えるためには，最小限どのはん囲に鏡があればよいか。例にしたがって，鏡の部分を上の図にしゃ線で示しなさい。

図

A
B ← 線Bは線Aと線Cの中間
C
D ← 線Dは線Cと線Eの中間
E ← 線Eは線Cと線Gの中間
F ← 線Fは線Eと線Gの中間
G

例

A
B
C
D
E
F
G

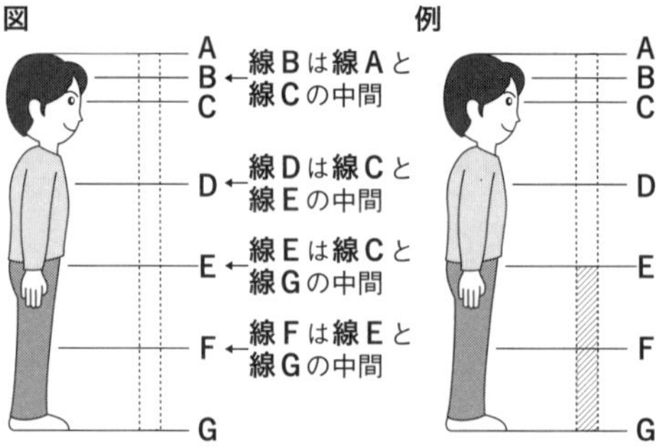

2 次の問いに答えなさい。〔麗澤中〕

万華鏡は，**図1**のように3枚の鏡が内側を向くように，正三角形に組み合わされた合わせ鏡になっているため，模様がまわりに広がって見える。ある模様を万華鏡で見ると，**図2**のように見えた。ある模様として考えられる最も単純なものを，右の点線内にかきなさい。

図1

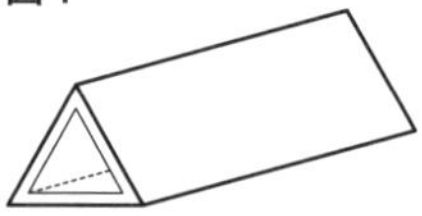

図2

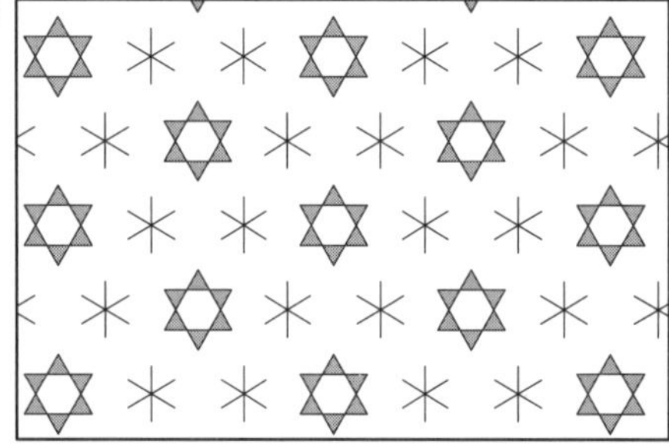

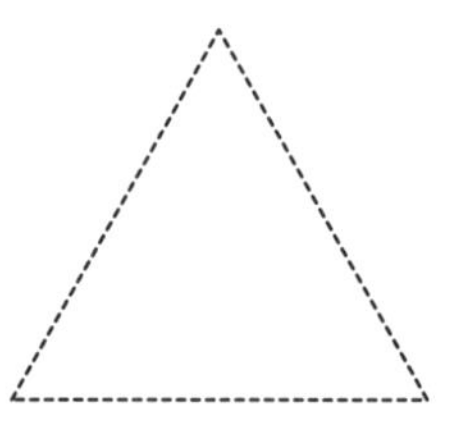

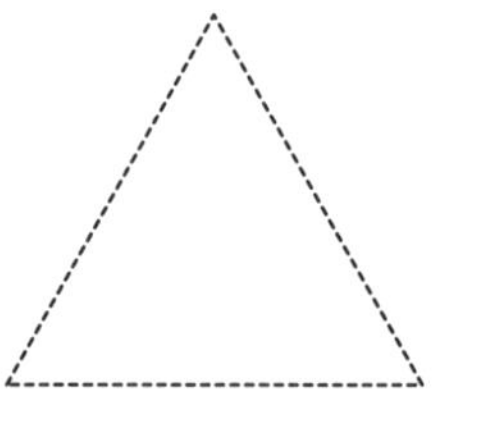

3 次の問いに答えなさい。〔甲陽学院中〕

右の図のように，コイルをつくって電池1個をつなぎ，電磁石につくクリップの数を調べた。その後，あまったエナメル線を切りとって，ふたたび電池1個をつなぎ，電磁石につくクリップの数を調べた。このとき，その数はどうなるか。次の**ア**〜**ウ**から適当なものを選び，記号で答えなさい。

また，その理由も答えなさい。

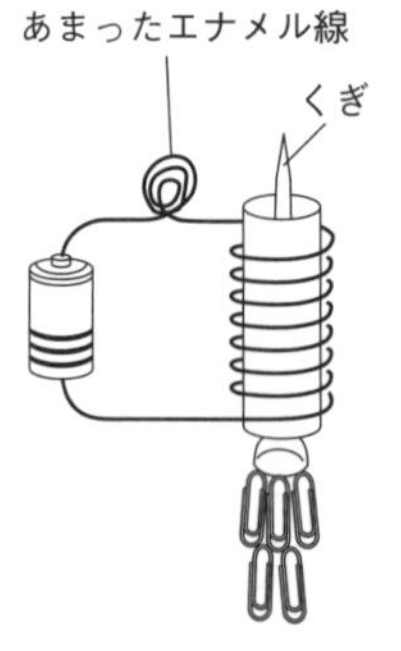

ア 増える　**イ** 減る　**ウ** 変わらない　［　　］

理由［　　　　　　　　　　　　　　　　］

着眼点

1 入射角＝反射角の関係から，頭頂部の光は線Bを通る点で反射して目に，地面の光は線Eを通る点で反射して目に入る。

2 底面にある模様が，そのまわりの3枚の正三角形にうつり，さらにそのまわりの3枚の正三角形にうつって，模様が広がっていくように見える。

3 あまったエナメル線を切りとったとき，抵抗の大きさはどのようになるかを考える。

4 次の問いに答えなさい。 〔かえつ有明中－改〕

信号機などのさまざまな場所で使われている発光ダイオード(LED)は**図１**のような記号で表されている。発光ダイオードは，一方向にしか電流を流さないので，**X**から**Y**の向きには電流が流れて光るが，**Y**から**X**の向きには電流が流れず，光らない。いま，数字の電光掲示板をつくろうとして，**図２**のような回路と２個の電池(**電池A**と**電池B**)を用意した。**電池A**の＋極を**ア**に，－極を**エ**につなぎ，**電池B**の＋極を**キ**に，－極を**オ**につないだ。このときどのような数字が表れるか，数字を答えなさい。ただし，発光ダイオードの明るさが多少異なっていても，光っていれば数字を表すことができるものとする。また，電光掲示板で表される数字は次のようになる。

図１

X　Y

図２

ア　イ　エ　ウ

オ　カ　ク　キ

0 1 2 3 4 5 6 7 8 9

[　　　　]

5 **図１**のように，４つのたんし**ＡＢＣＤ**がついた箱がある。これについて，次の問いに答えなさい。 〔神戸海星女子学院中〕

(1) はじめに，**図２**のようにたんし**A**と**B**の間には導線を，たんし**B**と**C**の間にはかん電池をつないだ。たんし**ＡＢＣＤ**のうち２か所のたんしを選んで豆電球をつないだとき，豆電球が点灯する組み合わせを，次の**ア**～**カ**からすべて選び，記号で答えなさい。 [　　　　　]

図１

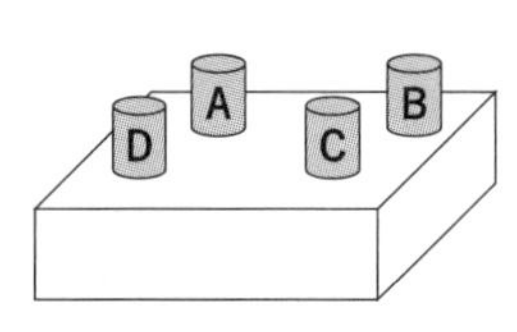

図２

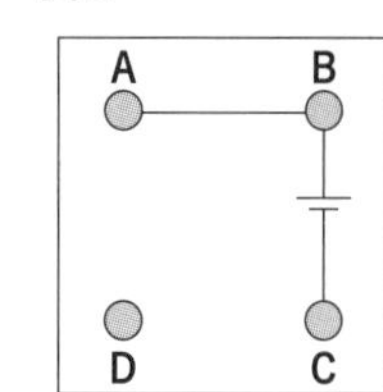

ア たんしAとB　**イ** たんしAとC　**ウ** たんしAとD
エ たんしBとC　**オ** たんしBとD　**カ** たんしCとD

(2) 次に，導線とかん電池をつなぐたんしを変えて，豆電球が点灯するたんしの組み合わせを調べた。たんし**A**と**C**，たんし**C**と**D**につないだときのみ豆電球が点灯した場合，導線とかん電池の配線は２通り考えられる。導線とかん電池をつないでいるたんしの組み合わせを(1)の**ア**～**カ**からそれぞれ選び，記号で答えなさい。

導線 [　　　　]，かん電池 [　　　　]につないだとき
導線 [　　　　]，かん電池 [　　　　]につないだとき

4 それぞれの電池をつないだ回路について，どの向きに電流が流れるかに注意する。

5 (1) かん電池，導線，豆電球がひとまわりする回路を考える。

(2) たんしAとCにかん電池をつないだとき，たんしCとDにかん電池をつないだときの2通りの回路を考える。

5 第3章　エネルギー ものの動くようす

ステップ1 まとめノート

解答→別冊 p.41

1 風やゴムのはたらき★

(1) **風やゴムのはたらき**……〈風の力のはたらき〉風にはものを動かすはたらきがあり，風が強くふけばふくほど，ものを動かす力は①　　なる。
〈ゴムの力のはたらき〉ゴムには，力を加えるともとに②　　とするはたらきがある。

2 ふりこ★★★

(1) **ふりこのきまり**……〈ふりこの長さ〉糸におもりをつけてふらせるしかけを③　　という。糸のもとからおもりの中心までを④　　という。
〈周期(しゅうき)とふれはば〉ふりこが1往復(おうふく)するのに必要な時間を⑤　　といい，ふりこのふれるはしからふれの真ん中までの角度を⑥　　，中心から折り返し点までのきょりを⑦　　という。
ふりこのふれるはしからはしまでの角度とすることもある
〈ふりこの速さ〉ふりこの速さは，はしで⑧　　，中心で⑨　　となる。

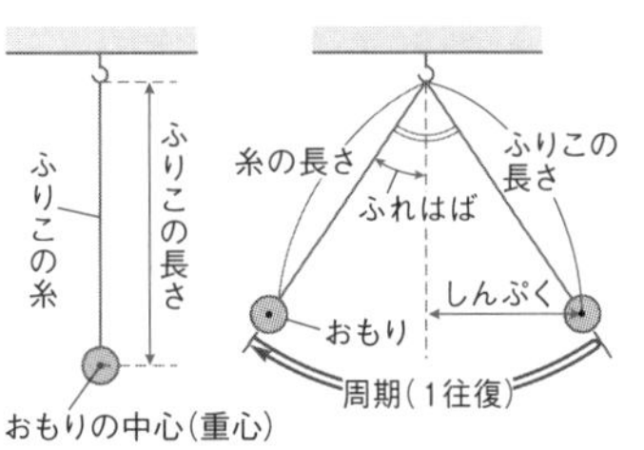

▲ふりこのきまり

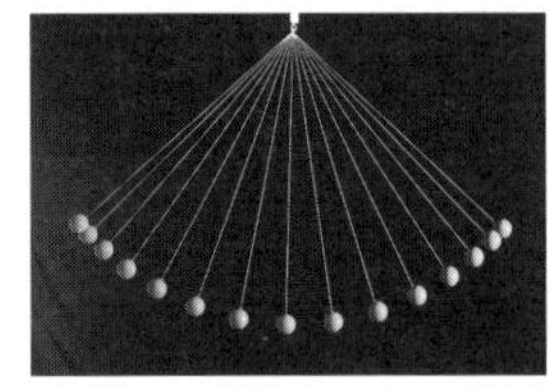
▲ふりこの運動のストロボ写真

(2) **ふりこの周期**……〈ふりこの重さやふれはばと周期〉ふりこの周期は，おもりの重さやふれはばに⑩　　。
〈ふりこの長さと周期〉ふりこの周期は，⑪　　によって変わる。ふりこの長さを4倍にすると，周期は⑫　　になる。
〈ふりこの性質(せいしつ)〉ふりこの長さが同じとき，糸の太さ，おもりの重さや形，⑬　　を変えても周期は⑭　　である。ふりこの長さが長いとふりこの周期は⑮　　，ふりこの長さが短いとふりこの周期は⑯　　なる。ふりこの周期はふりこの⑰　　によって決まり，おもりの重さや形，ふれはばには関係がない。このような性質をふりこの⑱　　という。

周期〔秒〕 0 1 2 3 4 5
ふりこの長さ〔cm〕 0 50 100 150 200 250 300 350 400
▲ふりこの長さと周期

①
②
③
④
⑤
⑥
⑦
⑧
⑨
⑩
⑪
⑫
⑬
⑭
⑮
⑯
⑰
⑱

入試ガイド
ふりこを使った実験から，ふりこの周期とおもりの重さやふりこの長さとの関係について出題されている。

ふりこの周期は，ふりこの長さによって決まる。
ふりこの周期は，おもりの重さや形，ふれはばには関係ない。

3 おもりとものを動かすはたらき★

(1) **動いているもののはたらき**……〈動いているもののはたらき〉動いているものにはほかのものにあたると，そのものを⑲　　はたらきがある。（└しょうとつすること）このはたらきの大きさは，動いているものの重さや⑳　　によって決まってくる。

〈同じ重さの物体のしょうとつ〉同じ重さのおもりが（└すべてのおもりが同じ重さのとき）しょうとつすると，しょうとつした数と㉑　　数のおもりだけが同じ高さまで上がる。静止している物体に同じ重さの物体がしょうとつすると，しょうとつした数と同じ数の物体だけが同じ㉒　　で動く。動いている物体に同じ重さの物体がしょうとつすると，物体の速さが㉓　　。

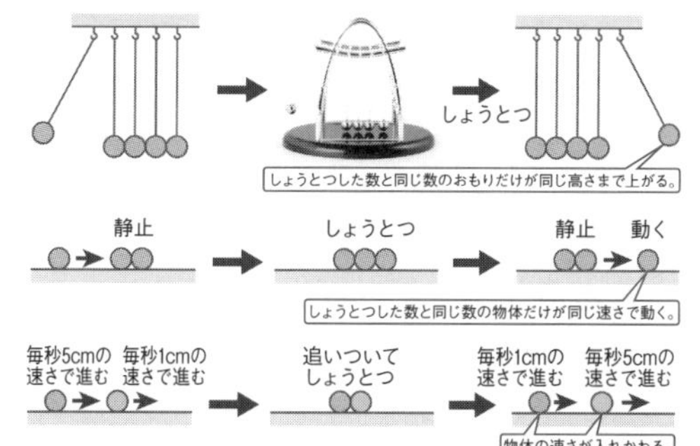

〈同じ重さの物体どうしのしょうとつ〉物体が同じ重さのほかの物体にしょうとつすると，しょうとつされた物体のみ同じ㉔　　で動く。

〈重さが異(こと)なる物体どうしのしょうとつ〉重い物体が軽い物体にしょうとつすると，両方とも㉕　　物体が動く方向に動く。

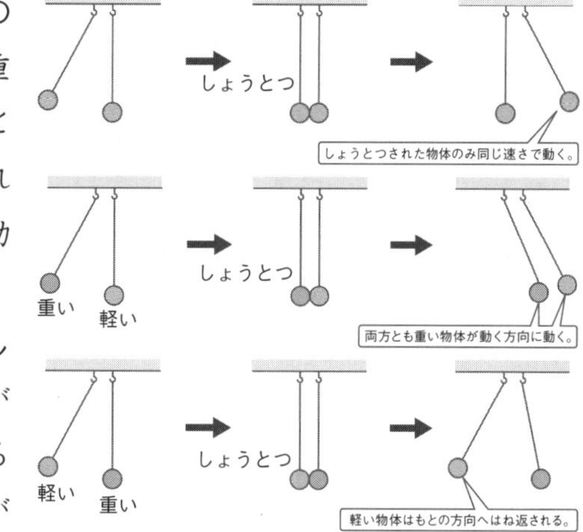

軽い物体が重い物体にしょうとつすると，軽い物体は㉖　　の方向へはね返されることもある。

(2) **おもりの速さ・重さとものの動き**……〈おもりの速さとものの動き〉おもりの重さが同じとき，おもりがはやく動くほど，ものを動かすはたらきが㉗　　。

〈重さとものの動き〉おもりの速さが同じとき，おもりの重さが重いほど，しょうとつされた物体は㉘　　動く。おもりの重さが重いほど，ものを動かす力は㉙　　。

重さが同じとき，速さがはやいほどものを動かす力は大きい。
速さが同じとき，重さが重いほどものを動かす力は大きい。

⑲
⑳
㉑
㉒
㉓
㉔
㉕
㉖
㉗
㉘
㉙

入試ガイド
しゃ面を使って物体どうしをしょうとつさせたときに，物体の重さや速さによってどのように動くかを問う問題が出題されている。

ステップ2 実力問題

ねらわれるココが
- ふりこの長さと周期
- ふりこの速さ
- おもりとものを動かすはたらき

解答→別冊 p.41

重要 **1** 次の文章を読んで，あとの問いに答えなさい。〔湘南学園中〕

図1のようなふりこがある。おもりを手でもち，糸がのびた状態(じょうたい)で静かに手をはなして，おもりを左右にふらせた。ふりこの性質(せいしつ)を調べるために，次の**実験1**～**実験3**を行った。

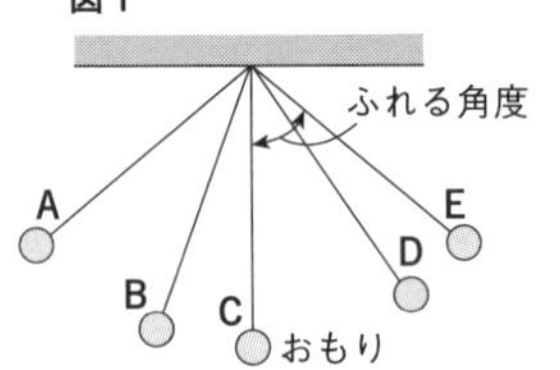

実験1　おもりの重さを30g，ふりこの長さを20cmに決め，ふれる角度を変化させた。10往復(おうふく)する時間をそれぞれ3回はかって平均(へいきん)を求めた(**表1**)。

表1

ふれる角度〔°〕	10	20	30	40	50
10往復する時間の平均〔秒〕	8.97	8.95	8.99	8.98	8.96

実験2　ふりこの長さを50cm，ふれる角度を30°に決め，おもりの重さを変化させた。10往復する時間をそれぞれ3回はかって平均を求めた(**表2**)。

表2

おもりの重さ〔g〕	10	20	30	40	50	60	70
10往復する時間の平均〔秒〕	14.0	14.2	13.9	13.8	14.3	X	14.2

実験3　おもりの重さを30g，ふれる角度を30°に決め，ふりこの長さを変化させた。10往復する時間をそれぞれ3回はかって平均を求めた(**表3**)。

表3

ふりこの長さ〔cm〕	10	20	30	40	50	60	70	80
10往復する時間の平均〔秒〕	6.34	8.97	11.0	12.7	14.2	15.5	16.8	17.9

(1) おもりの速さが最もはやくなる場所を**図1**の**A**～**E**から選び，記号で答えなさい。　[　　]

(2) 実験を行うときには，同じ操作(そうさ)を何回かくり返し，得られた値(あたい)の平均をとる。この実験では10往復する時間を3回はかって計算している。その理由として正しいものを次の**ア**～**エ**から選び，記号で答えなさい。　[　　]

ア　はかり方のわずかなちがいで同じ結果にならないことがあるから。
イ　実験する時間帯によって実験から得られる値が変化するから。
ウ　3回はかったら必ず正しい値が得られるから。
エ　いっしょに実験した人が3人だったから。

(3) **実験2**で，**表2**の**X**にあてはまるものとして最も近い数値(すうち)を次の**ア**～**エ**から選び，記号で答えなさい。　[　　]

ア 6.34　**イ** 8.96　**ウ** 14.2　**エ** 17.9

得点アップ

1 ふりこは長さによって1往復する時間(周期(しゅうき))が変わる。おもりの重さやふれる角度では変わらない。

✔チェック!自由自在①
ふりこの等時性(とうじせい)について調べてみよう。

(1)おもりの速さはいちばん高い位置で0となり，いちばん低い位置で最大となる。

(3)ふりこの周期の変化は何によっておこるか考える。

(4) **実験3**で，ふりこの長さが4倍になったとき，10往復にかかる時間の平均は何倍になるか。最も近い数値を次の**ア**～**エ**から選び，記号で答えなさい。 [　　　]

ア 1倍　**イ** 2倍　**ウ** 3倍　**エ** 4倍

(5) **実験3**で，10往復にかかる時間の平均が25.4秒だったとき，ふりこの長さは何cmだと考えられるか。最も近い数値を次の**ア**～**エ**から選び，記号で答えなさい。 [　　　]

ア 100 cm　**イ** 120 cm　**ウ** 140 cm　**エ** 160 cm

2 次の実験について，あとの問いに答えなさい。〔開明中〕

右の図のように，なめらかなレール上のある高さからボールを静かにはなして，平らなレールに置かれた箱にあてた。ボールのはなす高さと箱の移動したきょりをはかった結果は上の表のようになった。

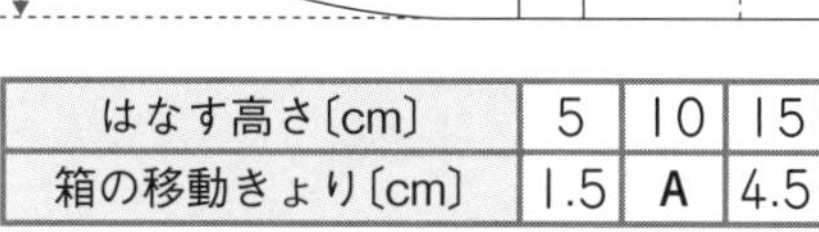

はなす高さ〔cm〕	5	10	15
箱の移動きょり〔cm〕	1.5	A	4.5

(1) 表の**A**に入る数値を小数第1位まで答えなさい。必要ならば，小数第2位を四捨五入しなさい。 [　　　]

(2) ボールの大きさを変えずに重くすると，箱の移動したきょりはどのようになるか。適切なものを次の**ア**～**ウ**から選び，記号で答えなさい。

ア 変わらない　**イ** 長くなる　**ウ** 短くなる [　　　]

(3) 箱の大きさを変えずに軽くすると，箱の移動したきょりはどのようになるか。適切なものを次の**ア**～**ウ**から選び，記号で答えなさい。

ア 変わらない　**イ** 長くなる　**ウ** 短くなる [　　　]

重要 (4) ボールの重さに関する記述のうち，正しいものを次の**ア**～**オ**から選び，記号で答えなさい。 [　　　]

ア ボールを重くすると，箱にあたる直前の速さははやくなる。
イ ボールを重くすると，箱にあたる直前の速さはおそくなる。
ウ ボールを軽くすると，箱にあたる直前の速さははやくなる。
エ ボールを軽くすると，箱にあたる直前の速さはおそくなる。
オ ボールの重さに関係なく，箱にあたる直前の速さは変わらない。

(5) 次の①，②の条件のとき，ボールが箱にあたった直後の運動の向きについて正しいものを，あとの**ア**～**エ**からそれぞれすべて選びなさい。

① ボールが箱より重いとき [　　　]
② ボールが箱より軽いとき [　　　]

ア ボールは右向き，箱は右向き　**イ** ボールは右向き，箱は左向き
ウ ボールは左向き，箱は右向き　**エ** ボールは左向き，箱は左向き

2 なめらかなしゃ面をころがるボールの速さは，ボールの重さには関係なく，ボールをはなす高さに関係する。

✔チェック！自由自在②
しゃ面をころがるおもりと重さや速さの関係について調べてみよう。

(4)箱にあたる直前の速さは何によって決まるかを考える。

学習日　　月　　日

ステップ3 発展問題

解答→別冊 p.41

重要 **1** 図1のようなふりこをつくり，条件を変えて実験をして表にまとめた。これについて，次の問いに答えなさい。〔青山学院中〕

条件	実験A	実験B	実験C	実験D	実験E	実験F
糸の長さ〔cm〕	25	25	100	100	400	ア
おもりの高さ〔cm〕	20	20	10	20	15	5
おもりの重さ〔g〕	10	30	30	30	40	10
10往復にかかった時間〔秒〕	10	10	20	20	40	30

(1) **実験A**と**B**の結果から，10往復にかかった時間はおもりの重さによらないことがわかる。では，10往復にかかった時間が糸の長さに関係することがわかる実験はどれとどれか，答えなさい。

［　　　　　］と［　　　　　］

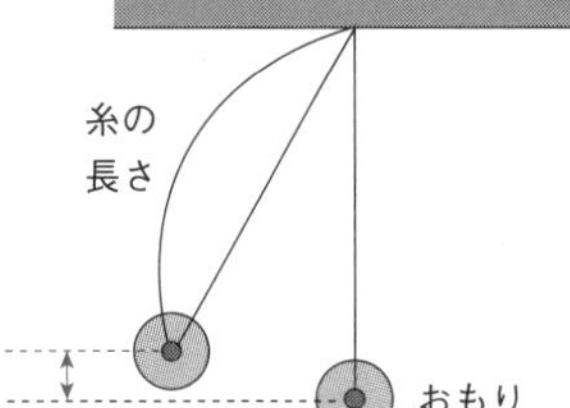

(2) 表の**ア**にあてはまる糸の長さを答えなさい。

［　　　　　］

(3) **図2**のように，右側にふれたおもりが最も高い位置で，ふりこの糸を切った場合，おもりはどのように動くか。次の**ア**～**オ**から選び，記号で答えなさい。［　　　］

ア 真下に落ちる

イ ふりこの最下点に移動したのち，真下に落ちる

ウ 右ななめ上に飛び出す　**エ** 右ななめ下に落ちる　**オ** 左ななめ下に落ちる

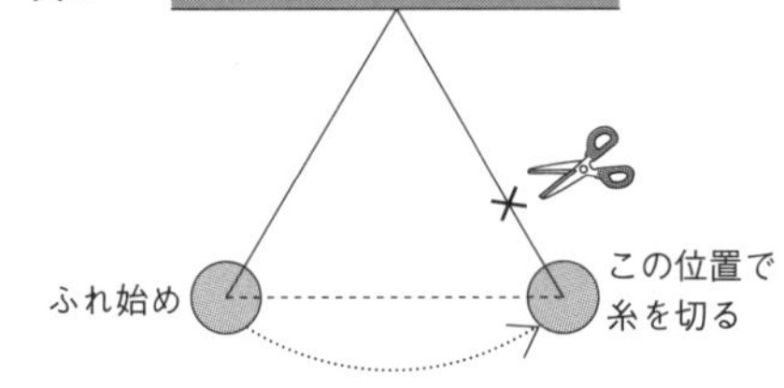

(4) **実験D**のふりこの支点の真下に，**図3**のようにくぎを打ち，高さ20 cmの位置からおもりをはなした。

① 右側に最も大きくふれたときのおもりの高さはいくらか。次の**ア**～**オ**から選び，記号で答えなさい。

［　　　］

ア 5 cm　**イ** 10 cm　**ウ** 20 cm　**エ** 30 cm　**オ** 40 cm

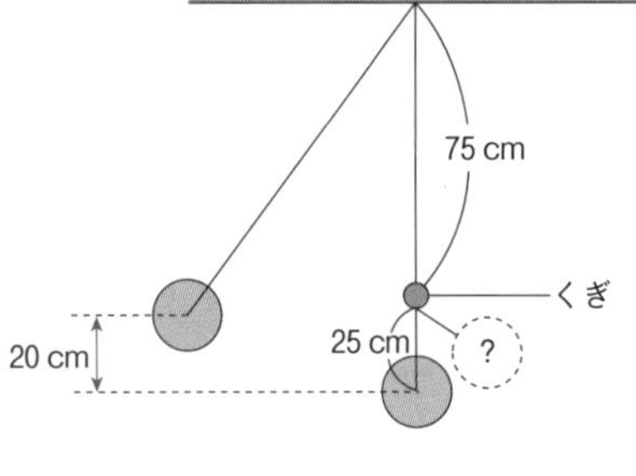

② このふりこの10往復にかかる時間を答えなさい。［　　　　］

2 次の実験について，あとの問いに答えなさい。〔逗子開成中〕

次の図のように，なめらかでまさつのない水平な台上に**おもりA**を置き，その**おもりA**にふりこの**おもりB**をしょうとつさせる。**おもりB**は**おもりA**とふりこの最下点**O**の位置でしょうとつする。しょうとつ後，**おもりA**は台上をしょうとつ直後と同じ速さで運動する。**おもりA**はそのままの速さで台から飛び出し，ゆかに落下した。糸の長さや，**おもりB**から手をはなす

高さを変えて，しょうとつ直後の**おもりA**の速さと，台の側面**X**から**おもりA**が着地した点**Y**までのきょり(水平きょり)を測定した。測定結果は下の表のようになった。ただし，ふりこの糸のまさつ，空気の抵抗は考えないものとする。

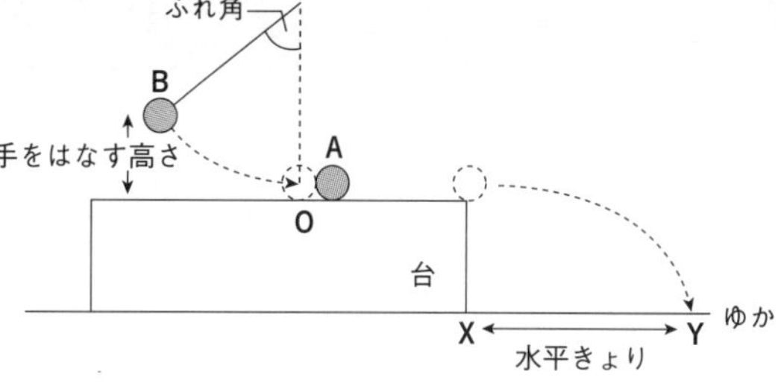

測定結果

	①	②	③	④	⑤	⑥	⑦	⑧
糸の長さ〔cm〕	10	10	20	20	60	60	100	100
手をはなす高さ〔cm〕	2.5	5	5	10	10	22.5	22.5	40
おもりAの速さ〔cm/秒〕	70	98	98	140	140	a	a	280
水平きょり〔cm〕	28	39.2	39.2	56	56	84	84	b

重要 (1) **おもりB**から手をはなしたあと，**おもりA**としょうとつするまでの時間を何倍すると，**おもりB**の1往復する時間(周期)になるか，答えなさい。 [ ]

(2) 糸の長さを100 cmにして，**おもりB**から手をはなす高さを30 cmからしだいに低くしていった。手をはなす高さを最初の$\frac{1}{5}$倍にしたとき，**おもりB**が運動を始めてから**おもりA**としょうとつするまでの時間は何倍になるか，答えなさい。 [ ]

(3) 測定結果の**a**，**b**にあてはまる数値を答えなさい。**a** [ ] **b** [ ]

(4) 測定結果において，**おもりB**から手をはなすときの図のふれ角が同じになる組み合わせを①～⑧の中からすべて選び，解答例のように番号で答えなさい。

例 ⑩と⑱ [ ]

(5) 「台上における**おもりA**の速さ」と「水平きょり」の関係を表したグラフとして，適するものを次の**ア**～**カ**から選び，記号で答えなさい。ただし，横軸を速さ，縦軸を水平きょりとする。 [ ]

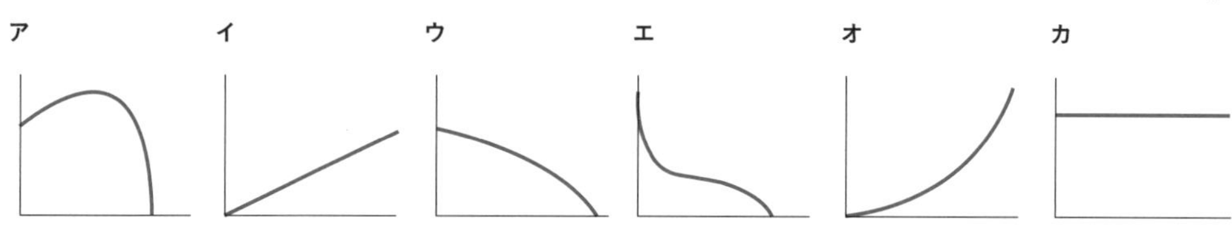

(6) 「台上における**おもりA**の速さ」と「**おもりA**が台をはなれてからゆかに落下するまでの時間」の関係を表したグラフとして，適するものを(5)の**ア**～**カ**から選び，記号で答えなさい。ただし，横軸を速さ，縦軸を時間とする。 [ ]

(7) 「**おもりA**が台をはなれてからゆかに落下するまでの時間」と「**おもりA**のゆかからの高さ」の関係を表したグラフとして，適するものを(5)の**ア**～**カ**から選び，記号で答えなさい。ただし，横軸を時間，縦軸をゆかからの高さとする。 [ ]

難問 (8) **おもりA**を別の**おもりC**に変えて，同じように測定をした。すると，**おもりC**の水平きょりは**おもりA**よりも短くなった。その理由として考えられることを簡単に説明しなさい。ただし，**おもりA**と**おもりC**の材質は同じものとする。

[ ]

第3章　エネルギー

6 力

ステップ1 まとめノート

学習日　　月　　日

解答→別冊 p.43

1 てんびん★★★

(1) **てんびん**……〈てんびんのつりあい〉いちような棒(ぼう)の真ん中を支(ささ)えると，棒は①　　　になってかたむかない。このような状態(じょうたい)のとき，棒は②　　　といい，棒を支える点を③　　　という。支点(してん)から同じきょりの所に同じ重さのおもりをつり下げると，水平に④　　　。

〈てんびんの形〉どのような形の棒でも支点から同じ⑤　　　の所に同じ⑥　　　のおもりをつり下げると，水平につりあう。

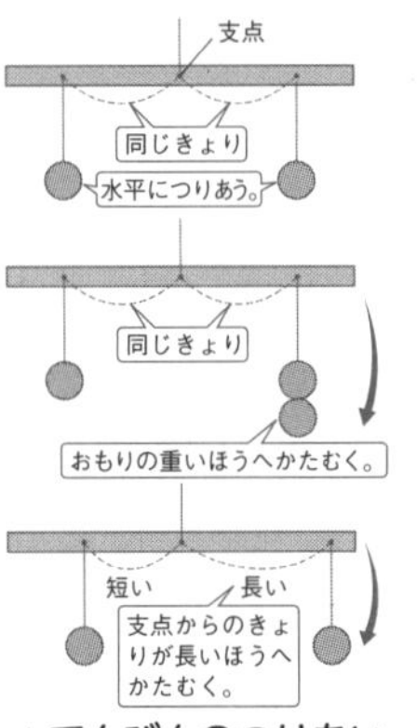

▲てんびんのつりあい

2 て　こ★★★

(1) **てこのしくみ**……〈てこの3点〉てこには，てこを支えている⑦　　　（└動かない点），力を加える⑧　　　，ものに力がはたらく⑨　　　という3つの点がある。

〈てこのつりあい〉てこがつりあっているとき，**作用点にはたらく力×支点から⑩　　　までのきょり＝⑪　　　に加える力×支点から力点までのきょり**の式がなりたつ。

作用点　支点　力点

3 輪　軸★

(1) **輪軸(りんじく)のはたらき**……〈輪軸のつりあい〉輪軸はてこの棒が円形になったものであり，支点からのきょりは輪と軸の⑫　　　で示(しめ)される。輪軸は右まわりと左まわりの(⑬　　　×半径)が等しいときにつりあう。

〈輪軸のひもの動き〉輪軸のひもの動きは半径に⑭　　　するので，**輪のひもの動き：軸のひもの動き＝輪の半径：軸の⑮　　　**がなりたつ。

(2) **輪軸の利用**……〈輪軸を使った道具〉輪に力を加えるもの（└水道のじゃ口など）と，軸に力を加えるもの（└コンパスなど）がある。

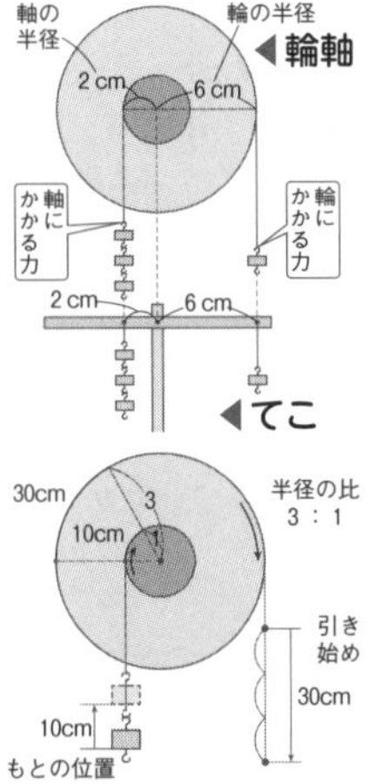

▲輪軸のひもの動き

①
②
③
④
⑤
⑥
⑦
⑧
⑨
⑩
⑪
⑫
⑬
⑭
⑮

てんびん，てこ，輪軸のつりあいから，おもりの重さや支点からのきょりを問う問題が出題されている。

支点から同じきょりに同じ重さのおもりをつり下げるとつりあう。
輪にかかる力×輪の半径＝軸にかかる力×軸の半径

4 かっ車★★★

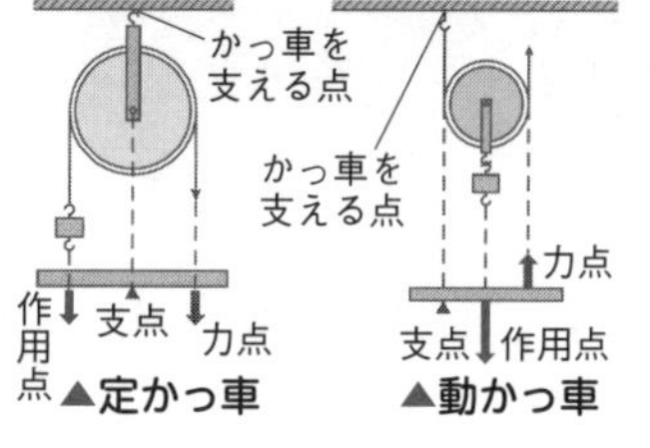

▲定かっ車　▲動かっ車

(1) **定かっ車と動かっ車**……〈定かっ車〉定かっ車ではひもを引く⑯　　を変えることができるが，力の大きさは変わらない。

〈動かっ車〉動かっ車は，⑰　　が中央にあるてこと同じで，ひもを引き上げる力の大きさは，おもりとかっ車の重さの和の⑱　　であるが，ひもを引き上げるきょりは，おもりが持ち上げられるきょりの⑲　　になる。

(2) **かっ車の組み合わせ**……〈1本のひもを使った組み合わせ〉それぞれのおもりは動かっ車にかかっているひもの⑳　　の力でつりあわせることができる。

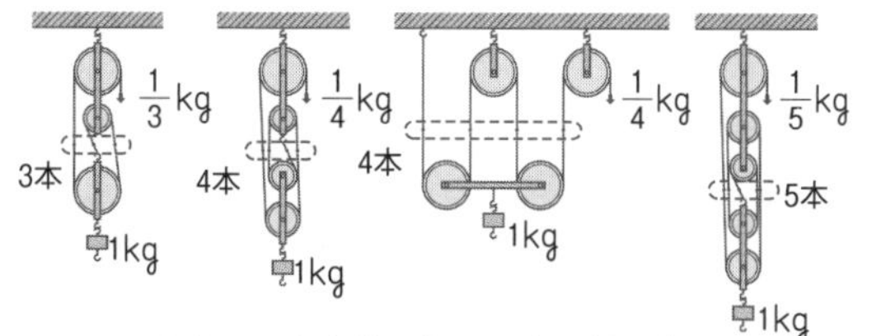

▲1本のひもを使ったかっ車の組み合わせ

5 ばねの性質★★★

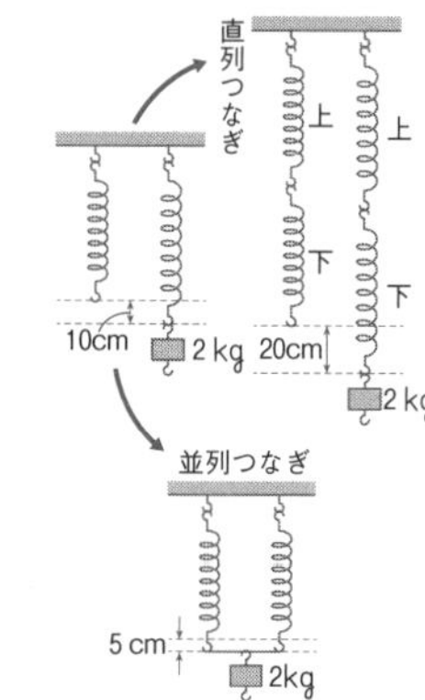

▲ばねののびと重さ

(1) **ばねの性質**……〈ばねの性質〉ばねが力を受けるともとにもどろうとする性質を，㉑　　という。

〈ばねののびと重さ〉ばねののびは，つり下げた物体の重さに㉒　　する。これを㉓　　という。

〈ばねを組み合わせたときののび方〉同じのび方をするばねを上下につなぐと，ばね全体ののびはばねの本数に㉔　　する。同じのび方をするばねを並列につなぐと，1本のばねののびはばねの本数に㉕　　する。

直列つなぎ　上　下　10cm　2kg　20cm　並列つなぎ　5cm　2kg

▲ばねの組み合わせ

6 浮　力★★

(1) **浮力の大きさ**……〈浮力〉浮力は，その物体が水にしずんでいる㉖　　，つまり，その物体がおしのけた水の重さに等しい。

〈圧力〉決まった面積あたりにはたらく力の大きさを㉗　　といい，水中にある物体にはたらく圧力を㉘　　という。

動かっ車のおもりはひもの本数分の1の力でつりあわせることができる。
ばねののびは，つり下げた物体の重さに比例する。

⑯
⑰
⑱
⑲
⑳
㉑
㉒
㉓
㉔
㉕
㉖
㉗
㉘

ばねばかりのおもりの重さから，ばねののびを求める問題が出題されている。また，そのおもりを水に入れるとばねばかりの値が変化することから，浮力の大きさを求めるような問題が出題されている。

学習日　　月　　日

ステップ2 実力問題

ねらわれるココが
- てんびんのつりあい
- 定かっ車と動かっ車のはたらき
- ばねののびとおもりの重さ

解答→別冊 p.43

重要 **1** 長さ50 cmの棒(ぼう)がある。棒の左はしをA，右はしをBとしAとBにおもりをつるしてCで棒を支(ささ)えている。これについて，次の問いに答えなさい。ただし，棒の支点(してん)であるCは場所を変えることができ，棒と糸の重さは考えないものとする。〔プール学院中〕

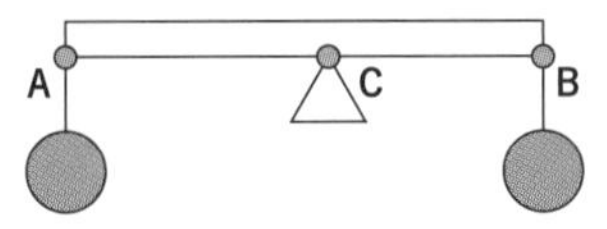

(1) AからCの長さを30 cmにする。Aに100 gのおもりをつるして，棒を水平につりあわせるには，Bのおもりを何gにすればよいか，答えなさい。　[　　　　　]

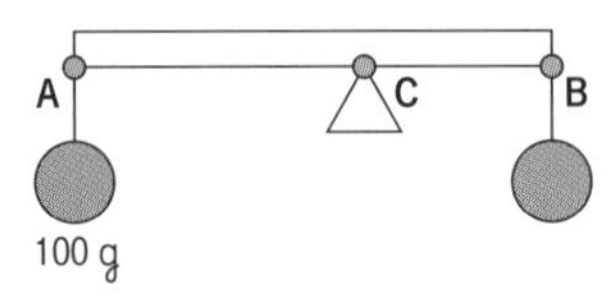

(2) Aに60 g，Bに40 gのおもりをつるして，棒を水平につりあわせるには，AからCの長さを何cmにすればよいか。次の**ア**～**エ**から選び，記号で答えなさい。　[　　　　]

ア 10 cm　**イ** 20 cm　**ウ** 30 cm　**エ** 40 cm

次に，右の図のような装置(そうち)をつくったところ，棒1，棒2が水平になってつりあった。ただし，棒と糸の重さは考えないものとする。

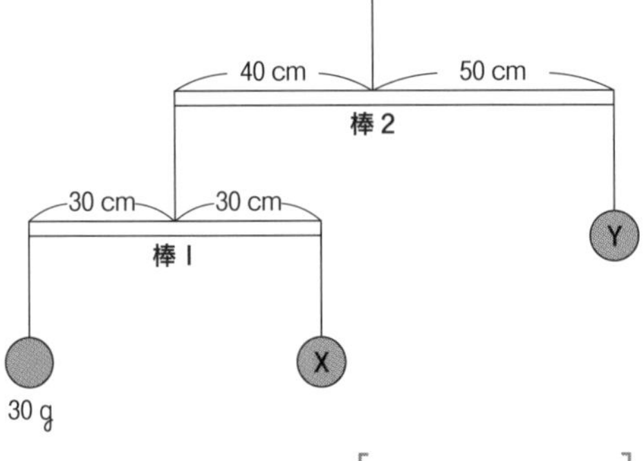

(3) おもりXの重さを答えなさい。　[　　　　　]

(4) おもりYの重さを答えなさい。　[　　　　　]

2 1つ20 gの重さのかっ車をいくつか組み合わせて，おもりをゆっくりともち上げた。これについて，次の問いに答えなさい。ただし，かっ車の両側でひもを引く力は同じとする。〔淑徳与野中〕

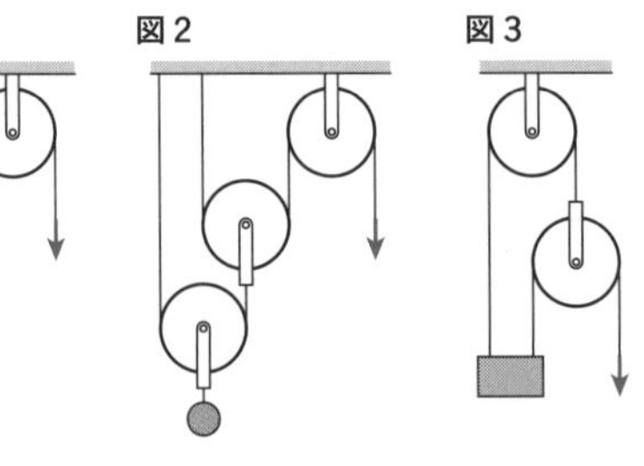

(1) **図1**のように組み合わせて100 gのおもりをもち上げる場合，ひもを引く力は何g必要か，また，ひもを10 cm引くとおもりは何cm上がるか，それぞれ答えなさい。　[　　　　　]　[　　　　　]

得点アップ

1 てこがつりあうとき，左右のおもりの(支点からのきょり)×(おもりの重さ)が等しくなる。

(1)左側は(支点からのきょり)×(おもりの重さ)＝30 cm×100 gである。右の(支点からのきょり)は，20 cmである。

✔チェック！自由自在①
てこのつりあいについて調べてみよう。

(4)棒1にかかっている重さを考える。

2 動かっ車が1つあると，おもりの半分の力で引けばよいが，2倍のきょりを引く必要がある。

(2) **図2**のように組み合わせて100gのおもりをもち上げる場合，ひもを引く力は何g必要か，また，ひもを10cm引くとおもりは何cm上がるか，それぞれ答えなさい。　[　　　　] [　　　　]

(3) **図3**のように組み合わせてひもを引いたところ，30gの力が必要であった。おもりは何gか，また，おもりが10cm上がったとき，ひもを何cm引いたか，それぞれ答えなさい。ただし，おもりはかたむかないものとする。　[　　　　] [　　　　]

図4

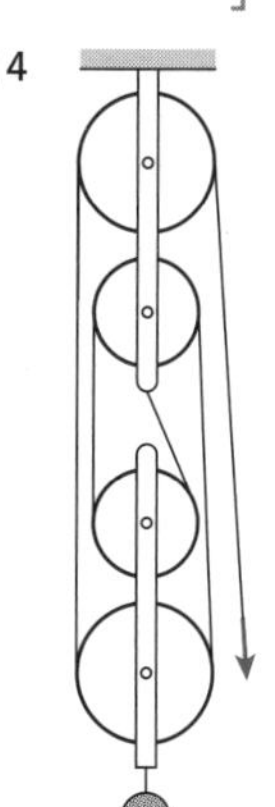

(4) **図4**のように組み合わせて100gのおもりをもち上げる場合，ひもを引く力は何g必要か，また，おもりが10cm上がったとき，ひもを何cm引いたか，それぞれ答えなさい。[　　　　] [　　　　]

> (2)動かっ車2個(こ)分の重さを加えることに注意する。

> **✔チェック!自由自在②**
> 定かっ車と動かっ車について調べてみよう。

3 もとの長さやのび方がちがう２本の**ばねA，B**がある。このばねに，それぞれおもりをつるして，おもりの重さとばねの長さを調べたところ**図1**のようになった。これについて，次の問いに答えなさい。ただし，使用しているばねや棒(ぼう)，ひもの重さは考えないものとする。　〔羽衣学園中〕

図1

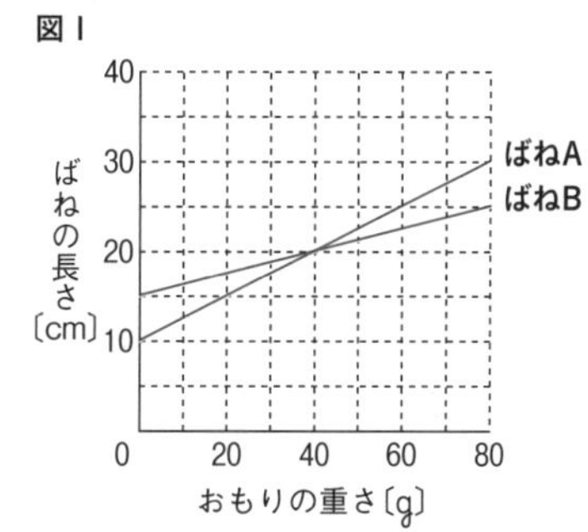

(1) 何もつるしていないときのばねA，Bの長さはそれぞれ何cmか，答えなさい。

A [　　　　]
B [　　　　]

図2

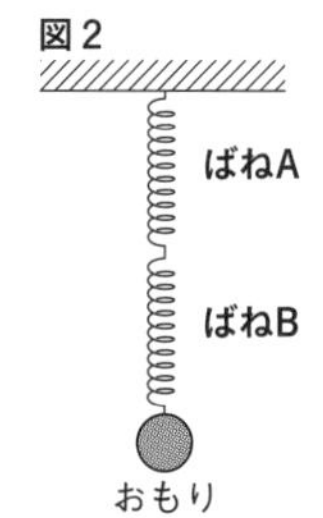

図3

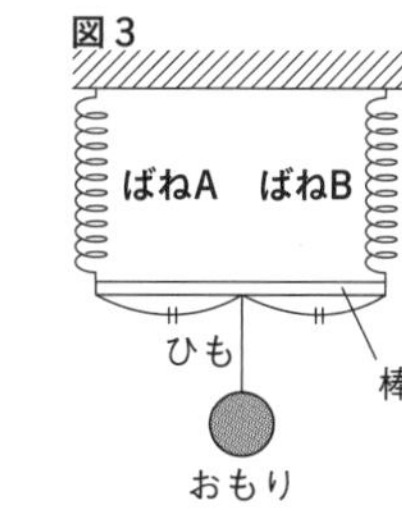

重要 (2) **図2**のように，ばねの下に20gのおもりをつるすと，**ばねA，B**の長さはそれぞれ何cmになるか，答えなさい。

A [　　　　]　B [　　　　]

図4

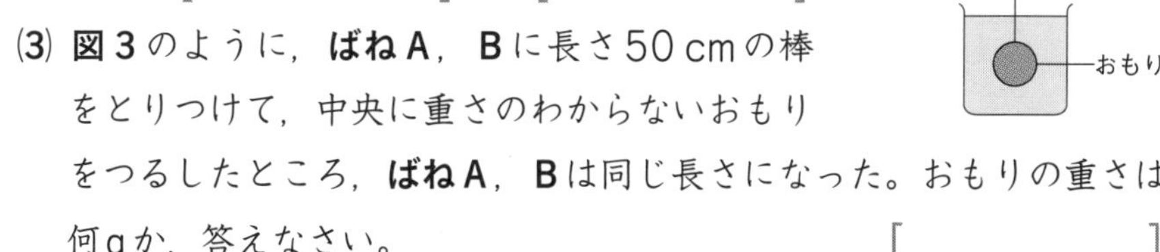
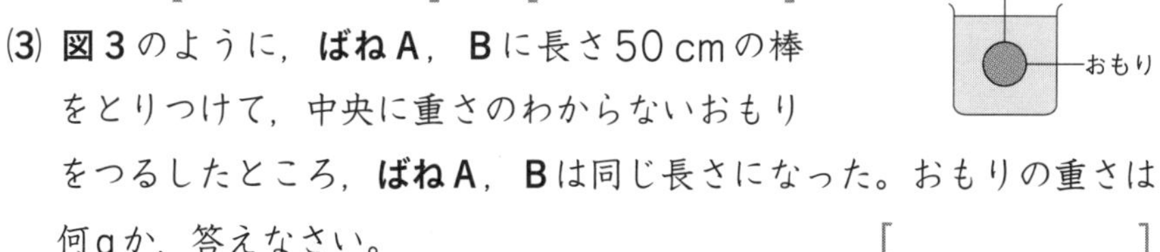

(3) **図3**のように，**ばねA，B**に長さ50cmの棒をとりつけて，中央に重さのわからないおもりをつるしたところ，**ばねA，B**は同じ長さになった。おもりの重さは何gか，答えなさい。　[　　　　]

(4) **図4**のように，**ばねA**に重さ50gのおもりをつるして，水の入ったビーカーにおもりが完全にしずむまで入れると**ばねA**の長さが17.5cmになった。浮力(ふりょく)の大きさは何gか，答えなさい。　[　　　　]

> **3**ばねののびは，おもりの重さに比例(ひれい)する。

> **✔チェック!自由自在③**
> ばねの直列つなぎと並列(へいれつ)つなぎについて調べてみよう。

> (2)ばねAにもばねBにも20gの重さがかかっている。

> (4)ばねの長さが短くなった分が浮力である。

ステップ3 発展問題

解答→別冊 p.44

重要 **1** 重さが120 gで長さが60 cmの棒と，いろいろな重さのおもりがある。これらを糸でつるし，つりあいの実験をした。最初に，**図1**のように120 gのおもりを棒につるすと，棒は水平になってつりあった。これについて，次の問いに答えなさい。ただし，棒の太さは一定で，糸の重さは考えないものとする。〔奈良学園中〕

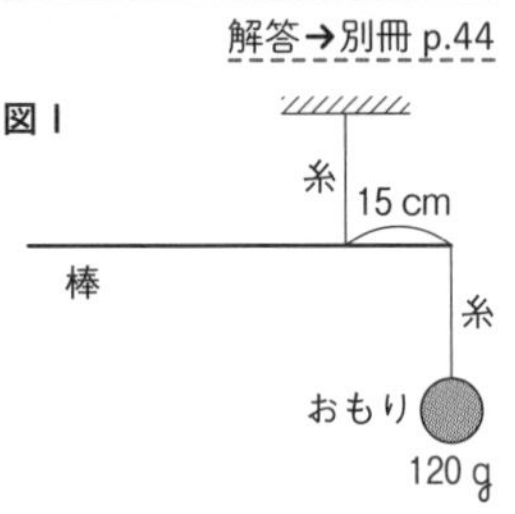

(1) **図2**～**図5**のようにおもりをつるすと，棒は水平になってつりあった。図中の①～④にあてはまる値をそれぞれ答えなさい。

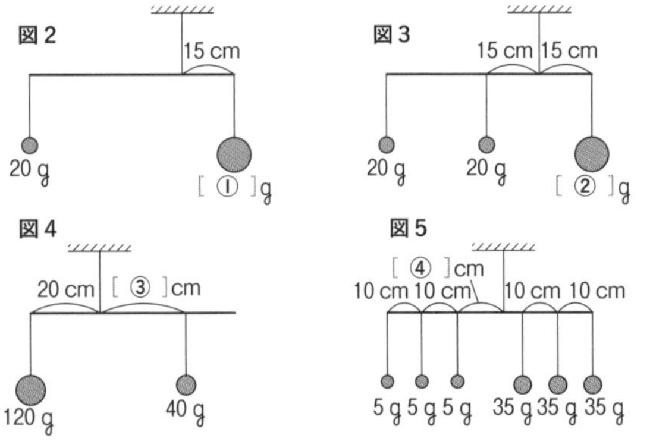

①[　　　　]
②[　　　　]
③[　　　　]
④[　　　　]

(2) **図6**，**図7**のように，棒におもりをつるし，棒が水平につりあうようにばねばかりで支えた。このとき，**図6**，**図7**のばねばかりは，それぞれ何gを示しているか，答えなさい。

図6[　　　　]
図7[　　　　]

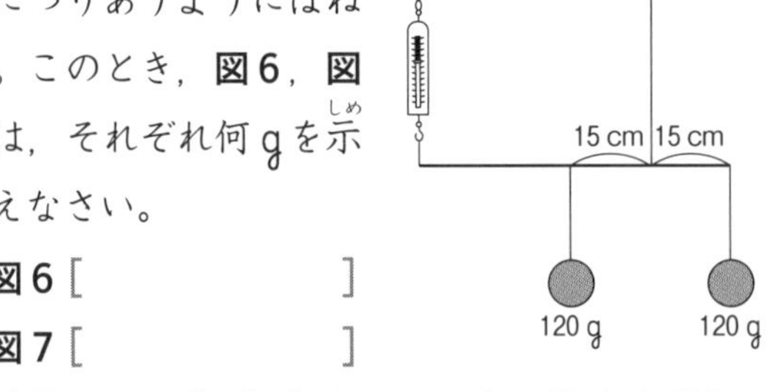

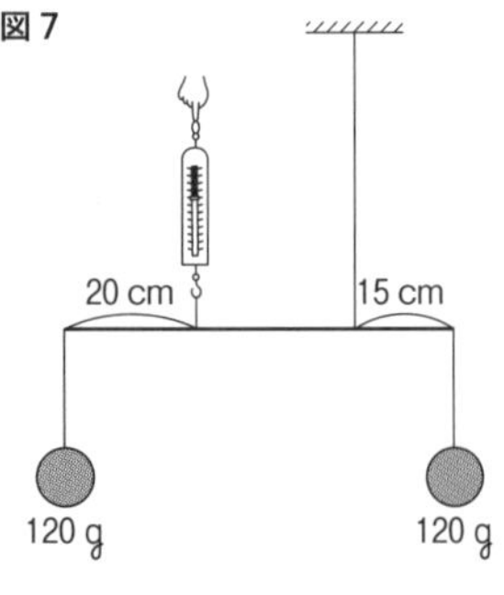

(3) 棒の左はしから15 cmまでの部分を下のほうへ折り曲げた。そして**図8**のように棒の**AB**部分が水平になるように手で支えておもりをつるし，静かに手をはなした。このとき，棒の**AB**部分はどのようになるか。次の**ア**～**ウ**から選び，記号で答えなさい。[　　　]

ア　A側が下になるようにかたむく。
イ　B側が下になるようにかたむく。
ウ　水平につりあったままである。

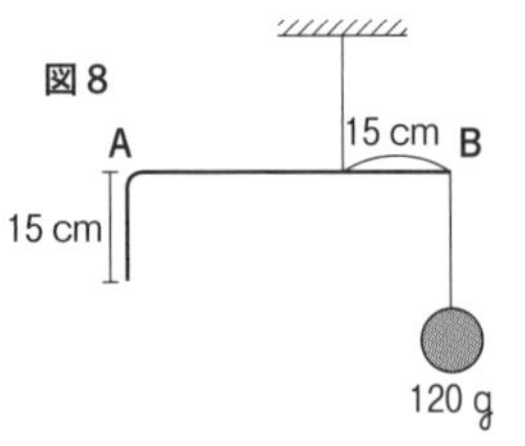

2 長さ10.0 cmの3種類のばねA，B，Cと，すべて同じ重さのおもりが5個ある。これらを用いて次の**実験1**と**実験2**を行った。これについて，次の問いに答えなさい。ただし，ばねや棒の重さは考えないものとする。〔立教池袋中〕

実験1　ばねを1つスタンドにつるし，何個かのおもりをつるしたときのばねの長さを調べる実験を10回行った。おもりの個数とばねの長さの結果を表にまとめたが，そのとき，どのばねを使ったのかを記録するのを忘(わす)れてしまった。

実験2　右下の図のように長さ10.0 cmの棒(ぼう)の両たんに**ばねA**と**ばねB**をつけて天じょうからつるし，**ばねA**をつけた棒のはしから6.0 cmの所に300 gのおもりをつるしたところ，棒が水平になり，ばねの長さは12.4 cmとなった。

回数	1回目	2回目	3回目	4回目	5回目
おもりの個数〔個〕	3	1	5	2	4
ばねの長さ〔cm〕	13.6	11.5	16.0	13.0	16.0

回数	6回目	7回目	8回目	9回目	10回目
おもりの個数〔個〕	2	3	4	5	1
ばねの長さ〔cm〕	12.4	16.0	13.2	14.0	10.8

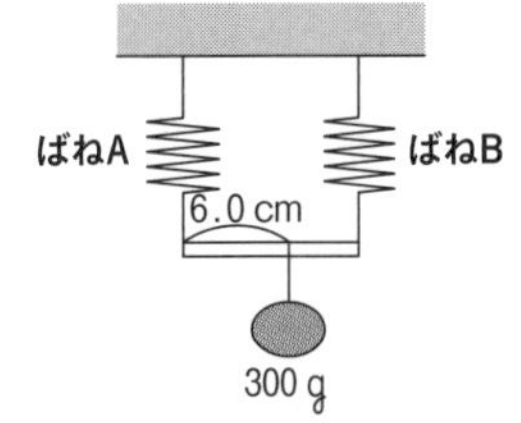

重要 (1) 10回の**実験**のうち，1回だけまちがえて記録をつけてしまった回がある。その記録は何回目のものか，答えなさい。　[　　　　]

(2) 3つのばねA，B，Cを縦(たて)に一列につなぎ，おもりを1個(こ)つるした。このとき，3つのばねの全体の長さは何cmになるか，答えなさい。　[　　　　]

(3) おもり1個の重さは何gか，答えなさい。　[　　　　]

(4) **ばねC**に220 gのおもりをつけた。このとき，**ばねC**の長さは何cmになるか，答えなさい。　[　　　　]

(5) **実験2**と同様に，棒の両たんに**ばねA**と**ばねC**をつけて天じょうからつるし，棒が水平になるように540 gのおもりをつるした。このときばねの長さは何cmになるか，答えなさい。　[　　　　]

3 体重が50 kgのAさんと40 kgのBさんがそれぞれ体重計にのって，**図1～図3**のようにかっ車とロープを組み合わせ，おたがいがロープを引く実験を行った。これについて，次の問いに答えなさい。ただし，かっ車の重さを10 kgとし，答えが割(わ)り切れない場合には，小数点以下を四捨五入(ししゃごにゅう)して，整数で答えること。　〔城北中〕

(1) **図1**のように，天じょうに固定したかっ車にロープを通し，そのロープの両はしをAさんとBさんがおたがいに引き下げている。Aさんがのっている体重計が30 kgを示(しめ)したとき，Bさんは何kgの力でロープを引っ張(ぱ)っているか，答えなさい。　[　　　　]

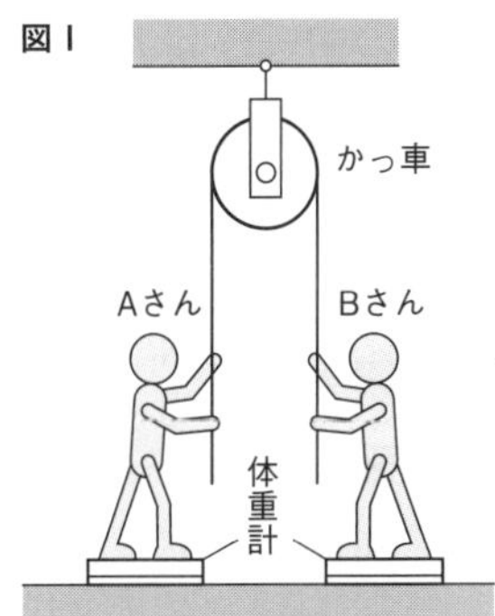

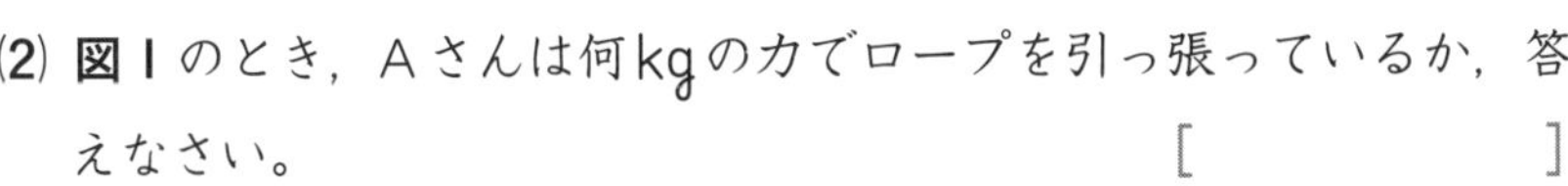

(2) **図1**のとき，Aさんは何kgの力でロープを引っ張っているか，答えなさい。　[　　　　]

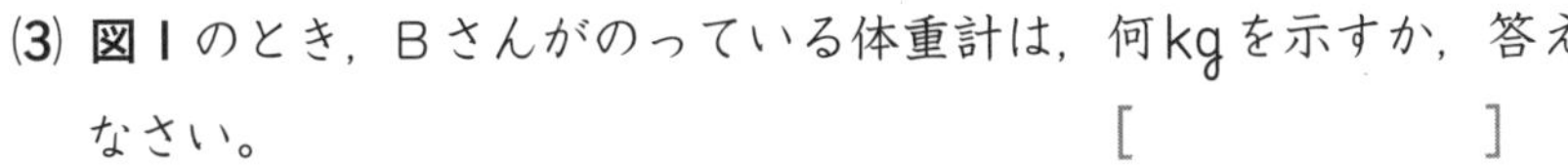

(3) **図1**のとき，Bさんがのっている体重計は，何kgを示すか，答えなさい。　[　　　　]

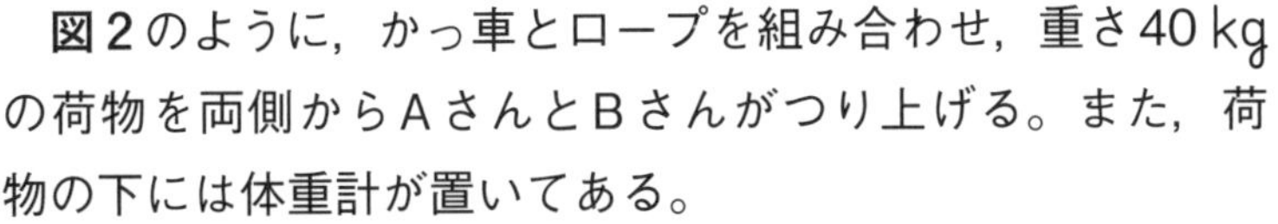

図2のように，かっ車とロープを組み合わせ，重さ40 kgの荷物を両側からAさんとBさんがつり上げる。また，荷物の下には体重計が置いてある。

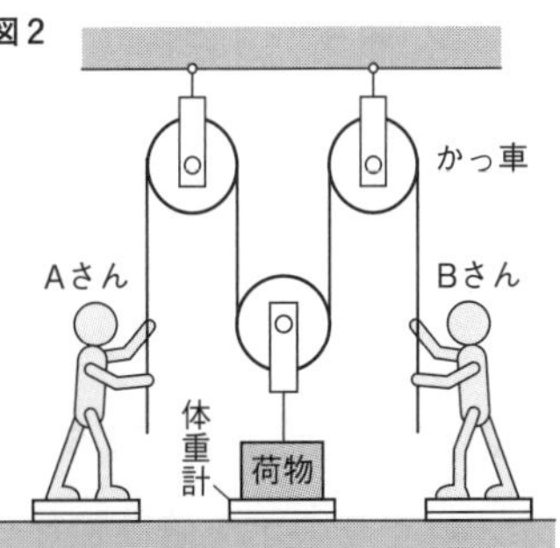

(4) Aさんがのっている体重計が40 kgを示すとき，Bさんがのっている体重計と荷物をのせている体重計は，それぞれ何kgを示すか，答えなさい。

Bさん[　　　　]　荷物[　　　　]

(5) **図2**の状態から，荷物が体重計からはなれたとき，Aさんと Bさんがのっている体重計はそれぞれ何kgを示すか，答えなさい。

Aさん［　　　　　］　Bさん［　　　　　］

(6) **図2**の状態から，さらにAさんは30 cm，Bさんは50 cmロープを引き下げたとき，荷物は何cm引き上げられるか，答えなさい。

［　　　　　］

(7) **図3**のように，かっ車と重さ10 kgの荷物をロープで組み合わせ，体重計からはなして静止させるとき，Aさんと Bさんがのっている体重計は，それぞれ何kgを示すか，答えなさい。　Aさん［　　　　　］　Bさん［　　　　　］

図3　Aさん　Bさん　荷物

4 **図1**のように，ばねにおもりをつるしたとき，ばねののびの長さとばねにつるすおもりの重さの関係が**図2**のようになっている。このばねと，**おもりA**（重さ200 g，体積40 cm³）を用意した。これについて，次の問いに答えなさい。ただし，ばねの重さと体積は無視できるものとする。〔開智中〕

図1　自然長　ばねののび

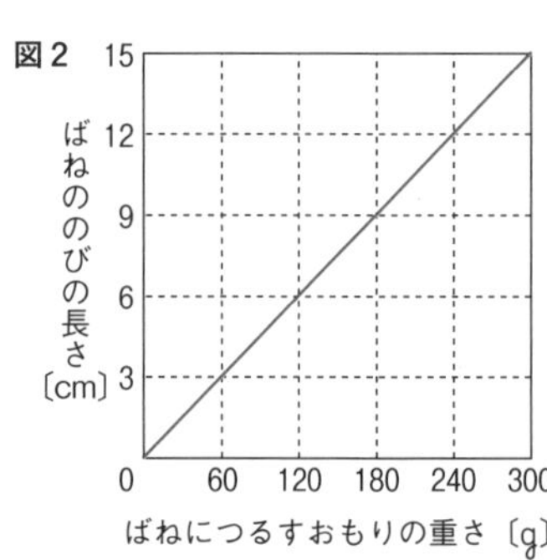

重要 (1) このばねに**おもりA**をつるしたときのばねののびは何cmか，答えなさい。［　　　　　］

図3のように，はかりの上にビーカーを置き，中に水を入れた。このときはかりは500 gの値を示していた。**図4**は，はかりの上のビーカーの水の中に，ばねにつるした**おもりA**を入れたようすを表している。**図5**は，**図4**の状態より深い所に**おもりA**がくるようにしたようすを表している。ただし，**図4**，**図5**で**おもりA**はビーカーとふれておらず，とまっているものとする。

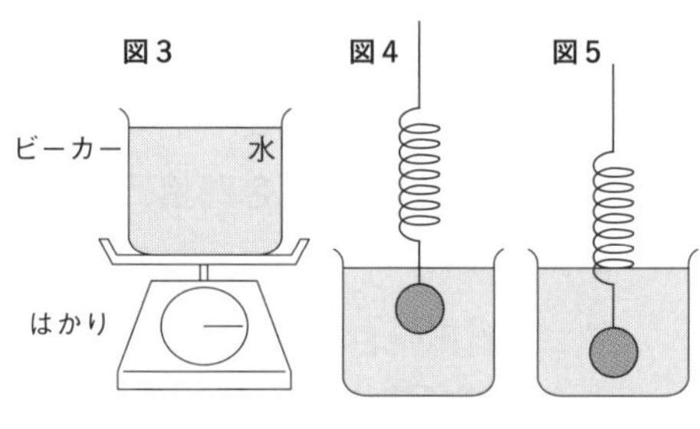

(2) **図4**のとき，ばねののびは何cmか，答えなさい。［　　　　　］

(3) **図4**のとき，はかりが示す値は何gか，答えなさい。［　　　　　］

(4) **図5**のとき，ばねののびはどうなるか。次の**ア**～**ウ**から選び，記号で答えなさい。［　　　　　］

ア 図4のときと比べて長くなる。　**イ** 図4のときと比べて変わらない。

ウ 図4のときと比べて短くなる。

(5) **図6**のように，**図5**の状態から**おもりA**がビーカーの底に着くまでゆっくりおもりをおろした。ばねののびは5 cmになっていた。このとき，はかりの示す値は何gか，答えなさい

［　　　　　］

(6) **図7**のように，**図6**の状態から**おもりA**をはずした。このとき，はかりの示す値は何gか，答えなさい。［　　　　　］

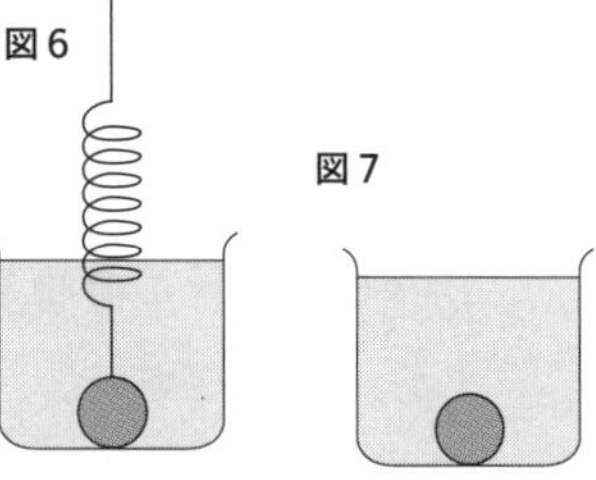

5 材質と太さがいちようで長さ16 cm，重さ20 gの**棒A**と**棒B**，重さ10 g，20 g，30 g，40 gのおもりが1個ずつある。**図1**のように，**棒A**の左はしから10 cmの点に糸を結びつけて糸の先たん**P**を手で支え，棒の右はしに30 gのおもりをつるした。これについて，次の問いに答えなさい。ただし，糸の重さは考えないものとし，答えは小数第2位を四捨五入して書くこと。〔巣鴨中〕

図1

(1) **図1**で，棒の左はしから3 cmの点に何gのおもり（これを**おもりM**とする）をつるすと棒が水平になるか。適するものを次の**ア**～**ウ**から選び，記号で答えなさい。［　　　］

ア 10 g　**イ** 20 g　**ウ** 40 g

(2) (1)のとき，**P**にかかっている重さは何gか，答えなさい。［　　　］

(3) **図1**で，棒に10 gと20 gのおもりをつるしたところ，棒が水平になり全体がつりあった。それぞれのおもりをつるす位置（棒の左はしからの長さ）の組み合わせとして正しいものを右の**ア**～**エ**からすべて選び，記号で答えなさい。［　　　］

	10 gのおもり	20 gのおもり
ア	0 cm	8 cm
イ	4 cm	6 cm
ウ	6 cm	4 cm
エ	8 cm	2 cm

輪軸，定かっ車，ばね，糸を用いて，**図2**の装置をつくった。このとき，**点R**と**点S**は同じ高さであった。さらに，**R**，**S**に**棒B**の両はしをつけ**Q**を引くと，**図3**に示すように棒は水平になり全体がつりあった。ただし，輪軸の輪の半径は4 cmで，軸の半径は2 cmである。ばねは自然の長さが3.5 cmで50 gのおもりをつるすと3 cmのびる。なお，ばねの重さは考えないものとする。

図2
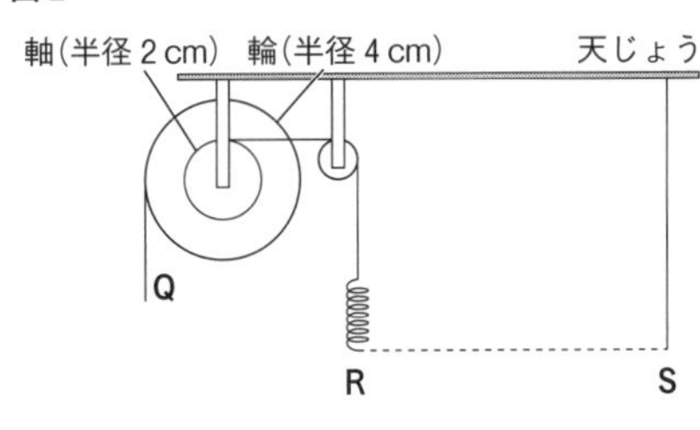

図3
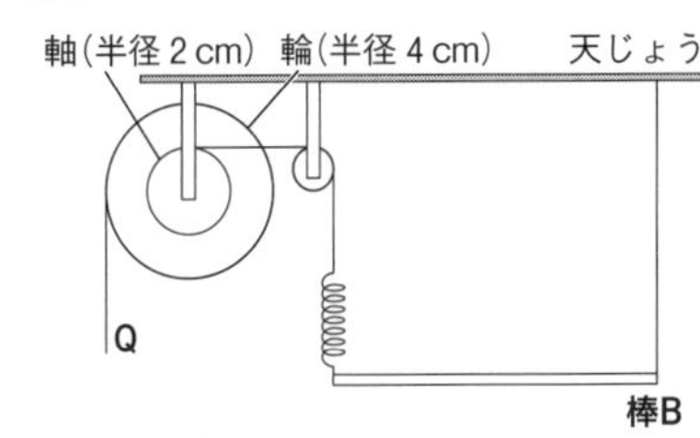

(4) ばねののびは何cmか，答えなさい。［　　　］

(5) **Q**を何cm引いたか，答えなさい。［　　　］

(6) **Q**にかかっている重さは何gか，答えなさい。［　　　］

図1，**図3**と(1)の**おもりM**を組み合わせた装置をつくり，**Q**を引くと，**図4**のように**棒A**も**棒B**も水平になり全体がつりあった。

(7) **図4**で，ばねの長さは何cmか，答えなさい。［　　　］

難問 (8) 装置の糸は80 gより大きい重さがかかると切れる。**図4**の**棒B**に40 gのおもりをつるしたとき，棒の左はしから何cmから何cmの間ではどの糸も切れないか，答えなさい。ただし，**棒B**が水平になるように**Q**を引いている。［　　　］

図4
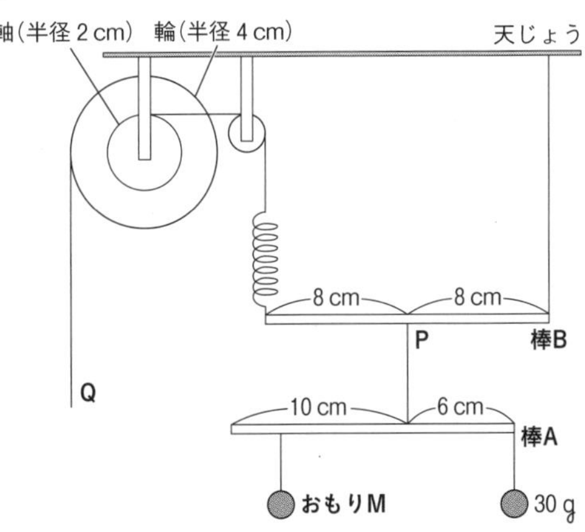

思考力/作図/記述問題に挑戦！

本書の出題範囲 p.110〜123

解答→別冊 p.47

重要 **1** 右の図のように，実験用のばねにいろいろな重さのおもりをつるし，そのときのおもりの重さとばねの長さの関係をまとめると表のようになった。これについて，次の問いに答えなさい。ただし，ばねの重さは無視(むし)できるものとする。〔芝浦工業大柏中〕

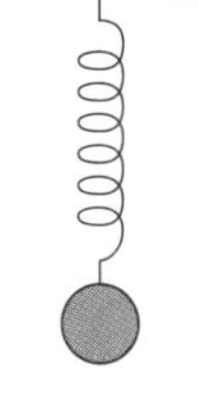

おもりの重さ〔g〕	0	20	40	60	80	100
ばねの長さ〔cm〕	4.0	4.8	5.6	A	7.2	8.0

(1) 表のAにあてはまる数字を答えなさい。

［　　　　］

(2) 表の結果をふまえて，つるしたおもりの重さとばねののびの関係をグラフに表しなさい。ただし，グラフの縦軸(たてじく)をばねののび〔cm〕，横軸をおもりの重さ〔g〕とし，軸の目盛(めも)りを表す空らんには適切(てきせつ)な数字を入れなさい。

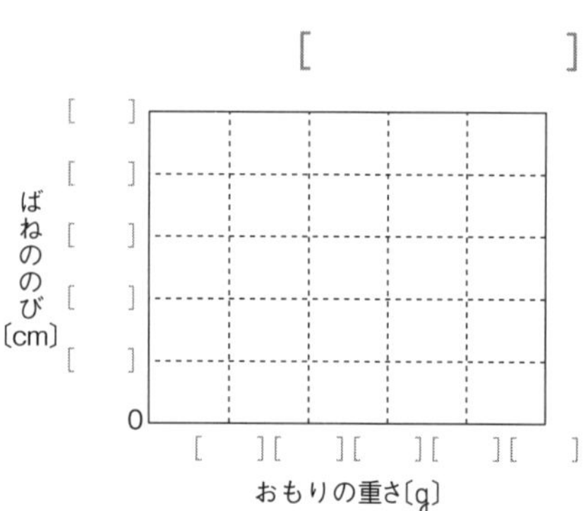

2 右の図は，つめ切りを横から見たようすを表したものである。この図の中において，支点(してん)をすべて選び，記号で答えなさい。〔追手門学院中〕

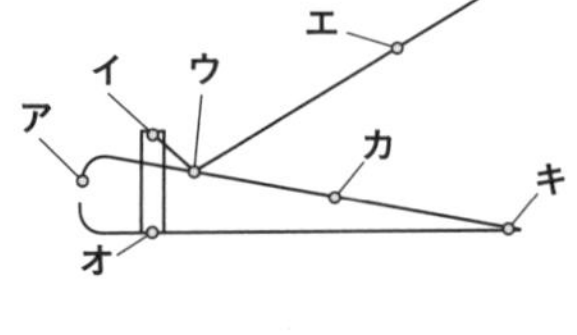

［　　　　］

3 右の図のように，てこのしくみを利用して，おもりをもち上げる。図の状態(じょうたい)で加えた力よりも，小さな力でおもりをもち上げられるのは，次の①〜⑥のどれか。ふさわしいものをすべて選び，番号で答えなさい。〔成城学園中〕

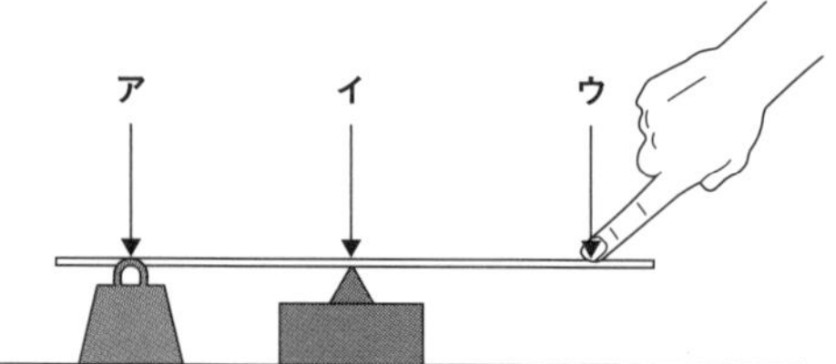

① **ア**を左に動かす。　② **ア**を右に動かす。
③ **イ**を左に動かす。　④ **イ**を右に動かす。
⑤ **ウ**を左に動かす。　⑥ **ウ**を右に動かす。

［　　　　］

着眼点

1 ばねののびは重さに比例することからグラフをかく。

2 エをおすと，アのはさみの部分でつめを切ることから考える。

3 支点から力点までのきょりが，支点から作用点までのきょりより長いとき，小さな力でおもりをもち上げられる。

4 次の文章を読んで，あとの問いに答えなさい。〔頌栄女子学院中〕

大きさのある物体には，その物体の重さの中心となる点が存在する。その点のことを重心という。例えば，右の図のような板状の物体では重心の１点を支えることで，板を水平に保つことができる。

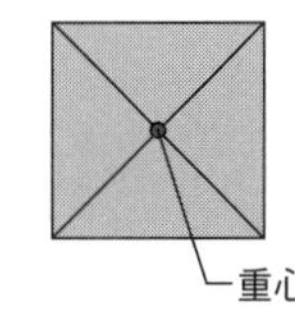

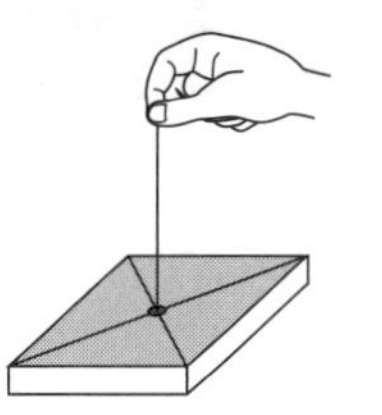

次の図のような形の板の重心はどこか。図の**ア～エ**からそれぞれ選び，記号で答えなさい。ただし，板の材料となる物質の密度はいちようで，板の厚さも一定であるとする。

(1) 正三角形

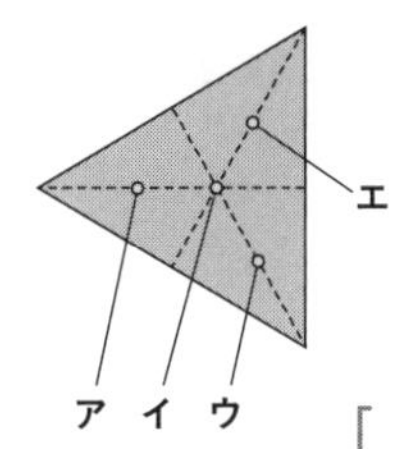

［　　　］

(2) 半径の異なる２つの円をつなげた形

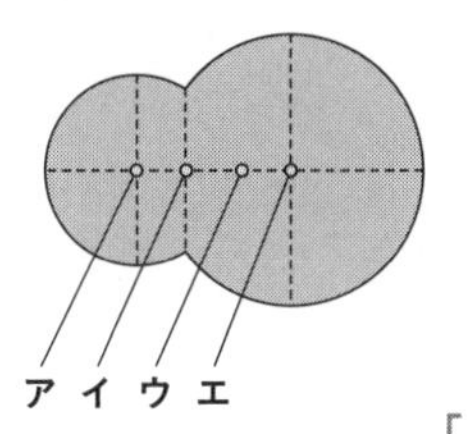

［　　　］

4 太さがいちようでない棒なども，糸などでつるすと水平になってつりあう点がある。

(1)図形の重心を求めるにはどうすればよいか考える。

5 右の図のように１ｍの糸の先に重さが10ｇのおもりをつけてふりこをつくり，ふりこをふる実験を行った。これについて，次の問いに答えなさい。〔城西川越中〕

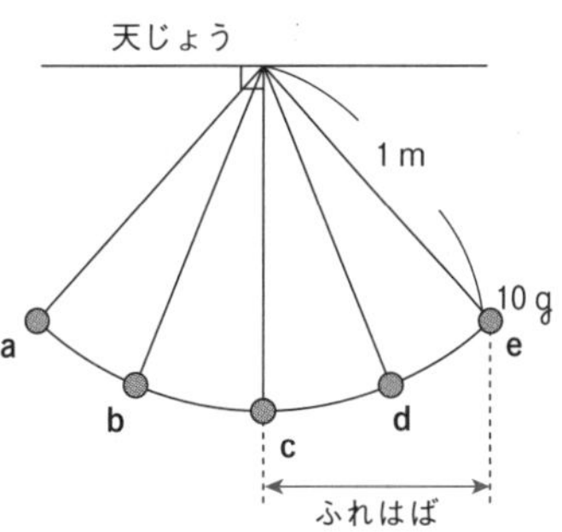

重要 (1) おもりの速さが最もはやくなる所と，おもりがとまる所はどこか。図の**a～e**からそれぞれ正しいものをすべて選び，記号で答えなさい。

最もはやくなる所［　　　］　とまる所［　　　］

(2) 図の**a**の所で急に糸が切れると，その後おもりはどのように運動するか。簡単に説明しなさい。

［　　　　　　　　　　　　　　　　　　　　　］

5 ふりこは中心に向かってもどろうとする性質がある。

6 くぎぬきを使うとき，図の**ア**と**イ**のどちらを持つとより小さな力でくぎをぬくことができるか。記号で答えなさい。また，その理由を説明しなさい。〔神戸海星女子学院中〕

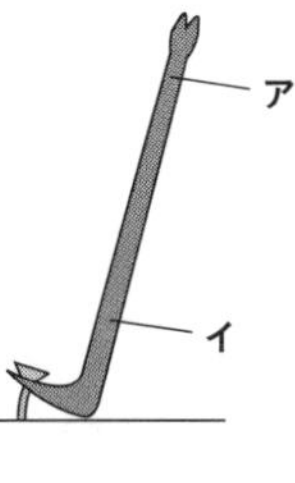

記号［　　　］

［　　　　　　　　　　　　　　　　　　　　　］

6 支点から力点までのきょりを考える。

精選　図解チェック＆資料集（エネルギー）

解答→別冊 p.47

●次の空欄(くうらん)にあてはまる語句(ごく)を答えなさい。

光の進み方

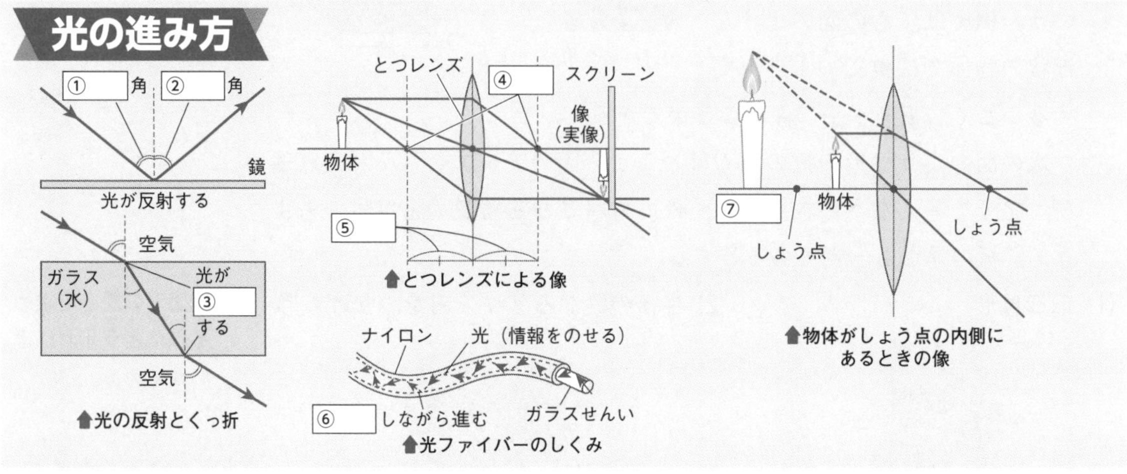

⬆光の反射とくっ折

⬆とつレンズによる像

⬆光ファイバーのしくみ

⬆物体がしょう点の内側にあるときの像

電気の性質

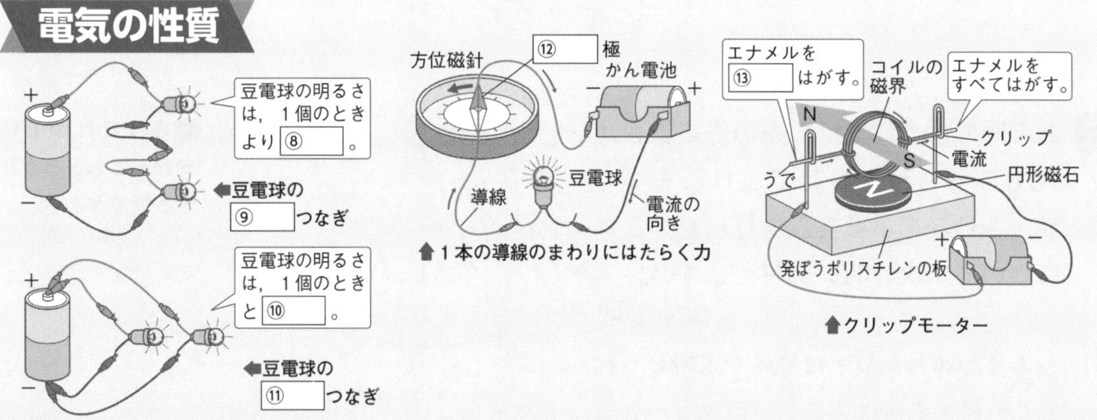

⬆1本の導線のまわりにはたらく力

⬆クリップモーター

力

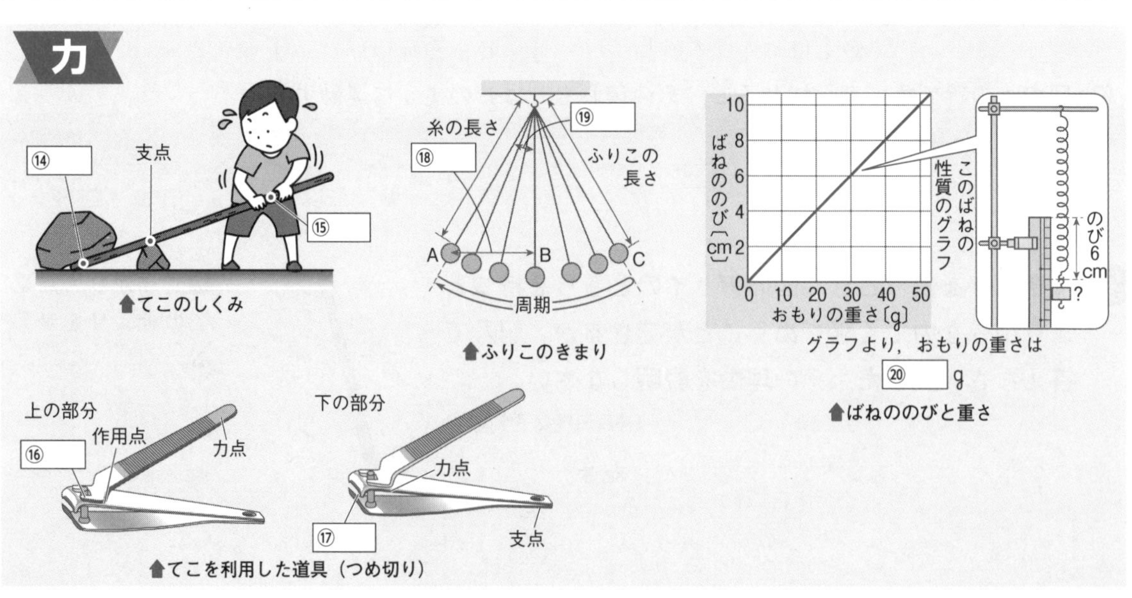

⬆てこのしくみ

⬆ふりこのきまり

⬆ばねののびと重さ

⬆てこを利用した道具（つめ切り）

中学入試 自由自在問題集 理科

第4章

物質

第4章　物　質

ものの性質と温度

ステップ1　まとめノート

解答→別冊 p.48

1 空気・水の性質★

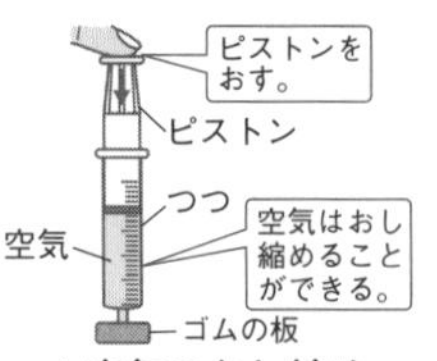

▲空気のおし縮め

⑴ **空気の性質**……〈閉じこめた空気の性質〉容器に閉じこめた空気は①　　をおし縮めたり，ふくらませたりすることができる。

⑵ **水の性質**……〈閉じこめた水の性質〉容器に閉じこめた水に力を加えても，おし縮めることが②　　。

2 熱の伝わり方とものののあたたまり方★★

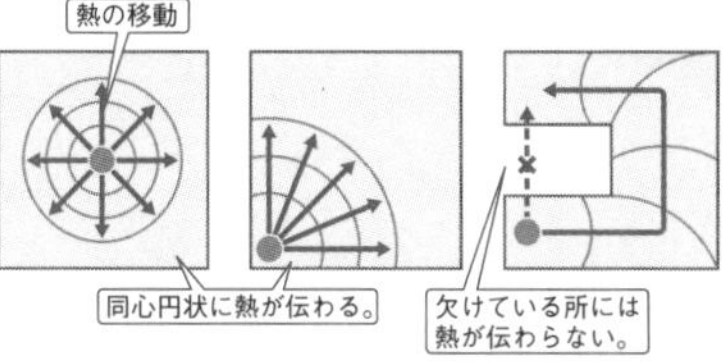

▲金属板のあたたまり方

⑴ **金属のあたたまり方**……〈熱の伝わり方〉ろうをぬった金属板を熱すると，熱源に近い部分から③　　にろうがとける。熱が熱源から順に伝わることを④　　という。

あたためられた水の移動

⑵ **水や空気のあたたまり方**……〈水のあたたまり方〉あたためられた水が⑤　　動き，冷たい水が下に動くことにより全体があたたまる。これを熱の⑥　　という。
〈空気のあたたまり方〉空気も水と同じように⑦　　によってあたたまる。

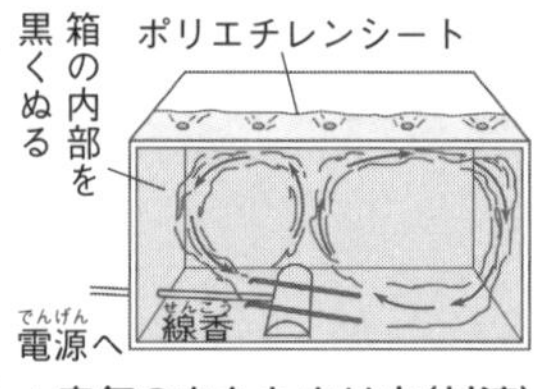

▲空気のあたたまり方(対流)

⑶ **日光によるもののあたたまり方**……〈放射〉太陽の熱が直接からだに伝わるようなあたたまり方を⑧　　といい，このときの熱を⑨　　という。放射による熱は，反射したり吸収されたりする。⑩　　板などは反射しやすく，⑪　　ものは吸収しやすい。

3 空気・水の体積変化と温度★

フォーカス!

⑴ **空気と水の体積変化と温度**……〈空気の体積変化と温度〉空気の体積は，あたためると⑫　　なり冷やすと⑬　　なる。空気の体積変化は水に比べて⑭　　。
〈水の体積変化と温度〉水が氷になると，約10%体積が大きくなる。水が水蒸気になると約⑮　　倍体積が大きくなる。

ズバリ暗記

熱の伝わり方には，伝導，対流，放射がある。
空気は水に比べて温度による体積の変化が大きい。

①
②
③
④
⑤
⑥
⑦
⑧
⑨
⑩
⑪
⑫
⑬
⑭
⑮

入試ガイド

熱の伝わり方が出題されたり，身のまわりのものが伝導，対流，放射のどのしくみであたたまっているのかを問う問題が出題されたりしている。

4 金属の体積変化と温度★★

(1) **金属の体積変化と温度**……〈金属の体積変化と温度〉金属も水や空気と同じようにあたためると体積が⑯　　なり，冷やすと体積は⑰　　なるが，その変化の割合は空気に比べて非常に⑱　　。

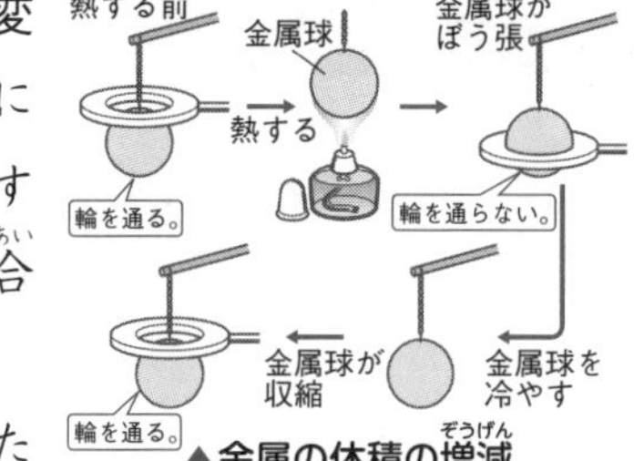

▲金属の体積の増減

〈金属の長さののび縮み〉金属の棒をあたためると長さがのびることを⑲　　といい，金属の球をあたためると体積が大きくなることを⑳　　という。ある温度のときに，物質がもとの長さに比べてどのくらいの割合でのびるかを示したものを㉑　　という。

5 氷・水・水蒸気★

(1) **氷・水・水蒸気**……〈水の三態〉水には㉒　　，㉓　　，㉔　　の3つの状態がある。これを㉕　　という。体積も形も決まっている氷のようなものを㉖　　，体積は決まっているが，形が自由に決まる水のようなものを㉗　　，体積も形も決まっていない，水蒸気のようなものを㉘　　という。

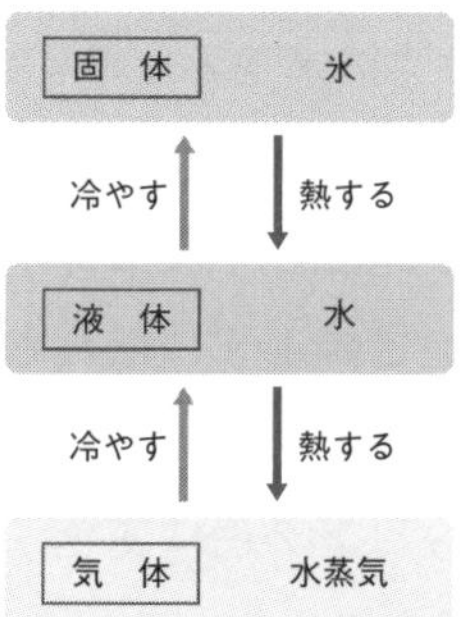

〈温度による水の状態変化〉温度により水の状態が変わることを水の㉙　　という。水は熱すると，約100℃で㉚　　し始める。このときの温度を㉛　　といい，さらに熱しても温度は変化しない。また，水は冷やすと，0℃で㉜　　始める。このときの温度を㉝　　という。その温度は全体がこおり終わるまで㉞　　のまま変化しない。水に砂糖や食塩をとかすと，0℃より低い温度まで下げてもこおらない。この現象を㉟　　という。

(2) **湯気と水蒸気**……〈湯気〉水を熱したときに出る白いけむりのようなものを㊱　　といい，水蒸気が空気中で冷えて，小さな水のつぶになったもので，㊲　　である。

〈水蒸気〉水が熱せられると㊳　　になり，水面から外へ出ていく。これは目には見えない気体である。

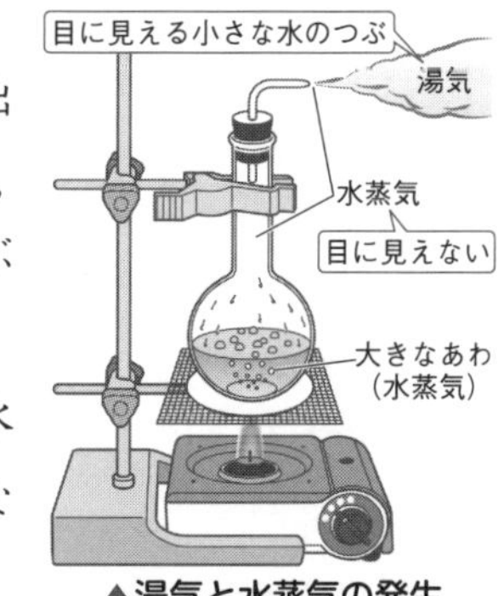

▲湯気と水蒸気の発生

ズバリ暗記
水は温度によって，固体，液体，気体と変化する。
水は100℃でふっとうし，水蒸気になる。

⑯
⑰
⑱
⑲
⑳
㉑
㉒
㉓
㉔
㉕
㉖
㉗
㉘
㉙
㉚
㉛
㉜
㉝
㉞
㉟
㊱
㊲
㊳

入試ガイド
金属ののび縮みを調べる実験や水の加熱実験などの実験方法や結果を確認しておく。

学習日　　月　　日

ステップ2 実力問題

ねらわれるココが
- もののあたたまり方
- 金属の体積変化と温度
- 水の状態変化

解答→別冊 p.48

重要 **1** ものをろうそくで加熱して熱の伝わり方を調べるために，次の実験１～実験３を行った。これについて，次の問いに答えなさい。

〔京都橘中－改〕

実験１　A：水平に置いた金属棒，B：Aをかたむけた金属棒，C：Aの形を変えた金属棒に下の図のようにろうをつけ，ろうそくで熱してろうがとけ始める時間をはかった。

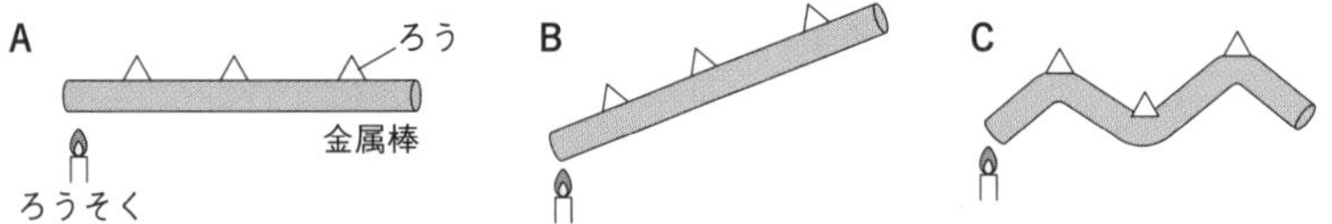

実験２　長方形の金属の板を水平に置き，右の図の４つの角×△□○のうちの×をろうそくで熱した。

実験３　右の図のように，試験管に水と示温インクを入れて，試験管を下部もしくは上部からあたためて，熱がどのように伝わるかを調べた。この示温インクはあたためられると青色からピンク色に変色するインクであり，温度の変化がインクの色でわかる。

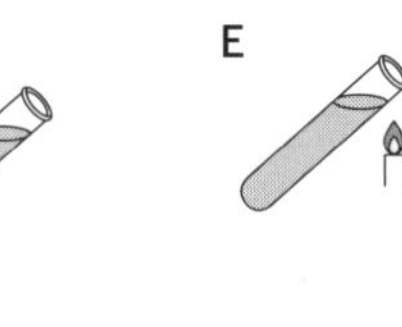

(1) **実験１**の結果は次の表のようになった。空らん①～⑧の数字を答えなさい。

①［　　　］ ②［　　　］ ③［　　　］
④［　　　］ ⑤［　　　］ ⑥［　　　］
⑦［　　　］ ⑧［　　　］

加熱部分からろうまでの金属棒のきょり〔cm〕	Aのろうがとけ始めた時間〔秒〕	Bのろうがとけ始めた時間〔秒〕	Cのろうがとけ始めた時間〔秒〕
2	6	①	②
4	③	④	⑤
⑥	⑦	⑧	21

(2) **実験２**で，△□○の角はどの順で温度が高くなるか。適当なものを次の**ア**～**カ**から選び，記号で答えなさい。　［　　　］

ア　□△○　**イ**　□○△　**ウ**　○△□　**エ**　○□△
オ　△○□　**カ**　△□○

(3) **実験３**のD，Eの結果として適当なものを次の**ア**～**エ**からそれぞれ選び，記号で答えなさい。　D［　　　］　E［　　　］

ア　はじめに水の下部がピンク色に変化し，その後全体が変化する。
イ　はじめに水の上部がピンク色に変化し，その後全体が変化する。

得点アップ

1 金属棒を加熱すると熱はいちように伝わっていく。

✔チェック！自由自在①
金属，水，空気での熱の伝わり方について調べてみよう。

(1)ろうがとけるまでの時間は，ろうまでのきょりに比例する。

(3)水があたたまるのは対流のはたらきによる。

ウ 水の下部のほうだけがピンク色に変化する。

エ 水の上部のほうだけがピンク色に変化する。

(4) 金属棒は加熱して温度を上げると，1℃上がるごとに100 cm（0℃の長さ）の金属棒が0.0012 cmのびる。200 cm（0℃の長さ）の金属棒の温度が0℃から50℃まで変化したときの金属棒ののびは何cmか，答えなさい。 ［　　　　］

2 物質には，温度が上がると体積が増え，下がると体積が減る性質がある。右の表は，長さ1 mの鉄と銅の金属棒について，温度が1℃上がったときに何mmのびるかを表したものである。これについて，次の問いに答えなさい。〔関西大北陽中〕

鉄	銅
0.012 mm	0.017 mm

重要 (1) 右の図のように，金属の球と金属の輪がある。どちらも温度が20℃のときに，球が輪をちょうど通りぬけることができる。球と輪の温度をそれぞれ変えて，球が輪を通りぬけることができるかを調べた。球が輪を通りぬけることができないものを次の**ア**～**エ**からすべて選び，記号で答えなさい。 ［　　　　］

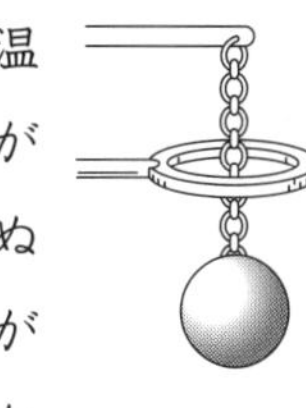

	球の温度〔℃〕	金属の輪の温度〔℃〕
ア	0	20
イ	40	20
ウ	20	0
エ	20	40

(2) 同じ大きさの鉄の板と銅の板をしっかり張り合わせたものを加熱すると，板はどのような形になるか。次の**ア**～**エ**から選び，記号で答えなさい。 ［　　　　］

ア 鉄の板のほうに曲がる

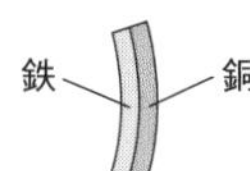

イ 銅の板のほうに曲がる

ウ まっすぐのびる

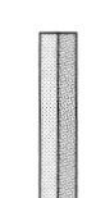

エ 変化しない

(3) 熱の伝わり方には，「伝導」，「対流」，「放射」の3つがある。次の①，②のようなことがらは，それぞれ3つのうちのどれと関係が深いかを答えなさい。

① 暑かったのでエアコンをつけると，足もとが寒くなった。 ［　　　　］

② 1日中よく晴れていて昼間はあたたかかったが，夜になると寒くなった。 ［　　　　］

2 温度が1℃上がったとき，鉄と銅では銅のほうがよくのびる。

(1)温度が高いと球の体積は大きくなり，輪の大きさも大きくなる。

✔チェック!自由自在②
金属をあたためたときの変化を調べてみよう。

(2)銅のほうがよくのびることから考える。

学習日　　月　　日

ステップ3 発展問題

解答→別冊 p.49

1 右の図のように，100 mLのビーカーに水を50 mLまで入れ，中の水から出てくるものをポリエチレンのふくろ(体積30 mL)に集められるようにした。このビーカーの水を，ガスバーナーでしばらく加熱すると，水の中からさかんにあわが出てきてふくろがふくらんだ。ふくろがじゅうぶんにふくらんでから，火をとめた。これについて，次の問いに答えなさい。〔神戸女学院中〕

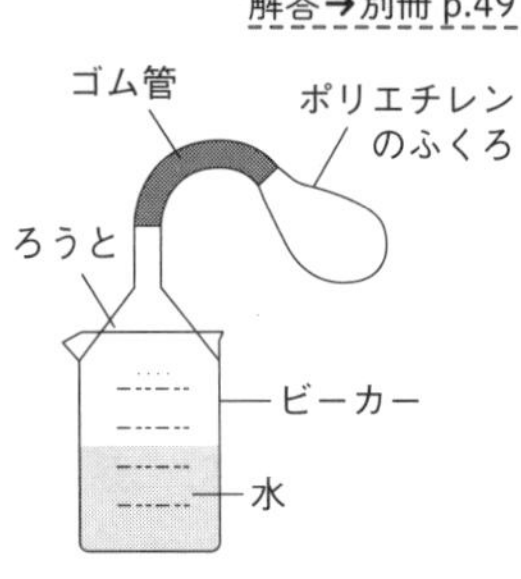

(1) この実験をするとき，とつ然ふっとうすることを防(ふせ)ぐために，ビーカーに入れておかなければならないものを答えなさい。[　　　　]

(2) 水の中からさかんに出てきたあわは，固体・液体(えきたい)・気体のいずれか，答えなさい。[　　　　]

重要 (3) 火をとめたあと，ろうとやビーカーが冷めるのを待ってから，ビーカーの中にある水の体積を調べた。水の体積はどれくらいになっているか。次の**ア**～**オ**から選び，記号で答えなさい。[　　　　]

ア 約10 mL　**イ** 約25 mL　**ウ** 約50 mL　**エ** 約75 mL

オ ほとんどなくなっている

(4) (3)で選んだ解答(かいとう)の理由を，「液体より気体のほうが」に続く形で，10字以内で答えなさい。

[液体より気体のほうが　　　　]

(5) 氷および水蒸気(すいじょうき)の密度(みつど)(1 cm^3あたりの重さ)をそれぞれ0.92および0.0006とする。1辺が3 cmの立方体の氷をすべて水蒸気に変えると，その体積は何cm^3になるか，答えなさい。割(わ)り切れないときは四捨五入(ししゃごにゅう)により，小数第2位まで答えなさい。[　　　　]

2 次の文章を読んで，あとの問いに答えなさい。〔青山学院中〕

－(マイナス)20℃の冷とう庫から100 gの氷を出し，容器(ようき)に入れて，一定の熱を加えてあたためた。右のグラフは，あたためた時間と温度の関係を表したものである。熱を加えると，氷や水の温度が上がるが，氷がとけている間は温度が変わらないことがわかる。

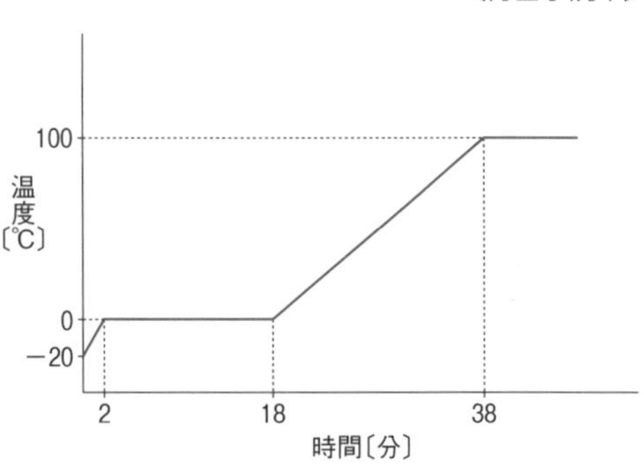

水1 cm^3の重さは1 g，氷1 cm^3の重さは0.9 gとして計算しなさい。また，計算で割り切れない場合は，四捨五入により，小数第1位まで答えなさい。ただし，加えられた熱は容器や空気への移動(いどう)はなく，水や氷だけに伝わるものとする。

(1) あたため始めてから14分後の容器には水と氷の両方があり，氷は水にういていた。

① 氷の重さを答えなさい。[　　　　]

② 水面より上に出ている部分の氷の体積を答えなさい。[　　　　]

(2) あたため始めてから20分たったときに，この容器の中に－20℃の氷を50g入れた。氷を追加してからふっとうするまでに何分かかるか，答えなさい。 [　　　　]

(3) 100gの水の温度を10℃上げることのできる熱の量で，0℃の氷を何gとかすことができるか，答えなさい。 [　　　　]

(4) 0℃の氷120gに100℃の水を60g加えた。氷は何g残るか，答えなさい。

[　　　　]

3 次の文章を読んで，あとの問いに答えなさい。 〔大阪桐蔭中〕

水の①状態変化について考える。②氷に熱を加えていくと水になり，さらに水に熱を加えていくと水蒸気になる。熱を数量的に表したものを熱量という。熱量をカロリーという単位を使って表すと，1gの水を1℃上しょうさせるのに必要な熱量は1カロリーになる。1gの氷を1℃上しょうさせるのに必要な熱量は0.5カロリーになる。0℃の氷1gを0℃の水1gに変えるのに必要な熱量は，80gの水を1℃上しょうさせる熱量と同じである。なお，1キロカロリーは1000カロリーである。

右の図のように，ビーカーの中に100gの氷を入れ温度をはかると－5℃であった。これをガスバーナーでしばらく加熱すると，氷がとけ始めた。このガスバーナーは，1時間で1000キロカロリーの熱量を発生させることができ，発生させた熱量のうち30％が氷や水にあたえられるものとする。このとき，ガスバーナーで加熱を始めてから氷がすべてとけるまでに必要な熱量は A キロカロリーになる。その後，さらにガスバーナーで加熱し続けると，ビーカーの底に③小さなあわがついた。このとき，水の温度をはかると40℃であった。氷がすべてとけてから，水の温度が40℃になるまでに必要な熱量は B キロカロリーになる。さらに加熱すると④大きなあわがさかんに出てきた。そのときの温度をはかると100℃であった。このとき加熱を始めてから C 分 D 秒がたっていた。

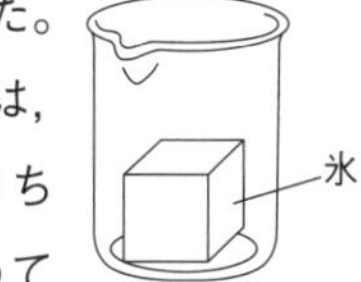

(1) 文中の下線部①の現象について，あてはまらないものを次の**ア**～**エ**から選び，記号で答えなさい。 [　　　　]

ア からの容器にドライアイスを入れてしばらくおくと，容器の中に固体はなくなった。

イ コップに冷たいジュースを入れておくと，コップの表面に水てきがついた。

ウ 食塩の結しょうを水に入れてかきまぜると，すべてとけて食塩水ができた。

エ 冬の寒い日の朝，バケツに入れておいた水の表面に氷がはった。

重要 (2) 文中の下線部②について，体積と重さはどのように変化するか。変化のようすを正しく表したものを次の**ア**～**オ**から選び，記号で答えなさい。 [　　　　]

ア 体積は増え，重さは変わらなかった。 **イ** 体積は減り，重さは変わらなかった。

ウ 体積は変わらず，重さは増加した。 **エ** 体積も重さも増加した。

オ 体積も重さも変わらなかった。

(3) 文中の下線部③について，この小さなあわは何か，答えなさい。 [　　　　]

(4) 文中の下線部④について，この現象を何というか，答えなさい。 [　　　　]

(5) 文中の**A**～**D**に入る数値を答えなさい。**A**，**B**については，必要であれば四捨五入して，小数第1位まで答えること。 **A** [　　　　] **B** [　　　　] **C** [　　　　] **D** [　　　　]

第4章　物質

2 ものの重さととけ方

ステップ1 まとめノート

学習日　　月　　日

解答→別冊 p.50

1 ものの重さ★

(1) **ものの重さ**……〈ものの重さの変化〉地球がものを引っ張る力のことを①　　といい，その大きさのことを②　　という。ものをまるめたり，ちぎったりしてもそのものの重さは③　　。置き方を変えても重さは④　　。
（└質量という）

〈ものの重さと体積〉異なる種類の物質は，体積が同じでも重さが⑤　　。物質1 cm^3 あたりの重さを⑥　　という。

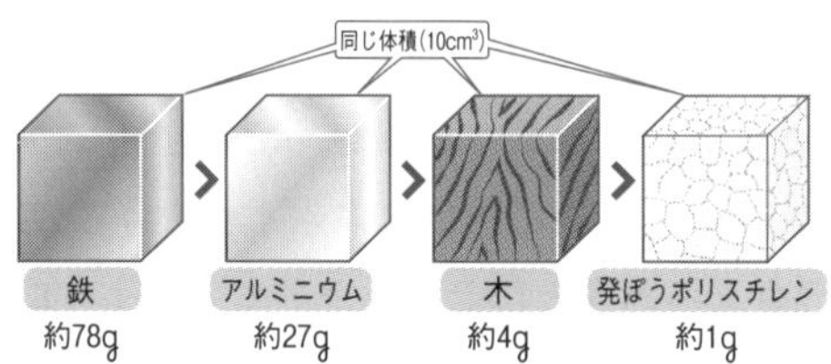

2 もののとけ方と水よう液のこさ★★

(1) **もののとけ方**……〈水よう液〉ものがとけている水のことを⑦　　という。ものをとかしている水を⑧　　，とけているものを⑨　　という。ものを水にとかすと，全体に広がって均一になる。また，牛乳のようにとう明でないよう液を⑩　　という。

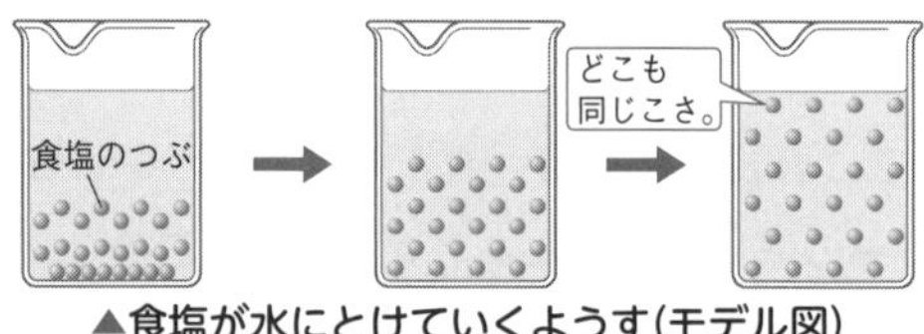

▲食塩が水にとけていくようす(モデル図)

〈水よう液の性質〉色がついていても⑪　　である。⑫　　はどこも同じで，そのままにしておいてもつぶやかたまりが出てこない。

〈ものが水にとける量〉一定の量の水にものがこれ以上とけなくなった状態を⑬　　といい，そのような水よう液を⑭　　という。とけるものの量は，水の量に⑮　　する。

(2) **水よう液の重さとこさ**……〈重さ〉水よう液の重さは，⑯　　と⑰　　ものの重さの合計になる。

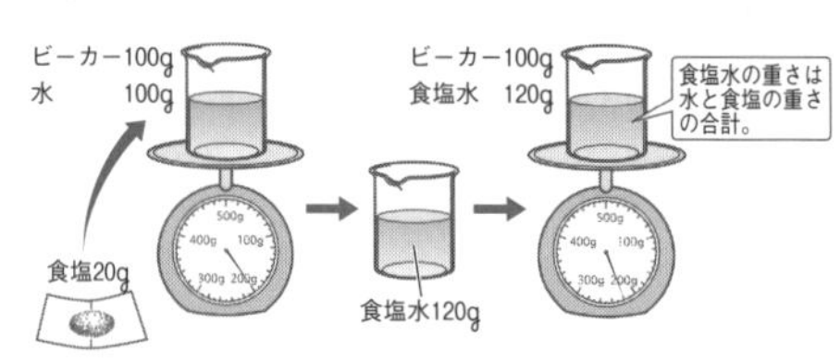

〈こさ〉水よう液のこさは，
（└濃度ともいう）
水よう液のこさ〔%〕＝⑱　　ものの重さ〔g〕÷⑲　　全体の重さ×100
で表される。

ズバリ暗記
水よう液は，液全体がどの部分も同じこさで，とう明である。
一定量の水にとけるものの量には限度がある。

①
②
③
④
⑤
⑥
⑦
⑧
⑨
⑩
⑪
⑫
⑬
⑭
⑮
⑯
⑰
⑱
⑲

入試ガイド
水よう液のこさ(濃度)を求める計算問題が多く出題されている。計算方法を確認しておくとよい。

3 水よう液と結しょう★★

(1) **水の蒸発と結しょう**……〈結しょう〉水よう液を蒸発させると，水にとけていたものが特有の形をしたつぶとなって出てくる。これを⑳　　という。

▲食塩の結しょう

▲ミョウバンの結しょう

▲ホウ酸の結しょう

〈結しょうのとり出し方〉蒸発皿に食塩のほう和水よう液を入れ，実験用ガスコンロで加熱して水を蒸発させると㉑　　が現れる。水をゆっくり蒸発させると大きなつぶになりやすく，特有の形がよくわかる。㉒　　で観察すると，結しょうが出てくるようすを確かめることができる。

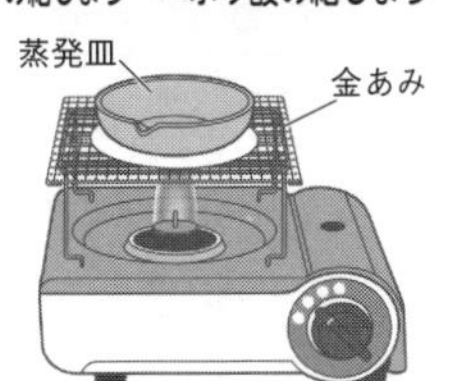

▲結しょうのとり出し方

▲食塩水を蒸発させたあと

4 水の温度とものの とけ方★★

(1) **温度による変化**……〈温度を上げたときの変化〉ものが水にとける量は㉓　　によって変化する。ホウ酸やミョウバンは高温のほうがよくとけるが，食塩は水温を変化させてもあまり㉔　　。

〈温度を下げたときの変化〉温度を下げると，とけきれなくなったものが㉕　　として出てくる。ホウ酸水の温度を下げていくと，㉖　　がとけきれなくなって出てくる。

(2) **ろ過の方法**……〈ろ過〉液体の中にとけきれなくなって出てきた固体のつぶを，㉗　　と**ろうと**を使って分ける方法を㉘　　という。液体はろ紙を通るが，固体のつぶはろ紙上に残るので，液体と固体をこし分けることができる。

〈ろ過のしかた〉ろ過する液を㉙　　に伝わらせて，少しずつ注ぐ。

(3) **よう解度とよう解度曲線**……〈よう解度〉ものが水にとけることを㉚　　という。一定量の水にとける限度の量を㉛　　といい，とけるものが固体の場合，多くのものは，温度が高くなるほど㉜　　なる。

〈よう解度曲線〉100 gの水にとけるものの量が温度によってどのように変化するかを示したグラフを㉝　　という。

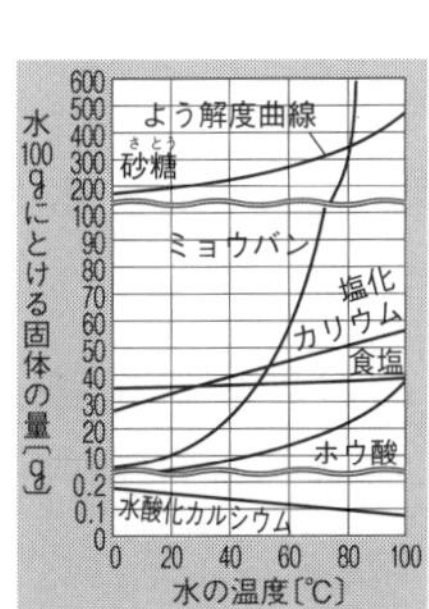

▲100gの水にとける量（よう解度曲線）

ズバリ暗記
水温によってもののとける量は変わる。
一定量の水にとけるものの限度の量をよう解度という。

⑳
㉑
㉒
㉓
㉔
㉕
㉖
㉗
㉘
㉙
㉚
㉛
㉜
㉝

入試ガイド
よう解度曲線を使って，水よう液の温度を変化させたときに出てくる結しょうの量を求める問題が出題されている。

ステップ2 実力問題

ねらわれるココが
- 水よう液のこさ(濃度)
- よう解度曲線
- もののとけ方

解答→別冊 p.51

重要 **1** 80℃の①水を A を用いて100 mLはかりとり，ビーカーに入れ，ホウ酸15 gを加えてよくかきまぜたところ，全部とけた。この②水よう液を20℃まで冷やしたところ，とけていたホウ酸のつぶが出てきて底にたまった。食塩15 gで，ホウ酸と同じ実験を行ったところ，③80℃の水にすべてとけた食塩は，20℃まで冷やしても出てこなかった。これについて，次の問いに答えなさい。また，このとき100 gの水にとけるホウ酸と食塩の量は下の表の通りであった。ただし，水1 mLは1 gとする。〔プール学院中〕

温度〔℃〕	20	40	60	80
ホウ酸のとける量〔g〕	5.0	8.7	14.8	23.6
食塩のとける量〔g〕	36.0	36.6	37.3	38.4

(1) 文中のAの実験器具として，適切なものを次のア～カから選び，記号で答えなさい。［　　］

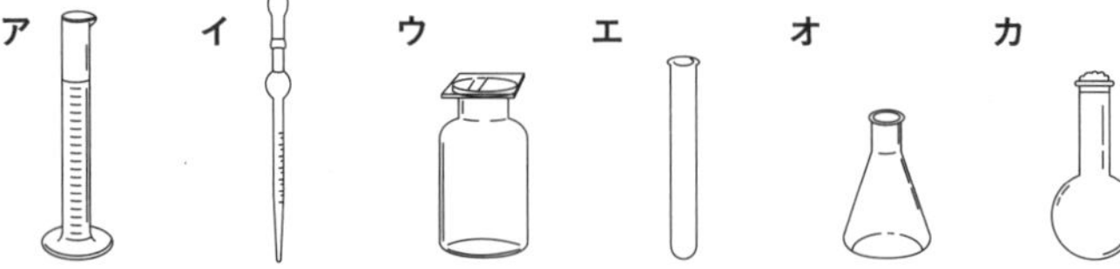

(2) 下線部①のホウ酸の水よう液の濃度は何％か。割り切れない場合は，小数第1位を四捨五入して整数で答えなさい。［　　］

(3) 下線部②で，底にたまったホウ酸は何gか，答えなさい。［　　］

(4) 下線部③について，水にとけている食塩は冷やしても出てこなかった。その理由を説明しなさい。
［　　］

(5) 水にとけている食塩をとり出すにはどのようにすればよいか。次のア～エから選び，記号で答えなさい。［　　］

ア 塩酸を加える。　**イ** ホウ酸を加える。
ウ 二酸化炭素をふきこむ。　**エ** 水を蒸発させる。

2 次の実験について，あとの問いに答えなさい。〔甲南中〕

ある重さの食塩に，室温で水80 gを加えてよくまぜたところ，ビーカーの底に一部がとけ残った。そこでAある方法でとけ残った食塩をとり除くと，108 gのB食塩水が得られた。なお，実験のときに器具などについた水や食塩の重さは考えないものとする。

(1) 下線部Aの，とけ残った食塩をとり除く方法を何というか，答えなさい。
［　　］

得点アップ

1 物質によって，ある温度のときに水にとける量には限度がある。

チェック！自由自在①
水よう液の濃度の求め方を調べてみよう。

(2) 濃度は，物質の質量が水よう液の質量のどれくらいになるかの割合を百分率で表したものである。

(5) 食塩水は冷やしても結しょうがとり出せない。

2 水よう液は，とう明，こさはどこでも同じ，時間がたってもつぶが出てこないという性質がある。

(2) 下線部Bのような水よう液を何というか，答えなさい。

［　　　　　］

(3) 下の図は食塩水中の食塩のつぶを•で表したものである。下線部Bの食塩水を長時間放置したあとのようすとして正しいものを**ア**～**エ**から選び，記号で答えなさい。［　　　　　］

ア 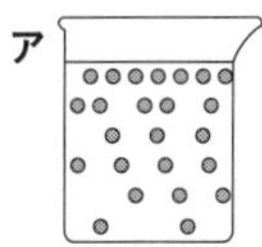 **イ** 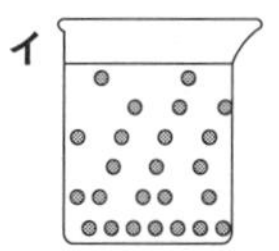 **ウ** 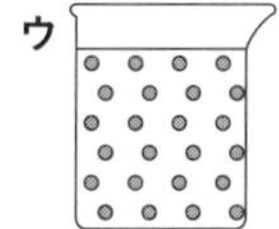 **エ** 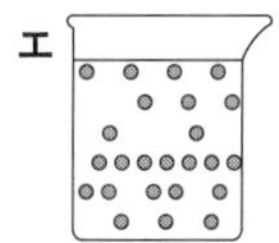

(4) 下線部Bの食塩水の濃度は何％か，小数第2位を四捨五入して答えなさい。

［　　　　　］

(5) 下線部Bの食塩水を蒸発皿でしばらく熱したところ，食塩水の中に食塩のつぶが現れた。そこで加熱をとめて室温で冷ましたあと，下線部Aと同じ方法でその食塩のつぶをとり出すと5.6 gであった。このときの食塩水の重さは何gか。ただし，割り切れない場合は，小数第2位を四捨五入して答えなさい。

［　　　　　］

> **✔チェック！自由自在②**
> 水よう液にはどのような性質があるか調べてみよう。

> (4)とけている食塩の重さは，108－80＝28〔g〕になる。

3 右の図は，水にとける固体の物質であるショウ酸カリウム(A)，リュウ酸銅(B)，塩化カリウム(C)，塩化ナトリウム(D)についてそれぞれが水100 gにとける最大量と温度の関係を表したものである。次の実験について，あとの問いに答えなさい。〔青山学院横浜英和中〕

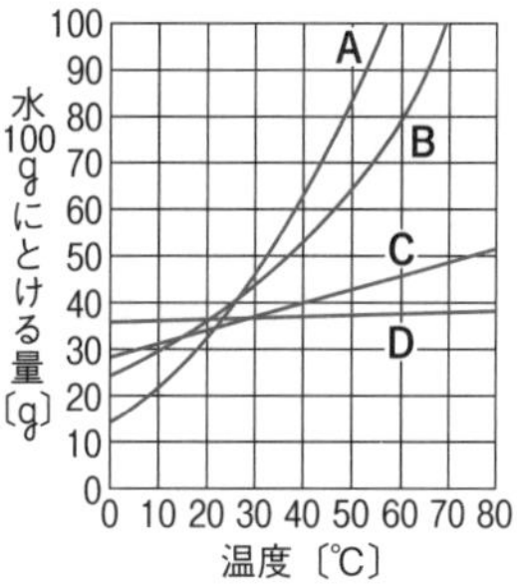

水100gにとける量〔g〕（0～100）
温度〔℃〕（0～80）
A　B　C　D

実験1　30℃の水250 gに，A～Dの固体をそれぞれ100 g入れ，よくかきまぜた。

実験2　10℃の水250 gに，A～Dの固体をそれぞれ100 g入れ，よくかきまぜた。

実験3　**実験1**の液をろ過して，ろ液を45℃まであたためた。

(1) 水100 gにとかすことのできる物質の最大量を何というか，答えなさい。

［　　　　　］

重要 (2) **実験1**で，入れた固体がすべてとけたものを，A～Dからすべて選び，記号で答えなさい。

［　　　　　］

(3) **実験2**で，入れた固体が2番目に多くとけ残ったものを，A～Dから選び，記号で答えなさい。また，そのとけ残った固体を，水の量を変えずにすべてとかすには，水よう液の温度を何℃以上にすればよいか答えなさい。

［　　　］［　　　　　］

(4) **実験3**で45℃にしたそれぞれのろ液に，さらにA～Dの固体をとかした。とけた量が2番目に多いのはA～Dのどの固体か，記号で答えなさい。

［　　　　　］

> **3**よう解度曲線を用いると，物質によるよう解度のちがいがよくわかる。

> **✔チェック！自由自在③**
> いろいろな物質のよう解度について調べてみよう。

> (2)250 gの水には，100 gの水の2.5倍の質量まで固体がとける。

ステップ3 発展問題

解答→別冊 p.51

1 次の文章を読んで，あとの問いに答えなさい。〔四天王寺中〕

水などの液体に，ほかの物質がとけこんで均一な液体になる現象をよう解という。このとき，水のようにほかの物質をとかす物質をようばい，とける物質をよう質，ようばいによう質がとけこんだ液体をよう液といい，水がようばいのときには水よう液という。例えば，食塩水では，水がようばい，食塩がよう質である。水に自由にとけ，水とは反応しない液体の物質**A**を用いて次の実験を行った。

実験　水1.0 cm^3の重さをはかると1.00 gであった。また，物質**A**の1.00 cm^3の重さをはかると0.80 gであった。物質**A** 40.0 cm^3をはかりとって水60.0 cm^3にまぜると，物質**A**は水にとけて，まぜたあとの水よう液の体積は96.0 cm^3になった。

(1) 液体の体積はメスシリンダーを用いてはかる。まぜたあとのメスシリンダー内の液面はどのようになっているか。正しいものを図の**ア**～**エ**から選び，記号で答えなさい。［　　］

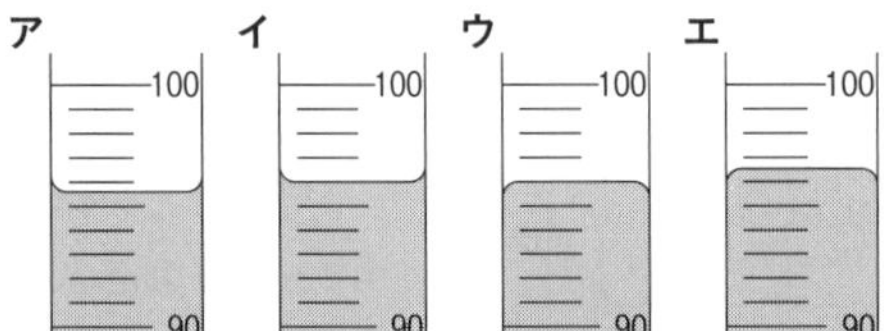

重要 (2) まぜたあとの水よう液の1.0 cm^3の重さは何gか。小数第3位を四捨五入して小数第2位まで答えなさい。［　　］

(3) 水やよう質となるさまざまな物質は，ごく小さなつぶからできていると考えることができる。まぜたあとの水よう液の体積が100 cm^3よりも小さくなった理由を，「物質**A**のつぶ」ということばを用いて，30字以内で説明しなさい。ただし，物質**A**のつぶ1個の大きさは，水のつぶ1個の大きさより大きいものとする。

［　　］

(4) 水のつぶ1個と物質**A**のつぶ1個の重さの比は9：23である。水1.0 cm^3中にふくまれる水のつぶの数と物質**A** 1.0 cm^3中にふくまれる物質**A**のつぶの数の比を「水のつぶの数：物質**A**のつぶの数」で表したとき，最も近いものを次の**ア**～**カ**から選び，記号で答えなさい。［　　］

ア 1：2　**イ** 1：3　**ウ** 2：5　**エ** 2：1　**オ** 3：1　**カ** 5：2

2 次の実験について，あとの問いに答えなさい。〔学習院中〕

水に食塩やミョウバンのつぶをとかす実験をした。ビーカーの中に水を入れて，そこに薬品をとかした。薬品をとかすときはガラス棒を用いて静かに$_A$かきまぜた。表は，ある温度のときに水100 gにとかすことができる薬品の量を表している。

温度〔℃〕	0	20	40	60	80	100
食塩〔g〕	35.6	35.8	36.3	37.1	38.0	39.3
ミョウバン〔g〕	3.0	5.9	11.7	24.8	71.0	119.0

実験1　20℃の水100 gが入ったビーカー**a**，**b**がある。ビーカー**a**に食塩を20 g，ビーカー**b**にミョウバンを20 g入れ，それぞれB別のガラス棒(ぼう)でかきまぜた。

実験2　100℃まで熱した水が入ったビーカー**c**に，食塩をとけるだけとかすと13.8 gとけた。

実験3　60℃にあたためた水180 gが入ったビーカー**d**にミョウバンをとけるだけとかした。その後，ビーカー**d**を0℃まで冷やした。

(1) 下線部**A**のようにする理由について正しいものを次の**ア**～**エ**から選び，記号で答えなさい。　[　　　]

ア 薬品のつぶをつぶすため。　**イ** 水温を上げるため。
ウ 水中に薬品を均一(きんいつ)にいきわたらせるため。　**エ** 薬品が水と接(せっ)する機会を増(ふ)やすため。

(2) 下線部**B**のように，ガラス棒を変えた理由を答えなさい。
[　　　　　　　　　　　　　　　　　　　　　　　　　]

重要 (3) **実験1**で，とけ残りが生じるビーカーの記号を示(しめ)し，どのくらいの量がとけ残るのかを答えなさい。　[　　　] [　　　　　]

(4) **実験2**のビーカー**c**に入っていた水の量を答えなさい。割(わ)り切れない場合は，小数第2位を四捨五入(ししゃごにゅう)して答えなさい。　[　　　　　]

(5) **実験3**で，0℃にしたときに固体として出るミョウバンの量を答えなさい。[　　　　　]

3 次の文章を読んで，あとの問いに答えなさい。　〔西大和学園中〕

物質(ぶっしつ)が液体(えきたい)にとける量には限度(げんど)があり，これを［①］という。また最大限度まで物質がとけていることをほう和しているといい，そのよう液をほう和よう液という。固体の［①］は，水100 gにとけることができる最大の重さで表すことが多く，いっぱんに温度が高くなるほど大きくなるものが多いが，温度が低くなるほど大きくなるものもある。表はリュウ酸(さん)カリウムと水酸化カルシウムの［①］の値(あたい)である。リュウ酸カリウムのように温度が高くなるほど［①］が大きくなる物質では，高温でほう和水よう液をつくり，冷やしていくととけきれなくなった分が結しょうとして出てくる。このように，結しょうを一度とかしたあとで，もう一度結しょうとしてとり出す操作(そうさ)を［②］という。

水100 gにとける最大の重さ〔g〕

	20℃	40℃	60℃	80℃
リュウ酸カリウム	11.1	14.8	18.2	21.4
水酸化カルシウム	0.156	0.134	0.112	0.091

(1) 文中の①，②にあてはまる語句を答えなさい。　①[　　　　　] ②[　　　　　]

(2) 80℃でリュウ酸カリウムのほう和水よう液を100 gつくる。水は何g必要か。小数第2位を四捨五入し，小数第1位まで答えなさい。　[　　　　　]

(3) (2)のほう和水よう液を40℃まで冷やすと，リュウ酸カリウムの結しょうは何g出てくるか。小数第2位を四捨五入し，小数第1位まで答えなさい。　[　　　　　]

60℃のリュウ酸カリウムのほう和水よう液100 gに水酸化カルシウムを0.3 g加えた。リュウ酸カリウムと水酸化カルシウムは同じよう液中でもとける量は表と同じ値になる。

(4) 80℃まで温度を上げると，結しょうは何gになるか。小数第3位を四捨五入し，小数第2位まで答えなさい。　[　　　　　]

思考力/作図/記述問題に挑戦！

本書の出題範囲 p.128〜139

解答→別冊 p.53

重要 **1** 温度のちがう水100 mLにホウ酸と食塩がとける量を表にまとめた。これについて，次の問いに答えなさい。〔日本女子大附中〕

水温〔℃〕	0	20	40	60	80
食塩の量〔g〕	35.6	35.8	36.3	37.1	38.0
ホウ酸の量〔g〕	2.8	4.9	8.9	14.9	23.5

(1) 右の図に100 mLの水にとけるホウ酸の量を表す折れ線グラフをかきなさい。ただし，横軸を水温，縦軸をとけたホウ酸の量とし，目盛りに適切な数字を書き，［　］の中に単位を書き入れること。［　］

(2) 20℃の水50 mLに25 gの食塩を加えてよくかきまぜたとき，何gの食塩がとけ残るか，答えなさい。［　　　　］

着眼点

1 どのようなグラフが求められているのか，問題文をよく読んで判断する。

2 金属について，次の問いに答えなさい。〔捜真女学校中〕

(1) 1枚の銅板を右の図のような形に切り，①〜④の所に固めたろうをのせた。この銅板の×印を熱したとき，ろうがとけていく順番に①〜④をならべなさい。

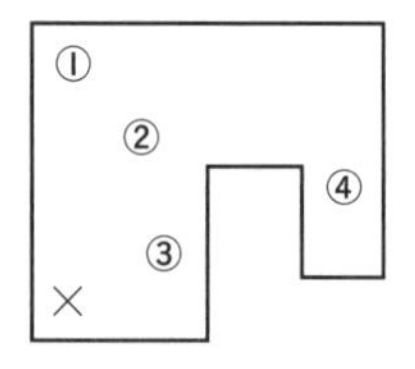

［　　　　　　］

(2) (1)の銅板がじゅうぶんに熱くなるまで，全体を熱した。銅板はどのように変化したか。次のア〜エから選び，記号で答えなさい。ただし，熱する前の形を点線で表している。［　　］

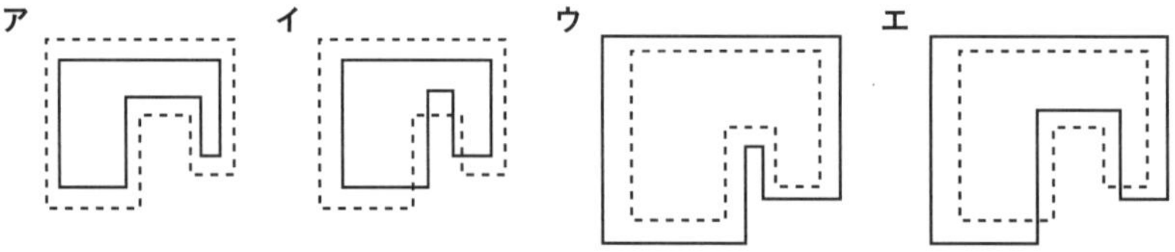

ア　イ　ウ　エ

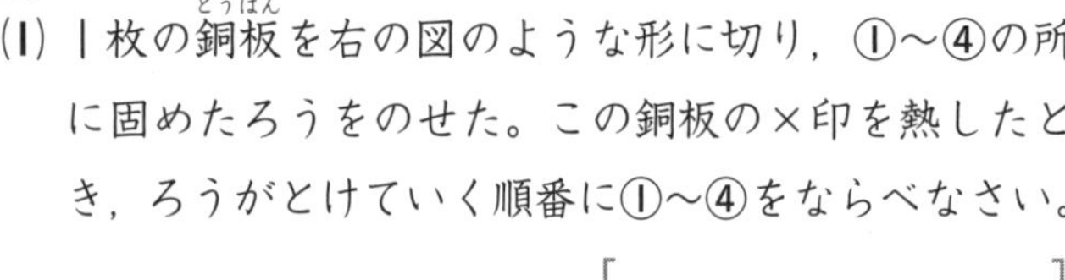

2 熱は×印の点から同心円状に伝わっていく。

3 からのガラスびんの口に，水でぬらした10円玉を置いた。右の図のように，両手でびんをおさえていると，10円玉が動いた。これについて，次の問いに答えなさい。〔開智中(和歌山)〕

(1) 10円玉が動いたのはなぜか。適当なものを次のア〜エから選び，記号で答えなさい。［　　］

ア　手の熱が10円玉についていた水をあたため，水蒸気にしたため。

3 固体と気体では，気体のほうが温度による体積の変化が大きい。

イ 手の熱が10円玉に伝わり，10円玉の体積が大きくなったため。

ウ 手の熱がガラスびんをあたため，ガラスびんの体積が大きくなったため。

エ 手の熱がガラスびんの中の空気をあたため，空気の体積が大きくなったため。

(2) 10円玉が動く前とあとでは，全体の重さはどうなるか。適当(てきとう)なものを次の**ア**～**エ**から選び，記号で答えなさい。 [　　]

ア 手の熱が全体に伝わって体積が大きくなったので，重くなる。

イ 手の熱が全体に伝わって体積が大きくなったので，軽くなる。

ウ 手の熱でガラスびんの中の空気の体積が大きくなって，空気が外ににげたので，軽くなる。

エ 手の熱でガラスびんの体積は大きくなるが，中の空気の体積は小さくなるので，全体の重さは変わらない。

(2)10円玉が動いたときびんの中の空気はどうなるかを考える。

4 次の実験について，あとの問いに答えなさい。 〔聖セシリア女子中〕

食塩が水にとけると，食塩は見えなくなる。そのとき，食塩はどうなっているかを調べるために，4つの班(はん)で次の実験をした。

実験 ① 食塩20gと水100mLをそれぞれ容器(ようき)に入れて，右の図のように電子てんびんで全体の重さ(食塩，水，食塩を入れた容器，水を入れた容器とふた)をはかる。

② 食塩を水に入れてふたをし，よくふって食塩をとかす。

③ 食塩をとかしたあとの全体の重さをはかる。

結果

班	とかす前の全体の重さ	とかしたあとの全体の重さ
A	136g	136g
B	136g	132g
C	136g	136g
D	137g	137g

(1) 水100mLの重さは100gである。とかす前の全体の重さは，食塩と水を合わせた重さ120gより大きくなった。その理由を答えなさい。

[　　]

要 (2) B班だけが，水も食塩もこぼしていないのに，とかしたあとの全体の重さが小さくなっている。実験の手順をふり返って，その理由として考えられることを1つ答えなさい。

[　　]

4実験前と実験後では重さは変わらないことに注意すればよい。

(2)実験の前後で，食塩が水にとけていること以外の条件(じょうけん)は変えないようにする。

学習日　月　日

3 第4章 物質 ものの燃え方と空気

ステップ1 まとめノート

解答→別冊 p.53

1 火と空気★★

(1) **空気と燃え方**……〈空気の量〉空気の量が多いと火は①　燃える。〈空気の流れ〉火が燃え続けるには新しい②　が必要である。

(2) **ものが燃え続けるための条件**……〈ものが燃え続ける条件〉ものが燃え続ける3つの条件は，新しい③　の出入りがあること，④　があること，発火点以上の温度が保たれていることである。

2 ものが燃えたあとの空気★★

(1) **燃える前とあとの空気**……〈空気の成分〉空気は，約78％の⑤　と，約21％の⑥　，その他の気体でできている。⑦　は約0.04％である。〈燃えたあとの空気の変化〉びんの中でろうそくが燃えると，火が消えたあとびんの中の酸素が減り，⑧　が増える。ろうそくを燃やしたあとのびんに石灰水を入れてよくふると，石灰水は⑨　。

その他1%
酸素 21%
ちっ素 78%

▲空気の体積の割合

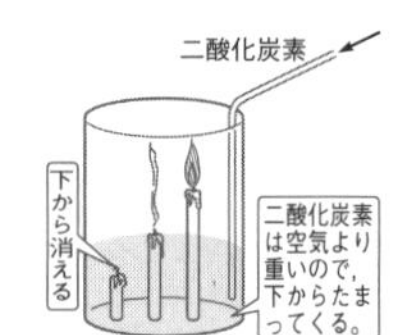

(2) **二酸化炭素の性質**……〈二酸化炭素〉色，におい，味のない気体で，空気より⑩　。水に少し⑪　。石灰水を白くにごらせ，ものを燃やすはたらきはない。固体は⑫　である。植物は，二酸化炭素と水から，太陽の光を使って栄養分をつくり出す⑬　を行っている。

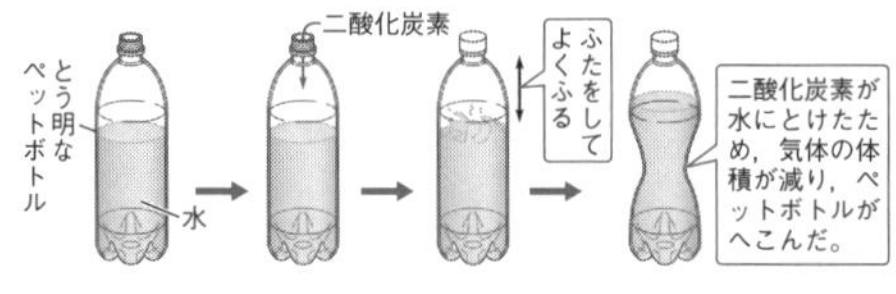

3 ものを燃やすはたらきのある気体★★

(1) **ものを燃やすはたらき**……〈酸素〉酸素はものを燃やすはたらきがあり，これを⑭　という。ものが燃え続けるためには空気中の**酸素**が必要で，酸素が不足すると火は消える。

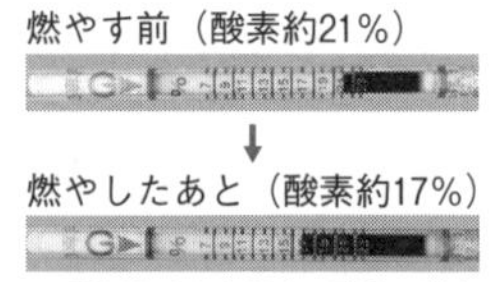

▲閉じ込めた容器内の酸素の割合

〈ものを燃やしたあと〉植物からつくられたものは⑮　をふくんでいるので，燃えると⑯　が使われ⑰　ができる。

ズバリ暗記　**ものが燃えたあとの空気は，酸素が減り，二酸化炭素が増えている。酸素にはものを燃やすはたらきがある。**

①
②
③
④
⑤
⑥
⑦
⑧
⑨
⑩
⑪
⑫
⑬
⑭
⑮
⑯
⑰

入試ガイド
ものを燃やしたときに，気体の体積がどう変化するかを問う問題が出題されている。どの気体が変化するか確認しておく。

4 燃える気体とほのお★★

(1) **ろうそくのほのお**……〈燃える気体〉蒸発皿に液体のろうを入れ，火をつけても燃えない。ろうそくのしんは，ろうを⑱　　にしやすくしている。

〈ろうそくのほのおのつくり〉ろうそくのほのおは，しんにいちばん近く暗い部分の⑲　　，最も明るい部分の⑳　　，いちばん外側で最も温度の高い㉑　　がある。

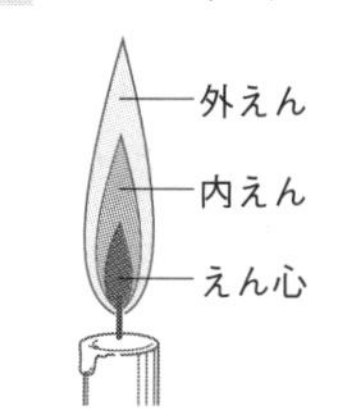

▲ほのおのつくり

(2) **木のむし焼きと燃える気体**……〈木のむし焼き〉（└かん留という）木をむし焼きにすると，燃える気体の㉒　　，かっ色のどろどろした液体の㉓　　，黄色くし激のあるにおいの㉔　　，黒い固体の㉕　　ができる。

※出てくるかっ色の液体が試験管の底のほうに流れて試験管が割れるのを防ぐために，試験管の口を少し下げる。（熱したガラスは高温であるため，一気に冷やされる。）

5 金属の燃焼と酸化★★

(1) **金属の燃焼と酸化**……〈金属の酸化〉金属を熱すると酸素と結びつき重くなる。これを㉖　　という。

〈燃焼とさび〉熱や光を放出しながら激しく進行する酸化を㉗　　という。金属がゆっくりと酸化すると㉘　　ができる。

6 いろいろな気体★★★

(1) **酸素**……〈酸素の発生と性質〉二酸化マンガン（└しょくばいとしてはたらく）に㉙　　（└うすい過酸化水素水）を加えると発生する。㉚　　法で集める。色，におい，味のない気体で，空気より少し重い。

(2) **二酸化炭素**……〈二酸化炭素の発生〉石灰石に㉛　　を加えると発生する。㉜　　法または水上置かん法で集める。

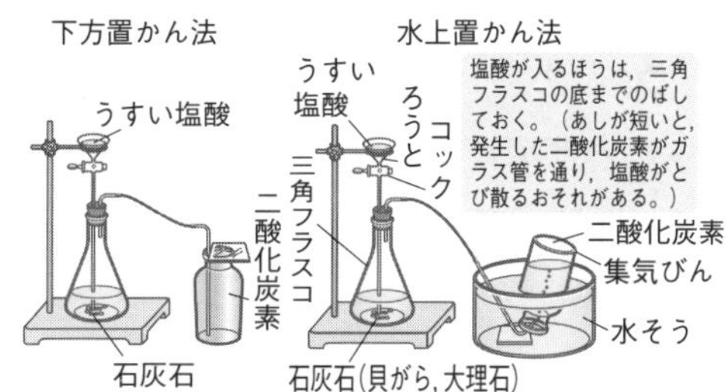

▲二酸化炭素の発生

(3) **水素**……〈水素の発生と性質〉アルミニウムに㉝　　を加えると発生する。㉞　　法で集める。色，におい，味のない気体で水にはほとんどとけない。いちばん㉟　　気体で，燃えると㊱　　ができる。

(4) **アンモニア**……〈アンモニアの発生と性質〉㊲　　と水酸化カルシウムを試験管に入れ加熱する。㊳　　法で集める。無色で，鼻をつくようなにおいがある。空気より少し軽く，水に非常に㊴　　。

ズバリ暗記
ろうそくのほのおは，えん心，内えん，外えんの3つの部分にわかれる。
金属が酸化するともとの重さより重くなり，別の物質になる。

⑱
⑲
⑳
㉑
㉒
㉓
㉔
㉕
㉖
㉗
㉘
㉙
㉚
㉛
㉜
㉝
㉞
㉟
㊱
㊲
㊳
㊴

入試ガイド
気体について，発生させる方法やその気体の特ちょうなどが出題される。二酸化炭素や水素などの気体について確認しておくとよい。

学習日　　月　　日

ステップ2 実力問題

ねらわれるココが
- ものが燃える条件
- ものが燃えたあとの空気の変化
- いろいろな気体の発生方法

解答→別冊 p.54

重要 **1** ものの燃え方について，次の問いに答えなさい。〔報徳学園中〕

(1) ものを燃やすはたらきがある空気中の気体を答えなさい。

[　　　　　　　]

(2) (1)の気体が空気中にふくまれている割合を次の**ア**～**エ**から選び，記号で答えなさい。[　　　]

ア 約20%　**イ** 約40%

ウ 約60%　**エ** 約80%

(3) **図1**は，あきかんの中でわりばしを燃やすようすである。あきかんの下に穴をあける理由を答えなさい。

[　　　　　　　　　　　　　　　]

(4) **図2**は，わりばしをむし焼きにしたようすを示している。試験管の口を少し下にかたむけて熱するのはなぜか。次の**ア**～**エ**から選び，記号で答えなさい。[　　　]

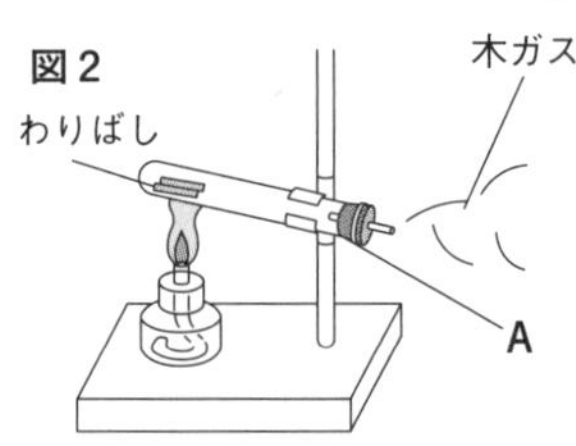

ア 気体を発生しやすくするため。
イ 試験管が割れるのを防ぐため。
ウ わりばしの部分をできるだけ強く熱するため。
エ 試験管が動かないようにするため。

(5) **図2**の試験管に入れたわりばしは，何色になるか。次の**ア**～**オ**から選び，記号で答えなさい。[　　　]

ア 白色　**イ** 黒色　**ウ** 赤色　**エ** 黄色　**オ** 変化なし

(6) **図2**の**A**の部分に黄かっ色の液がたまった。この黄かっ色の液は何性か。次の**ア**～**ウ**から選び，記号で答えなさい。[　　　]

ア 酸性　**イ** 中性　**ウ** アルカリ性

(7) **図2**のわりばしを熱してもほのおを出して燃えないのはなぜか。次の**ア**～**エ**から選び，記号で答えなさい。[　　　]

ア 試験管に酸素がほとんどないから。
イ 試験管に二酸化炭素がほとんどないから。
ウ 試験管に水蒸気があるから。
エ わりばしにふくまれる水があるから。

2 次の問いに答えなさい。〔東海大付属相模中〕

(1) あえんにうすい塩酸を少しずつ加えて，あえんがすべてとけきるのに必要な塩酸の体積を表にまとめた。

得点アップ

1 木をむし焼きにすると，気体の木ガス，液体の木タールと木さく液，固体の木炭ができる。

(3) ものが燃え続けることができる条件から考えるとよい。

✔チェック! 自由自在①
木のむし焼きについて調べてみよう。

(7) ほのおを出して燃えるのは，どんなときかを考える。

あえんの質量〔g〕	0.5	1.0	1.5	2.0	2.5
うすい塩酸の体積〔mL〕	80	ア	240	320	400

① 表中のアにあてはまる数値を答えなさい。 [ ]

② 塩酸のこさを2倍にすると320 mLの塩酸には最大何gのあえんをとかすことができるか，答えなさい。 [ ]

重要 (2) 同じ体積で同じこさのうすい塩酸をいくつか用意し，そこにアルミニウムの粉末を加えた。アルミニウムの質量と発生した気体の体積との関係は，グラフのようになった。

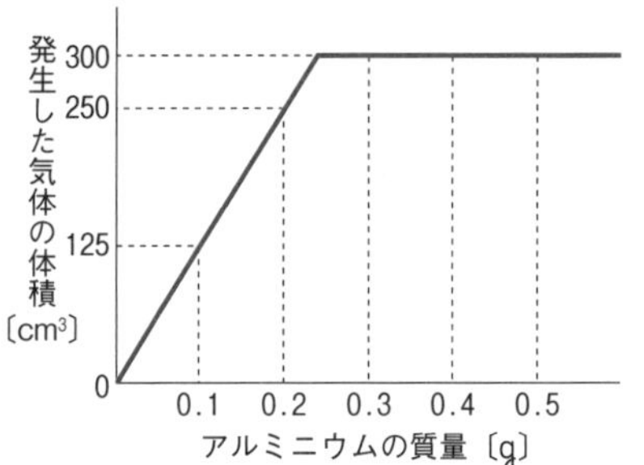

① 発生した気体の名まえを答えなさい。 [ ]

② このうすい塩酸でとけるアルミニウムは最大何gか，答えなさい。 [ ]

③ うすい塩酸にアルミニウムを0.3 g加えたあと，さらにうすい塩酸をじゅうぶんに加えると，新たに何cm^3の気体が発生するか，答えなさい。 [ ]

④ 実験に使ったうすい塩酸と同じ体積でこさを2倍にした塩酸に，アルミニウムを0.1 g加えると何cm^3の気体が発生するか，答えなさい。 [ ]

3 銅の粉をステンレスの皿にのせてガスバーナーで熱する実験を行った。じゅうぶんに長い時間熱すると，粉全体が酸化銅に変化した。はじめに用意する銅の重さを変えて同じ実験をすると，できた酸化銅の重さは表のようになった。これについて，次の問いに答えなさい。 〔西武学園文理中〕

用意した銅の粉の重さ〔g〕	10	20	40
できた酸化銅の重さ〔g〕	12.5	ア	50

(1) 銅の粉を熱すると，銅は空気中の気体Aと結びついて酸化銅に変化する。気体Aの名まえを漢字で書きなさい。 [ ]

(2) いっぱんに，ものが気体Aと結びつくことを何というか。漢字で書きなさい。 [ ]

(3) 表中の空らんアにあてはまる数値を答えなさい。 [ ]

(4) 表を見て，銅に結びつく気体Aと銅の重さの比を最も簡単な整数の比で答えなさい。 [ ]

(5) ある重さの銅の粉をじゅうぶんに熱すると80 gの酸化銅ができた。この酸化銅にふくまれる銅は何gか，答えなさい。 [ ]

2表から，あえんがすべてとけきるのに必要な塩酸の体積は，あえんの質量に比例していることがわかる。

✔チェック!自由自在②
いろいろな気体の発生方法を調べてみよう。

3銅の粉の重さとできた酸化銅の重さは4 : 5の比になっている。

✔チェック!自由自在③
金属とむすびつく酸素の重さについて調べてみよう。

(4)表から，10 gの銅に2.5 gの気体Aが結びついている。

学習日　　月　　日

ステップ3 発展問題

解答→別冊 p.54

1 次の文章を読んで，あとの問いに答えなさい。　〔立命館宇治中〕

炭素が完全に燃えると二酸化炭素になる。このとき炭素は酸素と結びつくため，二酸化炭素は炭素より酸素の分だけ重くなる。右の表は，燃えた炭素とそれに結びついた酸素，できた二酸化炭素の重さをまとめたものである。

炭素〔g〕	0.6	1.8	3.0	Y	5.4
酸素〔g〕	1.6	4.8	8.0	11.2	14.4
二酸化炭素〔g〕	2.2	X	11.0	15.4	19.8

(1) 二酸化炭素ができないものを次の**ア**～**オ**からすべて選び，記号で答えなさい。

[　　　　　]

ア スチールウールを燃やす。　**イ** たまごのからにうすい塩酸をかける。
ウ 動物が呼吸する。　**エ** アルミニウムにうすい塩酸をかける。
オ 木炭を燃やす。

(2) 表の**X**，**Y**にあてはまる数値を答えなさい。

X [　　　　　]　**Y** [　　　　　]

(3) 表の炭素と二酸化炭素の重さの関係をグラフに表すと，どのようになるか。次の**ア**～**エ**から選び，記号で答えなさい。ただし，グラフの横軸は炭素の重さ，縦軸は二酸化炭素の重さを示している。　[　　　]

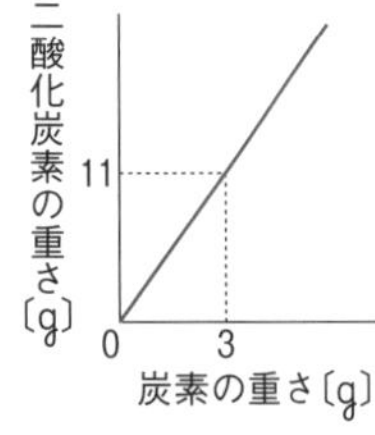

イ
11
0　3

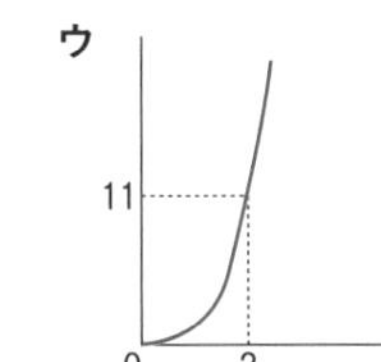

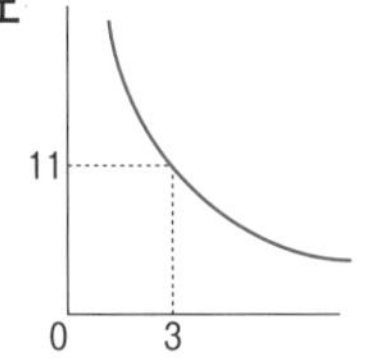

重要 (4) 23.1 gの二酸化炭素をえるには，何gの炭素を完全に燃やせばよいか，答えなさい。

[　　　　　]

炭素を燃やしたときに酸素が不足していると，二酸化炭素以外に一酸化炭素もできる。一酸化炭素を燃やすと，青白いほのおを出して燃え，二酸化炭素ができる。炭素3.0 gがすべて一酸化炭素になった場合の重さは7.0 gで，<u>この一酸化炭素が燃えてすべて二酸化炭素になった場合の重さは11.0 gである。</u>

(5) 下線部について，一酸化炭素7.0 gに結びついた酸素は何gか，答えなさい。

[　　　　　]

(6) 酸素がじゅうぶんでない中で炭素をすべて燃やしたところ，二酸化炭素9.9 gと一酸化炭素3.5 gが発生した。燃やした炭素は何gか，答えなさい。　[　　　　　]

(7) 酸素がじゅうぶんでない中で炭素9.9 gをすべて燃やしたところ，二酸化炭素と一酸化炭素があわせて31.1 g発生した。この中の一酸化炭素をすべて二酸化炭素にするために必要な酸素は何gか，答えなさい。　[　　　　　]

2 塩化アンモニウムと水酸化カルシウムについて，右の図のような装置を組み立てて，実験を行った。これについて，次の問いに答えなさい。〔日本大藤沢中〕

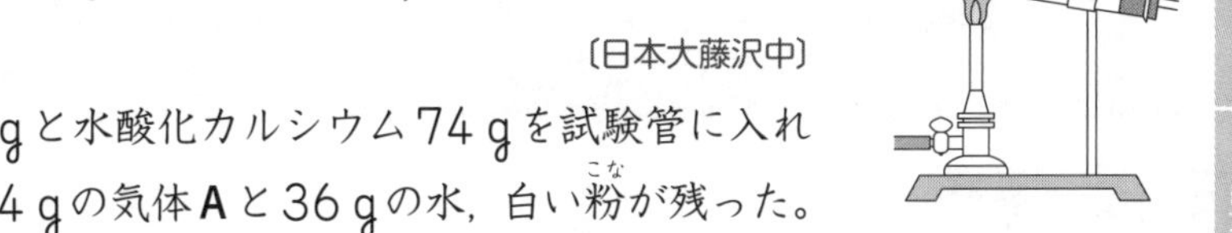

実験１　塩化アンモニウム107 gと水酸化カルシウム74 gを試験管に入れて熱すると，すべて反応して34 gの気体**A**と36 gの水，白い粉が残った。

実験２　塩化アンモニウム100 gと水酸化カルシウム37 gを試験管に入れて熱すると，気体**A**が発生し終わったあとには白い粉と反応しなかったものが残った。

(1) この装置は，試験管の口のほうを下に向けているが，その理由を簡単に答えなさい。

[　　　　]

(2) 気体**A**は何か。正しいものを次の**ア**～**エ**から選び，記号で答えなさい。 [　　　]

ア アンモニア　**イ** 水素　**ウ** 二酸化炭素　**エ** 酸素

重要 (3) **実験１**で白い粉は何g残るか，整数で答えなさい。 [　　　]

(4) **実験２**で発生した気体**A**は何gか，整数で答えなさい。 [　　　]

(5) **実験２**で反応しなかったものは何g残るか。必要であれば小数第２位を四捨五入して，小数第１位まで答えなさい。 [　　　]

3 次の実験について，あとの問いに答えなさい。〔逗子開成中〕

酸素はいろいろな物質と結びつくが，代表的なものとして，気体**X**と結びついて水を生成する。

実験１　酸素は，水よう液**A**に二酸化マンガンを加えることで発生させることができた。このときの水よう液**A**の重さと発生した酸素の体積は**表１**のようになった。

表１

水よう液Aの重さ〔g〕	5.0	10	15	20	25	30
発生した酸素の体積〔mL〕	100	200	300	400	500	600

実験２　気体**X**は，塩酸に固体**B**を加えることで発生させることができた。塩酸 50 cm^3 に固体**B**を加えたとき，固体**B**の重さと発生した気体**X**の体積は**表２**のようになった。

表２

固体Bの重さ〔g〕	0.12	0.24	0.36	0.48	0.60	0.72
発生した気体Xの体積〔mL〕	160	320	480	640	720	720

(1) 水よう液**A**の名まえを答えなさい。 [　　　]

(2) **実験２**で同じこさの塩酸 25 cm^3 をすべて反応させるには，固体**B**は少なくとも何g必要か，答えなさい。 [　　　]

(3) 酸素を2.5 L，気体**X**を5.0 Lまぜて点火したところちょうど反応して水が3.6 gできた。酸素と気体**X**を反応させ14.4 gの水をとり出すには，**実験１**の水よう液**A**と**実験２**の固体**B**はそれぞれ少なくとも何g必要か，答えなさい。

水よう液**A** [　　　]　固体**B** [　　　]

(4) 物質が酸素と結びついてできたものを酸化物といい，結びついた酸素の分だけもとの物質よりも重くなる。気体**X**と酸素は１：８の重さで結びついて水を生成する。ある重さの気体**X**を完全に燃やしたところ，18 gの水ができた。このとき気体**X**と結びついた酸素は何gか，答えなさい。 [　　　]

第4章　物　質

4 水よう液の性質

ステップ1　まとめノート

学習日　　月　　日

解答→別冊 p.56

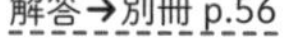

1 水よう液★★

(1) **水よう液**……〈いろいろな水よう液〉水よう液には食塩水のように①　　，食すのように②　　，炭酸水のように③　　がよう質としてとけているものがある。

	水にとけるもの		水にとけないもの（とけにくいもの）
	とけているもの	水よう液の名まえ	
固体	ホウ酸 食　塩 水酸化ナトリウム 水酸化カルシウム（消石灰）	ホウ酸水 食塩水 水酸化ナトリウム水よう液 石灰水	でんぷん 二酸化マンガン 鉄　粉 石 ゴ　ム
液体	サク酸 リュウ酸 アルコール	うすいサク酸（食す） うすいリュウ酸 アルコール水	石　油 水　銀
気体	二酸化炭素 アンモニア 塩化水素	炭酸水（ソーダ水） アンモニア水 塩　酸	ちっ素 水　素 酸　素 }とけにくい

〈水よう液の蒸発〉固体の水よう液はあとに④　　が残るが，液体や気体の水よう液では何も⑤　　。

〈気体の水よう液〉ホウ酸などの固体はいっぱんに，水の温度が⑥　　ほどよくとける。気体の場合は，水の温度が高いほど⑦　　なる。

2 酸性・中性・アルカリ性★★

(1) **酸性・中性・アルカリ性**……〈酸性〉酸性の水よう液は⑧　　色リトマス紙を⑨　　色に変え，BTB液を加えると⑩　　色になる性質がある。

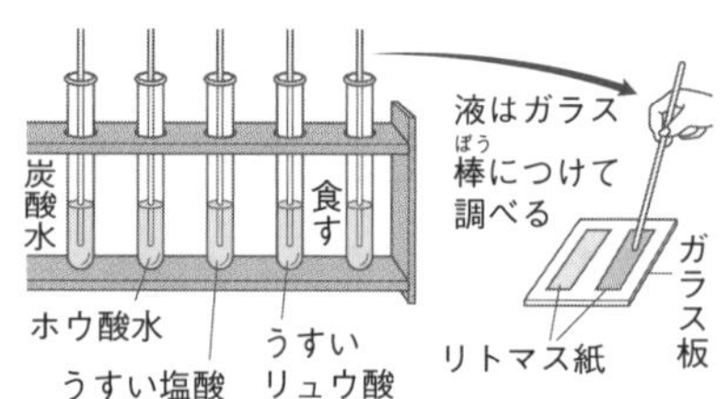

〈アルカリ性〉アルカリ性の水よう液は⑪　　色リトマス紙を⑫　　色に変え，BTB液を加えると⑬　　色になる性質がある。

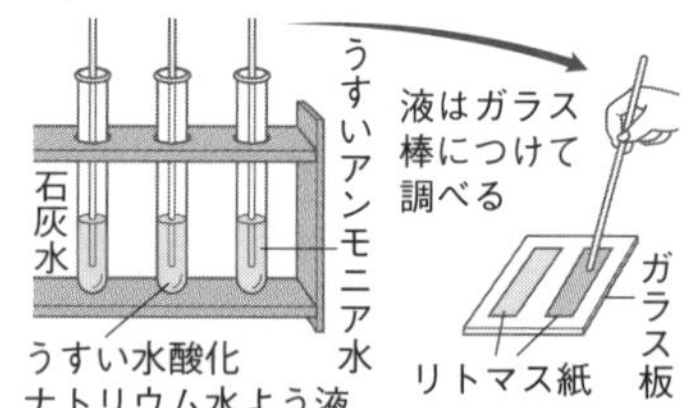

〈中性〉中性の水よう液は赤色リトマス紙につけても，青色リトマス紙につけても色が⑭　　。緑色のBTB液を加えても⑮　　色のままで変化しない。

〈指示薬〉リトマス紙，⑯　　，フェノールフタレイン液などの⑰　　を使うと水よう液の性質を調べることができる。

性質＼指示薬	リトマス紙	BTB液	フェノールフタレイン液
酸　性	赤　色	黄　色	無　色
中　性	―	緑　色	無　色
アルカリ性	青　色	青　色	赤　色

①
②
③
④
⑤
⑥
⑦
⑧
⑨
⑩
⑪
⑫
⑬
⑭
⑮
⑯
⑰

入試ガイド
水よう液の指示薬の色の変化について出題されている。指示薬の色の変化と水よう液の性質を確認しておくとよい。

水よう液には，固体，液体，気体の物質がとけた水よう液がある。
指示薬には，リトマス紙，BTB液，フェノールフタレイン液がある。

3 水よう液の中和★★

(1) **中和**……〈酸性とアルカリ性の水よう液のまぜ合わせ〉酸性とアルカリ性の水よう液をまぜ合わせると，おたがいにその性質を打ち消しあう。このような変化を⑱＿＿といい，完全に変化すると⑲＿＿になる。塩酸と水酸化ナトリウム水よう液を適量まぜ合わせると⑳＿＿になり，その液の中には㉑＿＿ができる。このようにしてできた新しい物質を㉒＿＿という。

〈中和のしくみ〉塩酸のつぶと水酸化ナトリウム水よう液のつぶが同じ数だけあるとき，酸性とアルカリ性の性質をちょうど打ち消しあい完全に㉓＿＿する。

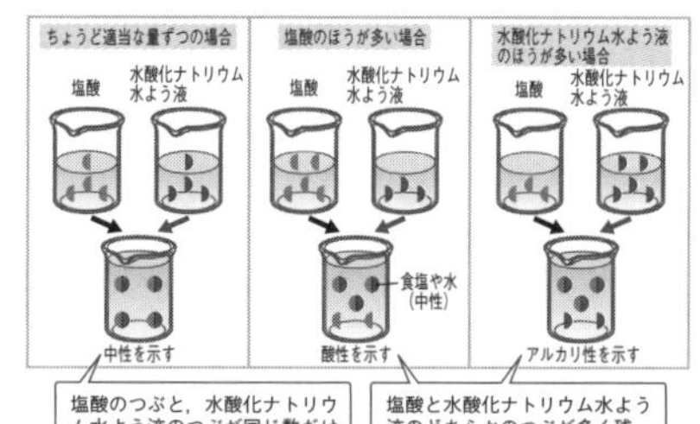

4 水よう液と金属の反応★★★

(1) **水よう液と金属の反応**……〈酸性の水よう液と金属の反応〉アルミニウム，あえん，鉄はうすい塩酸と反応して㉔＿＿物質に変化し，気体の㉕＿＿が発生する。銅はまったく反応しない。

〈アルカリ性の水よう液と金属の反応〉㉖＿＿はうすい水酸化ナトリウム水よう液と反応して㉗＿＿物質に変化し，気体の㉘＿＿が発生する。あえんは高温で㉙＿＿水よう液なら反応し，鉄，銅は反応しない。

〈発生した気体と残った物質〉塩酸や水酸化ナトリウム水よう液と金属の反応で発生した気体はすべて㉚＿＿である。また残った物質はもとの金属とは㉛＿＿性質をもつ。

〈発生する水素の体積〉ある決まった量の塩酸にアルミニウムなどの金属を入れると，発生する㉜＿＿の量は，入れる金属の量に㉝＿＿して増える。しかし，ある量まで入れると，それ以上塩酸と反応しなくなり，水素は発生しなくなる。

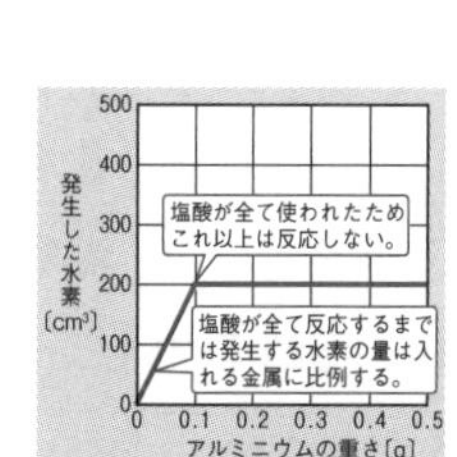

▲塩酸にアルミニウムを加えたようす

〈水よう液と金属の反応の速さ〉水よう液と金属の反応は，水よう液のこさが㉞＿＿ほうが，温度が㉟＿＿ほうがはやくなる。また，金属の表面積が㊱＿＿ほうが反応がはやくなる。

酸性・アルカリ性の水よう液を適量ずつまぜ合わせると中性になる。
アルミニウムはうすい塩酸，うすい水酸化ナトリウム水よう液と反応する。

⑱
⑲
⑳
㉑
㉒
㉓
㉔
㉕
㉖
㉗
㉘
㉙
㉚
㉛
㉜
㉝
㉞
㉟
㊱

入試ガイド
表やグラフから，中和するときのそれぞれの水よう液の体積や，塩酸に金属を加えたときの水素の体積などを問う問題が出題されている。

学習日　月　日

ステップ2 実力問題

ねらわれるココが
- いろいろな水よう液
- 水よう液の中和
- 水よう液と金属の反応

解答→別冊 p.56

重要 **1** 次の実験について，あとの問いに答えなさい。〔湘南学園中〕

実験 ビーカーA～Eに同じこさの水酸化ナトリウム水よう液を200 cm³ずつとり，BTB液を数てき加えた。ここに，一定のこさの塩酸をさまざまな体積でまぜた。その後，ビーカーを加熱し，水をすべて蒸発させ，残った固体の重さをはかった。表は，加えた塩酸の体積と，よう液の色，水を蒸発させたあとに残った固体の重さを示したものである。ただし，残った固体の中にふくまれるBTB液の成分は無視して考える。

	加えた塩酸の体積〔cm³〕	よう液の色	残った固体の重さ〔g〕
A	0	①	2.4
B	50	①	2.77
C	100	①	3.14
D	150	緑色	3.51
E	200	②	③

(1) 表の①，②にあてはまる色として正しいものを次の**ア**～**オ**からそれぞれ選び，記号で答えなさい。 ①[　　] ②[　　]

ア 青色　**イ** 青むらさき色　**ウ** 赤色　**エ** 緑色　**オ** 黄色

(2) BTB液を加えたときに，表の①にあてはまる色と同じ色になる水よう液として正しいものを次の**ア**～**カ**から2つ選び，記号で答えなさい。 [　　][　　]

ア 砂糖水　**イ** アンモニア水　**ウ** 食す　**エ** 食塩水

オ 炭酸水　**カ** 石灰水

(3) ビーカーBで残った固体として正しいものを次の**ア**～**エ**から選び，記号で答えなさい。 [　　]

ア 水酸化ナトリウム　**イ** 食塩

ウ 水酸化ナトリウムと食塩　**エ** 塩酸と食塩

(4) ビーカーA～Eのうち，塩酸を加えてまぜたときにちょうど中和したものを選び，記号で答えなさい。 [　　]

(5) 表の③にあてはまる値を答えなさい。 [　　]

(6) この実験で使った水酸化ナトリウム水よう液300 cm³をちょうど中和するのに必要な塩酸の体積を答えなさい。 [　　]

2 同じこさの塩酸40 mLにいろいろな重さのアルミニウムをとかし，発生する気体の体積を調べると，次のグラフのようになった。

得点アップ

1 水酸化ナトリウム水よう液に塩酸をまぜ合わせると中和して食塩と水ができる。

(1) Dで緑色になっていることから考える。

✔チェック！自由自在①
中和反応について調べてみよう。

2 アルミニウムは塩酸と反応する。

また，3gのアルミニウムをこの塩酸にとかし，気体の発生が終わったあとの液体(えきたい)を蒸発(じょうはつ)させ，残った固体の重さを調べると15gになった。これについて，次の問いに答えなさい。〔三田学園中〕

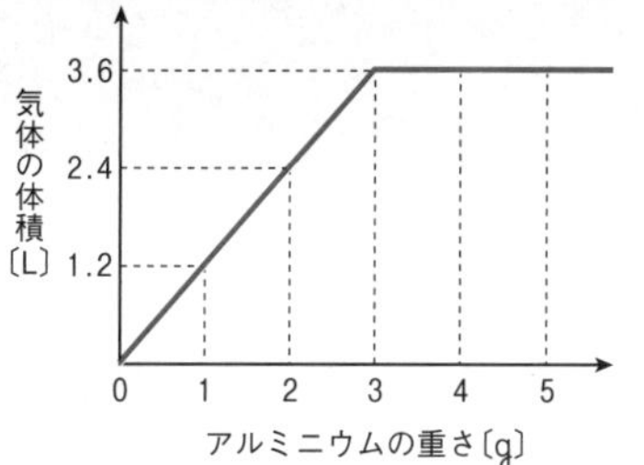

(1) アルミニウムと塩酸(えんさん)の反応(はんのう)のようすを観察すると，はじめはゆっくりあわが出ていたが，①しだいに激(はげ)しくあわが出るようになり，②やがてゆるやかにあわが出るようになった。下線①，②のようになった理由を次の**ア**～**カ**からそれぞれ選び，記号で答えなさい。　①[　　　]　②[　　　]

ア　アルミニウムの量が多いから

イ　アルミニウムの量が少なくなったから

ウ　塩酸のこさがこくなったから

エ　塩酸のこさがうすくなったから

オ　アルミニウムのとけている液体の温度が高くなったから

カ　アルミニウムのとけている液体の温度が低くなったから

(2) 2倍のこさにした塩酸60 mLにアルミニウム14gをとかしたとき，発生する気体の体積は何Lか，答えなさい。　[　　　]

(3) (2)の反応が終わったあとの液体を蒸発させ，残った固体の重さを調べた。残った固体の重さは何gか，答えなさい。　[　　　]

(4) 発生した気体の名まえを答えなさい。　[　　　]

重要 **3** 水よう液**A**～**G**についていろいろ観察や実験をすると，①～⑥のような結果になった。**A**～**G**は，次の**ア**～**キ**のどれか。あてはまるものを**ア**～**キ**からそれぞれ選び，記号で答えなさい。〔関西大第一中〕

A[　　　]　**B**[　　　]　**C**[　　　]　**D**[　　　]

E[　　　]　**F**[　　　]　**G**[　　　]

ア　アルコール水　**イ**　アンモニア水　**ウ**　塩酸　**エ**　砂糖水(さとうみず)

オ　食塩水　**カ**　水酸化ナトリウム水よう液　**キ**　炭酸水

① 水分をすべて蒸発させると，**C**，**D**，**E**，**G**はあとに何も残らなかった。

② においがするのは，**C**，**D**，**G**であった。

③ 電気を通さないのは，**B**，**C**であった。

④ アルミニウムを加えると，**A**，**D**ではアルミニウムがとけた。

⑤ **D**と**E**にムラサキキャベツのしぼりじるを加えると，それぞれ赤～ピンク色に変化した。

⑥ BTB(ビーティービー)液を加えた**A**に**D**を入れて緑色のよう液にしたものを蒸発させると，**F**を蒸発させたものと同じ白い固体がえられた。

✔チェック！自由自在②
水よう液と金属の反応について調べてみよう。

(2)2倍のこさにした塩酸60 mLは，もとの塩酸では120 mLになる。

3①では気体や液体がとけている水よう液がわかる。
④ではアルミニウムがとけて水素が発生している。

✔チェック！自由自在③
酸性・中性・アルカリ性の水よう液にはどのようなものがあるか調べてみよう。

ステップ3 発展問題

解答→別冊 p.57

重要 **1** A～Eの水よう液が何かを調べるため，次のような実験を行った。ただし，A～Eの水よう液は，石灰水，食塩水，炭酸水，塩酸，アンモニア水のいずれかである。これについて，次の問いに答えなさい。〔関西大中〕

実験　操作1　それぞれの水よう液を別々の試験管に少量ずつとってストローで息をふきこんだところ，Bの水よう液だけはにごった。

操作2　それぞれの水よう液を1てきずつ赤色リトマス紙につけたところ，青色に変化したものはBとCの水よう液であった。

操作3　それぞれの水よう液を別々の蒸発皿に少量ずつとって蒸発させたところ，AとCとDの水よう液は蒸発皿に何も残らなかった。

(1) 操作1の結果から，Bの水よう液を白くにごらせる原因となった物質の名まえを答えなさい。
[　　　　]

(2) 操作1～3の結果から，Eの水よう液は何かを答えなさい。　[　　　　]

(3) 操作3の結果について，蒸発皿に何も残らなかった理由として正しく説明しているものを次の**ア**～**ウ**から選び，記号で答えなさい。　[　　]

ア　固体がとけていたから　　**イ**　液体がとけていたから　　**ウ**　気体がとけていたから

(4) 操作1～3だけでは何かがわからないような水よう液をA～Eからすべて選び，記号で答えなさい。また，それらが何かを調べるための正しい実験方法を次の**ア**～**エ**から選び，記号で答えなさい。　水よう液[　　　　]　実験方法[　　]

ア　BTB液を加えて色を確認する。　　**イ**　青色リトマス紙につけて色を確認する。

ウ　Bの水よう液とまぜて色を確認する。

エ　試験管の口に直接鼻を近づけてにおいを確認する。

2 次の実験について，あとの問いに答えなさい。〔東大寺学園中〕

実験1　酸性の水よう液とアルカリ性の水よう液が中和するとき，熱が出る。3.6％の塩酸50gと4％の水酸化ナトリウム水よう液50gをまぜるとちょうど中和して，水よう液の温度が7℃上がった。また，この水よう液の水を蒸発させると，食塩が2.9g出てきた。

実験2　1gの固体の水酸化ナトリウムを水にとかして100gの水よう液にしたとき，熱が出て2.6℃温度が上がった。

なお，水よう液の種類に関係なく1gの水よう液の温度を1℃上げるのに同じ熱が必要になるものとする。また，答えが割り切れない場合は，小数第2位を四捨五入し，小数第1位まで答えなさい。

(1) 3.6％の塩酸100gと4％の水酸化ナトリウム水よう液100gをまぜた。水よう液の温度は何℃上がるか，答えなさい。また，この水よう液の水を蒸発させると何gの食塩が出てくるか，答えなさい。　温度[　　　　]　食塩[　　　　]

(2) 3.6％の塩酸50 gと2％の水酸化ナトリウム水よう液50 gをまぜた。水よう液の温度は何℃上がるか，答えなさい。［　　　］

(3) 3.6％の塩酸50 gと4％の水酸化ナトリウム水よう液25 gをまぜた。水よう液の温度は何℃上がるか，答えなさい。［　　　］

難問 (4) 2 gの水酸化ナトリウムの固体をあるこさの塩酸にとかしたところ，ちょうど中和して，50 gの食塩水ができた。水よう液の温度は何℃上がるか，答えなさい。［　　　］

3 次の実験について，あとの問いに答えなさい。〔桐光学園中〕

実験 ① 水酸化ナトリウム80 gを水にとかして400 cm^3の水酸化ナトリウム水よう液をつくり，7つの蒸発皿**A**～**G**に40 cm^3ずつ入れた。

② 蒸発皿**B**～**G**に塩酸を10 cm^3～60 cm^3加えてよくかきまぜた。

③ 蒸発皿**A**～**G**を加熱して水を蒸発させると，それぞれ固体が残った。残った固体の重さをはかった。

結果をまとめると，次の表のようになった。なお，実験で用いた塩酸はすべて同じこさであった。

蒸発皿	A	B	C	D	E	F	G
水酸化ナトリウム水よう液の体積〔cm^3〕	40	40	40	40	40	40	40
加えた塩酸の体積〔cm^3〕	0	10	20	30	40	50	60
水を蒸発させた後に残った固体の重さ〔g〕	X	9	10	11	11.7	11.7	11.7

(1) 蒸発皿**G**に残った固体は何か。漢字2文字で答えなさい。［　　　］

(2) 表中の**X**にあてはまる数値を整数で答えなさい。［　　　］

重要 (3) 蒸発皿**A**～**G**で，水を蒸発させる前の水よう液のうち，赤色リトマス紙が青色になるものはいくつあるか，答えなさい。また，その性質を何というか，答えなさい。

数［　　　］ 性質［　　　］

(4) 塩酸10 cm^3を蒸発皿にとり，加熱して水を蒸発させるとどうなるか。次の**ア**～**エ**から選び，記号で答えなさい。［　　　］

ア 無色の結しょうが残る。　**イ** 白い粉が残る。

ウ 水以外の液体が残る。　**エ** 何も残らない。

(5) ①の水酸化ナトリウム水よう液40 cm^3を蒸発皿に入れ，さらに塩酸をよくかきまぜながら加えた。まぜたあとの水よう液をリトマス紙につけても，青色リトマス紙も赤色リトマス紙も色が変わらなかった。このとき，水酸化ナトリウム水よう液と塩酸はちょうど中和した。加えた塩酸は何cm^3か。整数で答えなさい。［　　　］

(6) 蒸発皿**C**には，変化しなかった水酸化ナトリウムが何g残っているか。小数第2位を四捨五入し，小数第1位まで答えなさい。［　　　］

(7) ①の水酸化ナトリウム水よう液10 cm^3を蒸発皿に入れ，塩酸20 cm^3を加えてよくかきまぜた。水を蒸発させると，何gの固体が残るか。小数第2位を四捨五入し，小数第1位まで答えなさい。［　　　］

思考力/作図/記述問題に挑戦！

本書の出題範囲 p.142〜153

解答→別冊 p.58

重要 **1** 次の文章を読んで，あとの問いに答えなさい。〔麗澤中〕

食すにはサク酸という物質がとけている。食すを500gずつとり出し，そこにアルミニウムをそれぞれ1g，2g，3g，4g，5g加えると，アルミニウムがとけて気体が発生した。加えたアルミニウムの重さと発生した気体の体積との関係をまとめると次の表のようになった。

アルミニウムの重さ〔g〕	1	2	3	4	5
発生した気体の体積〔L〕	1.2	2.4	3.6	3.6	3.6

(1) 表をもとに，アルミニウムの重さと発生した気体の体積の関係をグラフで表しなさい。

発生した気体の体積〔L〕
5
4
3
2
1
0
0　1　2　3　4　5
アルミニウムの重さ〔g〕

(2) サク酸とアルミニウムが反応するときの重さの比は20：3であることが知られている。食す中にふくまれるサク酸の濃度は何％か，答えなさい。

〔　　　　　　〕

着眼点

1 アルミニウムの重さが3gまでは，発生した気体の体積はアルミニウムの重さに比例している。

2 次の問いに答えなさい。〔江戸川学園取手中〕

(1) **図1**のように，燃えているろうそくに細長いつつをかぶせると，やがてろうそくの火は消えてしまう。2本のわりばしを使って，**図1**のろうそくの火が消えないようにするには，わりばしをどのように使えばよいか。**図2**に2本のわりばしとつつをかき加えなさい。また，そのときつつの中で空気はどのように動いているか。ろうそくが燃えているときの空気の動きを矢印で表しなさい。

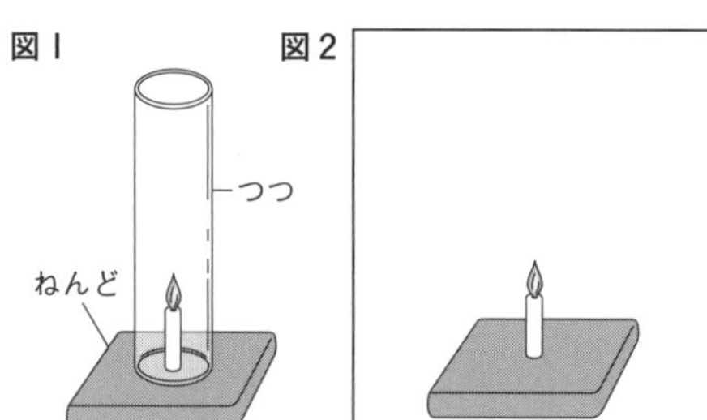

(2) ものが燃える条件は，燃えるものがあること，酸素があることのほかに，燃えるものの温度がある高さ以上になることである。そのため，火を消すには，これらの条件のうち，少なくとも1つをとり除けばよいことになる。旅館などで見かける紙のなべを使ったなべ料理で，紙のなべに直接火があたっているのに燃えない理由は，ものが燃える3つの条件のうち，どれをとり除いているからか。「もの」「空気」「温度」で答えなさい。

〔　　　　　　〕

2 つつの中に新しい空気が入るようにわりばしを使えばよい。

(2) 1つ1つの条件を考えて，どれをとり除いているかを考える。

3 試験管に5種類の液体A～Eがある。これらの液体は，食塩水・石灰水・炭酸水・食す・水のいずれかである。それぞれどの液体かを調べるために，液体をリトマス紙につける実験と加熱する実験を行った。結果は，次の通りである。これについて，次の問いに答えなさい。〔聖セシリア女子中〕

結果

液体	リトマス紙の色の変化		液体が蒸発するまで加熱したときの変化
	赤色リトマス紙	青色リトマス紙	
A	変化なし	赤色に変化	何も残らなかった
B	青色に変化	変化なし	白い結しょうが残った
C	変化なし	赤色に変化	何も残らなかった
D	変化なし	変化なし	何も残らなかった
E	変化なし	変化なし	白い結しょうが残った

重要 (1) BとDとEは，それぞれ何の液体か答えなさい。

B［　　　］　D［　　　］　E［　　　］

(2) AとCは，同じ結果を示しており，どの液体かわからない。液体AとCがどの液体か調べるにはどのような実験をすればよいか答えなさい。

［　　　］

(3) この実験を安全に行うために気をつけなければならないことを1つ答えなさい。

［　　　］

3 リトマス紙の色の変化から水よう液の性質が，蒸発させたときの変化からとけているものがわかる。

(2)AとCの水よう液はどちらも酸性の水よう液で，気体か液体がとけている。

4 食塩水，炭酸水，うすい塩酸，うすい水酸化ナトリウム水よう液の4つの水よう液を，それぞれ同じ量だけビーカーに入れた。しかし，ビーカーにラベルをつけ忘れてしまったため，どのビーカーにどの水よう液が入っているかわからなくなってしまった。そこで，どのビーカーにどの水よう液が入っているかを調べる実験を考えた。これについて，次の問いに答えなさい。〔大阪教育大附属天王寺中〕

(1) 水よう液の性質は，水にとけているものによって決まるということを思い出し，それぞれの水よう液をろ過し，ろ紙に残るものを調べることにした。また，ろ過したあとの液についても少量とって蒸発させ，あとに残るものを調べることにした。この方法の問題点を答えなさい。

［　　　］

難問 (2) いろいろ調べた結果，酸性・中性・アルカリ性の性質を調べずに，4つの水よう液を特定する方法があることに気づいた。どのようにして特定することができるか。順序がわかるように答えなさい。

［　　　］

4 水よう液には，固体，液体，気体がとけているものがある。

(1)ろ過によってとり出せるのは，固体がとけ残ったものである。

(2)金属との反応，水分を蒸発させたときの反応を調べる。

精選　図解チェック＆資料集（物　質）

解答→別冊 p.59

●次の空欄（くうらん）にあてはまる語句（ごく）を答えなさい。

ものの性質と温度

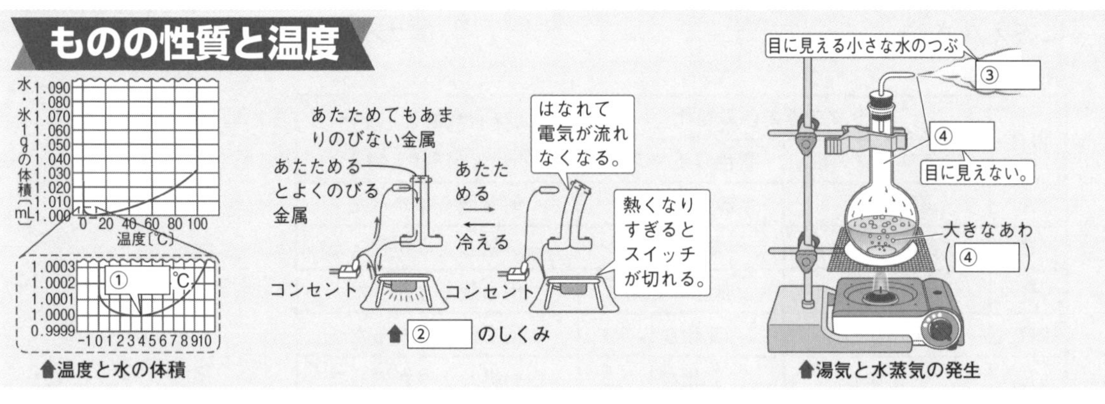

温度と水の体積

② のしくみ

湯気と水蒸気の発生

もののの重さととけ方

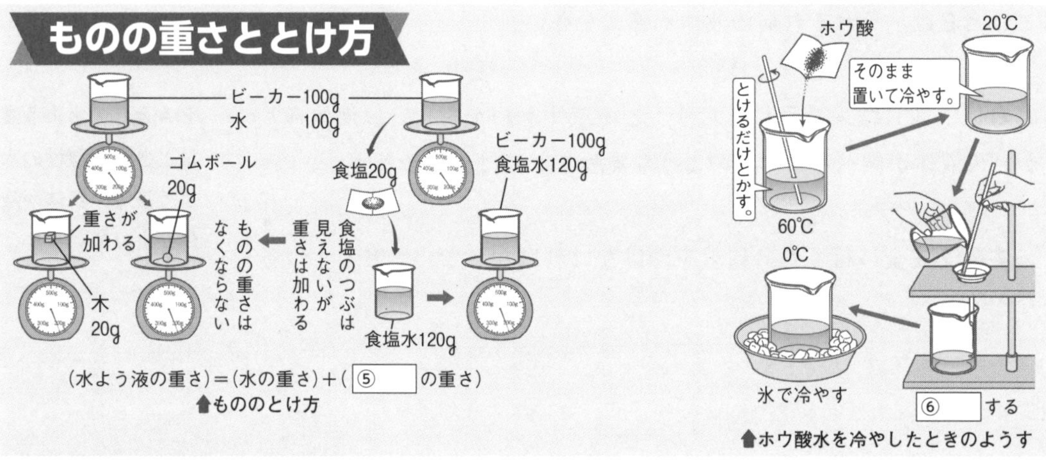

（水よう液の重さ）＝（水の重さ）＋（⑤ の重さ）

もののとけ方

ホウ酸水を冷やしたときのようす

気体と水よう液

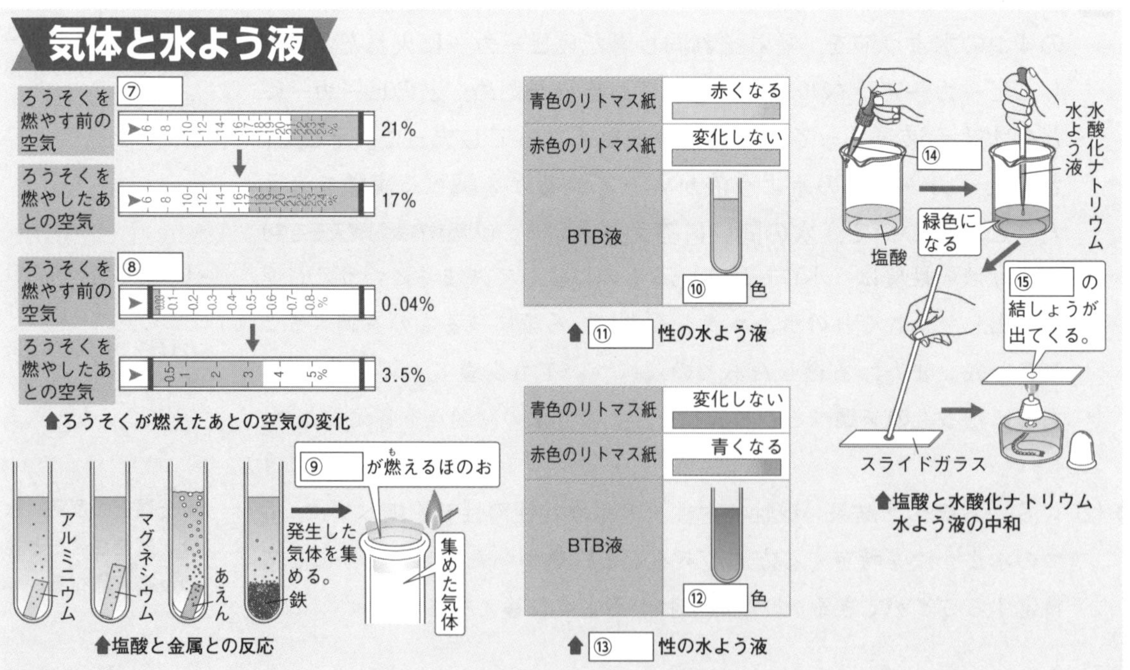

ろうそくが燃えたあとの空気の変化

塩酸と金属との反応

青色のリトマス紙	赤くなる
赤色のリトマス紙	変化しない
BTB液	⑩ 色

⑪ 性の水よう液

青色のリトマス紙	変化しない
赤色のリトマス紙	青くなる
BTB液	⑫ 色

⑬ 性の水よう液

塩酸と水酸化ナトリウム水よう液の中和

第5章 中学入試対策 出題形式別問題

第6章 公立中高一貫校 適性検査対策問題

中学入試 予想問題

1

第5章 中学入試対策 出題形式別問題

表やグラフに関する問題

解答→別冊 p.60

1 右の図のような装置(そうち)を用い，いろいろな重さのアルミニウムにうすい塩酸(えんさん)10 mLをそれぞれ加え，発生する気体の体積を測定(そくてい)すると表のようになった。これについて，次の問いに答えなさい。〔滝川中〕

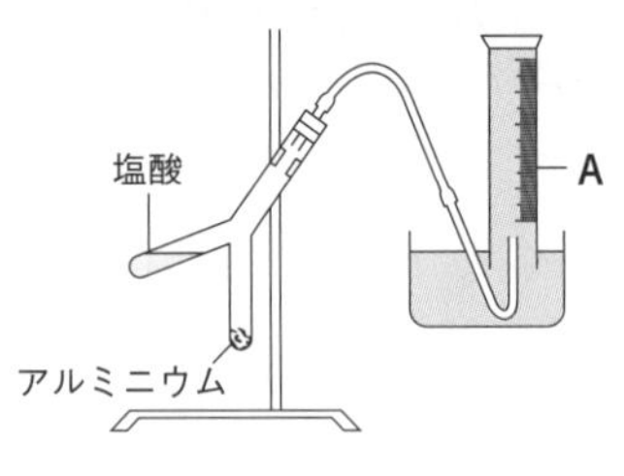

(1) 図の器具Aの名まえを答えなさい。[　　　　]

重要 (2) 表の結果より，アルミニウムの重さと発生した気体の体積の関係はどのようなグラフになるか。右の図にかきなさい。

アルミニウムの重さ〔mg〕	100	200	300	400
発生した気体の体積〔mL〕	140	280	350	350

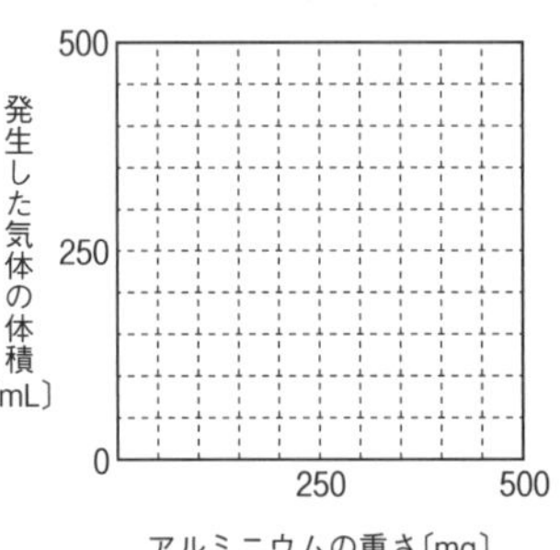

(3) うすい塩酸10 mLにとけるアルミニウムは最大何mgか，答えなさい。[　　　　]

(4) アルミニウム150 mgにうすい塩酸10 mLを加えた。発生する気体は何mLか，答えなさい。[　　　　]

(5) アルミニウム500 mgにうすい塩酸15 mLを加えた。発生する気体は何mLか，答えなさい。[　　　　]

(6) うすい塩酸を2倍のこさに変えたものを用意した。アルミニウム250 mgに，この塩酸をいろいろな体積に変えて加えた。発生した気体の体積と塩酸の体積の関係はどのようなグラフになると考えられるか。右の図にかきなさい。

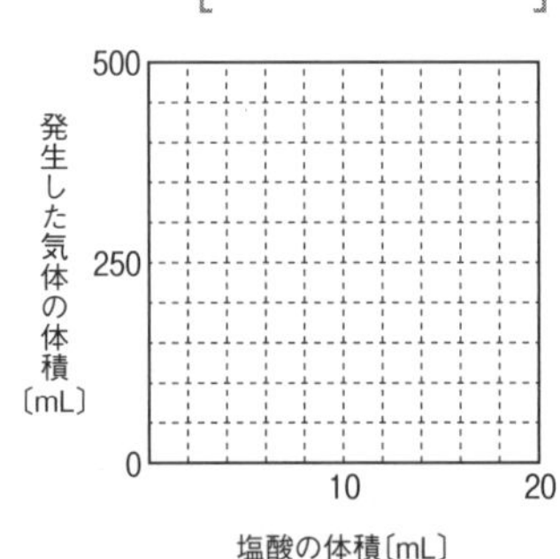

(7) アルミニウム250 mgをとかすためには，2倍のこさの塩酸が何mL必要か，答えなさい。[　　　　]

(8) アルミニウム250 mgに2倍のこさの塩酸4 mLを加えた。発生する気体は何mLか，答えなさい。[　　　　]

(9) アルミニウム450 mgに2倍のこさの塩酸20 mLを加えた。発生する気体は何mLか，答えなさい。[　　　　]

得点アップ

1 発生する気体の体積は，一定の重さになるまではアルミニウムの重さに比例(ひれい)する。

(6) 2倍のこさの塩酸5 mLが，もとのこさの塩酸10 mLと同じはたらきをする。

2 次の図は，ある年の8月12日から13日にかけて，台風が沖縄(おきなわ)本島を通過(つうか)したときの那覇(なは)での観測(かんそく)結果である。これについて，次の問いに答えなさい。〔巣鴨中〕

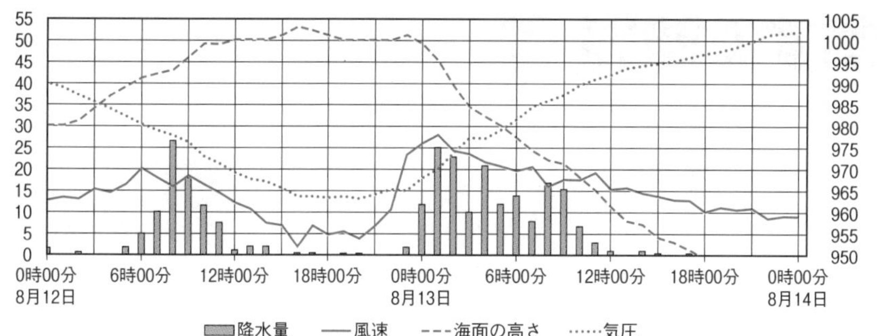

2台風が近づくと，気圧が下がる。

(1) 次の①～③の単位は何か。適するものを次の**ア**～**オ**からそれぞれ選び，記号で答えなさい。

重要 ① 気圧を読むときの，右側の縦軸の単位 [　　　]

② 降水量を読むときの，左側の縦軸の単位 [　　　]

③ 風速を読むときの，左側の縦軸の単位 [　　　]

ア mm　**イ** cm　**ウ** m/秒　**エ** km/時　**オ** hPa

(1)風速は1秒あたりの風の速さで表す。

(2) 8時の降水量とは，いつ降った雨や雪の量か。適するものを次の**ア**～**エ**から選び，記号で答えなさい。 [　　　]

ア 8時ちょうどに降っていた量　**イ** 7時から8時までに降った量

ウ 7時30分から8時30分までに降った量

エ 8時から9時までに降った量

(3) 台風の中心付近の台風の目では風雨が弱く青空が見えることもある。

① 台風の目に入っていたのは何時間か。次の**ア**～**エ**から選び，記号で答えなさい。ただし，風速が10以下，かつ降水量が10以下のときを台風の目に入っているときとする。 [　　　]

ア 3時間　**イ** 6時間　**ウ** 9時間　**エ** 12時間

② 台風の目の直径はおよそ100 kmであった。台風の移動速度は何km/時か。①の答えを用いて求めなさい。ただし，台風の目は円形で，直径は変わらず，中心が那覇をまっすぐ通過したとする。答えは小数第1位を四捨五入して答えなさい。 [　　　]

(3)グラフから，風速が10より小さくなっている時間を読みとる。

(4) 台風による海面の高さの変化のようすを，図中の太い点線(---)が表している。その値を読むときは，左の縦軸(単位はcm)を用いる。

① 8月12日の3時から12時までの間，気圧が右の縦軸で1目盛り下がると，海面は何cm高くなったか。答えは小数第1位を四捨五入して答えなさい。 [　　　]

② 8月は1年の中で海面が高い時期である。その理由として適するものを次の**ア**～**オ**から選び，記号で答えなさい。 [　　　]

ア 気温が高く，海水がぼう張するから。

イ 黒潮が大きく蛇行するから。　**ウ** 地球が太陽に近づくから。

エ 月が地球に近づくから。　**オ** 偏西風が強くふくから。

(4)①3時から12時の間に海面は15 cm上しょうしている。

2 計算に関する問題 ①

解答→別冊 p.61

1 次の文章を読んで，あとの問いに答えなさい。〔青稜中〕

道路上で車が観測者に向かって進んでくる。右の図のように，車は観測者から340 mはなれたP点で音を鳴らし始め，170 mはなれたQ点で音を鳴らすのをやめた。車がP点を通過した時刻を0秒とし，音の速さを毎秒340 m，車の速さを毎秒10 mとする。

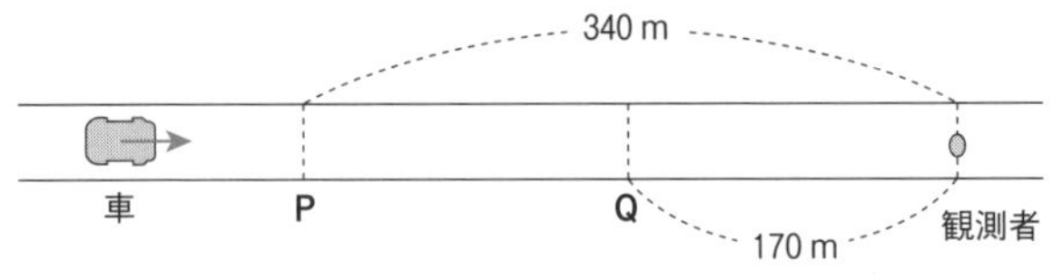

(1) 観測者が音を聞き始める時刻を「〜秒」の形で答えなさい。

[　　　　　]

重要 (2) 車が音を鳴らす時間は何秒間か，答えなさい。 [　　　　　]

(3) 観測者が音を聞き終わる時刻を「〜秒」の形で答えなさい。

[　　　　　]

(4) (1)〜(3)を参考に，次の文章の①，②にあてはまる数字を答えなさい。

車が観測者に向かって近づいてくるとき，Q点で出した音はP点で出した音と比べて，観測者に届くまでに進むきょりが170 m短くなる。そのため観測者が音を聞く時間は，車が音を鳴らした時間より ① 秒短くなる。ふたたび図のように，車が音を鳴らしながら毎秒10 mの速さで観測者に向かって近づいてくる。観測者が音を聞く時間が，車が音を出す時間より2秒短かったとき，車が音を鳴らしながら走ったきょりは ② mである。 ①[　　　　] ②[　　　　]

2 次の文章を読んで，あとの問いに答えなさい。〔専修大松戸中〕

気温が下がると，空気中にふくまれる水蒸気の一部が水てきに変わり，窓ガラスなどについてガラスが白くくもることがある。これは，空気中にふくむことのできる水蒸気の量が温度によって決まっていて，温度が低いほどその量が少なくなるためにおこる。ある温度で1 m^3の空気がふくむことのできる水蒸気の最大量を，その温度での「ほう和水蒸気量」という。また，そのほう和水蒸気量にたいする，空気中の水蒸気量の割合をパーセントで表した数値を「しつ度」といい，

$$\text{しつ度〔\%〕} = \frac{\text{空気中にふくまれる水蒸気量[g]}}{\text{その温度におけるほう和水蒸気量[g]}} \times 100$$

の式で計算される。また，空気の温度を下げていったとき，水蒸気の一部が水てきに変わり始める温度を「露点」という。

次の表は，温度とほう和水蒸気量の関係を表している。

得点アップ

1 車がP点で鳴らした音は，観測者に何秒後に聞こえるかを考える。

(2)車がP点からQ点まで進むのに17秒かかる。

(3)車がQ点で鳴らした音が，観測者が聞き終わるときの音になる。

2 しつ度は，空気中にふくまれる水蒸気量が，その温度でのほう和水蒸気にたいしてどれくらいの割合になるかを百分率で表したものである。

温度〔℃〕	0	5	10	15	20	25	30	35
ほう和水蒸気量〔g〕	4.8	6.8	9.4	12.8	17.3	23.1	30.4	39.6

(1) 気温が20℃で，100 gの水蒸気(すいじょうき)をふくむ空気10 m³がある。この空気の温度を10℃まで下げたとき，水てきは何g出てくるか，整数で答えなさい。 [　　　]

(2) 気温が30℃で，しつ度が42 %の空気がある。

① この空気1 m³あたりにふくまれる水蒸気量は何gか，小数第2位を四捨五入(ししゃごにゅう)し，小数第1位まで答えなさい。 [　　　]

② この空気の露点(ろてん)はおよそ何℃か，表の温度の値(あたい)から1つ選んで答えなさい。 [　　　]

(1)この空気1 m³にふくまれる水蒸気の量は10 gである。

(2)空気1 m³あたりにふくまれる水蒸気の量から，露点を求めることができる。

3 ある大きさのおもりAを使って次の実験をした。これについて，あとの問いに答えなさい。 〔大阪学芸中〕

実験1　支持台(しじだい)にばねばかりとおもりAを**図1**のようにとりつけた。このとき，ばねばかりの指針(ししん)は400 gを示(しめ)していた。

図1

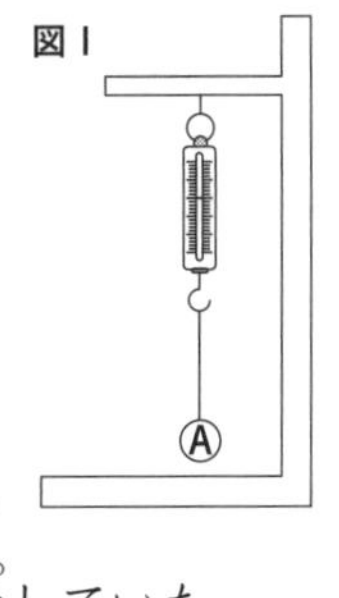

図2

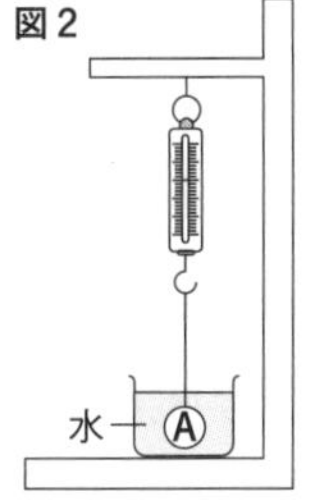

図3

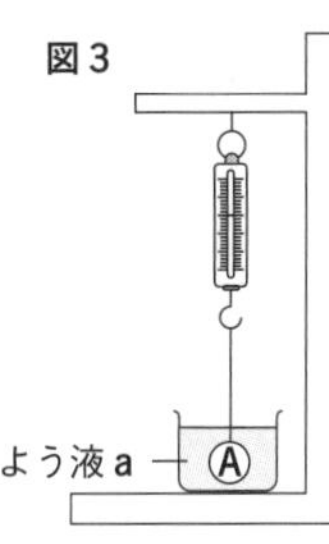

実験2　**図2**のようにビーカーに水を入れ，おもりAをしずめた。このとき，ばねばかりの指針は350 gを示していた。

実験3　**実験2**のおもりAを水からとり出し，水をよくふきとったのち，**図3**のようによう液(えき)aの中にしずめた。このとき，ばねばかりの指針は330 gを示していた。

実験4　**実験3**のおもりAをよう液aからとり出し，よう液aをよくふきとったのち，よう液bの中にしずめた。このとき，ばねばかりの指針は320 gを示していた。

ただし，1.0 cm³あたりの水の重さは1.0 gとする。また，浮力(ふりょく)はしずめた物体がしりぞけた体積の液体の重さに等しい。

要 (1) **図2**で，おもりAが受ける浮力は何gですか。 [　　　]

(2) おもりAの体積は何cm³ですか。 [　　　]

(3) 1 cm³あたりのおもりAの重さは何gですか。 [　　　]

(4) よう液aとよう液bを同じ体積で比(くら)べると，よう液aの重さはよう液bにたいして何倍か。小数第3位を四捨五入して小数第2位まで答えなさい。 [　　　]

(5) 1 cm³あたりのよう液aの重さは何gですか。 [　　　]

3水中にある物体は，おしのけた体積と同じ体積の液体の重さの浮力を受ける。

(1)水の中に入れると，重さは50 g小さくなっている。

(2)50 gの水の体積は50 cm³である。

計算に関する問題 ②

学習日　　月　　日

解答→別冊 p.62

1 次の文章を読んで，あとの問いに答えなさい。〔湘南学園中〕

図1のような回路で，細い電熱線Aと太い電熱線Bを用いて，容器に入っている水200gをあたためた。**図2**はあたためた時間と水の温度の関係を表している。ただし，電熱線の熱は水のみをあたためるものとする。

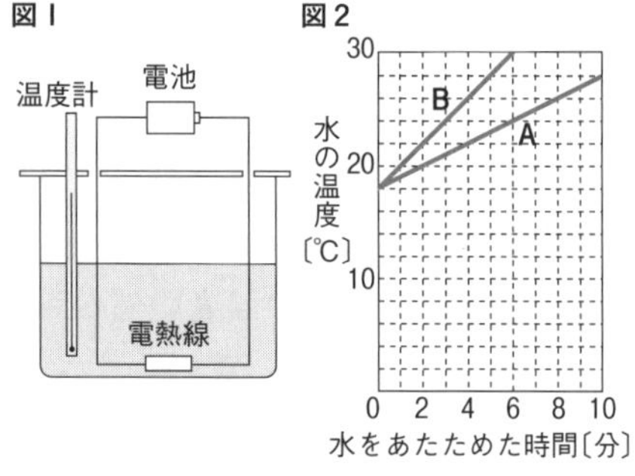

(1) 電熱線の太さが異(こと)なると，**図2**のように水の温度変化のようすが変わる。この理由を次の**ア**～**エ**から選び，記号で答えなさい。［　　　］

ア 電熱線が太いほうが，水とふれる面積が大きいから。

イ 電熱線が細いほうが，流れる電流が小さいから。

ウ 電熱線が太いほうが，流れる電流が小さいから。

エ 電熱線が細いほうが，流れる電流が大きいから。

(2) 電熱線Aを用いて18℃の水200gを8分間あたためたときの水の温度を答えなさい。［　　　］

(3) 電熱線Bを用いて18℃の水200gをあたためたとき，水の温度は34℃になった。あたためた時間を答えなさい。［　　　］

重要 (4) 電熱線Aを用いて18℃の水100gを6分間あたためたときの水の温度を答えなさい。［　　　］

(5) 次の図のような回路をつくり，18℃の水200gを5分間あたためた。最も水の温度が高くなった回路を選び，記号で答えなさい。また，そのときの水の温度を答えなさい。［　　　］ 水温［　　　］

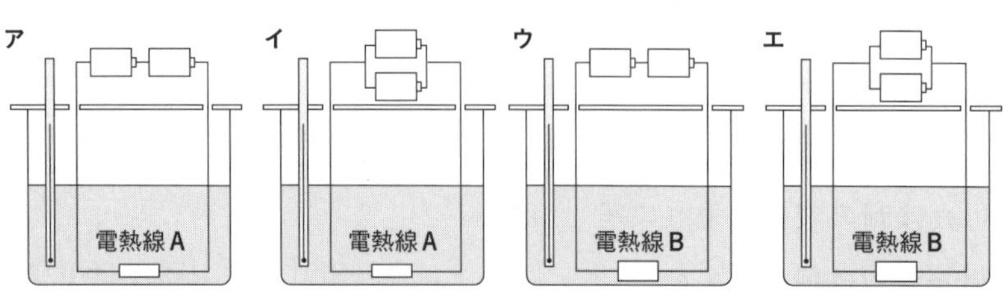

(6) **図3**のように，電熱線AとBを用いて18℃の水200gを4分間あたためたときの水の温度を答えなさい。［　　　］

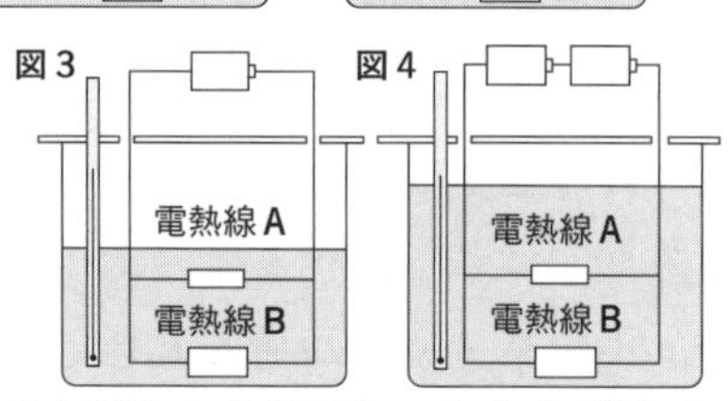

(7) **図4**のように，電熱線AとBを用いて18℃の水300gを6分間あたためたときの水の温度を答えなさい。［　　　］

得点アップ

1 図2のグラフから，水の温度変化は，水をあたためた時間に比例(ひれい)することがわかる。

(1)流れる電流は，太い電熱線のほうが大きい。

(3)電熱線Bを用いると，200gの水は，6分間に12℃温度が上がっている。

(5)電熱線に大きな電流が流れているほうが水の温度ははやく上がる。

2 次の文章を読んで，あとの問いに答えなさい。〔帝塚山中〕

ある地域の，標高の異なる4地点A～Dで地層の観察を行った。この地域では，地層が水平に広がっており，地層の重なる順番や各層の厚さはどの地点でも同じになっていたが，地点A～Cと地点Dの間には上下方向に地層のずれがあった。このずれは地下で大きな力がはたらいてできたものと考えられる。図は，地点A～Cについて，観察者の足もとの高さを0mとし，上に向かって地層の重なるようすを表したものである。なお，図中の同じ模様は，同じ種類の岩石で地層ができていることを表している。また，地点Cの足もとの標高は150mであった。

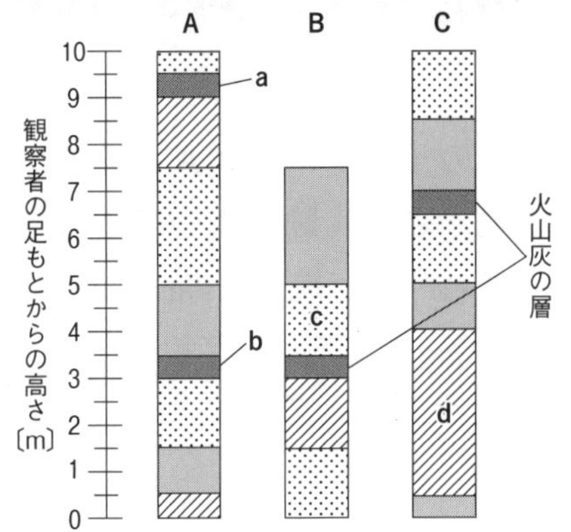

⑴ 下線部の地層のずれを何というか，漢字で答えなさい。［　　　］

⑵ cの層は，小石と砂がまじって固まった岩石であった。この岩石の名まえを次のア～エから選び，記号で答えなさい。［　　　］

ア 砂岩　**イ** れき岩　**ウ** でい岩　**エ** よう岩

⑶ cの層にふくまれる小石の角は，すべてとれてまるみを帯びていた。その理由として適当なものを次のア～オから選び，記号で答えなさい。

［　　　］

ア 海の底で積もったから。
イ 川の流れで運ばれたから。
ウ 岩石になるときに小石はおしつぶされるから。
エ 火山のふん出物が冷え固まってできたから。
オ 長い年月の間，何度か地しんのえいきょうを受けたから。

重要 ⑷ 地点Bで見られる火山灰の層は，地点Aの火山灰の層a，bのどちらとつながっていますか。ただし，火山灰の層a，bは，それぞれ地点B，Cのどちらかの火山灰の層とつながっている。［　　　］

⑸ cの層の上面から，dの層の上面までの厚さは何mですか。

［　　　］

⑹ 地点Bの足もとの標高は何mですか。［　　　］

⑺ 足もとの標高が165mの地点から，bの火山灰の層の上面までは何mですか。［　　　］

難問 ⑻ 地点Cのdの層の上面と，地点Dのaの層の下面の高さが同じになっていた。地点Dのdの層の下面の標高は何mですか。

［　　　］

2 火山灰の層は広いはん囲にわたって同じ時期に積もるため，地層の新旧を比べるのに役に立つ。

⑷地点Bの火山灰の層のすぐ上にはcの層がある。

⑸地点Cのdの層の上面から火山灰の層の上面までは3m。地点Aのbの火山灰の層の上面からcの層の上面までは何mあるか考える。

4 第5章 中学入試対策 出題形式別問題
実験・観察に関する問題 ①

解答➔別冊 p.63

1 同じように育った2つのインゲンマメAとインゲンマメBを用意し，次の実験を行った。この実験について，あとの問いに答えなさい。なお，実験は晴れの日が続いた期間に行った。〔関西学院中〕

手順1　晴れた日の午後，**図1**のように，インゲンマメA，Bをそれぞれダンボール箱でおおい，日光をさえぎる。

手順2　次の日の朝，それぞれのダンボール箱の中から，インゲンマメA，Bの葉をつみとる。そして，**図2**のように，インゲンマメAは，ダンボール箱をとりのぞいて葉に日光があたるようにし，インゲンマメBは，ダンボール箱でおおい続け日光をさえぎる。

図1

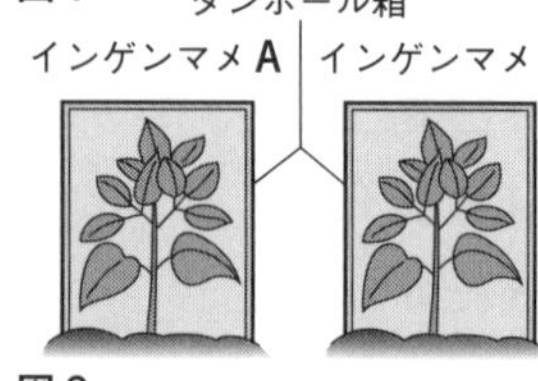

図2

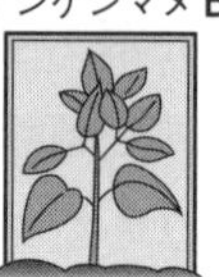

手順3　**手順2**でつみとったそれぞれの葉を湯につけ，あたためたエタノールに入れ，それぞれの葉を湯で洗い，うすいヨウ素液にひたす。

手順4　**手順2**から5時間後，日光にあたっていたインゲンマメAの葉とダンボール箱の中のインゲンマメBの葉をつみとる。

手順5　**手順4**でつみとったそれぞれの葉を湯につけ，あたためたエタノールに入れ，それぞれの葉を湯で洗い，うすいヨウ素液にひたす。

(1) **手順3**と**手順5**であたためたエタノールに葉を入れる目的を説明しなさい。［　　　　　　　　　　　　　　　　　　　］

(2) **手順3**で，インゲンマメA，Bの葉をうすいヨウ素液にひたしても，どちらも変化はなかった。**手順1**までに葉でつくられたでんぷんについて次の**ア**～**ウ**から正しいものを選び，記号で答えなさい。［　　　］

ア 糖に変化してからだの各部に運ばれ，成長のための養分に使われた。
イ 糖に変化したあと，葉の気こうから糖のままで空気中に出された。
ウ 根に運ばれたあと，土の中に出され，土の中にたくわえられた。

(3) **手順5**で，うすいヨウ素液にひたしたとき葉の色が青むらさき色に変化したのはインゲンマメA，Bのどちらですか。［　　　　］

重要 (4) 次の文章は，日光があたったときの植物のはたらきについて述べたものである。①～③にあてはまる語句を書きなさい。

①［　　　　　　］　②［　　　　　　］　③［　　　　　　］

> 植物の葉に日光があたると，植物は空気中の ① をとり入れ，これと ② から，でんぷんをつくり出す。このはたらきを ③ という。

得点アップ

1 植物の葉は，日光にあたるとでんぷんをつくるはたらきをする。

(2) 夜の間にでんぷんはどうなり，どこに移動するかを考える。

(4) このはたらきには，日光のエネルギーが必要である。

2 電流の大きさを調べるときは，**図1**のような電流計を用いる。これについて，次の問いに答えなさい。〔成蹊中〕

図1

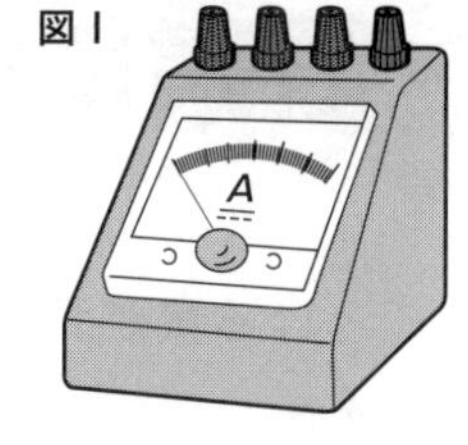

(1) このような電流計には4つのたんしがついている。いちばん右側のたんしには＋の記号が書かれている。このたんしを何とよぶか答えなさい。［　　　　］

実験1　**図2**は，かん電池，鉄くぎ，**図1**の電流計を示している。かん電池1個を用いて鉄くぎに電流を流し，その電流の大きさを調べるための回路を組み立てる。

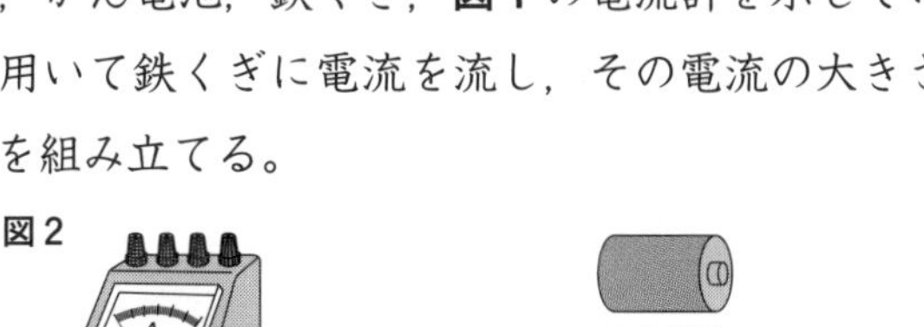

図2

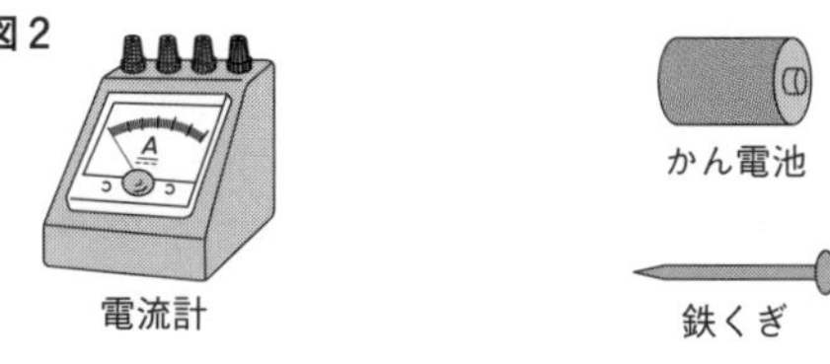

(2) (1)以外の3つのたんしには，左から順に50 mA，500 mA，5 Aと書かれている。調べる電流がどれくらいの大きさか予想できないときに使うたんしを次の**ア**～**エ**から選び，記号で答えなさい。［　　］

ア 50 mA　**イ** 500 mA　**ウ** 5 A　**エ** どれを使ってもよい。

(3) **実験1**を行う場合，かん電池，鉄くぎ，電流計をどのように導線でつなげばよいか。右の図の「●」を結ぶように導線を表す線をかきなさい。ただし，線がたがいに交わらないようにかくこと。

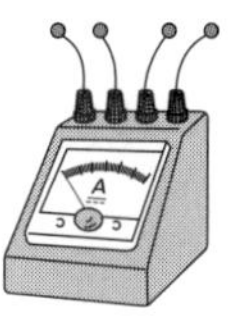

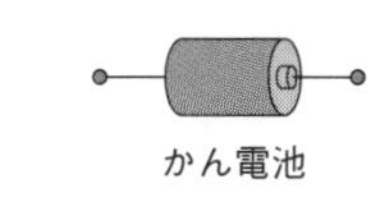

(4) (3)のかん電池，鉄くぎ，電流計を正しく導線でつないだ結果，電流計の針は**図3**のようになった。示されている電流の大きさを，mAの単位で答えなさい。［　　　］

図3

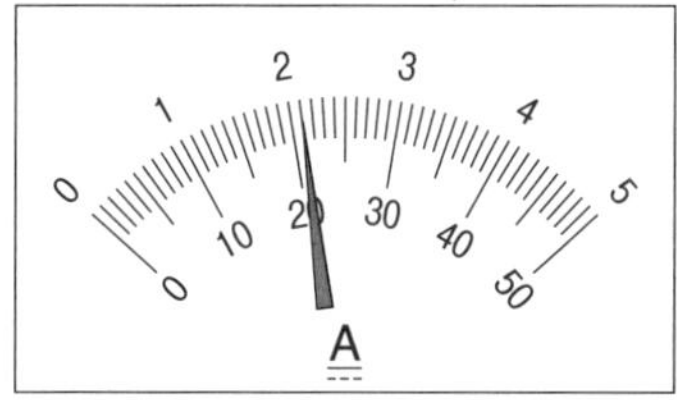

実験2　次に，鉄くぎのかわりに豆電球を用いて，**実験1**と同様の回路を組み立てた。その結果，電流計の針はふれたが，そのふれはとても小さく，値が読みとりにくかった。

(5) **実験2**の結果から，豆電球が鉄くぎに比べてどのような性質があることがわかるか，答えなさい。

［　　　　　　　　　　］

(6) **実験2**のとき，豆電球に流れる電流の大きさを読みとりやすく，かつ正確に測るためには，どのような操作が必要か，答えなさい。

［　　　　　　　　　　］

2 電流計は回路にどのように接続するかを確認しておく。電流の大きさを調べるときは，選んだ－たんしとそのときの電流計の針を正しく読みとる。

(2)電流計に大きな電流が流れてもよいように正しいたんしを選ぶ。

(3)電流計はかん電池と直列になるようにつなぐ。

(6)針が大きくふれるにはどうすればよいかを考える。

実験・観察に関する問題 ②

解答→別冊 p.63

1 ものは温度によってとける量が異なる。下の表は，水100 gに塩がどれだけとけるかを表している。いま，いくつかの実験を行った。これについて，あとの問いに答えなさい。なお，答えが割り切れない場合は，すべて小数第2位を四捨五入すること。〔学習院中〕

温度〔℃〕	0	10	20	30	40	50	60	70	80	90	100
塩〔g〕	35.7	35.7	35.9	36.1	36.4	36.7	37.0	37.5	37.9	38.5	39.0

実験1　20℃の水350 gに塩を130 g加えた。塩を加えても水よう液の温度に変化はなかった。

実験2　70℃の水200 gに塩をとけるだけとかした。しばらく放置すると，水よう液の温度が50℃になり，白色の沈殿物が観察できた。

空気と接することで，もっと時間をおけば空気と同じような温度まで変化していくのだと考えた。そこで，温度の異なる水がビーカーを通して接すると，水温がどのように変化するかを右の図のようにして実験を行った。

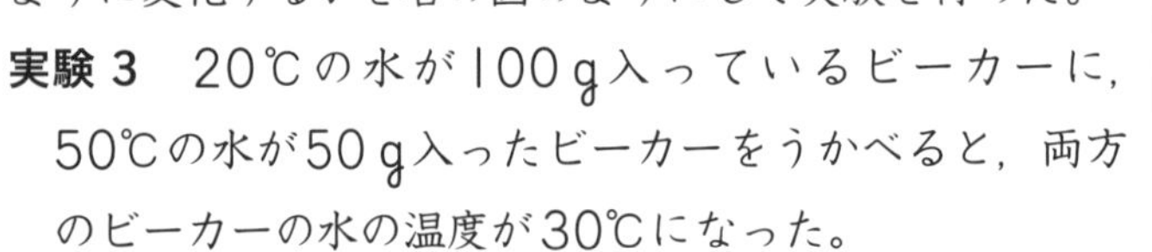

実験3　20℃の水が100 g入っているビーカーに，50℃の水が50 g入ったビーカーをうかべると，両方のビーカーの水の温度が30℃になった。

実験3から，2つのビーカーの水の温度の変化には，温度と量が関係していることがわかった。

実験4　20℃の水500 gが入ったビーカー**A**に水200 gが入ったビーカー**B**をうかべると両方のビーカーの水の温度が40℃になった。

(1) **実験1**で，塩はすべてとけるかどうか答えなさい。とけ残りがある場合は，その量も答えなさい。　[　　　　　　]

(2) **実験2**でとかした塩の量を答えなさい。　[　　　　　　]

(3) **実験2**で観察できた白色の沈殿物の量を答えなさい。　[　　　　　　]

(4) **実験4**の温度変化について述べている文として，適切なものを次の**ア**～**エ**から選び，記号で答えなさい。　[　　　　]

ア　ビーカー**A**の水の熱がビーカー**B**の水に移動した。

イ　ビーカー**B**の水の熱がビーカー**A**の水に移動した。

ウ　ビーカー**A**の水とビーカー**B**の水が熱を交かんした。

エ　ビーカー**A**の水とビーカー**B**の水の間で熱の移動はない。

重要 (5) **実験4**でビーカー**A**にうかべる前のビーカー**B**の水の温度を答えなさい。ただし，それぞれの熱は空気中やビーカーに移らないものとする。　[　　　　　　]

得点アップ

1 水の量を2倍の200 gにすると，とける量も2倍になる。塩の場合，温度を上げてもとける量に大きな変化は見られない。

(1)水の量は3.5倍になっているので，3.5倍の塩がとける。

(4)実験3の結果から，熱がどのように移動したかについて考える。

2 植物が水を吸い上げる力を調べるため，次の実験を行った。これについて，あとの問いに答えなさい。 〔ノートルダム女学院中〕

実験1 けんび鏡でホウセンカの葉の表と裏のつくりを観察した。その結果，葉の裏には小さい穴がたくさんあるのが見つかったが，表側にはほとんど見つからなかった。

実験2 同じ枚数，同じ大きさの葉をつけた5本のホウセンカの枝**A**～**E**を用意し，**図1**のように試験管に立て，液面の高さの変化を調べた。結果は**図2**のグラフに示した。試験管**A**～**E**の枝には，それぞれ次の操作を加えた。

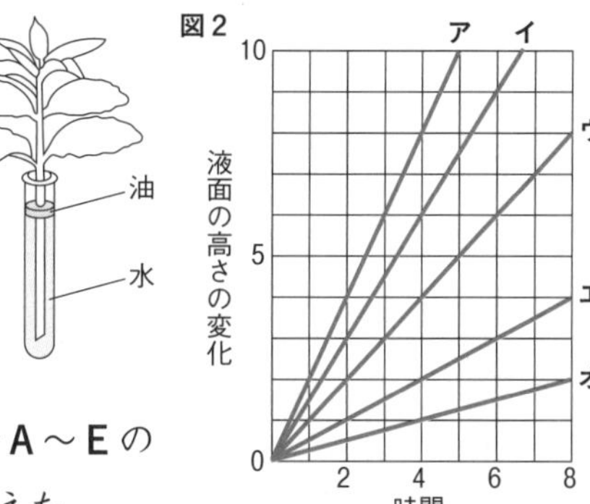

A：すべての葉の表にワセリンをぬり，光をあてる。
B：すべての葉の裏にワセリンをぬり，光をあてる。
C：すべての葉の表と裏にワセリンをぬり，光をあてる。
D：葉にワセリンをぬらずに光をあてる。
E：葉にワセリンをぬらず，**A**～**D**よりも強い光をあてる。

(1) 葉をけんび鏡で安全に観察するために注意すべきことを1つ書きなさい。

[ ]

(2) 試験管の液面には油を少し注いでいる。これは何のためのくふうか，書きなさい。

[ ]

(3) (2)のくふうをしたあとで試験管の液面の高さが変化するのはおもに葉で行われる現象が原因と考えられる。この現象を何というか，書きなさい。 [ ]

(4) **図2**のグラフで**A**，**C**，**E**の液面の高さの変化を示したものはどれか。それぞれ1つずつ選び，**ア**～**オ**の記号で答えなさい。

A[ ] **C**[ ] **E**[ ]

(5) **図2**のグラフから，液面の変化がいちばん大きいものの変化は，いちばん小さいものの変化の何倍になっているか，答えなさい。

[ ]

(6) 右の図は，ホウセンカのくきを横に切った断面と縦に切った断面である。水の通り道がある所を黒くぬりなさい。

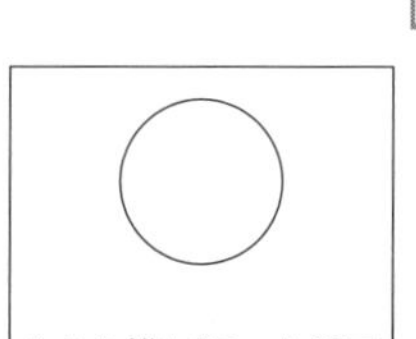
くきを横に切った断面

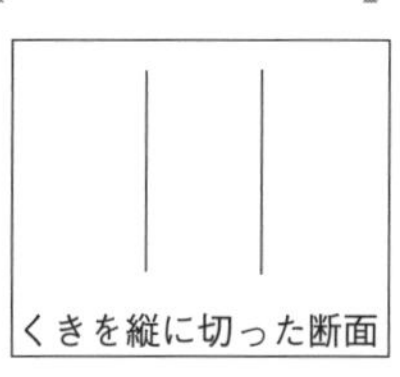
くきを縦に切った断面

2 植物は，葉の表，葉の裏，くきから水分を蒸発させている。

(2)実験の結果を正しく示すためのくふうである。

(6)吸い上げられた水は，くきにある道管を通って葉に運ばれる。

1 第6章 公立中高一貫校 適性検査対策問題
生き物①

近年注目される公立中高一貫校では，入学者選抜のために「適性検査」が実施されています。理科ではどのような問題が出題されているか，見てみましょう。

解答→別冊 p.64

1 たけしさんたちは，植物，動物の2つの班に分かれて学習をした。これについて，次の問いに答えなさい。〔福島県立会津学鳳中－改〕

(1) 植物を選んだたけしさんの班は，林のそばの日かげにあるコスモスが，学校の花だんのコスモスよりも背たけが低いことに気づき，日光と植物の成長の関係を調べることにした。右の図のように育ち方が同じくらいの植物を使って，日光と植物の成長の関係を調べる実験を行うときに，同じにする条件は何か。図の**条件**にあるもののほかに2つ書きなさい。

A 日光にあてる

B 日光にあてない

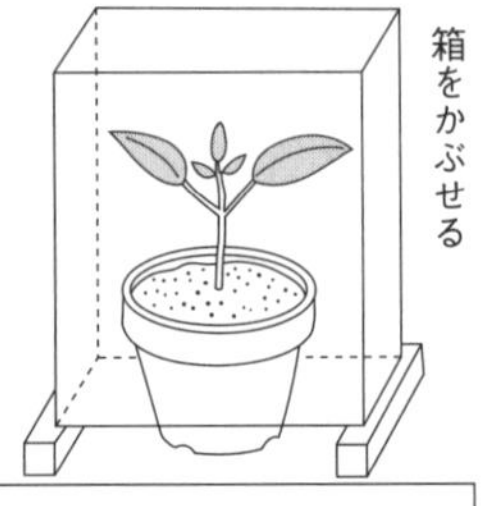

条件
○実験は，同じ部屋の中で行い，植木ばちと土(バーミキュライト)は，同じものを使用する。
○AとBの温度を同じにするため，Bの箱の下のほうに空気の出入口をつくる。

[　　　　] [　　　　]

重要 (2) 動物を選んだひかりさんの班は，チョウ，バッタ，ダンゴムシ，ミミズを見つけて，特ちょうを資料のようにまとめた。トンボと同じ順に成長するこん虫を資料の**ア**～**エ**から1つ選び，記号で答えなさい。また，そのこん虫の成長する順を，具体的に書きなさい。

資料　見つけた動物の特ちょう

	あしの数	は　ね	見つけたときのようす
ア	6本	あり	草むらで草を食べていた
イ	14本	なし	石の下にいた
ウ	6本	あり	花のみつを吸っていた
エ	0本	なし	落ち葉の下にいた

記号[　　　　]

成長する順[　　　　　　　　]

2 植物と日光や空気との関係についてインゲンマメを使って実験を行った。これについて，あとの問いに答えなさい。〔大阪府立富田林中〕

実験1　日光があたるときの植物と空気の関係を調べる

方法① インゲンマメの葉とくきをとう明なポリエチレンのふくろでおおう。ふくろの中の空気はできるだけぬいておく。

② **図1**のように，ふくろに小さな穴をあけてストローをさし入れ，息をふきこんでふくろをふくらませる。

③ **図2**のように，気体検知管でふくろの中の気体中の二酸化炭素と酸素それぞれの体積の割合を調べ，セロハンテープで穴をふさぐ。

得点アップ

1

(1)植物の成長には，日光，温度以外に何が必要なのかを考える。

(2)こん虫の育ち方には，完全変態，不完全変態，無変態の3種類がある。

2 実験1は日中での，実験2は夜間での植物の活動と考える。

④ **図3**のように，インゲンマメを日光があたる明るい場所に2時間おいたあと，気体検知管でふくろの中の気体中の二酸化炭素と酸素それぞれの体積の割合を調べる。

図1

図2

図3

明るい場所

実験2　日光があたらないときの植物と空気の関係を調べる

方法① インゲンマメの葉とくきをとう明なポリエチレンのふくろでおおう。ふくろの中は空気を入れてふくらませておく。

② ふくろに小さな穴をあけ，**実験1**の**方法**③と同様に，気体検知管で二酸化炭素と酸素それぞれの体積の割合を調べたあと，セロハンテープで穴をふさぐ。

図4

暗い場所

③ **図4**のように，インゲンマメを日光があたらない暗い場所に2時間おいたあと，気体検知管でふくろの中の気体中の二酸化炭素と酸素それぞれの体積の割合を調べる。

(1) 次の**ア**～**オ**のうち，インゲンマメの種子の発芽に必要な条件をすべて選び，記号で答えなさい。　［　　　　　］

ア 太陽などの光　**イ** 適した温度　**ウ** 空気　**エ** 水　**オ** 土

(2) **実験1**，**実験2**で，ふくろの中の気体中の二酸化炭素と酸素それぞれの体積の割合は，どのように変化したか。次の**ア**～**エ**からそれぞれ選び，記号で答えなさい。　**実験1**［　　　］　**実験2**［　　　］

ア 二酸化炭素の割合が増え，酸素の割合が減った。

イ 二酸化炭素と酸素の割合がともに増えた。

ウ 二酸化炭素の割合が減り，酸素の割合が増えた。

エ 二酸化炭素と酸素の割合がともに減った。

要 (3) **実験1**のあと，ポリエチレンのふくろの内側にたくさんの水てきがついて，ふくろがくもった。次の文章は，このことに関して調べたことをまとめたものである。文章中の①，②に適することばを書きなさい。

①［　　　　　］　②［　　　　　］

> 水は根から吸収され，くきを通ってからだ全体に運ばれる。その後，水はおもに葉にある穴(気こう)から水蒸気となって空気中に出ていく。このことを ① という。この水蒸気がふくろの内面で水てきになり，ふくろがくもった。また，日光があたると，葉では ② がつくられ，からだの成長に使われたり，からだの一部にたくわえられたりする。

(1)発芽の3条件を確認しておくこと。

(2)光があたる明るい場所での気体の出入りと，光があたらない暗い場所での気体の出入りに注意する。

第6章 公立中高一貫校 適性検査対策問題

2 生き物②

解答→別冊 p.65

1 太郎さんと花子さんは，昔の自然について調べている。2人は，昔に比べてメダカがとても少なくなっていることを知った。そこで，家で飼っているメダカをもっとくわしく知ろうと思い，観察することにした。これについて，次の問いに答えなさい。

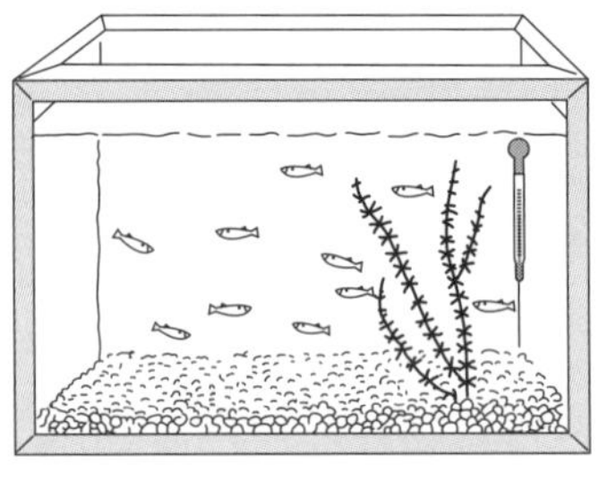

〔石川県立金沢錦丘中〕

(1) 花子さんはメダカのおすとめすを見分けようとしている。手がかりとなるおすのひれのようすを説明しているものを次の**ア**～**エ**から**2つ**選び，記号で答えなさい。 [　　] [　　]

ア しりびれのうしろが短い。

イ しりびれが平行四辺形に近い形をしている。

ウ せびれに切れこみがある。　**エ** せびれに切れこみがない。

重要 (2) 太郎さんは，別の水そうのたまごからかえって間もないメダカをスケッチした。すると，スケッチを見た花子さんが，「おなかの小さい**メダカA**のほうが，**メダカB**より先にたまごからかえったのよ」と言った。花子さんがそのように言ったのはどうしてだと考えられるか，理由を書きなさい。

太郎さんのスケッチ

[　　　　　　　　　　　　]

2 黎さんは「海の中の食物連鎖と生き物の数」と書かれた右のパネルの前で解説員と話をした。これについて，あとの問いに答えなさい。〔宮城県古川黎明中〕

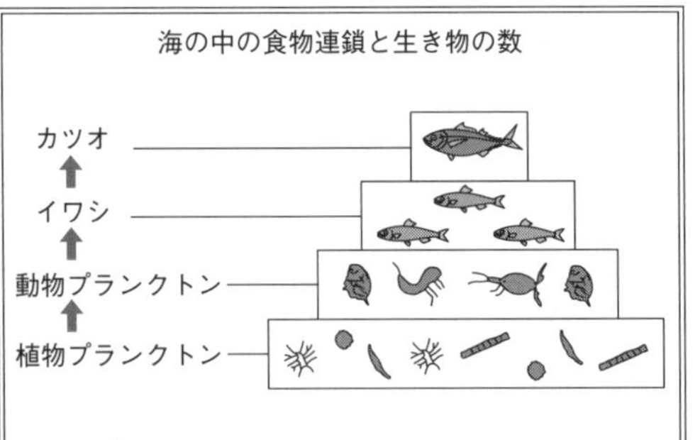

解説員：生き物はほかの生き物と「食べる」「食べられる」という関係でつながっています。このようなつながりを食物連鎖といいます。このパネルはカツオ，イワシ，動物プランクトン，植物プランクトンを例として食物連鎖と生き物の数の関

得点アップ

1 メダカのおすとめすは，ひれの形のちがいで見分けることができる。

(2) たまごからかえったばかりのメダカはどのようにして養分をえているかを考える。

2 食物連鎖は陸上だけでなく，海の中，土の中にも見られる。

係を表したものです。多くの場合，「食べる」「食べられる」という関係において，食べる生き物よりも食べられる生き物の数のほうが多いので，このパネルのような形になるのです。

黎さん：土台の植物プランクトンは植物のなかまなのですか。

解説員：そうです。海の中の生き物も陸上の生き物と同じく，植物プランクトンなどの植物のなかまから食物連鎖（しょくもつれんさ）が始まっているのです。動物は植物やほかの動物を食べて，その中にふくまれる養分をとり入れています。

重要 (1)「植物プランクトンなどの植物のなかまから食物連鎖が始まっている」とあるが，それは植物プランクトンなどの植物のなかまにどのようなはたらきがあるからか，**日光**，**栄養分**という**2つ**のことばを使って説明しなさい。[　　]

(2) 自然の中では，ある動植物の数が変化したとき，食物連鎖により，ほかの動植物の数も変化することがある。図のパネルに示（しめ）された生き物について考えた場合，イワシの数が急に減ると，カツオや動物プランクトンの数はどのように変化するか，**「食べる」「食べられる」という関係**をもとに答えなさい。[　　]

(1)植物がどのようにして栄養分をつくり出しているかを考える。

(2)イワシの数が急に減ったとき，それを食べているカツオの数はどうなるか考える。

3 次の文章を読んで，あとの問いに答えなさい。〔鹿児島市立鹿児島玉龍中〕

次の表は，それぞれのこん虫が鳴くか鳴かないか，しょっ角の長さ，からだの色，おもな活動時間についてまとめたものである。①～④のこん虫はチョウ，ゴキブリ，トンボ，コオロギ，カブトムシのいずれかである。なお，こん虫のしょっ角には，「しん動やものにふれたことを感じる」という役目のほかに，「においを感じる」という役目もある。

	鳴く鳴かない	しょっ角の長さ	からだの色	おもな活動時間
セミ	鳴く	短い	目立たないものが多い	昼
①	鳴かない	やや長い	目立つものが多い	昼
②	鳴かない	長い	目立たないものが多い	夜
③	鳴く	長い	目立たないものが多い	夜
④	鳴かない	短い	目立つものが多い	昼

(1) なかまを見つけるときおもに目を使っていると考えられるものを表の①～④から**2つ**選び，番号で答えなさい。[　　][　　]

(2) なかまを見つけるとき最もにおいをたよりにしていると考えられるものを表の①～④から選び，番号で答えなさい。[　　]

(3) 表の②と④はそれぞれどのこん虫であると考えられるか。次から選び，答えなさい。②[　　] ④[　　]

チョウ	ゴキブリ	トンボ	コオロギ	カブトムシ

3 こん虫を見分けるには，成長するときのすがたの変化のほかに，しょっ角の長さ，からだの色，活動時間などから見分ける方法もある。

(1)おもに目を使うこん虫は，明るい時間帯に活動すると考えられる。

(2)しょっ角でにおいを感じている。

学習日　　月　　日

3 地　球

解答→別冊 p.65

1 夏休みのある日の夕方，ゆうたさん，妹のみゆきさん，おじいさんが**図1**の月を見ながら，次のような会話をした。これについて，あとの問いに答えなさい。〔仙台市立仙台青陵中〕

おじいさん：今日の月は三日月だが，小林一茶の作品で『名月を　とってくれろと　泣く子かな』という句がある。

みゆきさん：きれいな満月だったんでしょうね。

ゆうたさん：満月から次の満月になるまで何日ぐらいかかるのかな？

おじいさん：月は約30日周期で同じ形になるよ。月の形だけでなく，一晩の月の動きを観察してみるとおもしろいよ。

ゆうたさん：次の満月のときに自由研究してみるよ。

おじいさん：観察するときは，月の動きがわかるように同じ条件でスケッチするといいよ。

図1　西の空に見えた月

(1) **図1**の月を観察した4日後，真南の空に見える月の形を右の図にかきなさい。

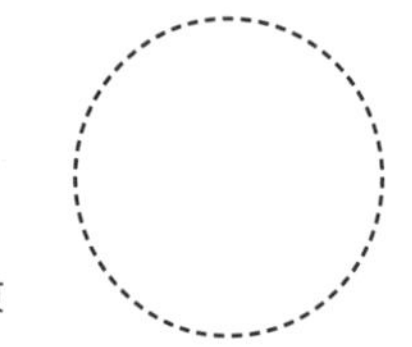

※点線は満月のときの月の形とする。これを使って，月の形を書きなさい。

重要 (2) 下線部「月の動きがわかるように同じ条件でスケッチするといいよ」とある。**図1**の月が満月になった日の夜，ゆうたさんは資料にしたがって，お母さんといっしょに午後8時から次の日の午前4時まで，2時間おきにスケッチした。

① 下の資料を見て，一晩の月の動きを観察するのにふさわしくないものを，**A**～**D**から選び，また，その理由も答えなさい。

記号［　　　］

理由［　　　　　　　　　　　　　　　　］

② **図2**の3枚のスケッチを，観察した順にならべ，**ア**～**ウ**の記号で答えなさい。［　　→　　→　　］

資料　観察のきまり

A 月の方角がわかるよう，スケッチには方角と観察日時を記入する。
B 月の位置がわかるよう，目印となる建物などもかきいれる。
C 観察した時間ごとに，1枚のスケッチにまとめる。
D 月は時間とともに動くので，見やすい場所に移動してスケッチする。

得点アップ

1 月は太陽の光があたっている部分が，地球から見て明るくかがやいて見える。

(1)三日月から4日後には半月(上げんの月)が見える。

(2)月も太陽と同じように，東の空からのぼり，南の空を通って，西の空にしずんでいく。

図2　月のスケッチ

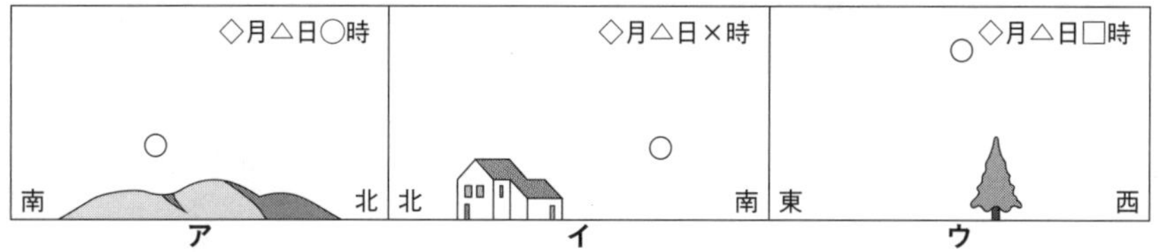

2 新潟市にすむまちこさんは，トレッキングに行く明日の10月7日の天気が気になっている。そのため，弟のたかしさんとそのことについて，空を見ながら話しあった。これについて，あとの問いに答えなさい。〔新潟市立高志中〕

まちこさん：明日の新潟市の天気はどうかな。

たかしさん：天気予報（よほう）ではどうなのかな。今日の天気はくもりだね。

まちこさん：えっ，今日の天気は晴れよ。

たかしさん：ちがうよ，くもりだよ。

(1) まちこさんとたかしさんの意見はちがっている。「晴れとくもりのちがい」について説明しなさい。

[　　　　　　　　　　　　　　　　　　　　]

重要 (2) 次の表は，新聞にのっていた今週の天気である。この表から新潟市の明日の天気を予想しなさい。また，その理由も答えなさい。

明日の天気[　　　　　　]

理由[　　　　　　　　　　　　　　　　　　]

市の名前	10月1日	10月2日	10月3日	10月4日	10月5日	10月6日
青森市	雨	くもり	くもり	晴れ	くもり	雨
福島市	くもり	雨	晴れ	くもり	くもり	くもり
新潟市	雨	くもり	雨	くもり	くもり	晴れ
大阪市	晴れ	雨	くもり	くもり	晴れ	晴れ
広島市	雨	くもり	くもり	晴れ	晴れ	くもり
福岡市	くもり	晴れ	晴れ	くもり	くもり	くもり

3 次の問いに答えなさい。〔熊本県共通－改〕

右の図は8月10日午後8時，午後10時に観察したカシオペヤ座の位置である。「北の空の星は，北極星を中心に円をえがくように，反時計まわりに1日に1周する」ということから，8月11日午前2時のカシオペヤ座の位置を図のA～Cから選び，また，その理由も答えなさい。

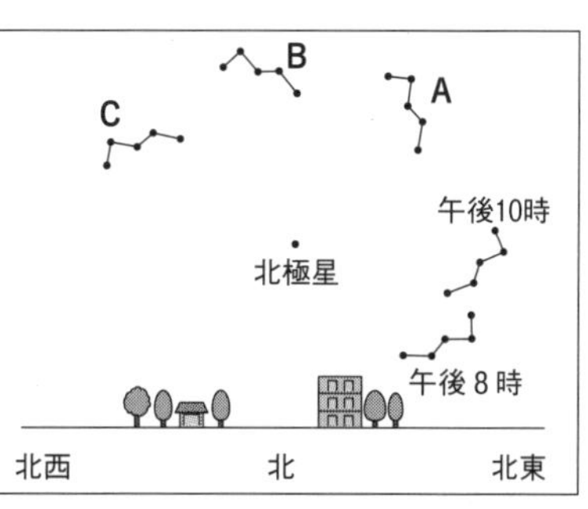

記号[　　　　　]

理由[　　　　　　　　　　　　　　　　　　]

2 日本付近の各地の天気を見ながら，これからの天気を予想する。

(1)晴れとくもりは，何を基準（きじゅん）にして決めるかを考える。

(2)春や秋には，日本付近の天気は，西から東に移（うつ）り変わっていく。

3 360°を24時間で1周するので，1時間では，360°÷24＝15°回転している。

学習日　　月　　日

4 エネルギー

解答→別冊 p.66

1 さくらさんが，科学センターで開かれている「理科教室」に参加したときの会話について，あとの問いに答えなさい。　〔徳島県共通〕

さくら：この科学センターにあるふりこは，ゆっくり動いていますね。

指導員：ふりこの速さは何に関係しているのか，調べてみましょう。

実験　① 右の図のような，おもりの重さ10g，ふりこの長さ50cm，ふれはばは15°とするふりこを用意する。

② おもりの重さ，ふりこの長さ，ふれはばを1つずつ変えて，それぞれ10往復する時間を10回測定し，平均して1往復する時間を求める。

実験結果

おもりの重さ	1往復する時間
10g	1.4秒
20g	1.4秒

ふりこの長さ	1往復する時間
50cm	1.4秒
100cm	2.0秒

ふれはば	1往復する時間
15°	1.4秒
30°	1.4秒

指導員：ふりこが1往復する時間にどのようなきまりがありますか。

さくら：［　あ　］

指導員：そうですね。次の表は，ふりこの長さと1往復する時間の関係を調べた結果です。この表からふりこの長さを決めると，正確な時間を調べられることがわかります。ふりこの長さが800cmのときの1往復する時間は何秒になりますか。

表

ふりこの長さ	25cm	50cm	100cm	200cm	400cm
1往復する時間	1.0秒	1.4秒	2.0秒	2.8秒	4.0秒

さくら：［　い　］秒です。

指導員：よくできましたね。

(1) さくらさんは［あ］で，ふりこのきまりについて答えた。［あ］に入る適切なことばを書きなさい。

［　　　　　　　　　　　　　　　　　　　　　　　　　　］

重要 (2) さくらさんが答えた［い］に入る数字を書きなさい。　［　　　　］

2 花子さんは，昔の人が重さをはかるときに使ったはかりの話を聞いて，自分でもつくってみることにした。これについて，あとの問いに答えなさい。　〔石川県立金沢錦丘中〕

準備したもの　60cmの棒，100gの皿，50gのおもり，10gの分銅，ひも，糸

作成手順　① **図1**のように，棒の左はしから10cmの所にひもをつなぎ，棒の左はしには，糸でつないだ皿をつける。

得点アップ

1 実験結果から，ふりこの速さが何に関係しているのかわかる。

(1)実験結果の表から考える。

(2)1往復する時間は，ふりこの長さとどのような関係になっているかを考える。

2 このようなはかりをさおばかりという。手でひもを引いている点が支点である。

② **図2**のように，皿に何ものせていないときにつりあう位置に50gのおもりをつるし，印をつける。

③ 皿に10gの分銅（ふんどう）をのせ，つりあう位置におもりを動かし印をつける。皿にのせる分銅を20g，30g，…と10gずつ増（ふ）やしていき，つりあう位置におもりを動かしながら印をつけていく。

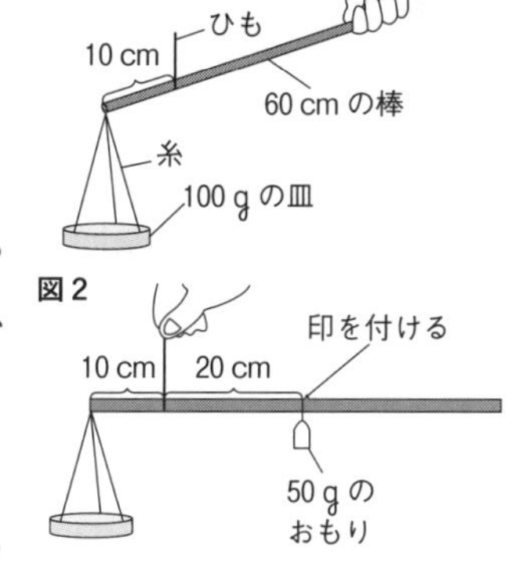

ただし，60 cmの棒（ぼう）の重さと糸の重さは考えないものとする。

重要 (1) **作成手順③**で，分銅を10gずつ増やして印をつけていくとき，印と印の間は何cmになるか，答えなさい。　[　　　　]

(2) 花子さんは，より重いものをはかれるようにするため，ひもの位置を5 cm皿のほうへ動かした。そのあと，あるものを皿にのせたら，**図3**のようにつりあった。皿にのせたものの重さは何gか，答えなさい。　[　　　　]

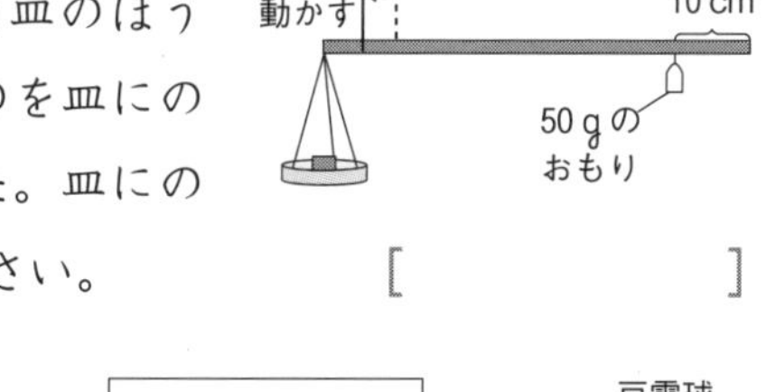

3 右の図は，4本の導線（A～D）が出ている，中のようすが見えない箱を真上から見たものである。導線A～Dと，豆電球の導線a，bをつないで中のようすを調べる実験を行った。中にかん電池2個（こ）が入っている。次の実験と結果から，かん電池2個が導線（どうせん）とどのようにつながっているかを考え，**〈解答〉**の図に示（しめ）しなさい。ただし，導線がつながっている場合は，あとの**〈例〉**のように●を記入しなさい。　〔京都市立西京高附中〕

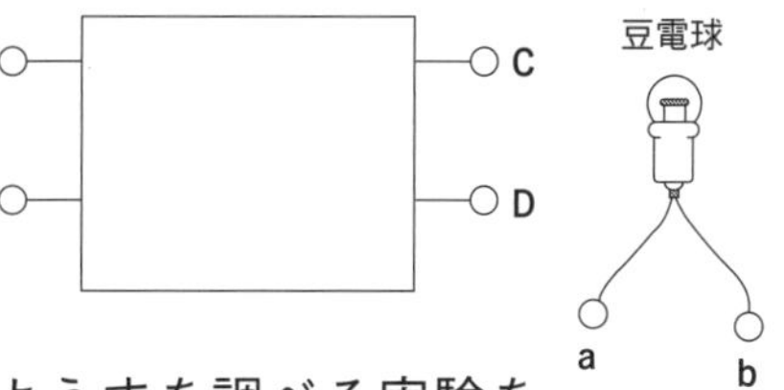

実験と結果　① 豆電球をAとDにつなぐと，かん電池1個分の明るさの豆電球がついた。

② 豆電球をBとCにつなぐと，かん電池1個分の明るさの豆電球がついた。

③ 豆電球をCとDにつなぐと，豆電球はつかなかった。

④ 豆電球をAとBにつなぐと，直列にしたかん電池2個分の明るさの豆電球がついた。

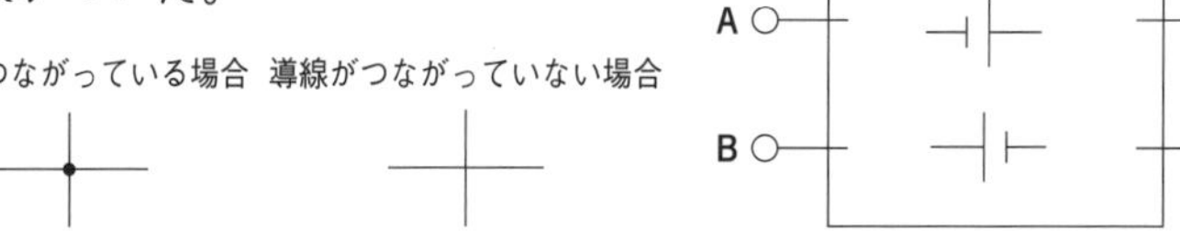

(1) 皿に10gの分銅をのせたとき，棒の左はしには反時計まわりにどのくらいの大きさの力がはたらくか考える。

(2) ひもから50gのおもりまでの長さは，60−5−10＝45〔cm〕である。

3 実験と結果の④から豆電球をAとBにつないだとき，かん電池が直列つなぎになるようにつながっている。

5 物 質

解答→別冊 p.67

1 まことさんとたくみさんは，お父さんと熱中症予防について考えている。次の会話を読んで，あとの問いに答えなさい。

〔新潟市立高志中ー改〕

まことさん：熱中症が心配だから水とうに水をたくさん入れておこう。
お父さん：水だけでは不じゅうぶんだよ。食塩も必要だよ。
まことさん：へぇ，そうなんだ。どのくらい食塩を入れればいいの。
お父さん：水1Lに食塩2gだよ。
たくみさん：食塩はどれくらい水にとけるかな。冷たくてもとけるの。
お父さん：ここにいろいろな温度の50 mLの水にとける食塩の量とミョウバンの量を表したグラフがあるから，比べるとよくわかるよ。

(1) このグラフから，ミョウバンのほうが食塩よりも多くとけるのは何℃のときか。次の**ア**～**カ**から選び，記号で答えなさい。［　　　］

食塩のとける量〔g〕　35 30 25 20 15 10 5 0　0℃ 20℃ 40℃ 60℃ 水温〔℃〕

ミョウバンのとける量〔g〕　35 30 25 20 15 10 5 0　0℃ 20℃ 40℃ 60℃ 水温〔℃〕

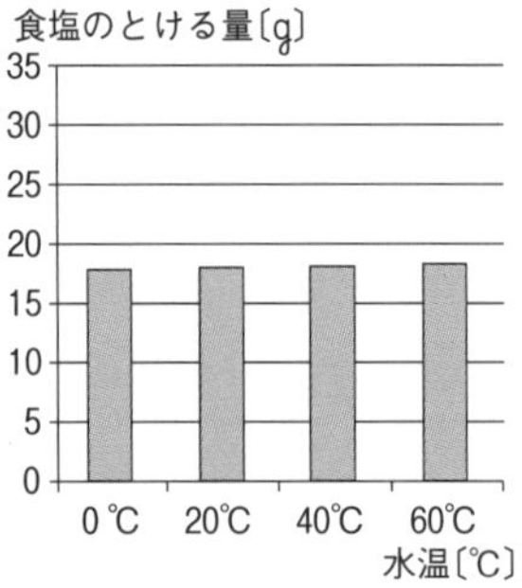

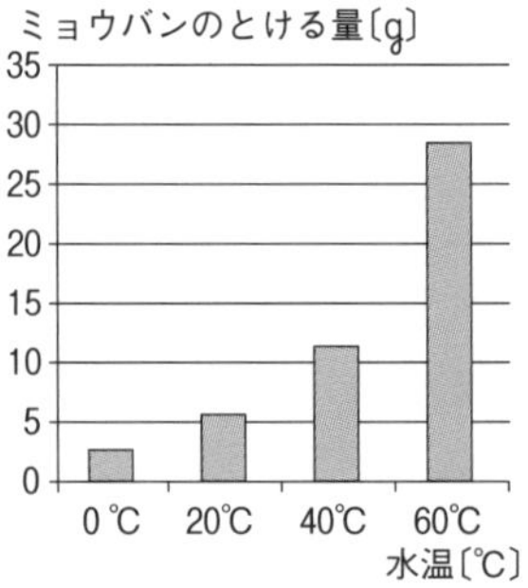

ア 10℃　**イ** 20℃　**ウ** 30℃　**エ** 40℃　**オ** 50℃　**カ** 60℃

(2) 水温が20℃のときに1Lの水にとける食塩の量はおよそ何gか，答えなさい。［　　　］

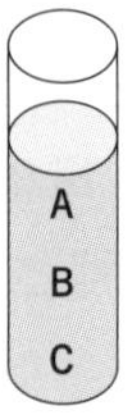

重要 (3) 食塩が完全にとけてしまったあと，食塩水のこさはどうなるか。下の**ア**～**エ**から選び，記号で答えなさい。また，なめたり飲んだりしないで，食塩水の上(**A**)と中(**B**)と下(**C**)のこさを調べるにはどのような方法があるか，書きなさい。　記号［　　　］

A
B
C

方法［　　　　　　］

ア Aがいちばんこい　**イ B**がいちばんこい
ウ Cがいちばんこい　**エ** どこも同じ

2 のりこさんたちは，ものの温度の上しょうについて話し合っている。次の会話を読んで，あとの問いに答えなさい。〔愛媛県共通〕

のりこさん：去年の夏，公園に行ったとき，すべり台がやけどをしそうなくらい熱くなっていたわ。同じ日差しなのに，地面と比べてすべり台のほうが熱くなっていたのはなぜなのかしら。

得点アップ

1 ミョウバンは温度が高くなると，水にとける量は大きくなるが，食塩の水にとける量は，温度によってほとんど変わらない。

(1) 40℃と60℃のときのグラフを比べてみる。

(2) 1 L = 1000 mL の関係から計算する。

たかおさん：ぼくもそのことに興味をもったので調べてみると，ものの温度の上しょうは，ものにエネルギーが加えられることによっておこることがわかったよ。水については，**表1**のような関係があることが資料にのっていたよ。エネルギーの量は，J(ジュール)という単位を使って表すんだ。

表1　ある重さの水をある温度だけ上しょうさせるために必要なエネルギーの量　単位：J(ジュール)

水の重さ〔g〕＼上しょうした温度〔℃〕	5	10	15	20	25
10	210	420	630	**ア**	1050
20	420	840	1260	1680	2100
30	630	**イ**	1890	2520	3150
40	840	1680	2520	3360	4200
50	1050	2100	3150	4200	5250

表2　1gの金属を1℃上しょうさせるために必要なエネルギーの量　単位：J(ジュール)

金属の種類	必要なエネルギーの量
銅	0.38
銀	0.24
アルミニウム	0.88
鉄	0.44

のりこさん：水についてはわかったけれど，ほかのものではどうなのかしら。

たかおさん：ぼくが見た資料には，**表1**のような関係が，水だけでなく，金属にもあてはまると書いてあったよ。**表2**には，4種類の金属について，1gの金属を1℃上しょうさせるために必要なエネルギーの量が書かれているけど，この必要なエネルギーの量のちがいが，ものの温度の上しょうのちがいに関係するんだ。

のりこさん：**表2**から考えると，同じ重さの銅，銀，アルミニウム，鉄に，それぞれ同じ量のエネルギーを加えたとき，**ウ**の温度がいちばん上しょうすることになるわね。

先　生：そのとおりですね。__**表1**や**表2**から，いろいろな重さの水や金属の温度を，ある温度だけ上しょうさせるために必要なエネルギーの量を計算で求めることができますね。__

(1) **表1**中の，**ア**，**イ**にあてはまる数をそれぞれ答えなさい。

ア［　　　　］　**イ**［　　　　］

重要 (2) 文中の**ウ**にあてはまることばを，銅，銀，アルミニウム，鉄から選び，答えなさい。

［　　　　］

(3) 下線部について，次の**A**～**C**に示したものの温度を(　)内の温度だけ上しょうさせるのに必要なエネルギーの量を求め，必要なエネルギーの量の大きい順に，**A**～**C**の記号をならべて答えなさい。

A　150gの銅(10℃)　**B**　50gのアルミニウム(15℃)

C　20gの水(10℃)

A［　　　　］　**B**［　　　　］

C［　　　　］［　　　　］

2 水をある温度まで上しょうさせるさせるために必要なエネルギーの量は，水の重さに比例する。水の重さが一定のときは，必要なエネルギーの量は上しょうした温度に比例する。

(2) 1℃上しょうさせるために必要なエネルギーの量が大きいほど，あたたまりにくいといえる。

(3) 150gの銅を10℃上しょうさせるエネルギーの量は，$0.38 \times 150 \times 10$ で求めることができる。

中学入試予想問題 第1回

時間 40分　得点　　点／合格 80点

解答→別冊 p.67

1 モンシロチョウについて，次の文章を読んで，あとの問いに答えなさい。

モンシロチョウは，ふ化したばかりの幼虫(ようちゅう)を1令幼虫，1回だっ皮(ぴ)したものを2令幼虫という。同様にだっ皮するごとに3令幼虫，4令幼虫，5令幼虫という段階(だんかい)があり，5令幼虫がだっ皮したあとさなぎになる。

モンシロチョウがたまごから成虫になるまでに，どのくらい生き残ることができるのかを調べてみた。10000個(こ)のたまごについて，各段階のはじめの数，その段階のとちゅうで死んだ数を，表にまとめた。

段階	はじめの数	死んだ数
たまご	10000	2692
1令幼虫	7308	3708
2令幼虫	3600	35
3令幼虫	3565	113
4令幼虫	3452	327
5令幼虫	3125	2029
さなぎ	1096	A
成虫	844	

(1) 表の空らんAにあてはまる数を答えなさい。

(2) さなぎになるまでについて，各段階でのはじめの数にたいして死んだ数の割合(わりあい)が最も高いのはどの段階か。適(てき)するものを次の**ア**～**カ**から選び，記号で答えなさい。

ア たまご　**イ** 1令幼虫　**ウ** 2令幼虫　**エ** 3令幼虫　**オ** 4令幼虫　**カ** 5令幼虫

(3) モンシロチョウがたまごを産みつける植物として適するものを，次の**ア**～**エ**から選び，記号で答えなさい。

ア イネ　**イ** ミカン　**ウ** キャベツ　**エ** レタス

(4) モンシロチョウとクモのからだのつくりを比(くら)べた場合に共通することを，次の**ア**～**エ**から選び，記号で答えなさい。

ア 目が一対ある。　**イ** あしに節がある。　**ウ** からだは大きく3つの部分からできている。
エ 口の形がストローのようになっている。

(5) たまごから成虫になる割合が表と同じ場合，成虫まで生き残る数が1500ひきになるためには，はじめに必要なたまごの数は何個か。最も近いものを，次の**ア**～**エ**から選び，記号で答えなさい。

ア 15000個　**イ** 16000個　**ウ** 17000個　**エ** 18000個

(6) 表からわかることとして適するものを，次の**ア**～**エ**から選び，記号で答えなさい。

ア モンシロチョウを食べる動物がいなければ，80％以上のたまごが成虫になる。
イ モンシロチョウはさなぎのすがたで冬をこす。
ウ モンシロチョウの幼虫と成虫では食べるものが異(こと)なっている。
エ 2令幼虫から4令幼虫までの各段階で死ぬ割合は，それぞれ10％以下である。

(1)	(2)	(3)
(4)	(5)	(6)

2 次の文章を読んで，あとの問いに答えなさい。

a<u>ビーカーに水を入れ，冷とう庫で冷やすと水は氷になる</u>。同じ重さの水と氷の体積を比べると，0℃では氷は水の1.1倍である。同じ重さの水と氷をそれぞれ立方体としたとき，その1辺の長さを比べると，氷のそれは水のそれの［A］倍である。冷とう庫の中のように気温が低い所で空気が冷やされると，b<u>空気中の水蒸気が，水の状態を経ずに，氷になることがある</u>。雪は上空の空気中で水蒸気が直接氷になったものである。

日本の北アルプスは世界でも有数のごう雪地帯といわれている。北アルプスは本州の日本海側にある。日本では冬に［B］から風がふくことが多く，このとき海上で水蒸気を多くふくんだ空気が北アルプスにふきこむためと考えられている。雪の多い地方では屋根に積もった雪で家がつぶれるおそれがある。屋根に積もった雪のかたまりが，体積にして95％の空気をふくんでいたとしても，その雪1 m^3 あたりの重さは約［C］kgということになる。

気温の低い日に積雪のある場所に強い風がふくと，積雪表面の雪が飛ばされて移動する。これらがふぶきである。ふぶきになるとその場所の見通しが悪くなり歩行などが困難になる。ある日，積雪のある場所で強い風がふいたとき，飛ばされた雪が，風に垂直な面積1 cm^2 の正方形のわくを1秒間に4g通過したとする。この雪が体積にして99％の空気をふくんでいるとして，このとき風に垂直な1辺10cmの正方形のはん囲を1秒間に通過した雪の体積は，そのはん囲すべてで1 cm^2 あたり同じ量の雪が通過したとすると，［D］Lと算出される。

ただし，1 cm^3 の水の重さは1gで，雪には空気と氷のみがふくまれているものとする。

(1) 下線部aについて，次の①～③のうち<u>誤っているもの</u>の番号をすべて示したものをあとの**ア**～**キ**から選び，記号で答えなさい。

① 水の1％がこおったときより，10％がこおったときのほうが水温は低い。

② コップに多量の水を入れたときのほうが，少量の水を入れたときより低い温度でこおる。

③ 水がすべてこおったあとも，氷の温度は0℃より下がらない。

ア ①　**イ** ②　**ウ** ③　**エ** ①と②　**オ** ②と③　**カ** ①と③　**キ** ①と②と③

(2) Aに入る数値に最も近いものを，次の**ア**～**ウ**から選び，記号で答えなさい。

ア 1.03　**イ** 1.05　**ウ** 1.09

(3) 下線部bについて，水蒸気が直接氷になったものを次の**ア**～**ウ**から選び，記号で答えなさい。

ア しも　**イ** つゆ　**ウ** きり

(4) Bに入る方位を，次の**ア**～**エ**から選び，記号で答えなさい。

ア 北東　**イ** 北西　**ウ** 南西　**エ** 南東

(5) Cにあてはまる数値を，小数第1位を四捨五入して整数で答えなさい。

(6) Dにあてはまる数値として，最も近いものを次の**ア**～**エ**から選び，記号で答えなさい。

ア 0.044　**イ** 0.44　**ウ** 4.4　**エ** 44

(1)	(2)	(3)
(4)	(5)	(6)

3 次の文章を読んで，あとの問いに答えなさい。

図1は太陽，地球，星座をつくる星の位置を表したものである。地球は太陽のまわりを1年かけて1周するが，太陽や星の位置は1年を通して変わらない。星うらないで用いられる星座は黄道十二星座といわれ，特定の時期に太陽の近くに見える。ある星うらない※では，12月の中ごろ～1月の中ごろ(以後1月とする)生まれの人の星座はいて座で，太陽はそのころに，いて座の近くに見える。また，1月の中ごろ～2月の中ごろ(以後2月とする)生まれの人はやぎ座で，太陽はやぎ座の近くに見える。このように，12星座それぞれに1か月ずつがわりあてられている。

図1

うお座　みずがめ座　わし座　ふたご座　ア　やぎ座　地球　太陽　いて座　イ　おとめ座

図2

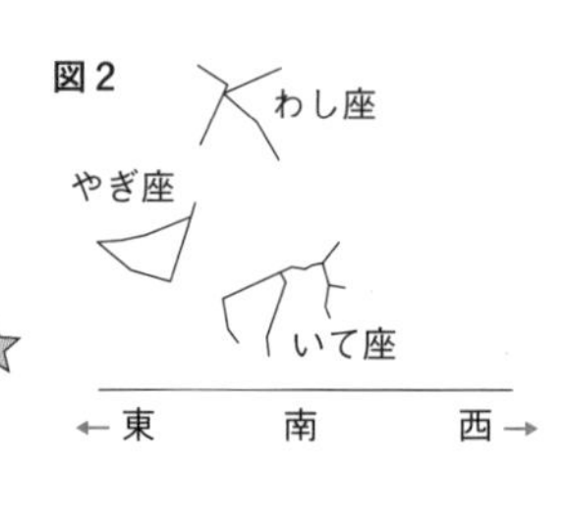

ある日の午前0時ごろに夜空を見ると，**図2**のように，いて座は真南の方角に見え，近くにやぎ座，わし座が見えた。ただし，昼間にも星を見ることができるとする。

※いっぱん的に日本で用いられている星うらないとは異なる。

(1) 地球が太陽のまわりを回る向きは**図1**の**ア**，**イ**のどちらか，記号で答えなさい。

(2) いて座が午前0時ごろに真南に見える日があるのは何月と考えられるか。次の**ア**～**エ**から選び，記号で答えなさい。

ア 1月　**イ** 4月　**ウ** 7月　**エ** 10月

(3) (2)の日にやぎ座が真南に見えるのは何時ごろか。次の**ア**～**エ**から選び，記号で答えなさい。

ア 午後8時　**イ** 午後10時　**ウ** 午前2時　**エ** 午前4時

(4) ふたご座は1月ごろ，何時ごろ南の空に見えるか。次の**ア**～**エ**から選び，記号で答えなさい。

ア 午前6時　**イ** 正午　**ウ** 午後6時　**エ** 午前0時

(5) おとめ座は何月に太陽の近くに見えると考えられるか。次の**ア**～**エ**から選び，記号で答えなさい。

ア 1月　**イ** 4月　**ウ** 7月　**エ** 10月

(6) うお座にはある時期に太陽のすぐ近くに見える星がある。この星が真南に見えたときの高さに最も近いものを次の**ア**～**オ**から選び，記号で答えなさい。

ア 夏至の日に太陽が真南に見えたときの高さ

イ 秋分の日に太陽が真南に見えたときの高さ　**ウ** 真上

エ 冬至の日に太陽が真南に見えたときの高さ　**オ** 北極星の高さ

(7) わし座のアルタイルとともに夏の大三角をつくる星をふくむ星座を2つ答えなさい。

(1)	(2)	(3)	(4)
(5)	(6)	(7)	

4 次の文章を読んで，あとの問いに答えなさい。

図1のように，じょうぶで曲がらない針金で正方形のわく**ABCD**をつくり，各辺を6等分する点どうしを針金で結んだ。針金と針金が交わる点(以下，格子点とよぶ)は，横の位置**ア**～**キ**と，縦の位置**1**～**7**の組み合わせによってその位置を表す。例えば，わくの中心の点**O**の位置は**(エ，4)**となる。

図1

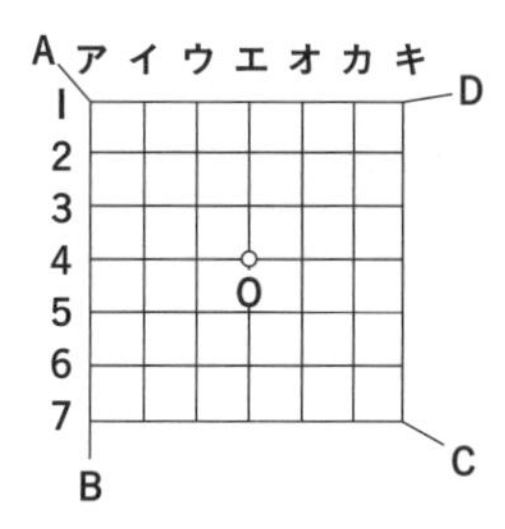

図2

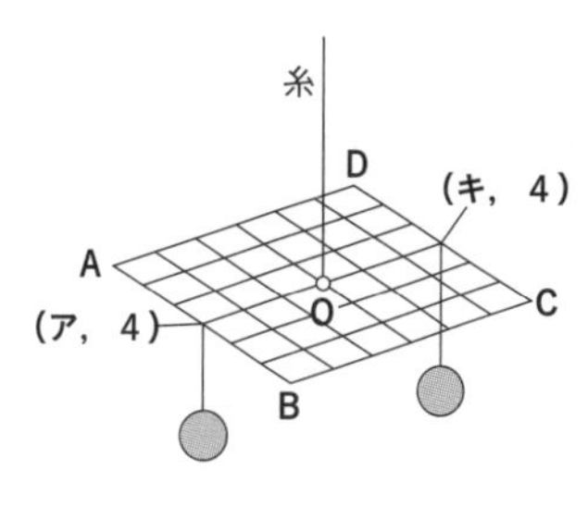

このわく**ABCD**を，**図2**のように中心**O**に糸をつけて水平につるし，格子点のいろいろな位置におもりをつるしてつりあわせる。**図2**は，同じ重さのおもりを格子点**(ア，4)**と**(キ，4)**につるしたときのようすで，全体が水平になってつりあっている。

ただし，針金のわく全体の重さは120gで，おもりは格子点以外にはつるすことができない。また，1つの格子点にはおもりを1個だけつるし，針金の太さや糸の重さは考えないものとする。

図3

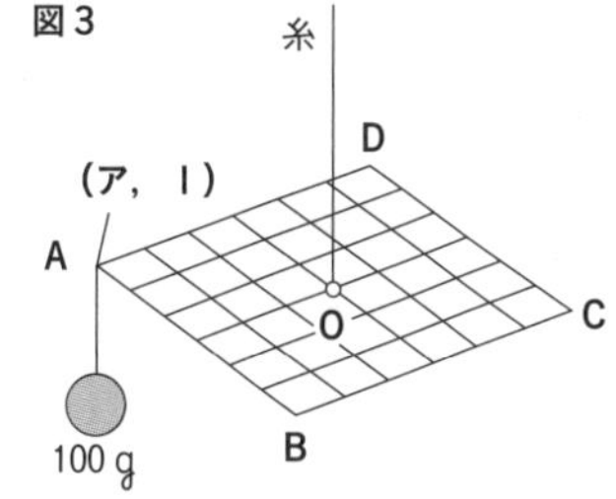

(1) **図3**のように，重さ100gのおもりを格子点**A(ア，1)**につるした。わく**ABCD**を水平につりあわせるには，150gのおもりをどの格子点につるせばよいか，答えなさい。

(2) **図4**のように，重さ120gのおもりを格子点**(ア，6)**に，重さ60gのおもりを格子点**(キ，6)**につるす。さらに，1つの格子点**X**に別の糸をつないで上向きに引き，わく**ABCD**を水平につりあわせた。格子点**X**の位置はどこか，答えなさい。

図4

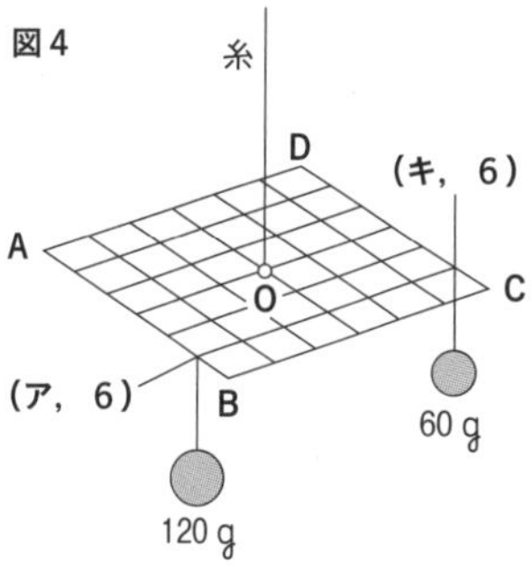

(糸，D，(キ，6)，A，O，C，(ア，6)，B，60g，120g)

(3) (2)で，格子点**X**につないだ糸を上向きに引いている力は何gか，答えなさい。

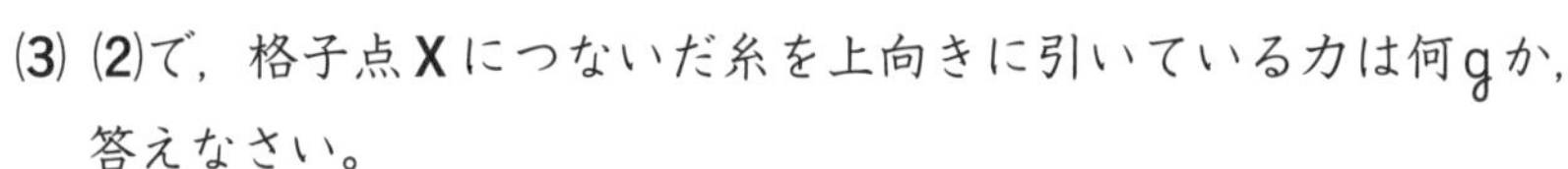

(4) **図5**のように，重さ100gのおもりを格子点**A(ア，1)**と**B(ア，7)**にそれぞれつるす。さらに300gのおもりを1個つるしてわく**ABCD**を水平につりあわせるには，どの格子点につるせばよいか，答えなさい。

図5

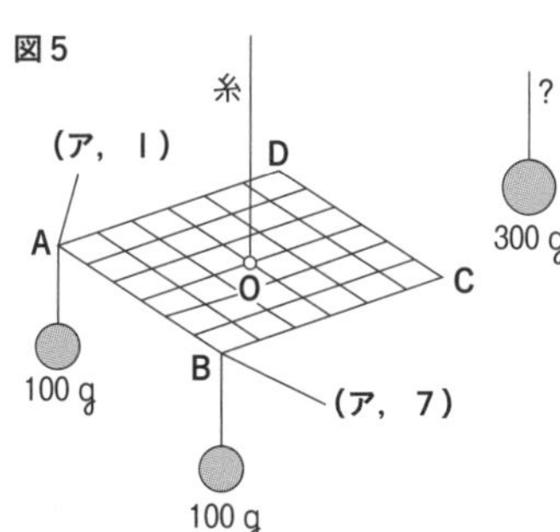

図6

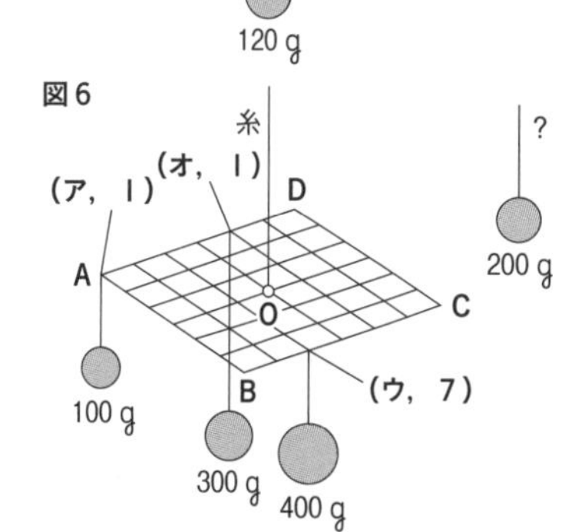

(5) **図6**のように，重さ100gのおもりを格子点**A(ア，1)**に，300gのおもりを格子点**(オ，1)**に，400gのおもりを格子点**(ウ，7)**につるす。わく**ABCD**を水平につりあわせるには，200gのおもりをどの格子点につるせばよいか，答えなさい。

(1)	(2)	(3)
(4)	(5)	

学習日　　月　　日

中学入試予想問題 第2回

時間 35分　得点　　点／合格 80点

解答→別冊 p.69

1 次の文章を読んで，あとの問いに答えなさい。

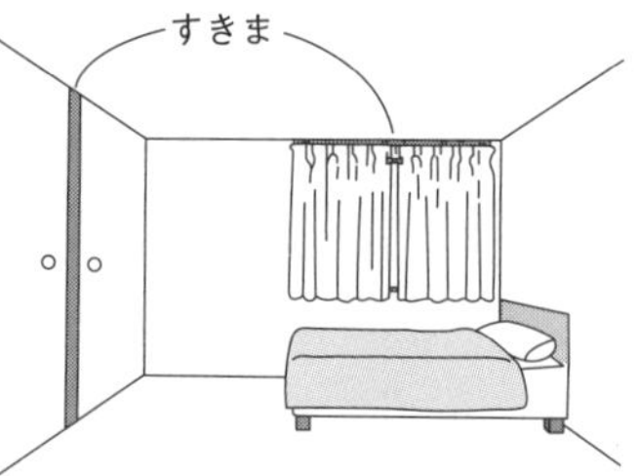

太郎さんたちは家族で山登りに行くことになった。太郎さんは，はやめにベッドに入り，部屋の電気を消したが，お父さんとお母さんはまだ明日の準備(じゅんび)をしていたので，①となりの部屋のあかりが太郎さんの寝室(しんしつ)にもれていた。

次の日はとてもよく晴れていて，カーテンのすきまから②太陽の光が部屋の中に差しこんでいた。

出発前に太郎さんは家族全員のお菓子(かし)と③スポーツ飲料を準備することになった。

その後太郎さん家族は，④朝7時ごろに山のふもとを出発した。

山の頂上(ちょうじょう)に着いて，すがすがしい⑤空気を吸(す)いこみ，さっそくお弁当(べんとう)を食べることになった。お弁当の中身はおにぎりで，おかずは⑥ゆでたまご，からあげ，つけものだった。全部食べたらおなかがいっぱいになり，お菓子は全部食べ切れなかったが，⑦まだ開けていないスナック菓子のふくろがふくらんでいることに気がついた。

ひといきついたあと，太郎さんは，お父さん，お母さんと遊ぼうと⑧風船を口にあててふくらませた。たくさん遊んでから，下山した。

太郎さんはとても楽しい1日を過(す)ごした。大きくなったら友達とも行きたいなと思った。

(1) 下線部①と②の光のすじの形にはちがいがあった。それはなぜか。適切(てきせつ)なものを次の**ア**～**エ**から選び，記号で答えなさい。

ア 太陽は遠い所にあるが，電灯は近い所にあるから。

イ 太陽の光は真空の宇宙(うちゅう)を進んできたものだが，電灯からの光は空気中を進んできたものだから。

ウ 太陽の光は強いが，電灯の光は太陽に比(くら)べると弱いから。

エ 太陽の光はまっすぐ進んでくるが，電灯の光は部屋の中を反射(はんしゃ)して進んでくるから。

(2) 下線部③のスポーツ飲料を入れる水とうは，お父さん1000 mL，お母さん650 mL，太郎さん600 mLの大きさである。すべての水とうが満ぱいになるまでスポーツ飲料を入れる場合，太郎さんは何gの粉末(ふんまつ)を準備すればよいか。小数第1位まで求めなさい。必要ならば小数第2位を四捨五入(ししゃごにゅう)しなさい。なお，太郎さんが用意した粉末は，1Lに74gとかすものとして，とかしても体積は変わらないものとする。

(3) 下線部④のように太郎さんが山のふもとを出発したころ，太陽は右方向にあった。太郎さんはどの方角に向かって進んでいったか。適切なものを次の**ア**～**エ**から選び，記号で答えなさい。ただし，夏の神奈川(かながわ)県内の山とする。

ア 東　**イ** 西　**ウ** 南　**エ** 北

(4) 下線部⑤の空気と下線部⑧の風船の中に入っている空気について，二酸化炭素(にさんかたんそ)と酸素の濃度(のうど)にちがいはあるか。適切なものを次の**ア**～**オ**から選び，記号で答えなさい。

ア 気体の成分にちがいはない。

イ 下線部⑤の空気のほうが，二酸化炭素濃度が高く，酸素濃度も高い。

ウ 下線部⑤の空気のほうが，二酸化炭素濃度は高いが，酸素濃度は低い。

エ 下線部⑤の空気のほうが，二酸化炭素濃度が低く，酸素濃度も低い。

オ 下線部⑤の空気のほうが，二酸化炭素濃度は低いが，酸素濃度は高い。

(5) 下線部⑥について，三大栄養素のうち，ゆでたまごに特に多くふくまれるものは何か。栄養素の名まえを答えなさい。

(6) 下線部⑦の山の上でふくらんでいたまだ開けていないスナック菓子のふくろは，家でリュックから出すとどのようになっているか。適切なものを次の**ア**～**エ**から選び，記号で答えなさい。なお，スナック菓子のふくろに穴が開くようなことはなかった。

ア 山の上での大きさよりもさらにふくらんでいた。

イ 山の上での大きさから変化はなかった。

ウ 山に登る前の大きさにもどっていた。

エ 山に登る前の大きさよりも小さくなっていた。

(1)	(2)	(3)
(4)	(5)	(6)

2 水について，次の問いに答えなさい。

(1) 25℃の部屋に置いてある水の入ったガラスのコップに氷を入れて，しばらくようすを観察した。

① コップに入れた氷は，どうなるか。次の**ア**～**ウ**から選び，記号で答えなさい。

ア うく　　**イ** しずむ　　**ウ** ういたりしずんだりする

② しばらくようすを観察していたら，氷がすべてとけた。このとき水面の高さはどうなるか。次の**ア**～**ウ**から選び，記号で答えなさい。

ア 氷がとけたあとのほうが，氷がとける前より高くなる。

イ 氷がとけたあとのほうが，氷がとける前より低くなる。

ウ 氷がとけたあとも，氷がとける前と変わらない。

(2) 25℃の部屋に置いてある木製のまな板，新聞紙，スポンジ，布，10円玉の上に，1 cm^3 の立方体の氷を乗せた。最もはやく氷がとけきるのはどれですか。

(3) 25℃の部屋に置いてある，からのガラスのコップに，冷蔵庫で冷やした水を右の図のように半分ほど入れて，しばらくようすを観察したところ，コップに水てきがつき始めた。

① 多くの水てきがつくのは，図のどの部分か。次の**ア**～**エ**から選び，記号で答えなさい。

ア コップの内側**A**の部分　　**イ** コップの外側**B**の部分

ウ コップの外側**C**の部分　　**エ** コップの内側**A**の部分と外側**B**の部分

② コップに水てきがつく理由について，正しく述べているものを次の**ア**〜**エ**から選び，記号で答えなさい。

ア コップの中の水が，蒸発するから

イ コップの中の水が，しみ出てくるから

ウ コップの中の空気が，冷やされるから

エ コップのまわりの空気が，冷やされるから

(4) 水素と酸素を，重さ1：8の割合で反応させると，過不足なく反応して水になる。

① 水素2gがすべて酸素と反応したとき，生じる水は何gになりますか。

② 空気には，ちっ素と酸素が重さ7：2の割合でまざっている。この空気を酸素に加えて，合計31gの混合気体をつくった。これに，じゅうぶんな水素を加えて反応させたところ，水が27gできて，ちっ素と水素がいくらか残った。

A 31gの混合気体のうち，反応した酸素は何gですか。

B 31gの混合気体のうち，空気は何gですか。

(5)「水のわく星」といわれる地球は，約13.86億km^3もの水によって，表面の約70％がおおわれている。そのうちのほとんどが海水で，たん水(真水)は少ししかない。たん水の約70％は X ,残りのほとんどは Y である。 X は，高い山や南極，北極地域などに降り積もった雪がしだいに厚い氷のかたまりとなり，その重さで長い年月をかけてゆっくり流れるようになったもので,一部はやがて海にまでたどりつく。また Y は，半分以上が地下800mよりも深い地層にあり，簡単に利用できる水ではない。水のわく星でも「たん水」はとても貴重な資源である。表は，その地球上の水の量を示したものである。

水の種類		水の量〔億km^3〕
海水		13.51
たん水	(X)など	0.24
	(Y)	0.11
	河川や湖沼など	0.001
合計		13.861

① 文章中や表中の**X**に適する語句を，漢字2文字で答えなさい。

② 文章中や表中の**Y**に適する語句を，漢字3文字で答えなさい。

③ 氷山や流氷について，正しく述べているものを次の**ア**〜**エ**から選び，記号で答えなさい。

ア 氷山も流氷も，おもに海水がこおって割れたものである。

イ 氷山も流氷も，おもに雪のかたまりである。

ウ 氷山はおもに雪のかたまりであるが，流氷はおもに海水がこおって割れたものである。

エ 氷山はおもに海水がこおって割れたものであるが，流氷はおもに雪のかたまりである。

(1)①	②	(2)
(3)①	②	(4)①
②A	B	(5)①
②	③	

自由自在問題集

中学入試 理科

解答解説

受験研究社

第1章　生き物

1　身近な生き物の観察

ステップ1　まとめノート　本冊→p.6～7

1　①頭　②複眼　③あし　④気門　⑤4　⑥2
⑦吸う　⑧かむ　⑨8　⑩アブラナ
⑪ふ化　⑫4　⑬さなぎ　⑭羽化　⑮完全
⑯不完全　⑰幼虫　⑱さなぎ

2　⑲セリ　⑳ホトケノザ　㉑スズシロ　㉒紅葉
㉓黄葉　㉔秋の七草　㉕落葉樹　㉖ロゼット
㉗気温　㉘種子　㉙冬眠　㉚夏鳥
㉛たまご　㉜冬ごし　㉝冬鳥　㉞体温
㉟冬眠　㊱冬ごもり

解説

1 ②こん虫の目には，**複眼**と**単眼**があるが，単眼をもっていないものもある。

④こん虫のからだは中に管が通っていて，そこから呼吸するつくりになっている。その管の出入り口が腹にある**気門**である。気門から空気をとり入れる呼吸法を気管呼吸という。

⑤・⑥こん虫には，はねが4枚のもの，2枚のもの，はねをもたないものがいる。また，女王アリ，おすアリには4枚のはねがあるが，はたらきアリにははねがない。

⑦・⑧こん虫は，口の形によってえさの食べ方がわかる。においはおもにしょっ角でかぎわけている。

⑨クモやエビ，ムカデ，ダンゴムシなどは，からだのつくりがちがい，こん虫のなかまではない。

⑫モンシロチョウの幼虫は，だっ皮を4回行ったあと，最後のだっ皮をしてさなぎになる。

⑭さなぎが成虫になることを**羽化**という。モンシロチョウは，さなぎになってから10日ほどで羽化する。

⑮モンシロチョウは**完全変態**する代表的なこん虫である。

⑰・⑱こん虫の冬ごしは，カマキリ，コオロギなどはたまごで，カブトムシ，トンボなどは幼虫で，アゲハ，モンシロチョウなどはさなぎで，テントウムシ，アリなどは成虫で冬をこす。

2 ⑲～㉑**春の七草**は，正月明けに食べる七草がゆに入れられる。

㉕落葉樹は，冬に水分の蒸発を防ぐために，葉を落とす。

㉚・㉝春に南のほうから日本にやってきて，夏にかけてこどもを育てるわたり鳥を**夏鳥**といい，冬に日本より寒い地域からやってくるわたり鳥を**冬鳥**という。

ステップ2　実力問題　本冊→p.8～9

1　(1)①イ　②バッタ―ア　チョウ―ウ
③バッタ―イ　チョウ―ア
(2)イ　(3)イ　(4)ア

2　(1)ア　(2)ロゼット
(3)E―落葉　F―常緑

3　(1)記号―ウ　名称―ツバメ
(2)夏鳥―ア　冬鳥―エ

解説

1 (1)①～③バッタはかむ口の形をしている。また，草を食べているため，縦にかむことができるようになっている。チョウは花のみつを吸うため，吸う口の形をしている。

(2)こん虫のあしは3対6本で，胸から出ている。

(4)トンボは空を飛び，ほかのこん虫をえさとしている。とびはねるのはバッタなどである。

2 (1)秋にかれ，冬を種子ですごし，春に発芽する植物を**一年草**といい，若い植物のすがたで冬をこし，春に花をさかせ，夏にかれる植物を**二年草**という。何年もかれずにいる植物を**多年草**という。

(3)カエデのように紅葉したり，イチョウやポプラのように黄葉したりして冬に葉を落とす植物を落葉樹といい，ツバキやサザンカのように一年中緑の葉をつけている植物を常緑樹という。

3 (1)**ア**はキジ，**イ**はワシ，**ウ**はツバメ，**エ**はコサギである。この中で，夏に日本にわたってくるのはツバメである。

(2)スズメ，カラスは，一年中ほぼ同じ場所で生息している。このような鳥を**留鳥**という。

✔チェック！ 自由自在

① こん虫のからだは，頭，胸，腹の3つの部分に分かれている。それぞれ次のようなものをもつ。
- **頭**…複眼，単眼，しょっ角，□
- **胸**…あし（6本），はね
- **腹**…気門

② 植物は，葉を落としたり，種子を残してかれたりして，冬をこす。ロゼットの形で冬をこす植物もある。

③ 夏鳥と冬鳥の例

夏鳥	ツバメ，カッコウ，ホトトギス
冬鳥	マガモ，ハクチョウ，ガン，ツグミ

ステップ3　発展問題　本冊→p.10～11

1 (1) A—イ　B—オ　C—ア　D—エ　E—ウ
(2) D—エ　E—イ　(3) イ
(4) A—エ　C—イ

2 (1) ①ウ　②コ　③カ　④キ　⑤オ
⑥ア　⑦イ　⑧ク　⑨エ　⑩ケ
(2) 名まえ—ロゼット　A—日光　B—寒さ
(3) (例)冬のはじめに木の幹にワラをまき，害虫をそのワラの中に集めて冬ごしさせたあと，春になる前にワラをはずして燃やし，害虫をくじょする。

3 (1) オ　(2) ウ　(3) コ

解説

1 (1)はねに**りん粉**がついているのは，チョウやガのなかまである。セミは長い間土の中で生活し，地上には子孫を残すためにわずかな期間だけ出てくる。カマキリのめすは交尾後，おすを食べてしまうことがある。

(2)カブトムシは幼虫で冬をこし，さなぎになったあと，夏ごろ成虫になる。トンボはヤゴとよばれる幼虫の状態で冬をこす。

(4)チョウのしょっ角は先がふくらんでいるような形をしている。カマキリのしょっ角は細長い。

2 (1)①アサガオやヒマワリ，ヘチマなどは，春から夏にかけて成長し，秋になると実をむすび，種子をつくり，本体はかれる。このような植物を一年草という。

②チューリップやススキなどは，冬になると地上にあるからだの部分はかれるものの，地下のくきや根が残っていて冬をこす。

③タンポポやナズナなどは，秋に芽を出し，地面に葉を広げたすがた(ロゼット)で冬をこす。

④イチョウやクヌギなどは，秋になると葉が黄色に色づく。これを黄葉とよぶ。やがて葉をすべて落として冬をこす。

⑤カエデやナナカマドなどは，秋になると葉が赤色に色づく。これを紅葉とよぶ。やがて葉をすべて落として冬をこす。

⑥ツバキやマツなどは，冬になっても緑色の葉をつけたまま変わらないすがたで冬をこす。

⑦カマキリやバッタ，コオロギなどの成虫は，秋になってたまごを産むと死んでしまう。そして，たまごで冬をこし，春になると幼虫がかえる。

⑧アゲハやモンシロチョウは，夏の終わりに生まれたものがさなぎになって冬をこす。

⑨カブトムシやトンボ，ミノガなどは幼虫で冬をこす。

⑩テントウムシやハチ，アリなどは成虫で冬をこす。

(2)タンポポなどが地面に葉を張りつけるようにして放射状に広げたすがたを**ロゼット**という。

3 (1) Aはモンシロチョウ，Bはナナホシテントウ，Cはアキアカネ，Dはオオカマキリである。

(2)オオカマキリは木の枝や植物のくきにたまごを産みつける。

(3)さなぎにならないこん虫は，**不完全変態**とよばれていて，アキアカネとオオカマキリがこれにあたる。

ココに注意

(3) **完全変態と不完全変態のちがいは，さなぎの時期があるかないかである。完全変態するものは，チョウやガ，ハエ，アブ，カ，ハチ，アリ，カブトムシなどである。不完全変態するものは，コオロギやバッタ，カマキリ，トンボ，セミなどである。**

なるほど!資料

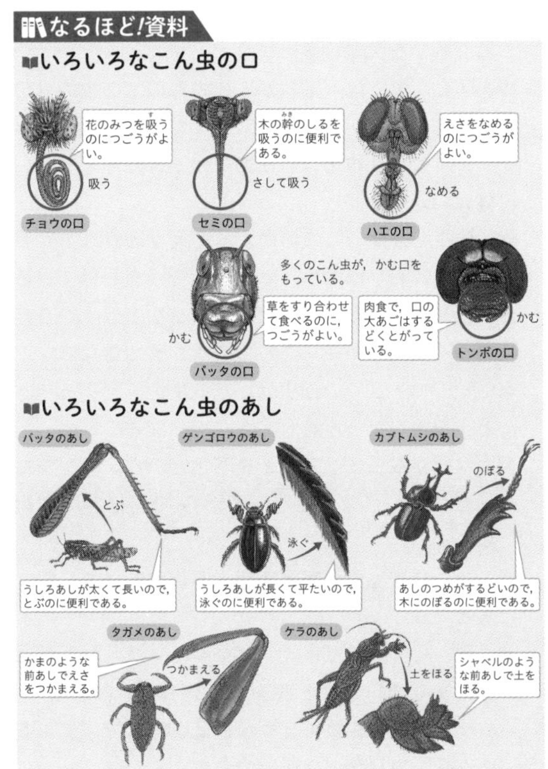

2 植物の育ち方

ステップ1 まとめノート

本冊→p.12〜13

1 ①はい ②幼芽 ③はいじく ④幼根
⑤子葉 ⑥はいにゅう ⑦幼根 ⑧子葉
⑨幼芽 ⑩子葉 ⑪子葉 ⑫はいにゅう
⑬でんぷん ⑭しぼう(油) ⑮たんぱく質
⑯水 ⑰空気 ⑱温度

2 ⑲4 ⑳6 ㉑めしべ ㉒子ぼう ㉓5
㉔10 ㉕四要素 ㉖完全花 ㉗不完全花
㉘両性花 ㉙単性花 ㉚やく ㉛柱頭
㉜子ぼう ㉝受粉 ㉞はいしゅ ㉟種子
㊱根 ㊲葉 ㊳子ぼう ㊴種子 ㊵自家受粉
㊶他家受粉 ㊷人工受粉

解説

1 ⑥イネ・カキなどの有はいにゅう種子は，はいにゅうに養分をたくわえている。

⑩イネの子葉は1枚で細長い。発芽後，えいと種皮に包まれたはいにゅうは地中に残る。

⑪・⑫**子葉**や**はいにゅう**には，発芽とその後少しの間育つための養分がたくわえられている。

⑬〜⑮種子にふくまれる養分としては，**でんぷん**，**しぼう**(油)，**たんぱく質**などがある。

⑯〜⑱種子の発芽に必要な条件は，**水**，**空気**，**適当な温度**の3つである。

ⓘココに注意

①〜⑥はいにゅうがある種子(有はいにゅう種子)はイネ，カキ，トウモロコシなどで，はい(子葉，幼芽，はいじく，幼根)・はいにゅう・種皮からできている。発芽とその後少しの間育つための養分は，はいにゅうにたくわえられている。はいにゅうがない種子(無はいにゅう種子)はマメなどのなかまで，はいと種皮からなる。
発芽とその後少しの間育つための養分は，子葉にたくわえられている。

---

2 ㉕がく，花びら，おしべ，めしべを花の四要素という。

㉖・㉗花の四要素がすべてそろったものを完全花，四要素のうちどれか1つでも欠けているものを不完全花という。おしべがないめ花，めしべがないお花は不完全花である。

㉛〜㉝めしべは，**柱頭**，**花柱**，**子ぼう**の3つの部分からできており，柱頭に花粉がつくことを受粉という。

㉞・㉟受粉すると，花粉から花粉管がのびる。花粉管が子ぼうの中のはいしゅに達すると，子ぼうは実になり，はいしゅは種子になる。

ステップ2 実力問題

本冊→p.14〜15

1 (1)イ→ア→ウ (2)ア (3)A(と)E
(4)光合成 (5)イ (6)ウ

2 (1)オ (2)A (3)D
(4)(例)風によって運ばれる。 (5)D
(6)でんぷん

3 (1)A(と)B
(2)(例)(発芽には)光がなくてもよい。
(3)ア—めしべ(柱頭) イ—がく
ウ—おしべ(やく) エ—子ぼう
(4)ウ

解説

1 (2)表から，AとCの条件のちがいは，空気があるかないかだけである。空気のないCは発芽しなかったので，発芽には**空気**が必要であることがわかる。

(3)温度がほかよりも低く発芽しなかったEと温度以外の条件がすべて同じであるAを比べると，発芽には**適当な温度**が必要であることがわかる。

(4)Bのインゲンマメには，光があたっていないので，**光合成**ができず，成長に必要な栄養分がつくれなかった。

(5)発芽してからは，肥料のあるほうがよく育つ。

ⓘココに注意

(4)・(5)種子の発芽に必要な条件は，水，空気，適当な温度。光や肥料は発芽には必要ないが，発芽したあと成長するには必要となる。

---

2 (2)アサガオの花の花びらは1枚のように見えるが，5枚である。インゲンマメの花の花びらは5枚，アブラナの花の花びらは4枚ついている。

(3)イネの花には，花びらやがくはない。

(4)イネは自家受粉を行うが，花がさいている時間が短いため，多くの花粉は風によって運ばれる。

(5)アブラナ，アサガオ，インゲンマメは養分を子葉にたくわえている。

3 (1)A以外は温度がすべて20℃であるから，Aと比べるものを見つける。Aと比べて温度以外がすべて同じ条件になっているものを選べばよい。

(2)BとCはどちらも発芽し，異なる条件は光だけであるから，発芽には光が必要でないことがわかる。

(4)花粉はおしべの先たんのやくの中に入っている。

✓チェック！自由自在

① インゲンマメは，はじめにはいの幼根(ようこん)が根として出る。次に種子が土から出る。その後子葉，幼芽(葉)が出る。

イネは，はじめに子葉が出る。その後根が出る。えい，はいにゅうは地中に残る。

② 花粉は，虫，風，水，鳥などによって運ばれる。

虫ばい花(虫による)	レンゲソウ，アブラナ など
風ばい花(風による)	スギ，トウモロコシ など
水ばい花(水による)	キンギョモ，クロモ など
鳥ばい花(鳥による)	ツバキ，サザンカ など

③ 代表的な花のつくり

- **アブラナ(アブラナ科)** …がく４枚，花びら４枚，おしべ６本，めしべ１本。
- **カボチャ（ウリ科）** …がく５枚，花びら５枚。お花とめ花がある。
- **サクラ(バラ科)** …がく５枚，花びら５枚，おしべ多数，めしべ１本。
- **エンドウ(マメ科)** …がく５枚，花びら５枚，おしべ10本，めしべ１本。
- **マツ(マツ科)** …花びら，がくがなく，お花，め花に分かれている。

ステップ3　発展問題

本冊→p.16～17

1 (1) **(例)空気の条件(じょうけん)をあたえないため。**

(2) **A**

(3) **(例)インゲンマメの発芽には光が必要ないが，ホウセンカの発芽には光が必要である。**

(4) **(例)子葉にふくまれていたでんぷんが，成長に使われ，なくなったから。**

2 (1) **はいにゅう**　(2) **イ，ウ，カ**

(3) **(例)鳥などの動物がその植物の実を食べ，消化されなかった種子がふんといっしょにその場所で出された。**

3 (1) **A—柱頭(ちゅうとう)　B—受粉(じゅふん)　C—子ぼう**

(2) **ウ**　(3) **ア**　(4) **4**　(5) **エ**　(6) **イ**

解説

1(2)種子が発芽するためには空気が必要なので，**A**は発芽するが，水にしずめた**B**は発芽しない。

(3)条件が同じである**D**と**F**の結果を比(くら)べると，**D**のインゲンマメは発芽しているが，**F**のホウセンカは発芽していない。このことから，光をあてなくてもインゲンマメは発芽するが，ホウセンカは発芽しないことがわかる。

(4)ヨウ素液(そえき)をたらすと，でんぷんがふくまれているときは青むらさき色に染(そ)まるが，ふくまれていないときは青むらさき色に染まらない。このことから，発芽する前の子葉にはでんぷんがふくまれ，発芽してしばらくたったあとの子葉にはでんぷんがふくまれておらず，子葉のでんぷんは成長のために使われたことがわかる。

2(2)(1)より，有はいにゅう種子をさがせばよい。有はいにゅう種子には，イネ，ムギ，トウモロコシ，カキなどがある。インゲンマメ，アサガオ，キュウリは無はいにゅう種子で，子葉に養分をたくわえている。

(3)カキやリンゴなどは，動物によって果実が食べられ，種子がふんとして出されたり，捨(す)てられたりすることで，はなれた場所で発芽する。

3(1)めしべの先たんの柱頭に花粉がつくことを受粉という。

(2)①は花びら，②はめしべである。

(3)アブラナの花のように，花びらが１枚(まい)ずつ分かれている花を**離弁花**(りべんか)という。タンポポ，ツツジ，ヘチマ，アサガオの花のように，花びらがくっついているものを**合弁花**という。

(4)風によって花粉が運ばれる花は，ススキ，ブタクサ，トウモロコシ，マツである。ほかの花はおもにこん虫によって花粉が運ばれる。

(5)こん虫によって花粉が運ばれる花は，こん虫を引き付けるために美しかったり，よいかおりがしたりして目立つようになっている。

(6)サクラの花式図(かしきず)は，外側から，がく５枚，花びら５枚，おしべ，めしべの順になっている。がくはもとのほうでくっついている。

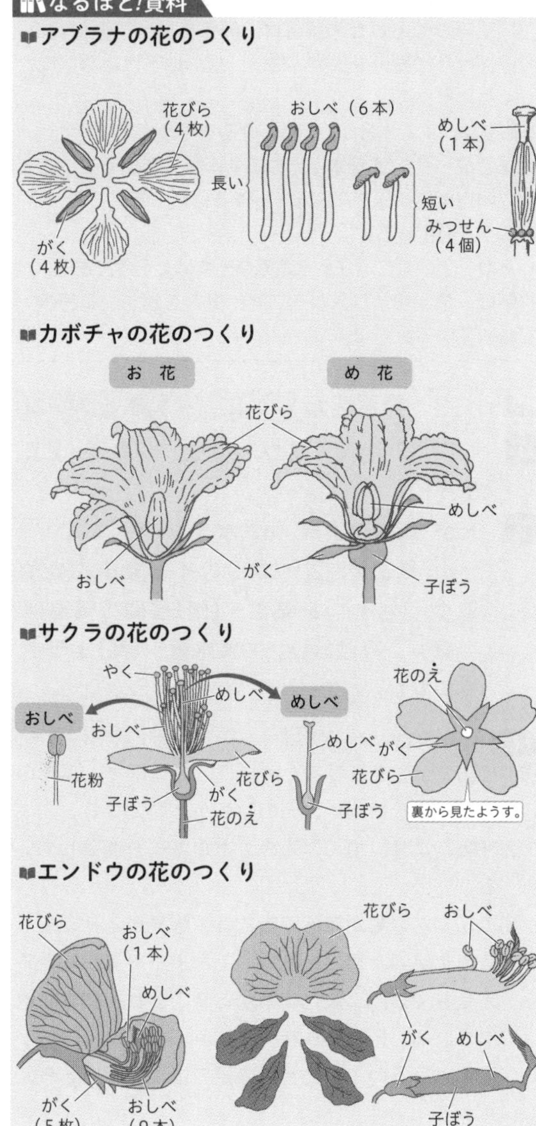

3 植物のつくりとはたらき

ステップ1 まとめノート 本冊→p.18〜19

1 ① 葉緑体 ② 水 ③ 二酸化炭素

2 ④ 2 ⑤ 主根 ⑥ 側根 ⑦ I ⑧ ひげ根
⑨ 根毛 ⑩ 支え ⑪ 呼吸 ⑫ 養分

3 ⑬ 2 ⑭ 師管 ⑮ 道管 ⑯ 形成層 ⑰ I
⑱ 師管 ⑲ 道管（⑱，⑲は順不同）
⑳ 水 ㉑ 道管 ㉒ 師管

4 ㉓ 葉脈 ㉔ 表皮 ㉕ 気こう
㉖ 細ぼう（こう辺細ぼう）
㉗ 蒸散 ㉘ 呼吸（㉗，㉘は順不同）
㉙ 葉緑体 ㉚ 蒸散 ㉛ 裏側 ㉜ 呼吸

5 ㉝ 被子 ㉞ 裸子 ㉟ 双子葉 ㊱ 単子葉
㊲ 合弁花 ㊳ 離弁花 ㊴ シダ ㊵ コケ

解説

1 ①〜③葉の葉緑体では，水と二酸化炭素を原料に，日光をエネルギーとしてでんぷんをつくる。このはたらきを**光合成**という。

2 ⑨根から白い毛のようなものがたくさん出ているのが**根毛**である。根毛は，根の表皮細ぼうからのび出したもので，1つの細ぼうからできている。根毛があることによって，**根の表面積が大きくなり，水や養分を吸収しやすくしている。**

3 ⑭・⑮道管と師管を合わせて**維管束**という。

⑯**形成層**は，くきが成長するための新しい細ぼうをつくり出す。

⑳〜㉒根から吸い上げられた水や養分はくきの中の道管を通って，葉でつくられた栄養分は師管を通ってからだ全体に運ばれる。

ココに注意

④〜⑲ 双子葉類の根は主根と側根からなる。くきの道管と師管（維管束）は輪状になっており，形成層がある。単子葉類の根はひげ根である。くきの道管と師管（維管束）は散らばっており，形成層がない。

4 ㉙葉緑体の中には，葉緑素（クロロフィル）という緑色の色素がある。

5 ㉝・㉞種子植物は，はいしゅが子ぼうに包まれている被子植物と，はいしゅがむき出しになっている裸子植物に分類される。

㊴シダ植物は，根・くき・葉の区別があり，維管束が発達している。

㊵コケ植物は，根・くき・葉の区別がはっきりせず，

維管束はない。

ステップ2 実力問題

本冊→p.20〜21

1 **(1) a—主根　b—側根　(2) ア，ウ，オ**
(3) 名称—根毛
役割—(例)表面積を大きくし，水分を吸収しやすくする。
(4) ウ　(5) 葉脈(維管束)
(6) (例)根から水分を吸収し全身に運ぶはたらきをうながす。(植物体の温度が高くならないようにする。)

2 **(1) 気こう　(2) 蒸散　(3) A—カ　C—エ**
(4) 1.0 cm^3

解説

1 (2) 図1のような根のつくりをしている植物は，被子植物の双子葉類のなかまに見られる。イネ，ユリは被子植物の単子葉類のなかまの植物である。

(3) 図2のcの根毛は，根の表面積を大きくし，水分を吸収しやすくしている。

(4) 根から吸収された水や水にとけた養分の通り道を道管といい，くきでは中心に近いほうに，葉では表側を通っている。葉でつくられた栄養分の通り道を師管といい，くきでは表皮に近いほうに，葉では裏側を通っている。

(6) 蒸散によって，**全身に水分を運ぶはたらきをさかんにする**とともに，**植物体の温度を調節するはたらき**もしている。

2 (1) 根からとり入れた水は，葉にある気こうから水蒸気になって出ていく。

(3) ホウセンカAは，どこにもワセリンをぬっていないので，葉の表と葉の裏とくきから水を出している。ホウセンカCは，葉の裏側にワセリンをぬっているので，葉の表とくきから水を出している。

(4) Aは葉の表＋葉の裏＋くき，Bは葉の裏＋くき，Cは葉の表＋くき，Dはくきからの蒸散量を表しているので，葉の表のみから出た水の体積は，A－Bの式から求めることができる。

16.6 － 15.6 ＝ 1.0〔cm^3〕

ココに注意

(3)・(4) ワセリンをぬった部分からは，蒸散はおこらないと考える。水面に油をうかせない場合には，水面からの水の蒸発も考える必要がある。

チェック！ 自由自在

① 根から吸い上げられた水や水にとけた養分は，道管を通って植物のからだ全体に運ばれる。

葉でつくられた栄養分は，師管を通って運ばれる。運ばれた栄養分は果実，種子，根，地下けいなどにたくわえられる。

② 植物は，葉で光合成，蒸散，呼吸を行う。

- **光合成**…葉の葉緑体で光のエネルギーを使って，水と二酸化炭素からでんぷんをつくるはたらき。このとき，酸素が発生する。
- **蒸散**…葉の気こうから水蒸気を出すはたらきである。
- **呼吸**…酸素をとり入れ，二酸化炭素を出す。1日中行われている。

ステップ3 発展問題

本冊→p.22〜23

1 **(1) D　(2) 呼吸　(3) ウ　(4) ウ　(5) D (〜) E**
(6) イ

2 **(1) a—二酸化炭素　b—水　c—でんぷん**
d—気こう　(2) ① ウ　② イ　③ イ　④ イ
(3) ウ　(4) イ　(5) 気温—(例)昼間の気温は高く，夜は低い。　降水量—(例) 1年中少ない。　かん境—オ

解説

1 (1) 植物Xが生き続けるためには，最低限でんぷんの量が減らないだけの光の強さが必要になる。

(2) 呼吸により，でんぷんのエネルギーを消費している。

(3) でんぷんの量が減る呼吸では，酸素がとりこまれ二酸化炭素が放出される。でんぷんの量が増える光合成では，二酸化炭素がとりこまれ，酸素が放出される。Fの光の強さのとき，でんぷんの量が増えているので，光合成の量のほうが多いと考えられる。

(4) 植物Yは，光の強さがEのときとCのときではでんぷんの量が変化しないので，ほぼ同じ速さで成長する。

(5) 植物Yは光の強さがB以上になると成長する。植物Xは光の強さがD以上になると成長する。また，光の強さがEのとき植物Xと植物Yのでんぷんの増加量は等しくなり，それ以上になると植物Xのほうがでんぷんの増加量は多くなる。以上のことから，植物X，Yがともに成長するが，植物Yのほうが成長がはやいのは，光の強さがD〜Eのときである。

(6) 地面に光が届きにくい状況では，弱い光でも成長する植物Yは成長するが，強い光が必要な植物Xは成長できなくなる。その結果，じゅうぶんに時間がたつと，植物Yの割合のほうが多い森林になっていく。

2 (**1**)**c**はでんぷん，**d**は気こうとすぐにわかる。次に，気こうからとり入れるということから**a**は二酸化炭素，蒸散で失われるということから**b**は水とわかる。

(**2**)実験の結果から，葉の重さは明るい所も暗い所も減少しており，暗い所のほうが「実験前の重さにたいする実験後の重さの割合」が大きいのは，植物**A**の気こうが閉じているからと考えられる。

(**3**)蒸散量は昼より夜のほうが大きく，二酸化炭素の吸収量が昼は0ということから，気こうは昼には閉じていて，夜は開いていると考えられる。

(**4**)昼に気こうが閉じていても蒸散がおこっているので，気こう以外の部分でも蒸散はおきている。夜の蒸散量は3.47 gだから，3.47 − 1.33 = 2.14〔g〕より，気こうからのほうが蒸散量は多いと考えられる。

(**5**)昼に気こうが閉じていることから，昼はからだからの水分の量ができるだけ減らないようにしているとわかる。夜に気こうが開き，二酸化炭素をとりこんでいて，この二酸化炭素を利用して昼に光合成を行っていると考えられる。これらのことから，植物**B**が生育するかん境はさばくである。

ココに注意

(5) 蒸散は，水蒸気を葉の気こうから放出するはたらきである。蒸散により，根からの水の吸収をさかんにしたり，植物体の温度を調節したりすることができる。植物は，水不足の場合は気こうを閉じ，蒸散のはたらきをおさえる。

思考力／作図／記述問題に挑戦！

本冊→p.24〜25

1

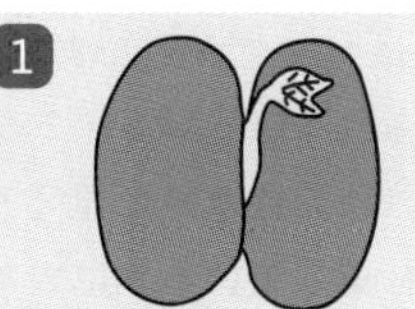

2

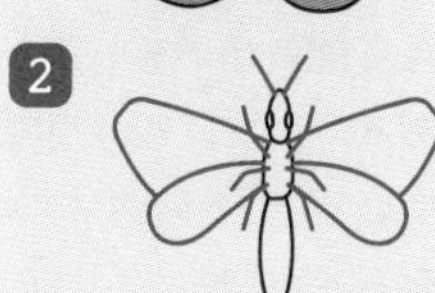

3 (**1**) **水・二酸化炭素(順不同)**

(**2**) **(例)大気中の酸素濃度が高まることでオゾン層ができ，陸上に届く太陽からの有害な紫外線が弱くなった。(46字)**

4 (**1**) **ウ** (**2**) **イ，エ，オ，ケ，コ**

5 **(例)受粉しやすくさせることができる。(収かく量を上げることができる。品種をコントロールできる。)**

解説

1 インゲンマメの種子の栄養分は，子葉の部分にふくまれている。ヨウ素液をつけると青むらさき色に変わったことから，でんぷんがふくまれていることがわかる。子葉にたくわえられているでんぷんは，発芽と発芽後少しの間成長するために使われる。

2 ガはこん虫のなかまである。しょっ角は頭部から1対(2本)，あしは胸部から3対(6本)，はねは胸部から2対(4本)はえている。ガやチョウは4枚のはねをもつが，前ばねと後ばねを一部重ね合わせ，一体になるように動かしている。

3 (**1**)光合成は，水と二酸化炭素から日光のエネルギーを使ってでんぷんをつくるはたらきである。このとき酸素が発生する。

(**2**)光合成により発生した酸素が強い紫外線を受けてオゾンとなり，地上から高度約11〜50 kmくらいまでの成層けんの下部にただよっている。特に高度約15〜30 kmのはん囲の密度が大きいため，オゾン層とよんでいる。紫外線は生き物にとって有害なものであるが，オゾン層ができたことにより，地上にふりそそぐ紫外線量が大幅に減ったため，生き物が陸上でも生活できるようになった。

4 (**1**)春の雑木林に見られるおそい時期からさくサクラ，秋の雑木林に見られる切れこみが入った葉が赤く紅葉している木，冬の雑木林に見られる「ドングリ」の上にある落葉している木，落葉していない木(広い葉をもっている)，落葉せず細い葉が残っている木の5種類が少なくとも生えている。

(2)春の雑木林に見えるサクラはヤマザクラである。公園や学校などに多く植えられているソメイヨシノと異なり，野生種である。秋の雑木林に見える切れこみが入った葉が赤く紅葉している木はカエデである。冬の雑木林に見える落葉せず細い葉が残っている木はアカマツである。マツは常緑樹であるため，冬でも葉をつけている。「ドングリ」は多くの場合，ブナ科の果実をさす。「ドングリ」の上にある木は，広い葉が残っているほうがアラカシ，落葉しているほうがクヌギと思われる。どちらも「ドングリ」とよばれるが，クヌギのほうは丸い形をしている。

5 人工受粉にすると，こん虫に受粉させるよりも確実に受粉できるという利点がある。そのため，果実の収かく量を上げることができる。また，植物には自家受粉では種子をつくることができない性質をもつものがある(自家不和合性という)。そのような植物の実をつけるためには，ほかの品種の花粉を人工受粉でつける必要がある。

4 人や動物の誕生

ステップ1 まとめノート 本冊→p.26～27

1 ①さからって ②くみ置き ③水草 ④直射日光 ⑤切れこみ ⑥平行四辺形 ⑦三角形 ⑧25 ⑨精子 ⑩油てき ⑪目 ⑫血液 ⑬11 ⑭卵黄のう ⑮2，3 ⑯5 ⑰2

2 ⑱精子 ⑲子宮 ⑳精子 ㉑卵 ㉒受精卵 ㉓子宮 ㉔38 ㉕胎児 ㉖羊水 ㉗酸素 ㉘二酸化炭素 ㉙38 ㉚呼吸 ㉛卵生 ㉜胎生 ㉝乳(母乳) ㉞精子 ㉟卵そう ㊱受精卵 ㊲体外受精 ㊳体内受精

解説

1 ①メダカは，自然界ではおだやかな流れのある場所に生息している。流れにさからうことでその場にとどまろうとする性質がある。

②水道水は消毒薬が入っているので，そのまま使えない。

⑤～⑦メダカのおすとめすは，せびれ，しりびれの形で見分けることができる。

⑧メダカは水温が25℃の適温であっても，えさがじゅうぶんでないと産卵しにくい。ただし，食べきれない量のえさをあたえると，残ったえさがくさり，メダカのすめないよごれた水になる。

⑩油てきはメダカが育つ養分になり，やがてくっついて大きくなり，片方に集まる。

⑭「のう」はふくろという意味で，ふ化したばかりの子メダカはしばらくの間は何も食べず，卵黄のうにある養分を使って育つ。

2 ⑱卵は**受精**すると，まくができてほかの精子が入らないようになる。

⑳精子の長さは約0.06 mmで，頭の部分に核をもち，尾の部分にはべん毛をもっている。べん毛を動かすことで泳ぐことができる。

㉑卵の直径は約0.14 mmで，卵そうでおよそ1か月に1個ずつつくられ，卵管へとりこまれたあと，子宮に向かって移動していく。

㉗・㉘母親の血液型と胎児の血液型がちがうこともよくあり，血液がまじり合うと危険であるため，たいばんでは，母親と胎児の血管は直接つながっていない。

㉜親と似たすがたの子が生まれる動物は，母親の乳で子を育てるので**ほ乳類**とよばれている。

㊲・㊳水中にからのないたまごを産む生き物は体外受精を行い，陸上にからのあるたまごを産む生き物は体内受精を行う。

ステップ2　実力問題

本冊→p.28〜29

1 (1) イ　(2) ウ→ア→オ→イ→エ
(3) (例)腹の下のふくらんだふくろの中に養分をたくわえているから。
(4) ウ　(5) 精子

2 (1) a—受精　b—受精卵　c—子宮　d—たいばん　e—へそのお　f—羊水
(2) d—A　e—B　(3) ① エ　② ア　(4) ウ

3 (1) イ　(2) 子宮　(3) 羊水　(4) たいばん
(5) ウ　(6) A—産声　B—呼吸　(7) ほ乳類

解説

1 (2)受精して数時間すると，油てきが片方に集まる。受精して2日ほどたつと，すじ状のものが見え，およそ4日後には心臓の動きや血液の流れがわかるようになる。その後，心臓の動きや血液の流れがはっきりとしてきて，さかんに動くようになる。約11日後，子メダカがたまごからかえる。

(4)①，②はせびれ，③，④はしりびれを表している。おすのメダカのせびれには切れこみがあり，しりびれは大きく，平行四辺形に近い形をしている。

!ココに注意

(4) メダカにかぎらず，そのほかの魚のおすとめすを比べると，からだの形，大きさ，色，模様などがちがうものがいる。

2 (1)dのたいばんは，赤ちゃん(胎児)に必要な酸素や養分を運び，不要になったものや二酸化炭素を外へ運び出している。fの羊水は，子宮内を満たしている液体で，羊水の中で胎児はからだを動かして発達する。

(2)eの**へそのお**は，**たいばん**と胎児を結んでいる。

(3)受精してから①約1か月後(4〜6週目)には心臓が動き始め，手足になる部分がはっきりする。②約半年後((24〜27週目)には筋肉が発達して動きが活発になる。**イ**は生まれる直前(36〜38週目)のようすを，**ウ**は約4か月後(16〜19週目)のようすを表している。

3 (5)**ア**は受精後32週目ごろ，**イ**は受精後8週目ごろ，**エ**は受精後4週目ごろの特ちょうを表している。

(6)赤ちゃんは，産声をあげながら生まれてきて，自発的に呼吸をする。

!ココに注意

(4) 胎児は，まだ肺がはたらいておらず，必要な酸素は母親からたいばんとへそのおを通して受けとっている。

✔チェック! 自由自在

① メダカのたまご(受精卵)は水草などに産みつけられ，少しずつすがたを変えていく。

- 受精直後…油てきが多く見える。
- 5時間後…油てきがくっつき，片方に集まる。
- 2日目…すじ状のものが見える。
- 3日目…頭が大きくなり，目がはっきりする。
- 4日目…心臓の動きや血液の流れがわかる。
- 6日目…心臓や血液の動きがはっきりする。
- 8日目…さかんに動くようになる。
- 11日目…ふ化する。

② 受精卵は子宮のかべに着床したあと，約38週子宮の中で育つ。はじめはからだの形ができておらず，はいとよばれる状態だが，だんだんとからだの形ができてくる。最終的に身長約50 cm，体重約3000 gにまで成長する。

子宮は，女性の体内にある胎児を育てる臓器である。子宮内で，胎児は羊水にうかんだ状態になっている。これにより外からのしょうげきからまもられる。

③ 胎児と母親のからだは，たいばんとへそのおでつながっている。へそのおの中には血管が通り，酸素や養分を運びこみ，不要物や二酸化炭素を外に出す。たいばんでは，胎児と母親の血管は直接つながっていない。

ステップ3　発展問題

本冊→p.30〜31

1 (1) ① よいほう—B　理由—ウ
② よいほう—A　理由—イ
③ よいほう—A　理由—イ
(2) オ　(3) ウ　(4) イ
(5) (例)めすのほうがおすよりも腹がふくらんでいる。

2 (1) 38　(2) ア，オ
(3) C—シ　D—ケ　E—エ　F—キ
(4) G—へそのお　H—産声　(5) ア

解説

1 (1)①水そうを日光が直接あたらない明るい場所に置くことで，水温をほぼ一定に保つことができる。

③えさは，食べ残しが出ないように少なめにあたえる。

(2)メダカの産卵行動では，めすがたまごを産み，そのたまごにおすが精子をかけ，その後，めすがたまごを腹につけたまましばらく泳いで，そのたま

ごを水草につける。

(3)おすは，しりびれとせびれでめすの腹を包むようにからだをすりよせて，たまごに精子をかける。

(4)メダカのめすが一度に産むたまごの数は10～40個で，自然の状態では，この産卵を毎日のように20日ほど続けて行う。

2 (2)子どもが親と似たすがたで生まれるほ乳類でも，生まれる子の数が少ないゾウ，ウマなどはにんしん期間が長い。それらと比較して，生まれる子の数が多いイヌ，ネズミなどはにんしん期間が短い。パンダは生まれる子の数が1～2頭と少ないが，体重約100～150 gと非常に小さく生まれてくるため，にんしん期間が短い。

(3)男性の精そうでつくられた精子は，べん毛を使って泳いでいき，女性の卵そうでつくられた卵が出される卵管の中で受精する。

(4)羊水にういている胎児は，呼吸をしていないが，生まれた直後に産声をあげることによって，空気を自分の肺に送りこみ呼吸をはじめる。

ココに注意

(3)・(4) ほ乳類では，子宮の中にいる胎児は羊水にうかんでいるため，外からのしょうげきなどからまもられている。また，へそのおを通して必要な養分，酸素をとり入れ，不要になったものや二酸化炭素などをはい出している。

なるほど!資料

メダカのたまごの変化

受精直後
たまごの中に油のつぶ（油てき）がある。
受精5時間後
油てきがくっついて大きくなり，片方に集まる。
2日目
すじ状のものが見えてくる。
3日目
頭が大きくなり，目がはっきりする。
4日目
心臓の動きや血液の流れがわかる。
6日目
心臓の動きや血液の流れがはっきりする。
8日目
さかんに動くようになる。
11日目
子メダカがたまごからかえる。

5 人や動物のからだ

ステップ1 まとめノート

本冊→p.32～33

1 ①からだ ②頭骨(頭がい骨) ③ろっ骨 ④背骨(せき柱) ⑤関節 ⑥骨格筋 ⑦けん ⑧内臓筋

2 ⑨酸素 ⑩二酸化炭素 ⑪気管支 ⑫肺ほう

3 ⑬左心室 ⑭肺じゅんかん ⑮体じゅんかん ⑯動脈 ⑰静脈 ⑱毛細血管

4 ⑲消化 ⑳胃 ㉑小腸 ㉒大腸 ㉓消化管 ㉔消化こう素 ㉕消化液 ㉖だ液 ㉗胃液 ㉘消化こう素 ㉙たんぱく質 ㉚たんのう ㉛すい臓 ㉜小腸 ㉝小腸 ㉞大腸 ㉟じん臓 ㊱皮ふ

解説

1 ①多くの骨が集まって**骨格**をつくっている。

②頭骨は，ほう合とよばれる，ぬい合わさったようなつながり方をしていて，動かない。

⑤少し動く骨はなん骨で，よく動く骨は**関節**でつながっている。

2 ⑨～⑫肺には，酸素と二酸化炭素のガス交かんをする役目がある。**肺ほう**は，小さい部屋に分かれていて，表面積を大きくしている。

3 ⑬心臓は，全身に血液を送り出す左心室のかべが最も厚い。

4 ⑲消化には，物理的消化と化学的消化がある。物理的消化は食物をかんだり細かくすることで，化学的消化は消化こう素により化学的に分解することをいう。

㉑・㉚～㉜小腸は，十二指腸からの**たんじゅうやすい液**と，小腸のかべに存在している消化こう素によって，食べ物を消化・吸収している。これをまく消化という。

㉖・㉗口からはだ液，胃からは胃液が出される。

㉞大腸は小腸で吸収されなかった水分を吸収する。

㉟じん臓は，背中側のこしの上あたりに，左右1つずつある。大きさはにぎりこぶし大でソラマメのような形をしている。

ココに注意

⑫・㉝ 肺ほうも小腸のじゅう毛も効率よくそれぞれのはたらきを行えるように，表面積が大きくなっている。

ステップ2 実力問題

本冊→p.34～35

1 (1)A，E (2)大動脈 (3)ケ (4)ア

(5) キ→オ→カ　(6) サ

2　(1) G　(2) オ，ク　(3) カ　(4) キ，ケ

3　(1) ① しょっ覚　② 皮ふ　(2) イ，エ
(3) ウ　(4) イ

解説

1 (1) 血液の流れは，右心室から肺，左心ぼうにもどる**肺じゅんかん**と，左心室から全身，右心ぼうにもどる**体じゅんかん**がある。

(2) 心臓の左心室から出る血管である。

(3) にょう素はじん臓でこしとられるので，じん臓を通ったあとの血液はにょう素が少ない。

(4) 二酸化炭素が最も多くふくまれる血液は，肺に入る前の血管を流れる血液である。

(5) 小腸で吸収された養分の一部は，門脈を通ってかん臓に運ばれ，そこから量を調節されて血液中に入る。

(6) 弁がついているのは静脈である。

2 (1) すい臓は，強力な消化液である**すい液**を分ぴつする臓器である。

(2) たんのうは，かん臓でつくられたたんじゅうをためておくふくろである。大腸は，水分を吸収して便をつくる所である。

(3) でんぷん，たんぱく質，しぼうにはたらく消化こう素をすべてふくむ消化液はすい液で，**図1**中の**カ**のすい臓でつくられる。

(4) でんぷんはぶどう糖に，たんぱく質はアミノ酸に，しぼうはしぼう酸とモノグリセリドに分解されて体内に吸収される。このうち，ぶどう糖とアミノ酸は小腸の**毛細血管**から吸収される。しぼう酸とモノグリセリドは**リンパ管**から吸収される。その後すぐにしぼうにもどり，心臓近くの血管から吸収される。

3 (1) 皮ふには，**しょっ覚**，**圧覚**，**温覚**，**冷覚**，**痛覚**がある。

(2) もうまくには，像の上下左右が反対にうつっている。ひとみは，暗いときには大きくなる。

(3) 耳はへいこう感覚をつかさどる重要な感覚器官である。

(4) チョコレートはあまさを感じなくなると，ふくまれた油分によりバターのような味になる。

✔チェック！ 自由自在

① 人の心臓は厚い筋肉でできており，右心ぼう，右心室，左心ぼう，左心室という4つの部屋に分かれている。
血液は，心臓と肺を結ぶ肺じゅんかんと，心臓から全身へ血液を送る体じゅんかんという2つの流れで運ばれる。

- **肺じゅんかん**…右心室→肺動脈→肺→肺静脈→左心ぼう
- **体じゅんかん**…左心室→大動脈→動脈→全身→静脈→大静脈→右心ぼう

② 消化器官とは，消化管と消化液を出す臓器をいう。

- **口(だ液せん)**…でんぷんに作用するだ液を出す。
- **胃**…たんぱく質に作用する胃液を出す。
- **すい臓**…でんぷん，たんぱく質，しぼうに作用するすい液をつくる。
- **小腸**…小腸のかべから，でんぷん，たんぱく質，しぼうに作用する消化こう素を出す。

③ 感覚器官には，目(視覚)，耳(ちょう覚)，皮ふ(しょっ覚)，鼻(きゅう覚)，舌(味覚)がある。

ステップ3　発展問題

本冊→p.36〜37

1　(1) 肺—ア　小腸—エ　(2) ウ，エ
(3) b→d→c→a　(4) かん臓　(5) じん臓
(6) 4.8 L　(7) 76.8周

2　(1) ウ　(2) 塩酸　(3) すい臓　(4) イ
(5) ① オ　② エ　③ イ　(6) イ，ウ

解説

1 (1) **イ**はじん臓のはたらき，**ウ**はかん臓のはたらきである。

(2) 右心ぼう(①)と右心室(④)の間，左心ぼう(③)と左心室(②)の間に弁がある。

(3) 血液は，肺で酸素を受けとり，全身を通って酸素を運ぶ。このことから，血液にふくまれる酸素の量は，肺を通った直後の**b**の血管が最も多くなり，肺に入る直前の**a**の血管が最も少なくなる。

(6) 64 mL × 75回＝4800 mL より，4.8 L

(7) 1時間に心臓が送り出す血液の量は，
4.8 L × 60分＝288 L　全身を流れる血液の体積は3.75 Lより，288 L ÷ 3.75 L＝76.8周

2 (1)・(2) 胃液には，たんぱく質を消化する消化こう素のペプシンのほかに塩酸がふくまれていて，細きんやウイルスを殺きんしたり，一部の有害な物質を分解することで，これらから身をまもる役割もはたしている。

(3) **A**のすい臓からは，すい液が分ぴつされている。

(4) たんじゅうには消化こう素はふくまれていないが，しぼうの分解を助けるはたらきをしている。

(5) 胃で消化されたものは塩酸をふくんでいる。胃で消化された物質が十二指腸に達すると，そのねんまくからホルモンが血液中に放出され，すい臓に作用してすい液が出される。

(6)**実験Ⅰ**と**実験Ⅱ**から，胃液と食べ物をすりつぶしたものや，胃液にふくまれる強い酸性の物質を十二指腸に直接入れたところすい液が放出され，胃液と食べ物をすりつぶしたものや，胃液にふくまれる強い酸性の物質をすい臓に注射してもすい液は放出されない。このことから，すい液が放出されるには，十二指腸からの指令が必要であることがわかる。**実験Ⅲ**から，十二指腸のねんまくに胃液にふくまれる強い酸性の物質をまぜたものをしぼった液を血管に注射したところ，すい液が放出された。このことから，胃液にふくまれる強い酸性の物質は，十二指腸に変化をおこすことがわかる。

ⓘココに注意

(4) だ液，胃液，すい液には消化こう素がふくまれているが，たんのうから放出されるたんじゅうには消化こう素はふくまれておらず，しぼうを細かくし，消化しやすくするはたらきをしている。

なるほど!資料

人の目のつくり

人の耳のつくり

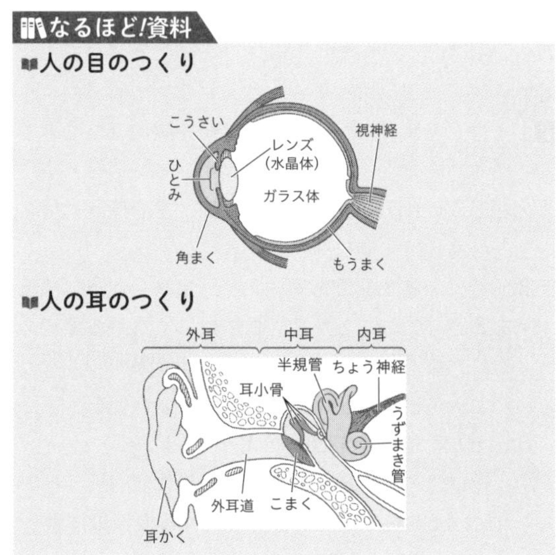

6 生き物とかん境

ステップ1 まとめノート 本冊→p.38～39

1 ①水 ②酸素 ③光合成

2 ④植物性 ⑤草食動物 ⑥肉食動物 ⑦雑食動物 ⑧植物 ⑨生産者 ⑩消費者 ⑪分解者 ⑫食物連鎖 ⑬少ない ⑭ピラミッド ⑮つりあい ⑯動物プランクトン ⑰無機物 ⑱細きん類

3 ⑲プランクトン ⑳植物プランクトン ㉑動物プランクトン ㉒両目 ㉓視度調節リング

4 ㉔紫外線 ㉕フロン ㉖オゾンホール ㉗石炭 ㉘地球温暖化 ㉙光合成 ㉚酸性雨 ㉛化石燃料

解説

1 ①人のからだの約70 %は水である。

②・③生き物が**呼吸**をするのに必要な酸素は，植物の**光合成**のはたらきでつくり出されている。

2 ⑧植物が行う光合成が，すべての生き物の出発点になっている。

⑨～⑪無機物から有機物のでんぷんをつくり出す植物を生産者というのにたいして，植物やほかの動物を食べる動物を消費者，植物や動物の死がいやふんなどを分解する小さな生き物やきん類，細きん類を分解者という。

⑫生き物が食べる・食べられるでつながっている関係を食物連鎖という。

⑭・⑮食物連鎖の数量の関係は，生産者である植物を底辺にしたピラミッドの形になっており，一時的に増減があっても，長い間にはつりあいが保たれている。

ⓘココに注意

⑯～⑱ 食物連鎖は，陸上だけでなく，水中，土の中でも見られる。その出発点になっているのは，光合成によって酸素をつくり出すはたらきをする植物である。

3 ⑲～㉑プランクトンには**植物プランクトン**と**動物プランクトン**があり，植物プランクトンは海の食物連鎖の底辺で，海の中の生態系を支えている。

㉒双眼実体けんび鏡は，低倍率(20～40倍)での観察に適しており，プレパラートをつくる必要はなく，両目で立体的に観察できる。

4 ㉕フロンは，電化製品の電子回路を洗ったり，冷蔵庫やエアコンの冷ばい，クッションなどの発ぽう剤，エアゾールスプレーなどに広く使われていた。

㉘メタンガスも地球温暖化をもたらす，**温室効果ガス**である。

ステップ2 実力問題

本冊→p.40～41

1 (1) A―ゾウリムシ B―アオミドロ C―ミドリムシ D―ミジンコ (2) A，D (，C) (3) 光合成 (4) べん毛 (5) D

2 (1) 食物連鎖 (2) 生産者 (3) 消費者 (4) イ (5) かん境

3 (1) 光合成 (2) エ (3) 地球温暖化 (4) ウ (5) エ

解説

1 (2) Aのゾウリムシは，動きまわることができ，植物プランクトンを食べる動物プランクトン，Bのアオミドロは，光合成を行う植物プランクトン，Dのミジンコは活発に動き，植物プランクトンを食べる動物プランクトン，Cのミドリムシは，自由に動くこともできるが，光合成を行うので，**動物，植物の両方の性質を合わせもつプランクトン**といえる。

(4) ミドリムシに見られる1本の毛をべん毛といい，これを使うことによって動きまわることができる。

(5) ミジンコはこうかく類に属し，エビやカニのなかまと同じである。A～Dの中ではからだの大きさがいちばん大きい。

2 (4) クワガタはモンシロチョウを食べず，おもに樹液などをえさにしている。ミミズはダンゴムシを食べず，ふ葉土などを食べる。バッタはカマキリを食べず，草などを食べる。

3 (1) 植物は光合成により酸素をつくり出す。

(2) **オゾン層**があることによって，有害な紫外線からまもられている。

(4) 強い酸性の雨が降ることにより，金属にさびを発生させたり，建造物のコンクリートなどがとけたりする。

ココに注意

(2)～(5) フロンの大量使用によりオゾン層が破かいされたり，石油，石炭などの化石燃料の燃焼により大気中の二酸化炭素が増加し，地球温暖化といった問題がおこったり，二酸化イオウやちっ素酸化物が原因となって酸性雨が降ったりしている。

チェック！ 自由自在

① プランクトンには植物プランクトンと動物プランクトンがある。

植物プランクトン	ミカヅキモ，ハネケイソウ，アオミドロ など
動物プランクトン	ミジンコ，ゾウリムシ，アメーバ，ツボワムシ など

② 海の中では，植物プランクトン→動物プランクトン→小型の魚→中型の魚→大型の魚 という食物連鎖がある。

　土の中では，落ち葉→ミミズなど→モグラなど という食物連鎖がある。分解者であるきん類や細きん類もすんでいる。

③ 地球上では，現在さまざまなかん境問題がおこっている。

- **酸性雨**…二酸化イオウやちっ素酸化物などの酸性の物質が雨や雪にとけこむことでおこる。
- **オゾン層の破かい**…成層けんの下部にあるオゾン層が，人工的につくられたフロンという物質によって分解されることでおこる。
- **地球温暖化**…地球上の気温が上しょうしていること。二酸化炭素などの温室効果ガスが増えたことが原因だといわれている。

ステップ3 発展問題

本冊→p.42～43

1 (1) ア，オ (2) ウ，コ (3) 増加している―A 減少している―C (4) イ，エ

2 (1) 名まえ―ア 倍率―キ (2) ① 二酸化炭素 ② 水 ③ エネルギー ④ 酸素 (3) ア，カ (4) ア (5) (例) 水草が育たず，産卵場所がなくなったから。 (6) (例) いったん在来魚が増えるが，その後在来魚をえさとする外来魚が増えるから。

解説

1 (1) ミミズ，ダンゴムシはかれ葉や落ち葉などを食べる一次消費者，ムカデ，クモ，モグラはほかの動物を食べる二次消費者である。

(2) 現在の大気中にふくまれている二酸化炭素の割合は0.04 %で，これを百万分率にすると，

$0.04 \times \frac{1}{100} \times 1000000 = 400$〔ppm〕になる。

(3) 化石燃料の大量の燃焼により**二酸化炭素が増えるため，Aが増加する。**一方，森林の減少により，生産者の植物がとり入れる二酸化炭素の量は減少している。

(4)体内で分解されにくい物質や体外にはい出されにくい物質が，生き物の体内にとどまり続ける。

2(3)図のBのミジンコ，ツボワムシは，図のAのイカダモ，ミドリムシなどの植物プランクトンを食べる動物プランクトンであるから，草食動物のなかまになる。**ア**のウサギ，**カ**のミミズが草食動物で，**イ**のカマキリ，**ウ**のクモ，**エ**のザリガニ，**オ**のヘビ，**キ**のムカデ，**ク**のモグラは肉食動物である。

(4)生態系では，食べられるものの数のほうが，食べるものの数よりも多くなるため，A，B，Cの順になる。

(5)メダカは，産んだたまごを水草にからみつかせる。川岸と川底をコンクリートで固めてしまうと，水草が育たなくなるので，メダカの産卵場所がなくなってしまう。

(6)外来魚の数を半分に減らせば，一時的に在来魚の数は増えるが，時間がたつと在来魚をえさにする外来魚が増えてしまう。

ココに注意

(6) 自然界では，さまざまな物質がじゅんかんしていてそれぞれのバランスがつりあっている。そこに，一度バランスをくずすようなことがおこれば，もとの状態にもどすのは，非常にむずかしくなる。

なるほど!資料

土の中の食物連鎖

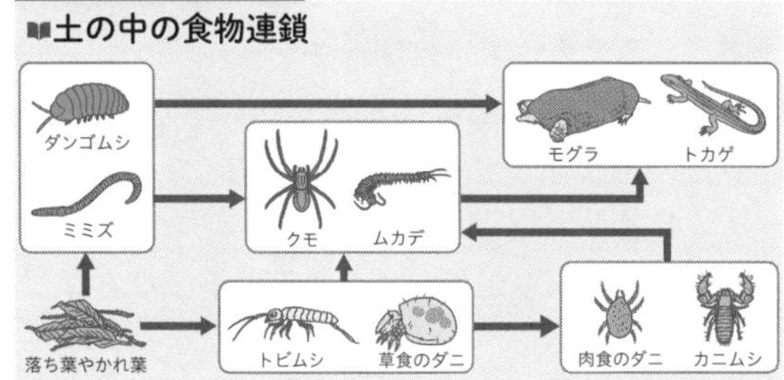

思考力/作図/記述問題に挑戦!

本冊→p.44～45

1

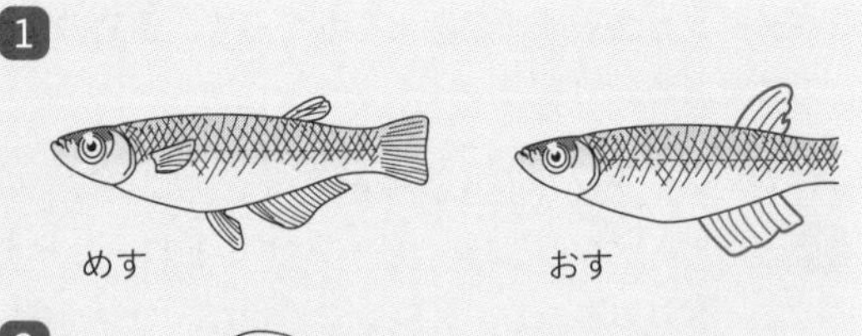

2

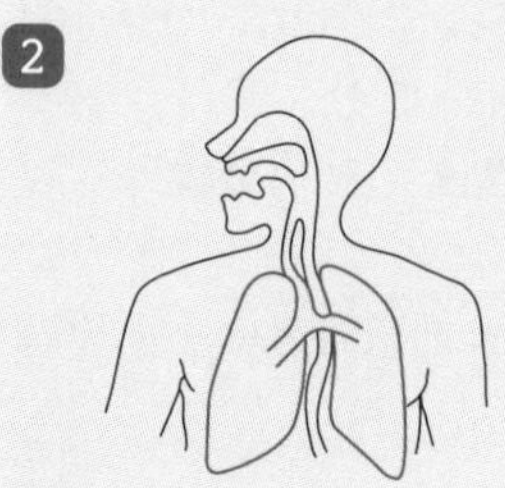

3 (1)① D　④ A
(2) (ア→)ウ→エ→イ

4 (1) 厚くなる。　(2) ウ　(3) ア

5 (例)全身に血液を送るため。

6 (例)たんぱく質のままではつぶが大きいため，小腸のかべを通過できないから。

解説

1 おすのメダカのせびれには切れこみがあり，しりびれはめすに比べて大きく，平行四辺形のような形をしている。

2 気管支は左右の2つに分かれて，肺につながっている。

3 (1)①には個体数が最も少なく，いちばんからだが大きいと考えられる動物があてはまることより，Dのワシになる。④はピラミッドの底辺になるので，植物があてはまることより，Aのイネ科植物になる。

(2)③の生き物が減少すると，③に食べられる④の生き物は増加する。反対に，③を食べる②の生き物は減少し，それにともなって①の生き物も減少する。それから時間がたつと③の生き物はしだいに増加し，④の生き物は減少し始めてもとの数量に近くなる。さらに時間がたつと，もとのつりあっていたときの数量にもどる。

4 (1) eの水晶体(レンズ)は，近くのものを見るときは，cのもうまくに像を結ぶためにしょう点きょりを短くする。そのため厚さは厚くなる。反対に遠くのものを見るときは，しょう点きょりを長くするためにうすくなる。

(2)もうまくに結ばれる像は，実際のものとは上下左右が反対になっている。

(3)視神経は頭の中心に向かってのびるため，**図Ⅰ**は右目であるとわかる。

5 左心室のかべは，全身に血液を送り出すため，右心室に比べて厚くなっている。

6 たんぱく質のままだとつぶが大きすぎるため，小腸のかべのじゅう毛を通過できない。

精選　図解チェック＆資料集(生き物)

本冊→p.46

① 胸　② 腹　③ 複眼　④ 頭胸　⑤ おす
⑥ めす　⑦ ゆるむ　⑧ 縮む　⑨ じゅう毛
⑩ めしべ　⑪ おしべ　⑫ 主根　⑬ 側根
⑭ 網状脈　⑮ 平行脈　⑯ 消費者　⑰ 消費者
⑱ 肉食　⑲ 草食　⑳ 植物

解説

①・②こん虫のからだは頭，胸，腹の３つの部分に分かれている。

③こん虫は頭部に一対の複眼をもつ。光を感じとる単眼は，もたないものもいる。

④クモはクモ類という種類で，こん虫とはちがう特ちょうをもつ。

⑤・⑥メダカのおすとめすはせびれ，しりびれで見分けることができる。

⑦・⑧筋肉をゆるめたり縮めたりすることで，からだを動かすことができる。

⑨小腸には，養分を吸収するはたらきがある。小腸のじゅう毛があることで表面積が広がるため，効率よく養分を吸収することができる。

⑩・⑪がく，花びら，めしべ，おしべを花の四要素という。すべてがそろっている花は完全花，そろっていない花は不完全花とよばれる。

⑫～⑮双子葉類の根は主根と側根からなり，葉脈は網目状の網状脈である。また，単子葉類の根はひげ根であり，葉脈は平行にすじが入っているような平行脈である。

⑯・⑰光のエネルギーにより，二酸化炭素と水からでんぷん(有機物)をつくりだす植物は生産者，植物やほかの動物を食べてでんぷんをとり入れている動物は消費者とよばれる。植物や動物を分解し，有機物を無機物に変えるきん類や細きん類は分解者とよばれる。

⑱～⑳食べる生き物は，食べられる生き物より数が少ない。食物連鎖における生き物の数は，植物が底面のピラミッドの形で表すことができる。

第2章 地 球

1 天気のようすと変化

ステップ1 まとめノート

本冊→p.48～49

1 ①高度 ②南中高度 ③南中時刻(じこく)
④等しい ⑤北より ⑥長く ⑦南より
⑧短く ⑨日かげ ⑩記録温度計 ⑪風向
⑫風力 ⑬気圧(きあつ) ⑭風 ⑮等圧線
⑯高気圧 ⑰低気圧 ⑱上しょう気流
⑲海風 ⑳陸風 ㉑水蒸気(すいじょうき) ㉒つゆ(露)
㉓しも(霜) ㉔きり(霧) ㉕雲

2 ㉖快晴(かいせい) ㉗晴れ ㉘くもり ㉙ひまわり
㉚地域気象観測(ちいききしょうかんそく)システム(アメダス)
㉛偏西風(へんせいふう) ㉜季節風 ㉝オホーツク海
㉞小笠原(おがさわら) ㉟つゆ(梅雨) ㊱梅雨前線(ばいうぜんせん)
㊲小笠原 ㊳17.2 m/秒
㊴左(反時計)まわり ㊵高潮(たかしお)

解説

1 ④～⑧**春分・秋分の日**のとき，昼の長さと夜の長さが同じになる。昼が最も長くなる日を**夏至(げし)の日**，昼が最も短くなる日を**冬至(とうじ)の日**とよぶ。なお春分の日は3月21日ごろ，夏至の日は6月22日ごろ，秋分の日は9月23日ごろ，冬至の日は12月22日ごろである。

⑩現在(げんざい)，百葉箱は機械化されている。

⑪風向は，風がふいてくる向きで表す。

⑫空気がはやく動くほど，風がものを動かす力は大きくなる。

⑬同じ場所なら，あらゆる方向から同じ大きさの気圧が加わっている。

⑮等圧線は1000 hPaを基準(きじゅん)にして4 hPaごとにひいてあり，間かくがせまいほど強い風がふいている。

㉒つゆ(露)は，氷水を入れたコップのまわりに水てきがつくのと同じ現象(げんしょう)である。

㉔きり(霧)が出ると，まわりが白くかすんで見通しが悪くなる。1 km向こうが見通せるときは**もや**という。

2 ㉖～㉘快晴，晴れ，くもりの区別は太陽が出ているかどうかは関係ない。また，雨が降(ふ)っていれば，天気は雨である。

㉚**地域気象観測システム(アメダス)**は，全国に約1300か所設置(せっち)されており，降水量(こうすいりょう)，風速，気温などを観測している。

㉟夏の終わりから秋のはじめにかけても，つゆに似た状態(じょうたい)になり長雨が続くこともある。

㊳・㊴台風は熱帯低気圧が発達し，風が強くなってできる。台風の強さは，台風の中心付近の風速によって決まり，台風の大きさは強風域(きょうふういき)(平均風速15 m/秒以上の風がふいている地域)のはん囲(い)によって決まる。

㊵台風や発達した低気圧が海岸部を通過(つうか)する際(さい)に生じる海面の上しょうを**高潮**という。

ステップ2 実力問題

本冊→p.50～51

1 (1) A (2) ① (3) 午前6時
(4) 午前11時40分

2 (1) エ (2) イ (3) イ (4) オ

3 (1) A―ウ B―エ C―イ D―ア
(2) 季節―冬 気団―A (3) ① 西 ② 東
(4) ① 北東 ② 4 ③ 雪
(5) a―寒冷前線 b―温暖前線(おんだんぜんせん)

解説

1 (1)太陽は南の空を通るので，Dが南になり，Bが北になる。

(2)夏至(げし)の日は，太陽の通り道が1年で最も長い。

(3)日の出から南中までが12 cmなので，南中から日の入りまでは，24 cm－12 cm＝12 cm
太陽は，午前12時，すなわち午後0時に南中するので，太陽がとう明半球上を12 cm動くのにかかる時間は，午後6時－午後0時＝6時間
よって，日の出の時刻(じこく)は，
午前12時－6時間＝午前6時

(4) 140°－135°＝5°より，札幌市(さっぽろし)は，明石市(あかしし)より5°東にある。経度(けいど)が360°東になると，太陽の南中は24時間はやくなる。24時間＝1440分より，札幌市の太陽の南中は，明石市よりも
$1440分 \times \frac{5°}{360°} = 20分$ はやい。
よって，午前12時－20分＝午前11時40分

2 (1)台風の進路の右側は危険半円(きけんはんえん)といい，台風自身の風速に台風の移動速度(いどうそくど)が加わって強風になる。左側は可航半円(かこうはんえん)といい，台風の移動方向と台風自身の風向とが逆(ぎゃく)になるため，風速はやや弱まる。**ウ**は，台風の目と考えられ，風は弱く，雲が切れている場合もある。

(2)台風は熱帯低気圧(ねったいていきあつ)が発達したもので，風は低気圧と同じように，中心に向かって左(反時計)まわりにふきこんでいる。

(3)イの冷たい北東の風は**やませ**とよばれ，夏にオホーツク海気団からふいてくる風で，東北地方などに冷害をもたらすことがある。

(4)予報円は，今後台風の中心が進むと予想される進路を示している。

3(2)・(3)図2の天気図では，Aのシベリア気団が発達してできたシベリア高気圧が日本の西側にあり，低気圧が東側にあるため，日本付近に北西の季節風がふく。

(4)矢羽根の向きは，風がふいてくる向きを表し，矢羽根の数は風力を表す。

(5)低気圧の中心から南東方向にのびる前線は温暖前線，南西方向にのびる前線は寒冷前線を示している。

ココに注意

(1) 日本のまわりにある気団は，春，夏，秋，冬の天気に大きなえいきょうをあたえている。夏は，北太平洋上の小笠原気団が，冬は大陸上のシベリア気団が発達する。夏のはじめにはオホーツク海気団と小笠原気団がぶつかって梅雨前線が発生し，つゆ(梅雨)になる。

チェック！ 自由自在

① 太陽が通る道すじは，季節によって異なる。

- **春分・秋分のころ**…太陽は真東からのぼり，真西にしずむ。
- **夏至のころ**…太陽は真東より北によった所からのぼり，真西より北によった所にしずむ。南中高度が最も高くなる。
- **冬至のころ**…太陽は真東より南によった所からのぼり，真西より南によった所にしずむ。南中高度が最も低くなる。

② 熱帯低気圧が発達して，中心付近の風速が17.2 m/秒をこえるものを台風という。台風は中心に向かって強い風が左まわり(反時計まわり)にふきこんでおり，中心には目とよばれる風が弱い部分がある。

台風により，強風，大雨，高潮などのひ害がもたらされる。風によるひ害が大きい台風を**風台風**，雨によるひ害が大きい台風を**雨台風**とよぶ。

③ • **春の天気**…移動性高気圧と低気圧が次々と日本付近を通る。**「春一番」**という強い南風がふく。

- **つゆの時期の天気**…オホーツク海気団と小笠原気団の境に梅雨前線ができる。これにより長雨が続く。
- **夏の天気**…小笠原気団に広くおおわれるため，暑い晴天の日が続く。日本の南に高気圧，北に低気圧がある**「南高北低」**型の気圧配置をとることが多い。
- **秋の天気**…つゆに似た状態になり，**「秋りん」**という長雨が続くことがある。また，台風が多く日本を通過する。
- **冬の天気**…日本海側では，しめった冷たい季節風がふきつけるため，雪が降りやすくなる。太平洋側では，かわいた風がふき，かんそうした晴れの日が続く。日本の西に高気圧，東に低気圧がある**「西高東低」**型の気圧配置をとることが多い。

ステップ3 発展問題

本冊→p.52〜55

1 (1)① ア ② イ ③ イ (2) 15度 (3) エ
(4) 14時 (5) ア (6) ④ 60 ⑤ 120 ⑥ 10

2 (1) (例)砂と水の温度を同じにするため。
(2) ウ (3) ア (4) エ (5) ウ

3 (1) エ
(2) (例)水蒸気を多くふくんでいる空気
(3) イ，オ (4) エ (5) オ

4 (1) ウ (2) 37℃
(3) ① 2000 m ② 気温−30℃ 露点−6℃

解説

1(2)太陽は1日で地球のまわりを1周するように見えるので，360°÷24時間＝15°

(3)12時に太陽は南にくるので，かげは北にできる。

(4)(3)より，矢印の方向が北なので，Xは矢印の東側にある。このとき，太陽は西のほうに移動しているので，Xの位置にかげができた時刻は12時の2時間後で，14時である。

(5)太陽が南中する12時ごろのかげが最も短くなるので，12時から時刻がはなれているほど，かげが長くなる。21時には，太陽はしずんでいるので，かげはできない。

(6)④(2)より，太陽は1時間に15°移動するので，4時間では，15°×4時間＝60° 移動する。

⑤4時間の間に，短針は文字ばんの8から12まで移動している。文字ばんの1時間あたりの角度は，360°÷12時間＝30° より，4時間では，30°×4時間＝120° 移動している。

⑥午前8時に短針を太陽の方向に向けたとき，4時間後に12時になることから，④より太陽は60°移動している。したがって，南の方向は文字ばんの10時の方向になる。

2(1)実験を行う前に，砂と水の条件を同じにしておく必要がある。

(2)・(3)砂は水よりもあたたまりやすいので，砂に接している空気は軽くなり上しょうしていく。そのため，実験装置の下のほうでは，水から砂の方向に線香のけむりが動く。このとき実験装置の上のほうでは，砂から水の方向に線香のけむりが動く。

(4)夜になると，陸のほうが海よりも冷めやすいため，海のほうが陸よりも温度が高くなる。このとき海の上で上しょう気流がおこり，風は陸から海に向かってふく。

(5)砂を大陸，水を太平洋と考えると，夏には陸のほうがあたたまりやすいため，大陸では上しょう気流が発生して低気圧(ていきあつ)ができ，太平洋上では下降気流(かこうきりゅう)が発生して高気圧ができる。そのため，風は太平洋から大陸に向けてふく。

ココに注意

(5) 海岸付近では，昼は陸のほうがあたたまりやすいため，上しょう気流がおこり，海から陸に向かって海風がふく。これは夏の季節風の向きと同じになっている。夜は海のほうがあたたかいため，海で上しょう気流がおこり，陸から海に向かって陸風がふく。これは冬の季節風の向きと同じになっている。

3 (1)上しょう気流ができる所に雲ができる。**エ**では，温度が低くなって空気が重くなることで，下降気流がおこる。

(2)水蒸気を多くふくんでいる空気ほど，露点が高いため，上しょうして水てきになりやすい。

(4)上しょう気流が非常(ひじょう)に激(はげ)しい雲の部分では，落下とちゅうの氷のつぶや雨つぶがふたたびもち上げられて，さらに雲の中の水や氷のつぶがついて大きくなっていく。ひょうは，この大きな氷のつぶが，とけずに地上に降(ふ)ってきたものである。

(5)図の天気図は，春や秋によく見られる天気図で，日本付近は中国大陸からの移動性高気圧(いどうせいこうきあつ)におおわれていて，広く晴れている。

4 (1)海風がふくのは，昼間に陸のほうがあたためられているときである。

(2)空気の気温は，山の高さが1600 mまでは100 m上しょうするごとに1℃下がり，1600 mから3000 mまでは，100 m上しょうするごとに0.5℃下がる。この空気は，山頂(さんちょう)では，1600 ÷ 100 × 1 ＋(3000 − 1600) ÷ 100 × 0.5 ＝ 16 ＋ 7 ＝ 23〔℃〕下がるので，山頂の気温は30 − 23 ＝ 7〔℃〕。山頂から**B**地点に下降(かこう)するときには，雲ができていないので，100 m下がるごとに気温が1℃上がる。よって，3000 ÷ 100 × 1 ＝ 30〔℃〕上がる。このことから，**B**地点では，7 ＋ 30 ＝ 37〔℃〕になる。

(3)①**A**地点で気温25℃，露点9℃のとき，温度差は，25 − 9 ＝ 16〔℃〕 雲ができていないとき，温度差は100 m上しょうするごとに，
1 − 0.2 ＝ 0.8〔℃〕ずつ縮(ちぢ)まっていくので，
16 ÷ 0.8 × 100 ＝ 2000〔m〕になる。

②①より，2000 mまでは雲ができていないので，
2000 ÷ 100 × 1 ＝ 20〔℃〕下がる。
9 − 0.2 × 2000 ÷ 100 ＝ 5〔℃〕より，高さ2000 mでの露点は5℃になる。
2000 mから山頂までは雲ができているので，山頂の気温は，
5 −(3000 − 2000) ÷ 100 × 0.5 ＝ 5 − 5 ＝ 0〔℃〕で，露点も0℃である。
山頂から**B**地点までは雲ができていないので，
気温は，0 ＋ 3000 ÷ 100 × 1 ＝ 30〔℃〕
露点は，0 ＋ 3000 ÷ 100 × 0.2 ＝ 6〔℃〕

なるほど!資料

天気記号

天気記号	天気	天気記号	天気
○	快晴	⦶	晴れ
●	雨	◎	くもり
⊗	雪		

2 流水のはたらき，土地のつくりと変化

ステップ1　まとめノート

本冊→p.56〜57

1　①にくく　②やすい　③しん食作用
④運ぱん作用　⑤小さい　⑥はやい
⑦たい積作用　⑧しん食作用　⑨V字谷
⑩たい積　⑪川原　⑫扇状地
⑬たい積作用　⑭三角州

2　⑮下　⑯しゅう曲　⑰正断層　⑱逆断層
⑲示相化石　⑳あたたかい
㉑浅い河口(湖)　㉒示準化石

3　㉓まるみ　㉔でい岩　㉕石灰岩
㉖ぎょう灰岩　㉗マグマ　㉘深成岩
㉙火山岩　㉚等りゅう状　㉛はん状

4　㉜よう岩　㉝水蒸気　㉞火山灰
㉟有色鉱物　㊱しん源　㊲しん央
㊳マグニチュード　㊴しん度
㊵大陸プレート

解説

1 ③〜⑦流れる水には，**しん食作用**，**運ぱん作用**，**たい積作用**の3つのはたらきがある。

⑪曲がって流れている川では，外側はけずられ，内側は土砂が積もるので，川の曲がり方はだんだん強くなる。このような流れ方を蛇行という。さらに曲がり，曲がっている所どうしがつながって新しい流れができると，残されたあとは**三日月湖**になる。

2 ⑰・⑱断層には，正断層，逆断層，横ずれ断層がある。正断層は引く力，逆断層はおす力によってできる。実際の地しんでは正断層・逆断層・横ずれ断層が複合的にでき，地面が動く。

⑲・㉒**示相化石**は，その地層が積もった当時のかん境がわかる化石で，**示準化石**はその地層が積もった時代がわかる化石である。サンヨウチュウは**古生代**，アンモナイトは**中生代**，マンモスは**新生代**の代表的な示準化石である。

3 ㉘〜㉛**深成岩**はゆっくりと冷えて固まるので，結しょうが大きくなる。**火山岩**は急に冷やされるので，結しょうができる前に固まってしまう。

4 ㉜〜㉞日本は世界でも有数の火山国で，いつふん火してもおかしくない多くの活火山がある。

㉟**無色鉱物**には二酸化ケイ素が多くふくまれており，ねばりけが強いマグマほど二酸化ケイ素の量が多い。**有色鉱物**には鉄やマグネシウムなどが多くふくまれている。

㊱〜㊴地しんによるひ害には，**液状化現象**や**津波**がある。なかでも津波は，海岸地方に大きなひ害をあたえる。

㊵日本付近には4枚のプレートがあり，年間数cmほどの速さで動いている。このため，日本は世界有数の地しん国になっている。

ステップ2　実力問題

本冊→p.58〜59

1　イ，エ

2　(1)F　(2)F　(3)イ　(4)イ　(5)しゅう曲

3　(1)イ　(2)イ　(3)ウ　(4)エ　(5)2回
(6)ア　(7)5番目—キ　7番目—ケ

解説

1 雨水がはやく流れている所は流れるはばがせまく，ゆっくり流れている所ははばが広い。雨が上がったあとの地面を観察してみると，雨水がゆっくり流れていた所にはまるい小石がたくさん積もっている。

2 (1)地層は下から上へ積み重なっていくので，下にある層ほど古い。

(2)地層**A**の砂岩は砂，地層**D**はれき，地層**F**のでい岩はどろが固まってできた岩石である。海岸から遠い所ほどたい積するつぶは小さくなるので，れき，砂，どろのうち，海岸から最も遠い海でたい積したものはどろである。

(3)火山灰の層の地層**B**は，火山の活動によってできた層なので，つぶは角ばっており，川が運んだどろのつぶや生き物の化石は見られない。

(4)化石をふくんだ地層**E**は，流れる水のはたらきによってできたれき，砂，どろの層に見られる。

(5)左右から大きな力が加わって，地層が波打つように曲がったものを**しゅう曲**という。

3 (1)**C**層の**ぎょう灰岩**は火山灰などの火山のふん出物が積もってできた岩石である。

(2)アサリの化石は，かつて浅い海だった所から見つかる。

(3)ある特定の時代にだけ(短い時間に)さまざまなかん境(広い地域)で生きていたことが，示準化石としての条件である。

(4)上の地層と下の地層の間から水がしみ出すということは，下の地層がほとんど水を通さない，つぶの小さいでい岩のような岩石からできているということである。

(5)**B**層と**C**層の間に見られる不整合面で，一度陸地

になり，しん食を受けたあとしずんでふたたび海底になって上に新たな地層がたい積したとわかる。そして現在(げんざい)見られる地層になっていることから，少なくとも2回は陸地になったと考えられる。

(6)図に見られる地層のずれは逆断層(ぎゃくだんそう)で，左右からおす強い力が加わってできた。

(7)この地層ができた順にならべると，F層，E層，D層，C層の順にたい積し，地層のずれが生じた後，地層が海面の上に出て陸地になった。その後ふたたび地層が海面の下にしずんで海底になり，その上にB層，A層がたい積してから地面の上に出てきた，となる。

ココに注意

(5) 地層は海底でたい積し，陸上で風や水などにけずられる。不整合面があるということは，その層が陸上でけずられたのちにもう一度水底にしずみ，ふたたび層が形成されたということである。

チェック！ 自由自在

① 流水には，しん食作用，運ぱん作用，たい積作用という3つのはたらきがある。

- **しん食作用**…川底や川岸をけずりとり，谷やがけをつくるはたらき。流れがはやいほど大きくなる。
- **運ぱん作用**…けずりとられた石や砂を運ぶはたらき。流れがはやいほど大きくなる。
- **たい積作用**…運ばれてきた石や砂を積もらせるはたらき。流れがおそいほど大きくなる。

② 地層に力が加わると，次のような構造ができる。

- **しゅう曲**…地層が横からの大きな力を受けて曲がっているもの。
- **正断層**…地層に横から引っ張(ぱ)られるような力がはたらき，切れてずれているもの。
- **逆断層**…地層に横からおされるような力がはたらき，切れてずれているもの。
- **横ずれ断層**…地層が水平方向にずれているもの。

③ 代表的な示相化石，示準化石を次にあげる。

	わかること	例
示相化石	地層がたい積したときのかん境(気候や土地のようす)がわかる。	サンゴ(あたたかい海) アサリ(浅い海) シジミ(河口付近や湖)
示準化石	地層がたい積した年代がわかる。	サンヨウチュウ(古生代) アンモナイト(中生代) ビカリア(新生代)

ステップ3 発展問題

本冊→p.60〜63

1 (1) I (2) I (3) ウ

2 (1) ① ウ ② a―イ b―ウ
(2) ① B ② A―イ C―ア (3) ウ
(4) (例)流水の作用を受けていないため，つぶが角ばっている。

3 (1) a―マグニチュード b―津波(つなみ)
(2) ① 14時53分56秒 ② 14時54分56秒
③ 45秒 ④ ア

4 (1) ウ (2) 断層(だんそう) (3) 79 km

5 (1) ① 等(とう)りゅう状組織(じょうそしき) ② はん状組織(じょうそしき)
③ 石基(せっき) ④ ウ，オ ⑤ ア (2) オ
(3) ① ウ ② イ ③ ア ④ エ

6 (1) ア (2) 10 m (3) イ (4) 点E

解説

1 (1)〜(3) 1はがけ，2は川原(かわら)になっている。3〜5では4が最もはやく流れているが，1〜5では，1のがけになっているところが最も流れがはやく，最も深い。

2 (1)①つぶの小さいどろが，たい積するまでにかかる時間が最も長い。

②6つの層は下から，れき，砂(すな)，どろ，れき，砂，どろの順にたい積する。

(2)①曲線①より，水の流れる速さが最もおそいときに流され始めるのはBのつぶである。

②Aのつぶは水の流れる速さがⅠからⅡに変化しても，曲線②と交わらないため運ぱんされ続けている。CのつぶはⅡに変化すると曲線②を下回るため，底にたい積する。

(3)川の河口(かこう)付近では，たい積作用が最もよくはたらいている。

3 (2)① 60 km ÷ 6 km/秒 = 10秒 より，14時54分6秒の10秒前の14時53分56秒に地しんが発生した。

②しん源(げん)から60 kmはなれたA地点で主要動が始まった時刻(じこく)は，地しんが発生した時刻(じこく)の20秒後だから，主要動が伝わる速さは，
60 km ÷ 20秒 = 3 km/秒
主要動がB地点に伝わるまでにかかる時間は，
180 km ÷ 3 km/秒 = 60秒 より，14時53分56秒の60秒後の14時54分56秒である。

③初期び動けい続時間はしん源からのきょりに比(ひ)例(れい)するので，しん源から270 kmはなれた地点での初期び動けい続時間は，

$(16-6)\times\frac{270}{60}=45$〔秒〕

④**図1**のしん源の位置をO，**図2**のしん源の位置をO′とする。Oを中心とする半径OAの円の円周と線分OBとの交点をP，O′を中心とする半径O′Aの円周と線分O′Bとの交点をQとする。PBとQBの長さを比べると，QBのほうが短い。よって，初期び動が始まる時刻の差は20秒より短くなる。

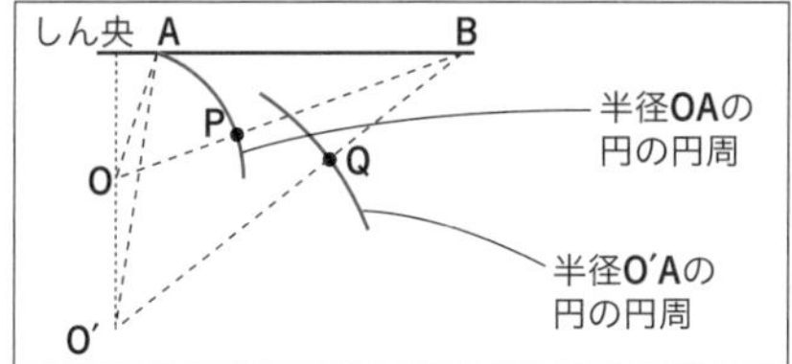

!ココに注意

(2) ④地しんが発生すると，地面のつくりが一定のとき，しん源から地しん波は同心円状に広がっていく。

4 (1)日本海こうは，東北地方の太平洋側の沖にそって太平洋プレートがしずむ海こうである。

(3) 7と3の最小公倍数は21より，しん源からのきょりが21 kmの地点で考えると，P波が伝わるまでの時間は，21÷7＝3〔秒〕S波が伝わるまでの時間は，21÷3＝7〔秒〕である。したがって，この地点での初期び動けい続時間は4秒になる。初期び動けい続時間はしん源からのきょりに比例するので，$21\times\frac{15}{4}=78.75$ より，四捨五入して79 kmになる。

5 (1)③**図2**の**X**は石基といい，マグマが急に冷えて固まったため結しょうになれなかった部分である。**Y**ははんしょうといい，ふん出前に地下で結しょうになったものである。

④**図1**のつくりは，等りゅう状組織をしているので，深成岩である。**図2**のつくりは，はん状組織をしているので，火山岩である。げん武岩，流もん岩，安山岩は火山岩で，はんれい岩，花こう岩，せん緑岩は深成岩である。

(2)火山からふん出したもので，つぶの直径が2 mm以下のものを火山灰，2～64 mmのものを火山れき，64 mm以上のものを火山岩かいという。

6 (1)フズリナの化石は**古生代**のものである。古生代はおよそ5億4000万年前から2億5000万年前であるため，この間のものを選ぶ。

(2)点**A**の標高は120 m，点**B**，**D**の標高は110 m，点**C**の標高は100 mである。

図2から，点**A**では火山灰の地層の上面は地表から10 mのところにあるため，火山灰の地層の標高は110 mである。同じように考えると，点**B**では標高90 m，点**C**でも標高90 mになる。点**B**と点**C**の，火山灰の地層の上面の標高が等しいので，この地域の地層は，南北にたいしては水平であることがわかる。

点**A**と点**B**では，点**A**のほうが火山灰の地層の標高が高いので，この地域の地層は東に向かって低くなっていることがわかる。点**D**を東西方向で考えると，点**A**と点**B**の中間にあたるので，点**D**の火山灰の地層の上面の標高は，

(110＋90)÷2＝100〔m〕より，

110－100＝10〔m〕ほれば，火山灰の地層の上面が出てくる。

(3)点**D**での実際の火山灰の地層の上面の標高は，110－20＝90〔m〕になっており，(2)の答えよりも低くなっている。このことから，**ア**，**ウ**，**エ**のように断層があっても点**D**がおし上げられることはない。北西側から南東側に向かって地層が低くなっていると考えると，**BC**間に断層があり，点**B**側がおし上げられたと考えられる。

(4)**図1**より，点**A**と点**E**を結ぶ直線と，点**B**と点**C**を結ぶ直線は南北に平行で，標高差はともに10 mなので，点**E**でボーリング調査をして，点**A**と点**E**のずれが，点**B**と点**C**のずれと同じく10 mであることを確認すればよい。

思考力/作図/記述問題に挑戦!

本冊→p.64〜65

1 (1) エ

(2) 右図

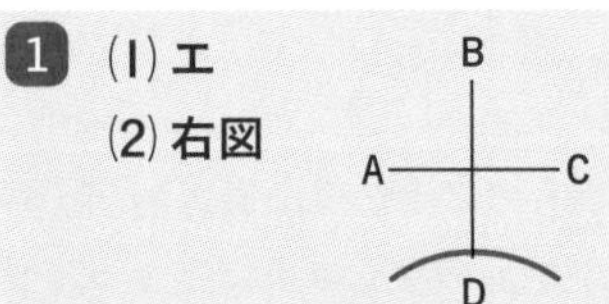

2

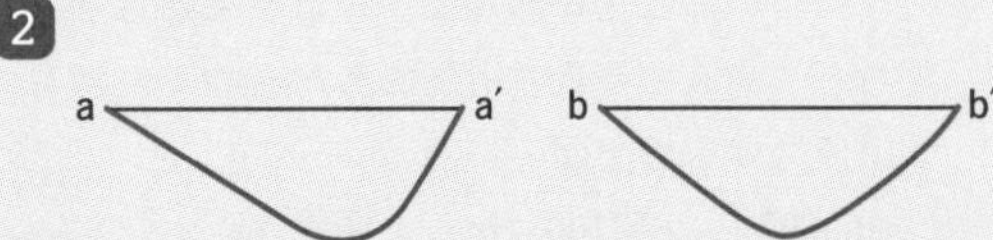

3 **(例)安全に行動できる場合，アルコールランプの火を消す。机の下にもぐるなどして安全を確保して，先生からの指示をまつ。**

4 (1) **(例)海よりも陸があたたまりやすく，さめやすいため。**

(2) **南**

(3) **回数—2回**

理由—(例)朝方と夕方の1日に2回，陸と海の温度が同じになるため。

5 **記号—C**

理由—(例)台風の進行方向と風の向きが同じだから。

6 **12**

解説

1(1)かげの先たんの位置を記録しているため，Dの方向が北，Bの方向が南，Aの方向が東，Cの方向が西になる。

秋分の日には，太陽は真東からのぼり，真西にしずむ。そのため，午前8時には棒のかげの先たんの位置は西よりにでき，12時ごろに真南になり，その後東よりに移動していき，午後4時には午前8時の位置とBDにたいして線対称の位置にくる。棒のかげの先たんの位置を結んだ線分はACと平行になる。

2a-a′では，川が曲がっている。外側であるa′のほうはけずられてがけになり，aのほうはたい積作用が大きいため川原になっている。b-b′のように川がまっすぐ流れている所では，真ん中がいちばん深くなる。

3地しんの波には，P波とS波があり，P波のほうがS波よりはやく伝わる。きん急地しん速報は，地しんが発生したときに先に伝わるP波を検知し，S波による大きなゆれがくることを伝えるものである。きん急地しん速報が入った段階では，強いゆれが発生するまでに数秒のよゆうがあることが多いため，可能であれば，アルコールランプの火を消す。その後，身の安全を確保して次の指示をまてばよい。

4(1)陸地は海水よりもあたたまりやすく，さめやすい性質がある。

(2)昼から夕方にかけては海からの風(海風)がふいている。それが南風であることから，海は陸から見て南にあることがわかる。

(3)海の上の空気の温度と陸の上の空気の温度が等しくなる朝方と夕方には，風はふかなくなる。そのような状態をなぎという。

5台風では，中心に向かって左(反時計)まわりに強い風がふきこんでいる。台風の進行方向に向かって右側では，特に強い風がふく。

6図の交点は100個あるため，黒っぽいつぶと重なる交点の数が色指数である。黒っぽいつぶと重なる交点の数は12個なので，色指数は12になる。

3 星とその動き

ステップ1 まとめノート

本冊→p.66～67

1 ①こう星　②わく星　③衛星
④１光年　⑤１等星　⑥６等星　⑦温度
⑧青白　⑨赤

2 ⑩変わらない　⑪太陽　⑫季節　⑬北極星
⑭逆　⑮天頂　⑯こぐま座　⑰自転
⑱おおぐま座　⑲カシオペヤ座
⑳緯度(北緯)　㉑夏の大三角　㉒冬の大三角

3 ㉓北極星　㉔左(反時計)　㉕自転　㉖15°
㉗東から西　㉘右ななめ上　㉙右ななめ下
㉚天球

解説

1 ③月のように，わく星のまわりを回る衛星は，火星には２個，木星には72個，土星には53個，天王星には27個，海王星には14個ある(2019年10月時点で，き道が確定している数)。水星と金星には衛星はない。

④星までのきょりは非常に遠いので，ふつうの単位では表しにくい。そこで**光年**という単位が使用されている。１光年は光が１年間に進むきょりで，約9.5兆 kmである。

⑦星の色は表面の温度によってちがっている。赤い色の**アンタレス**や**ベテルギウス**は約3000℃，黄色の**太陽**は約6000℃，青白い色の**リゲル**は約15000℃である。

2 ⑫夜に見える星座は，地球から見て太陽と反対側にある星座である。

⑭北の空の星が見たいときは，星座早見を北の文字が下にくるようにして持ち，東の空の星が見たいときは，東の文字が下にくるようにして持つ。

⑯星座はギリシャ神話によるものである。こぐま座のα星(原則として星座の中で最も明るい星のこと)はポラリスという星で，現在の北極星である。

⑱・⑲春から秋にかけては北と七星から，秋から春にかけてはカシオペヤ座から北極星を見つける。

3 ㉔北半球で北の空の星が左まわり(反時計まわり)に動いているように見えるのは，地球が西から東の向きに**自転**しているためである。

ステップ2 実力問題

本冊→p.68～69

1 (1)図１　(2)オリオン座
(3)記号―C　名まえ―シリウス
(4)はくちょう座
(5)記号―b　名まえ―ベガ

2 (1)エ　(2)エ　(3)ウ
(4)(例)地球が自転しているから。
(5)オ

3 (1)東―D　南―B
(2)①北極星(ポラリス)　②こぐま座
③カシオペヤ座　④ウ　⑤イ

4 (1)②　(2)200分間　(3)ア

解説

1 (1)**図１**は冬の大三角を，**図２**は夏の大三角を表している。

(3)**C**はおおいぬ座のシリウスで，全天でいちばん明るい星である。

(4)・(5)**図２**の**a**ははくちょう座のデネブ，**b**はこと座のベガ，**c**はわし座のアルタイルを示している。このうち，おりひめ星とよばれているのは**b**のベガである。

2 (1)**図１**の星座はオリオン座で，オリオン座が夜の12時に南中する季節は冬である。

(2)おおいぬ座のシリウス，こいぬ座のプロキオン，おうし座のアルデバランはいずれも冬に見られる星である。さそり座のアンタレスは夏に見られる星で，観察した日には見えない。

(3)南の空の星は，１時間に15°ずつ東から西へ動いて見える。夜の12時より２時間前の10時には，**ウ**の位置に見える。

(5)南の空の星は，１か月に30°ずつ東から西へ動いて見える。３か月後の夜の12時には**キ**の位置に見え，同じ日の８時には，**キ**より15°×４＝60°東の**オ**の位置に見える。

ココに注意

(5)南の空に見える星は，１時間に15°ずつ東から西へ，１か月に30°ずつ東から西へ動いているように見える。北の空に見える星は，１時間に15°ずつ，１か月に30°ずつ左まわり(反時計まわり)に動いて見える。

3 (1)**図A**は西の空，**図B**は南の空，**図C**は北の空，**図D**は東の空のようすを示している。

(2)①北極星は，地球の地軸の延長線上にあるので，ほとんど動かないように見える。

②北極星はこぐま座のα星である。

③秋から春にかけては，観測しやすいカシオペヤ座をもとにしてさがす。春から秋にかけては北と七星をもとにしてさがす。

④北の空の星は，北極星を中心にして1時間に15°ずつ左まわり(反時計まわり)に動いて見える。2時間後には，$15° \times 2 = 30°$ 動くので，北極星の右に見えた星は，上に動いて見える。

⑤冬に北の空に見える星座は，北と七星がしっぽの部分にあたるおおぐま座である。オリオン座は冬に見える星座だが，北の空には見えない。はくちょう座，さそり座は夏に見える星座である。

4(1)北の空の星は，北極星を中心にして1時間に15°ずつ左まわり(反時計まわり)に動いて見える。

(2)$50 \div 15 = 3\frac{1}{3}$〔時間〕より，

$60 \times 3\frac{1}{3} = 200$〔分〕になる。

(3)星が動いて見えるのは，地球が自転しているためである。

✔チェック！自由自在

① 夏，冬には次のような星座を見ることができる。(　)内はその星座にふくまれる1等星の名まえである。

夏の星座	さそり座(アンタレス)，はくちょう座(デネブ)，こと座(ベガ)，わし座(アルタイル)
冬の星座	オリオン座(リゲル，ベテルギウス)，おうし座(アルデバラン)，おおいぬ座(シリウス)，こいぬ座(プロキオン)，ふたご座(ポルックス)

② 星の色は表面の温度によって異(こと)なる。

赤	ベテルギウス，アンタレス
だいだい	アルデバラン，アークトゥルス
黄	カペラ，太陽
うす黄	プロキオン，カノープス
白	アルタイル，デネブ，シリウス，ベガ
青白	リゲル，レグルス，スピカ

③ • **北極での星の見え方**…北極点では，北極星が真上に見える。ほかの星は北極星を中心に左まわり(反時計まわり)に回る。

• **赤道付近での星の見え方**…北極星は地平線近くにある。ほかの星は東から地平線に垂直(すいちょく)にのぼり，西に垂直にしずむ。

• **南半球での星の見え方**…北極星は地平線の下にあり，見えない。星は天の南極を中心に右まわり(時計まわり)に回り，東からのぼって西にしずむ。

ステップ3　発展問題

本冊→p.70〜71

1 (1)イ　(2)オ　(3)ウ　(4)ア，エ，ク
(5)A—デネブ　B—ベガ　C—アルタイル
(6)エ

2 (1)エ　(2)25
(3)A—はくちょう座　B—さそり座
(4)オ　(5)ウ

解説

1(1)星Cの位置に注目すると，②，①，③の順に地平線に近くなっている。このことから，しだいに西の空に向かって動いていることがわかる。

(2)時間により星座の位置が変化していくのは，地球が1日に1回自転しているからである。

(3)①，②，③のスケッチは南の空に見える星座をスケッチしたものである。①の中央部分の方角は南である。

(4)・(5)夏の南の空には，はくちょう座，こと座，わし座，さそり座などが見られる。スケッチにかかれている星は，夏の大三角を形づくる星である。オリオン座，おおいぬ座，こいぬ座は，冬の南の空に見られる。かに座は春に見られる。おおぐま座は北の空に見られる星座である。

(6)ワシントン，ロンドン，パリは北半球にある都市で，同じ時期に，スケッチされた星座を見ることができる。シドニーは南半球にある都市なので，これらの星座は見られない。さそり座，オリオン座は南半球でも見ることができるが，形は上下左右が反対になって見える。

ⓘココに注意

(6) 南半球では，北半球の逆(ぎゃく)に人が立っていることになるので，星座の見え方は北半球と上下左右が反対である。また，天の南極付近の星は北半球で見ることはできない。

2(2)1光年はなれた所の円の半径は1，円の面積は $1 \times 1 = 1$ になっている。(正確(せいかく)に円の面積を求める場合は，さらに円周率をかけるが，ここでは省略(しょうりゃく)している。)2光年はなれた所の円の半径は2なので，円の面積は $2 \times 2 = 4$ になる。したがって，1光年はなれた所での明るさを100としたとき，2光年はなれた所での明るさは，$100 \div 4 = 25$ になる。

(3)デネブははくちょう座の1等星，アンタレスはさそり座の1等星である。

(4)ベテルギウス，アンタレスの表面の温度は低いため赤色に見える。青白色，白色に見えるこう星の表面の温度は高い。

(5)ちょう新星ばく発とは，地球から見ると新しい星ができたかのように見える現象(げんしょう)で，このばく発に

よりとつ然明るさが増し，多量の熱と光が放出される。

なるほど!資料

北極で見る星の動き

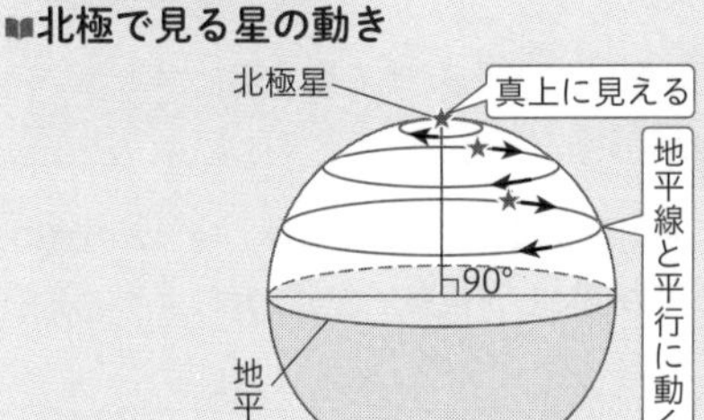

赤道で見る星の動き

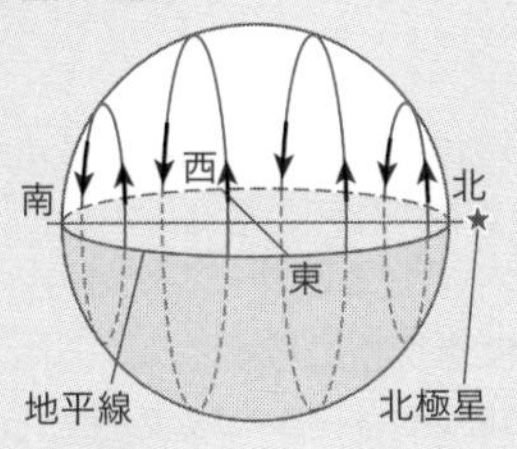

南半球で見る星の動き

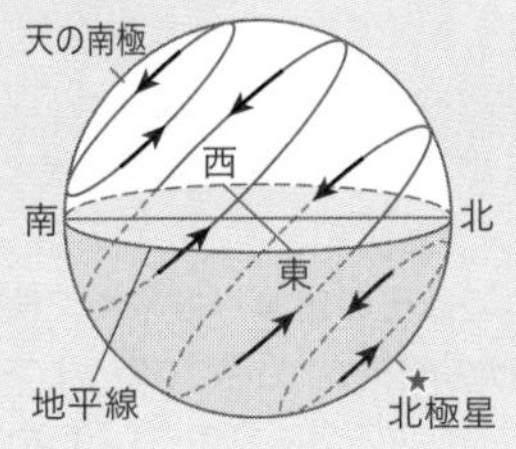

4 太陽・月・地球

ステップ1 まとめノート

本冊→p.72〜73

1 ①400　②400　③同じ　④1億5000万
⑤コロナ　⑥6000　⑦4000
⑧しゃこう板(太陽観測めがね)
⑨(太陽)とうえい板　⑩自転　⑪球体

2 ⑫クレーター　⑬海　⑭自転　⑮月
⑯29.5日　⑰月齢　⑱50分
⑲西　⑳南　㉑東　㉒南

3 ㉓緯度　㉔経度　㉕自転　㉖公転　㉗夏至
㉘冬至

4 ㉙太陽系　㉚わく星　㉛明けの明星
㉜よいの明星　㉝順行　㉞逆行

解説

1 ④地球と太陽のきょりは約1億5000万kmで，これを**1天文単位**という。

⑧太陽の光はとても強いため，肉眼で直接見てはいけない。そのため太陽を観察するときは，紫外線を通さない，特別な色ガラスでできているしゃこう板(太陽観測めがね)を使って観察するが，長時間続けてはいけない。

⑩**黒点**の移動を観察することにより，太陽が自転していることがわかる。

⑪太陽の周辺部で黒点の移動がおそくなり，つぶれてみえることから，太陽は球体であることがわかる。

2 ⑬月の海は平らで黒く見える部分である。この部分は，黒い岩石(げん武岩)でできている。月の白く見える部分は月の高地とよばれる。

⑭月の**公転周期**(地球のまわりを1周するのにかかる時間)は約27.3日で，**自転周期**(1回転するのにかかる時間)も約27.3日なので，月はいつも同じ面を地球に向けている。

⑱月の出や月の入りの時刻は，毎日約50分ずつおくれていく。

⑳〜㉒上げんの月は夕方に南の空に，満月は真夜中に南の空に，下げんの月は明け方に南の空に見える。

4 ㉛・㉜水星と金星は，地球より内側を回っている**内わく星**である。

㉝・㉞火星は，地球のすぐ外側を回っている**外わく星**で，金星のように大きく満ち欠けしない。

ステップ2 実力問題　本冊→p.74～75

1 (1)オ　(2)①　(3)①ウ　②イ
(4)A―クレーター　B―海　C―うさぎ
D―アポロ　E―かぐや

2 (1)ア　(2)夏
(3)(例)地球の地軸をかたむける。　(4)ア
(5)(例)4年に1回，1年の日数を1日増やす。

3 (1)ウ　(2)①，⑤　(3)②　(4)⑦

解説

1 (1)月は①の満月のあと，右から欠けていき，新月になったあと，右から満ちていく。
(2)太陽，地球，月の順に並んだとき，①の満月が見える。
(3)①満月は，夕方の東の空，真夜中の南の空，明け方の西の空に見える。
②三日月は，夕方の西の空に数時間だけ見える。
③上げんの月は，夕方の南の空，真夜中の西の空に見える。
④下げんの月は，明け方の南の空，正午ごろの西の空に見える。

2 (1)地球は，北極側から見て左まわり(反時計まわり)に公転している。
(3)地球は公転面に垂直な線にたいして23.4°地軸をかたむけたまま，太陽のまわりを公転している。そのため，太陽の南中高度が変化し，昼の長さが変わり，季節の変化が生じる。
(4)季節の変化は地球の公転によるもので，昼夜の変化は地球の自転によるものである。
(5)1年に0.25日ずれていくため，4年で1日ずれることになる。このずれを解消するために，4年に一度**うるう年**がある。

3 (1)地球が真夜中のときは，太陽の反対側にある星しか見ることができないので，地球の内側を公転している水星や金星を見ることができない。
(2)金星が①の位置にあるときは，太陽の光があたっている面を地球から見ることができない。⑤の位置にあるときは，金星が地球から見て太陽の向こう側にあり，金星の明るさより太陽の明るさのほうが強いため，金星を見ることができない。
(3)金星と地球のきょりが近いほど，明るくかがやいて見える。
(4)金星は太陽の光を反射して光っているので，太陽のある方向が光って見える。**図1**の②～④では，地球から見て，金星の左側が光って見え，⑥～⑧では右側が光って見える。地球からのきょりがはなれている④，⑥では金星は満月のような形に見える。地球からのきょりが近い②，⑧では明るく見えるが，形は大きく欠けて見える。

ココに注意

(4)地球のすぐ内側を公転している金星は，明け方の東の空か夕方の西の空にしか観察できず，月のように満ち欠けして見える。

チェック! 自由自在

① ・**三日月の動き**…夕方，西の空に見えるが，すぐにしずむ。
- **上げんの月の動き**…昼に東の空からのぼり，夕方に南の空に見え，真夜中に西の空にしずむ。
- **満月の動き**…夕方に東の空からのぼり，真夜中に南の空に見え，朝に西の空にしずむ。
- **下げんの月の動き**…真夜中に東の空からのぼり，朝に南の空に見える。

② 金星は地球よりも太陽に近いき動を公転しているため，太陽の反対側となる真夜中には見ることができない。太陽―金星―地球の順にならんだときを**内合**といい，地球―太陽―金星の順にならんだときを**外合**という。内合～外合までは日の出よりはやく，明け方の東の空に見える(**明けの明星**)。外合～内合までは日の入りよりもおそく夕方の西の空に見える(**よいの明星**)。

ステップ3 発展問題　本冊→p.76～79

1 (1)ウ
(2)a―キ　b―ク　c―セ
(3)A―ク　B―ウ　C―キ　D―ウ
(4)ウ

2 (1)南西　(2)エ　(3)D
(4)角a―イ　面積―イ

3 (1)30.6°　(2)①エ　②ア

4 (1)エ　(2)エ　(3)ア，エ　(4)ウ

5 (1)水星，金星　(2)高度―ア　方角―オ
(3)ウ　(4)イ　(5)0.44倍
(6)(例)火星表面の大部分は赤い酸化鉄をふくむ土や岩でおおわれているから。
(7)(例)金星は大気が非常にこい。火星は大気が非常にうすい。

解説

1 (1)満月は，日ぼつのとき東からのぼってくる。
(2)a：月の位置は，30日で360°ずれるので，1日では，360°÷30日＝12°ずれる。

b：地球は1日(24時間)で360°自転しているので，1時間では，360°÷24時間＝15° 自転している。

c：地球の自転により，地球から見る月は1時間(60分)で15°移動して見える。同時刻のとき，いざよいの月は満月より12°ずれているため，60分÷15°×12°＝48分 おくれて出てくる。

(3)Aの月は，満月から下げんの月になる間の月である。満月は18時ごろ東の空に見え，下げんの月は24時ごろ東の空に見えるので，Aの月は，(18＋24)÷2＝21〔時〕ごろ東の空に見える。

Bの月は，下げんの月から新月になる間の月である。下げんの月は0時ごろ東の空に見え，新月は6時ごろ東の空に見えるので，Bの月は，(0＋6)÷2＝3〔時〕ごろ東の空に見える。東の空から南東の空まで約45°移動しているため，約3時間後の6時ごろ南東の空に見える。

Cの月は上げんの月なので，18時ごろ南の空に見える。

Dの月とAの月は場所が異なるが同じものである。Dの月とAの月は約135°はなれているため，Aの月は約9時間後Dの位置に見える。よって，21時＋9時＝30時，30時－24時＝6時 ごろである。

(4)太陽が最も高くのぼるのは夏至である6月で，月が最も高くのぼるのは，地球と月の位置関係が6月の地球と太陽の位置関係と同じになるとき，すなわち，地軸が月のほうにかたむいているときである。新月は，太陽—月—地球とならんだときなので，新月の南中高度が最も高くなるのは6月である。反対に満月は，太陽—地球—月とならんだときなので，満月の南中高度は6月に最も低くなる。3月の春分のころと9月の秋分のころを考えると，3月には地軸は上げんの月のほうにかたむいているので，上げんの月の高度が最も高くなる。9月には地軸は下げんの月のほうにかたむいているので，下げんの月の高度が最も高くなる。

2 (1)**図1**から，方位磁針のN極が図の下のほうを向いているので，図の下が北，図の上が南，図の右が西になることより，指先の方向は南西になる。

(2)太陽と月が同じ方向にあり，角**a**が0°のときは新月になる。角**a**が180°のときは満月になる。したがって，角**a**が90°より大きく180°より小さくなったときの月の形は，上げんの月から満月の間の月か，満月から下げんの月の間のどちらかである。**図2**より，太陽は東の方向にあるので，後者の，月の左側が光っている月である。

(3)(2)より，満月から下げんの月までの間の月であるから，**図3**では**D**があてはまる。

(4)(3)より，**D**の月から3日後の月は，**図3**の**C**の月になる。このことから，角**a**は90°になり，月のかがやいている部分の面積は小さくなる。

3 (1)90°－66.6°＝23.4° 冬至の日の南中高度は，90°－その地点の緯度－23.4° より，90°－36°－23.4°＝30.6°

(2)①満月は太陽と反対方向にあるので，南中高度が最も高くなるのは冬至のころである。新月は太陽と同じ方向にあるので夏至のころ南中高度が最も高くなる。

②上げんの月が地軸がかたむいている方向にあるのは，春分のころである。したがって，上げんの月は春分のころに南中高度が最も高くなる。

①ココに注意

(2) 地球の地軸がかたむいている方向に月が見えるとき，その月の南中高度は1年で最も高くなる。

4 (1)月は太陽の光を反射して光っている。**b**が肉眼でうっすらと見えるのは，地球で反射した太陽の光が**b**に届き，さらに反射して地球に届くからで，これを**地球照**という。

(2)地球照は新月の前後3日間ごろによく観察される。そのころ月が見られるのは，明け方か夕方であるが，図の月は，新月になる前の月なので，明け方にさつえいしたものである。

(3)図のような月が観察されるとき，地球は満月のように見えている。

(4)地球が太陽光を反射する割合と月が太陽光を反射する割合，月から見た地球の大きさは地球から見た月の大きさの約13.5倍であること，満月形であるから太陽光をすべて反射すると考えられること，これらのことから，13.5×(37÷7)＝71.3…となり，**ウ**の70倍が最も近い。

5 (2)**しょう**のとき，火星の高度が最も高くなるのは，真夜中に南の空に見えるときである。

(3)地球は1日に，360°÷365日＝0.98…より約0.98°移動する。火星は1日に，360°÷687日＝0.52…より，約0.52°移動する。地球のほうが火星より0.98°－0.52°＝0.46° 多く回転する。

しょうからしょうまでは，360°÷0.46°＝782.6…より，約783日である。よって，783日÷365日＝2.14…より，約2.1年かかる。

(4)太陽からのきょりで比べると，金星のほうが火星より明るく見える。シリウスとリゲルではシリウスのほうが明るく見える。

(5)火星太陽間のきょりは，地球太陽間のきょりの約1.5倍あるから，火星表面1 m^2あたりに受ける太陽のエネルギーは，地球表面1 m^2あたりに受けるエネルギーの(1.5×1.5)分の1になる。よって，1÷(1.5×1.5)＝1÷2.25＝0.444…より，約0.44倍になる。

(7)金星も火星も大気のおもな成分は二酸化炭素(にさんかたんそ)である。金星は大気圧(たいきあつ)が非常に大きいため，大気はこくなっている。火星は大気圧が非常に小さいため，大気はうすくなっている。

ココに注意

(4)金星が最も明るく見えるときは約－4.6等星で，太陽，月に次いで明るく見える天体である。おおいぬ座のシリウスは地球から最も明るく見えるこう星である。

思考力/作図/記述問題に挑戦!

本冊→p.80～81

1 (1)北極星（ポラリス）
(2)右図

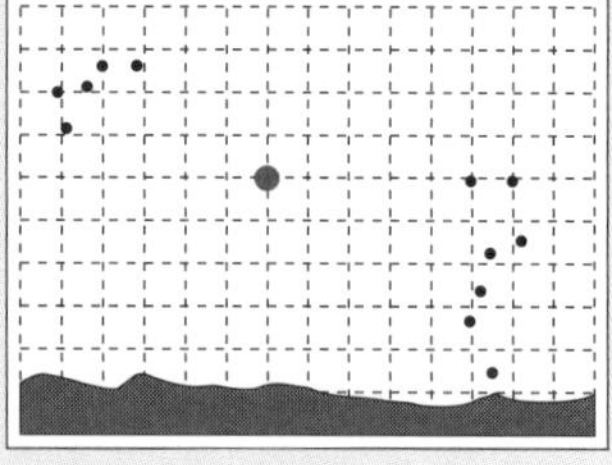

2

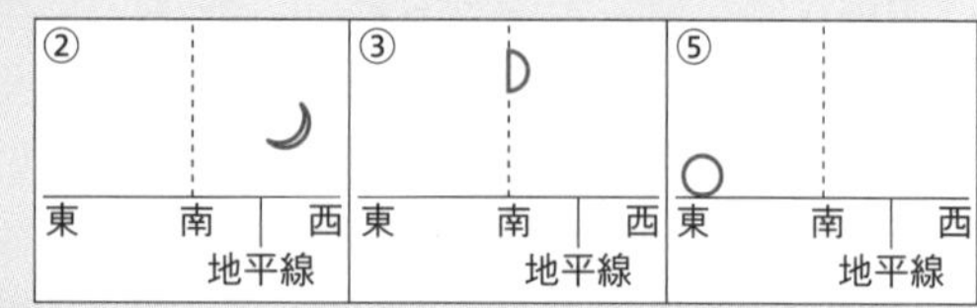

3 (例)月の自転周期と公転周期が同じで，自転の向きも同じだから。

4 (例)金星と地球とのきょりが変わるため。

5 (1)37.5 cm　(2)152000000 km
(3)オ

6 ウ

7 (例)カシオペヤ座(ざ)と北と七星が北極星をはさんでほぼ反対の位置にあり，地球が太陽のまわりを公転しているから。

8 (例)月の公転き動が完全な円ではないため，月と地球のきょりが変化するから。

解説

1(2)春から秋には北と七星が高い位置にあるため，北と七星から北極星を見つけるとよい。秋から春にはカシオペヤ座から見つける。

2 ②の位置にあるのは三日月である。三日月は日ぼつごろ西の地平線の近くに見える。③の位置にあるのは上げんの月である。上げんの月は日ぼつごろ南の方向に見える。⑤の位置にあるのは満月である。満月は日ぼつごろ東の地平線からのぼる。

3 月の自転周期と公転周期はどちらも27.3日である。月はいつも同じ面を地球に向けているため，月から地球を見るといつも同じ場所に見える。

4 地球と金星の公転周期は異(こと)なるため，きょりが変化する。地球と金星とのきょりが小さいときは欠け方は大きいが，明るく見える。地球と金星とのきょりが大きいときは，欠け方は小さいが，暗く見える。

5(1)a：(a＋150)＝4：20より，
a：(a＋150)＝1：5
5×a＝a＋150

$5 \times \mathbf{a} - \mathbf{a} = 150$

$4 \times \mathbf{a} = 150$

$\mathbf{a} = 37.5$〔cm〕

(**2**)地球から太陽までのきょりを**x**とすると,

$1 : 400 = 380000 : \mathbf{x}$

$\mathbf{x} = 380000 \times 400$

$= 152000000$〔km〕

(**3**)太陽—月—地球の順に一直線上にならぶので，月は新月である。

6 地球と火星が1日に公転する角度の差は,

$\left(\frac{360}{365}-\frac{360}{687}\right)^\circ$となる。この差が360°になるのは,

$$360 \div \left(\frac{360}{365}-\frac{360}{687}\right)$$
$$= 360 \div \left(\frac{360 \times 687 - 360 \times 365}{365 \times 687}\right)$$
$$= 360 \times \frac{365 \times 687}{360 \times 687 - 360 \times 365}$$
$$= \frac{365 \times 687}{687 - 365} = \frac{365 \times 687}{322} \text{〔日〕}$$

1年は365日なので,

$\frac{365 \times 687}{322} \div 365 = \frac{687}{322} = 2.13\cdots$ より，およそ2年2か月になる。

7 星は1か月に30°移動するため，半年では180°移動する。カシオペヤ座と北と七星は北極星をはさんでほぼ反対側にあるため，一方が観察しづらいときはもう一方がよく見える。

8 月と地球とのきょりがはなれたときに日食がおこると，月の大きさが小さく見えるため**金環日食**になる。

精選　図解チェック＆資料集(地球)

本冊→p.82

① 低気圧　② あたたかい　③ 冷たい
④ 高気圧　⑤ 低気圧　⑥ 56　⑦ れき　⑧ どろ
⑨ しん央　⑩ しん源　⑪ 北極星
⑫ はくちょう　⑬ わし　⑭ オリオン
⑮ おうし　⑯ 上げんの月　⑰ 下げんの月
⑱ 自転　⑲ 夏至　⑳ 冬至　㉑ 公転

解説

①雲は，上しょう気流によって発生する。台風や低気圧の中心は気圧が低いため，まわりの空気がふきこみ，上しょう気流が発生している。

②・③あたたかい空気が冷たい空気の上にはい上がりできる前線を温暖前線，冷たい空気があたたかい空気をおし上げてできる前線を寒冷前線という。

④・⑤高気圧では中心から右(時計)まわりに風がふき出している。低気圧では中心に向かって左(反時計)まわりに風がふきこんでいる。

⑥かんしつ計は，かん球の示度とかん球としっ球の示度の差からしつ度を求めるものである。

⑦・⑧重いれきは河口付近にたい積し，軽いどろは河口から遠くはなれた所にたい積する。

⑨・⑩しん源からは，P波とS波という2種類の地しんの波が発生する。

⑪北極星は，地軸のほぼ延長線上にある。そのため，北の空は北極星を中心に左(反時計)まわりに回転しているように見える。

⑫・⑬夏の大三角をつくる星はどれも明るい1等星だが，最も明るいのはこと座のベガである。

⑭オリオン座のベテルギウスは赤く，リゲルは青白く見える。

⑮おうし座には，若い星が集まってできているプレアデス星団(すばる)がある。

⑯・⑰月は満月までは右側から満ちていき，満月の後は右側から欠けていくように見える。右側が明るく見える半月を上げんの月，左側が明るく見える半月を下げんの月という。

⑱〜㉑地球が地軸をかたむけたまま太陽のまわりを公転することにより，季節の変化が生まれる。

第3章 エネルギー

1 光と音

ステップ1 まとめノート

本冊→p.84〜85

1 ①光の直進 ②入射 ③反射 ④光のくっ折 ⑤全反射 ⑥反射 ⑦明るく ⑧吸収 ⑨反射 ⑩しょう点 ⑪直進 ⑫しょう点 ⑬実像 ⑭きょ像

2 ⑮しん動 ⑯音源(発音体) ⑰真空 ⑱伝わらない ⑲伝わる ⑳しんぷく ㉑大きい ㉒大きい ㉓小さい ㉔小さい ㉕しん動数 ㉖ヘルツ(Hz) ㉗細く ㉘短く ㉙強く ㉚しん動 ㉛340 m ㉜高く ㉝低く ㉞音の反射 ㉟音の吸収

解説

1 ②・③**入射角**と**反射角**の位置に注意が必要である。

④光は空気中からガラスや水に入るときは境界から遠ざかるようにくっ折し，ガラスや水から空気中に入るときは境界に近づくようにくっ折する。

2 ⑰〜⑲音を伝えるにはしん動を伝えるものが必要である。

⑳〜㉔音の大小は，**しんぷく**というしん動のふれはばによって決まる。

㉕音の高低は，げんのしん動数によって決まる。

㉗〜㉙高い音を出すためには，しん動数を多くすればよい。そのためには，げんの太さを細く，長さを短く，張り方を強くする。

ココに注意

㉛ 音の速さは気温によって変化する。気温が高くなるほど速さははやくなり，15℃のとき，1秒間に約340 m進む。

ステップ2 実力問題

本冊→p.86〜87

1 (1) ①B，C，D
②C，D，E
(2)(右図)

2 (1)ア
(2)① 1020 m
② 850 m

3 (1)(例)くっ折せずに直進する。
(2)(例)反対側のしょう点を通るようにくっ折する。 (3)d，e
(4)像の大きさ—イ 像の向き—イ
像の種類—ア
(5)(例)レンズを通る光が減るため，像が暗くなった。

4 (1)(例)重いおもりに変える。
(2)(例)太いげんに変える。 (3)ア，エ

解説

1 (1)①鏡にたいして対称な位置に**像**をかいて，物体と像を結んだ線が鏡のはん囲であれば，自分のすがたを鏡で見ることができる。

②Aさんの像とそれぞれの人を結んだ線が鏡と交われば，その人はAさんのすがたを鏡で見ることができる。

(2)**光の反射の法則**がなりたつ。

2 (1)真空中では音を伝えるもの(空気)がないため，音が伝わらない。

(2)①光の速さは毎秒30万kmなので，ほぼいっしゅんで届くが，音の速さは毎秒340 mほどなので，届くまでに時間がかかる。
340 m/秒×3秒＝1020 m

②音は岸ぺきで反射しているので，
340×5÷2＝850〔m〕

3 (1)とつレンズの中心を通る光はそのまままっすぐに進む。

(3)物体がとつレンズのしょう点上やしょう点の内側にあるとき，スクリーンにうつる実像はできない。

(4)しょう点ととつレンズのきょりの2倍の位置に置いた物体の像は，とつレンズの反対側の同じきょりの位置にでき，その大きさは物体と同じになる。

(5)光の量が少なくなるので，像は暗くなる。

4 (1)・(2)音の高低はげんのしん動数で決まる。

(3)高い音はしん動数が多い。

ココに注意

(3) オシロスコープでは，しんぷくとしん動数の両方を見て考える。

チェック！ 自由自在

① 光は空気や水の中をまっすぐに進む性質がある。音はしん動を伝える物質がなければ伝わらない。

② とつレンズは，レンズのじくに平行に入った光を**しょう点**に集める性質がある。

ステップ3 発展問題

本冊→p.88〜89

1 (1)(例)入射角と反射角は等しい。
(2) 2 m (3) 22.5°

2 (1) 図2　A—×　B—×　C—○　D—○
E—×　F—×　G—×
図3　A—×　B—○　C—○　D—○
E—○　F—○　G—×
(2) (例) より広いはん囲をうつすことができる。
(3) (例) カーブミラー（バックミラーなど）

3 (1) 15℃　(2) 850 m
(3) A—2　B—170　C—510　D—1.5
E—11.5　F—9.5
(4) ① 2秒後　② 8.5秒間

解説

1 (2)光は，入射角と反射角が等しくなるように反射するので，**PQ**も1mになる。
鏡Aの中心から点**P**までのきょりは，
1＋1＝2m

(3)**鏡A**の中心から点**Q**までは1m，**鏡B**の中心から点**Q**までも1mなので，**鏡A**の中心と**鏡B**の中心と点**Q**を結んでできる三角形は，直角二等辺三角形になる。このことから，**鏡B**を回転させたとき，入射角と反射角の和は45°になる。
したがって，回転させたあとの**鏡B**と光の角度は，
(180°－45°)÷2＝67.5°
鏡Bを回転させる前の**鏡B**と光の角度は，
(180°－90°)÷2＝45° なので，回転させた角度は，
67.5°－45°＝22.5°

!ココに注意

(2)・(3)鏡の問題では，入射角＝反射角になっていることに注意する。

2 (1)カーブしている鏡でも，小さなその一部分ではすべて，**入射角＝反射角**になっており，光の反射の法則(ほうそく)にしたがっている。

(2)・(3)図3のように曲がった鏡を**とつ面鏡**という。このような鏡では見えるはん囲が広くなるため，カーブミラーなどに利用されている。

3 (1)気温0℃のときの音の速さは331 m/秒で，
340 m/秒では，340－331＝9 m/秒
はやくなっている。
気温が1℃上がるごとに0.6 m/秒ずつはやくなるので，9÷0.6＝15℃

(2)スピーカーから出した音が，かべではね返って聞こえるまでに進んだきょりは，
340 m/秒×5秒＝1700 m
したがって，車からかべまでのきょりは，
1700÷2＝850〔m〕

(3)A スピーカーから出したサイレンの音が680 m先にいる太郎さんに聞こえ始めるのは，
680 m÷340 m/秒＝2秒後
B 車が毎秒17 mの速さで10秒間にすすんだきょりは，17 m/秒×10秒＝170 m
C 車が進み始めてから10秒後の車と太郎さんのきょりは，680－170＝510〔m〕
D 510 mのきょりをスピーカーから出したサイレンの音が進むのにかかる時間は，
510 m÷340 m/秒＝1.5秒
E 車が進み始めてから10秒後に出したサイレンの音が，その1.5秒後に太郎さんに聞こえるので，太郎さんがサイレンの音を聞き終わるのは，
10＋1.5＝11.5〔秒後〕
F 車が進み始めると同時に出したサイレンの音が2秒後に太郎さんに聞こえ始め，太郎さんがサイレンの音を聞き終えるのは11.5秒後だから，サイレンの音が聞こえているのは，
11.5－2＝9.5〔秒間〕

(4)①**車B**は，秒速20 mの速さで**車A**に近づくので，**車A**が出したサイレンの音は，
340＋20＝360〔m/秒〕の速さで**車B**に近づく。
車Aと**車B**は720 mはなれているので，**車A**が出したサイレンの音を太郎さんが聞き始めるのは，車が動き出してから，
720 m÷360 m/秒＝2秒後 である。
②**車A**がサイレンを鳴らし始めてから9秒後には，**車B**は，20 m/秒×9秒＝180〔m〕進んでいて，このときの**車A**と**車B**のきょりは，
720－180＝540〔m〕
車Aから540 mはなれた地点にある，**車B**に乗っている太郎さんにサイレンの音が聞こえるのは，
540 m÷360 m/秒＝1.5秒後 である。したがって，**車B**が動き始めてから9秒後に**車A**が出したサイレンの音が，その1.5秒後に聞こえるので，太郎さんがサイレンの音を聞き終えるのは，**車B**が進み始めてから，
9＋1.5＝10.5〔秒後〕である。
車Bに乗っていた太郎さんは，**車B**が進み始めてから2秒後にサイレンの音を聞き始め，10.5秒後に聞き終わるので，サイレンの音を聞いていた時間は，
10.5－2＝8.5〔秒間〕

!ココに注意

(3)・(4)音源が音を出しながら近づいてくるとき，しん動数が多くなるため，音は高くなる。このとき，音源から音を出した時間よりも音が聞こえる時間は短い。遠ざかっていくときは，これの逆になる。このような現象を，**ドップラー効果**という。

なるほど!資料

コインのうき上がり

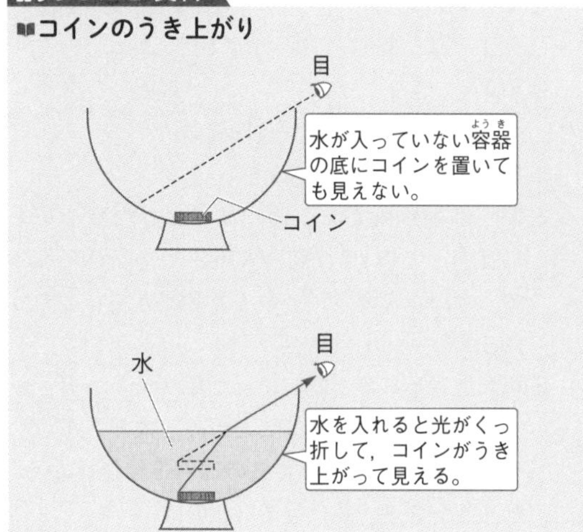

2 電池のはたらき

ステップ1 まとめノート 本冊→p.90〜91

1 ①導線 ②＋ ③− ④回路 ⑤電流 ⑥導体 ⑦不導体(絶えん体) ⑧電流 ⑨自由電子 ⑩数 ⑪不導体 ⑫回路図 ⑬光 ⑭フィラメント ⑮真空 ⑯タングステン

2 ⑰直列つなぎ ⑱1 ⑲大きく ⑳並列つなぎ ㉑1 ㉒検流計(簡易検流計) ㉓直列 ㉔ふれない ㉕電流 ㉖アンペア

3 ㉗直列つなぎ ㉘暗く ㉙並列つなぎ ㉚変わらない

解説

1 ⑤電流は＋極から出て，−極にかえる。

⑥・⑦電気を通すものを導体，通さないものを不導体というが，その中間的な性質をもつ物質を**半導体**という。半導体は，パソコン，スマートフォン，液晶テレビなどのデジタル家電などに広く用いられている。

⑨電流は＋極から−極に流れるが，実際には，−極から＋極に−の電気を帯びたつぶが流れている。この−の電気を帯びたつぶを**自由電子**といい，これが電流の正体である。

2 ⑲いくつかのかん電池を直列につないだ場合，かん電池1個をつないだときよりも，電池1個あたりの消もう度が大きいため電池ははやくはたらかなくなる。

㉑いくつかのかん電池を並列につないだ場合，かん電池1個をつないだときよりも，電池1個あたりの消もう度が小さいため電池は長くはたらく。

3 ㉗豆電球の直列つなぎでは回路が1本のため，1つの豆電球が消えるとそこで電気の通り道が切れ，すべての豆電球が消えてしまう。

㉙豆電球の並列つなぎでは回路が複数あるため，1つの豆電球が消えても，ほかの豆電球はついたままである。

ステップ2 実力問題 本冊→p.92〜93

1 最も明るい—オ 最も暗い—ア

2 (1)D，E (2)② (3)ウ (4)イ

3 (1)A—ア B—ウ (2)ウ，エ (3)イ，エ

4 (1)B，C (2)②，③

解説

1 直列につないだ電池の数が多いほど豆電球は明るくなるので，最も明るいのは**エ**，**オ**のどちらかと考えられる。豆電球を直列につなぐと豆電球の数が多いほど暗くなり，並列につないだ場合は豆電球が１つのときと明るさは変わらない。したがって，最も明るいのは**オ**で，最も暗いのは**ア**になる。

2 (1)③の回路では電池２個，豆電球２個がすべて並列につながっている。これは電池１個に豆電球１個のときと明るさが変わらないので，**D**と**E**の豆電球は**A**と同じ明るさである。

(2)電池は並列につないだほうが長もちする。豆電球は直列につないだほうが暗くなり，流れる電流が小さくなるので，電池はその分長もちする。

(3)並列につないである豆電球どうしは，たがいにえいきょうしない。

(4)電流は，豆電球**G**と**H**を通らずにすべてスイッチを通る。

3 (1)図２より，②の回路では電池が並列つなぎになっているので，電池のはたらきは電池１個分になる。豆電球は直列つなぎになっているので，電流の大きさは半分ずつになる。したがって，豆電球**A**に流れる電流の大きさは，１÷２＝0.5

③の回路では電池が直列つなぎになっているので，電池のはたらきは電池２個分になる。豆電球は並列つなぎになっているので，１つの豆電球に流れる電流の大きさは，それぞれ電池２個分のはたらきのものである。したがって，豆電球**B**に流れる電流の大きさは，１×２＝２

(2)２つの豆電球が並列つなぎになっているとき，２つの豆電球のうち１つを回路からとりはずしても，もう１つの豆電球は消えない。

(3)２つの電池が並列つなぎになっているとき，２つの電池のうち１つを回路からとりはずしても，豆電球は２つともついたままである。

4 (1)スイッチ①，②，③をすべて入れると，電流は豆電球**A**に流れずに，スイッチ①に流れたあと２つに分かれて，スイッチ②→豆電球**B**，スイッチ③→豆電球**C**に流れたあと１つになってかん電池の－極にもどる。

(2)スイッチ①を入れなければ，豆電球**A**を光らせることができる。豆電球**B**，**C**を光らせるためにはスイッチ②，③を入れる必要がある。

ココに注意

(1) 電流は，かん電池の＋極から出て－極にもどってくる。このときショートがおこると，電流は通りにくい(抵抗がある)豆電球を通らずに，通りやすい導線を通ってしまう。

✔チェック！ 自由自在

① 豆電球の直列つなぎ，並列つなぎには次のような特ちょうがある。

直列つなぎ	・回路から１つ豆電球をはずすと，ほかの豆電球も消える。 ・豆電球の数が多いほど，１個あたりの明るさは暗い。
並列つなぎ	・回路から１つ豆電球をはずしても，ほかの豆電球はついたままである。 ・豆電球１個あたりの明るさは数を増やしても同じである。

② かん電池の直列つなぎ，並列つなぎには次のような特ちょうがある。

直列つなぎ	・回路から１つかん電池をはずすと，電流が流れなくなる。 ・かん電池の数が多いほど大きな電流が流れる。
並列つなぎ	・回路から１つかん電池をはずしても，電流は流れる。 ・かん電池の数を増やしても，電流の大きさはかん電池１個のときと変わらない。

③ かん電池１個に豆電球１個をつないだとき，流れる電流の大きさを１とすると，

- かん電池１個に豆電球２個を直列につないだとき，流れる電流の大きさは$\frac{1}{2}$である。
- かん電池１個に豆電球２個を並列につないだとき，豆電球を流れる電流の大きさはそれぞれ１である。かん電池から流れる電流の大きさは２である。
- 豆電球１個にたいしてかん電池２個を直列につないだとき，豆電球に流れる電流の大きさは２である。
- 豆電球１個にたいしてかん電池２個を並列につないだとき，豆電球に流れる電流の大きさは１である。それぞれのかん電池から流れる電流の大きさは$\frac{1}{2}$である。

ステップ3 発展問題

本冊→p.94～95

1 (1) 3 (2)② (3)④ (4) 5
(5)③

2 (1) A
(2) 最も明るい—A　Cと同じ—F

(3) F

3 (1) a—右　b—左　(2) ②，⑤
(3) ア(オカ)(ウエ)
(4) ① イ　② イ　③ ウ　④ イ　(5) 左
(6) ① ア　② ア　③ ア　④ ウ　(7) 右

解説

1 (1) かん電池に流れる電流の大きさを1とすると，Aに流れる電流の大きさは，2つに分かれているので$\frac{1}{2}$になる。このときBを流れる電流の大きさも$\frac{1}{2}$になる。また，2つに分かれた電流が1つになる前のKとLを流れる電流の大きさも$\frac{1}{2}$になる。

(2) Bを流れた電流は，同じ大きさの電流が流れるEとFの2つに分かれることから，B＝E＋F

(3) 3つに分かれても，それぞれの導線(どうせん)に流れる電流の大きさは等しい。

(4) かん電池に流れる電流の大きさを1とすると，Mに流れる電流の大きさは，3つに分かれているので$\frac{1}{3}$になる。このときN，Rを流れる電流の大きさも$\frac{1}{3}$になる。また，3つに分かれた電流が1つになる前のT，W，Xを流れる電流の大きさも$\frac{1}{3}$になる。

(5) S，Vを流れていた電流が1つになってWになるので，W＝S＋V

2 (1) 電池の＋(プラス)極から出た電流は，Aを通って－(マイナス)極にもどる，同様にCを通って－極にもどる，E，D，Bを通って－極にもどる，の3通りがある。このうち，Cと同じ明るさになるのは，豆電球を1つだけ通る通り方をするときなので，Aである。

(2) (1)と同じように考えると，Aを通るもの，C，F，Dを通るもの，C，F，G，E，Bを通るものの3通りがある。このうち最も明るいのは，電流の通り道に豆電球が1つしかないAである。Cと同じ明るさになるのは，電流の流れ方が同じFである。

(3) (1)(2)と同じように考えると，Fを通るもの，A，Eを通るもの，……とあるが，電流の通り道の豆電球が1つだけなのはFを通るものだけで，そのほかの通り方は豆電球を必ず2個(こ)以上通る。よって，Fが最も明るくなる。

3 (1) **検流計(けんりゅうけい)a**は，3つの電池のいちばん上から電流が流れこんでくるので，右にふれる。**検流計b**は，右から電流が流れこんでくるので，左にふれる。

(2) ②と⑤は，電池だけの回路ができているので，つくってはいけない。

(3) **図1**の**A**の回路の電球の明るさを1とすると，**ア**の豆電球の明るさは2，**ウ**と**エ**は同じ明るさで電池は1個分だから，**図1**のB，Cと同じ明るさになり，豆電球の明るさは$\frac{1}{2}$。**オ**と**カ**は同じ明るさで，電池が2個分で豆電球は2個分だから，豆電球の明るさは1になる。

(4) 電池を直列つなぎにして大きな電流が流れるように，①の切りかえスイッチは**イ**に接続(せつぞく)する。＋極から出た電流が豆電球を通らないように④のスイッチは接続する(**イ**)。そのまま電流が流れるように②の切りかえスイッチは**イ**に接続する。③のスイッチはどちらにしても同じなので**ウ**。

(5) 電流は検流計の右側から流れこんでいるため，針(はり)は左にふれる。

(6) 電池を並列(へいれつ)つなぎにして小さな電流が流れるように，①の切りかえスイッチは**ア**に接続する。＋極から出た電流が直列つなぎになっている回路を通るように，②の切りかえスイッチは**ア**に接続する。③のスイッチは電流が流れないよう，接続しない(**ア**)。④のスイッチはどちらにしても同じなので**ウ**。

(7) 電流は検流計の左側から流れこんでいるため，針は右にふれる。

ココに注意

(5)・(7) 検流計の針は，電流の流れる向きにふれるので，どの向きに電流が流れているか回路図をよく見て判断(はんだん)する。

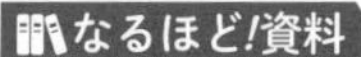なるほど!資料

豆電球の直列つなぎを流れる電流の大きさ

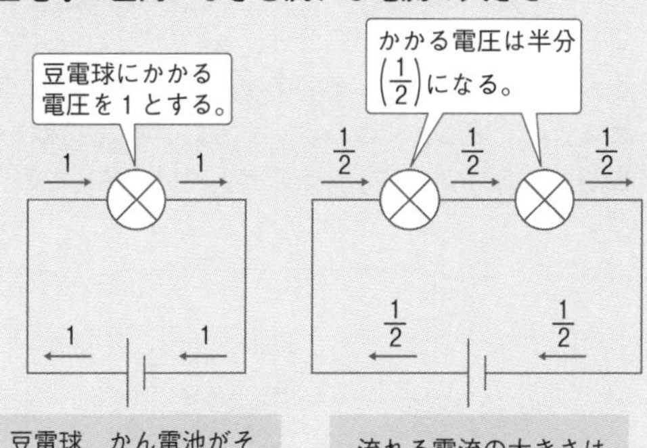

豆電球，かん電池がそれぞれ１個のとき，流れる電流を１とする。

流れる電流の大きさは半分$\left(\frac{1}{2}\right)$になる。

豆電球の並列つなぎを流れる電流の大きさ

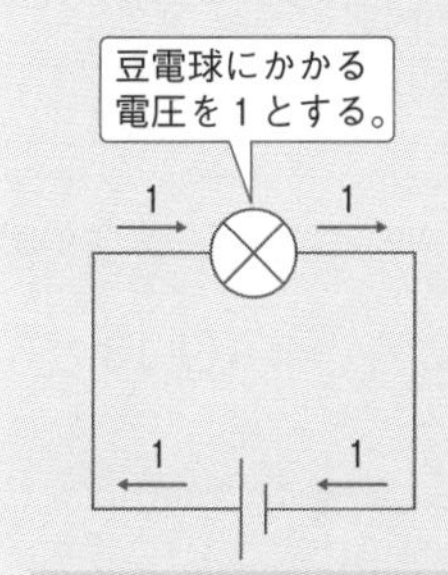

豆電球，かん電池がそれぞれ１個のとき，流れる電流を１とする。

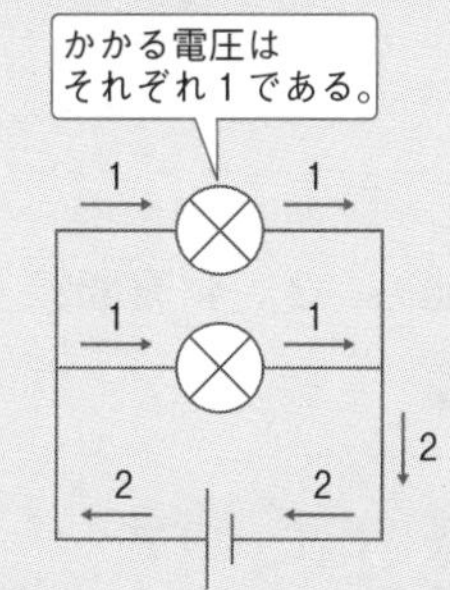

豆電球を流れる電流は１で変わらない。かん電池から流れる電流は２倍(２)になる。

3 磁石と電流のはたらき

ステップ1 まとめノート

本冊→p.96〜97

1 ①鉄 ②磁化 ③逆 ④強磁性体 ⑤磁力 ⑥両はし ⑦磁極 ⑧S極 ⑨引き合い ⑩反発する ⑪方位磁針 ⑫北 ⑬南 ⑭磁力線 ⑮磁界 ⑯磁力線 ⑰強い ⑱N極

2 ⑲磁力 ⑳右手 ㉑N極 ㉒大きく ㉓電磁石 ㉔鉄しん ㉕極 ㉖磁石 ㉗変えることができない ㉘電流 ㉙導線 ㉚大きな ㉛巻き数 ㉜太い ㉝大きく ㉞大きく ㉟電磁石 ㊱電磁石 ㊲電機子 ㊳ブラシ

解説

1 ①磁石につくというのは，金属がもっている共通の性質ではない。

②磁化することによって，磁石の性質をもち，ばらばらの向きを向いていたつぶが同じ向きにそろう。

⑨・⑩N極とN極，S極とS極は反発し合い，N極とS極は引き合う。

⑫・⑬地球は大きな磁石になっており，北極付近にS極が，南極付近にN極があるため，方位磁針のN極は北を，S極は南をさす。

2 ⑲電気が流れると**磁力**が生じる。すなわち，電気製品の周辺には必ず磁力が生じている。

⑳・㉑右ねじ(いっぱんにあるねじのほとんどは右ねじである)を回したときに，ねじが進む向きを電流の向きにすると，ねじを回した向きの磁界が導線のまわりにできる。これを**右ねじの法則**という。

㉒１本１本の導線に生じた磁界を，たくさん集めることにより強くしたものが，**コイル**や**電磁石**である。

ココに注意

㉘〜㉞ 電磁石は，電源への接続のしかたやコイルの巻き方によって，自由に極を変えることができる。コイルの巻き数を多くしたり，鉄しんを入れることによって，磁力を強くすることができる。

ステップ2 実力問題

本冊→p.98〜99

1 (1) 棒磁石—棒A　近づけ方—ウ
(2) 道具—方位磁針

使い方―(例)一方のはしに方位磁針を近づけ，N極のさす方向を調べる。

(3) ア

2 (1) 東　(2) ウ　(3) A　(4) D

3 ③ウ　④ア　⑤エ　⑥イ

解説

1 (1)棒磁石は，両はしで磁力が大きく，中央では磁力がなくなる。**ウ**で，2つの棒がくっつかなかったことから，**棒B**が棒磁石ではないことがわかる。

(2)棒磁石の一方のはしに方位磁針を近づけたとき，方位磁針のN極が近づけばS極，S極が近づけばN極である。

(3)棒磁石のN極側の割(わ)れた断面(だんめん)はS極になり，U(ユー)字型磁石(がたじしゃく)のS極側の割れた断面はN極になる。

ココに注意

(3) 磁石を切断(せつだん)すると，N極の反対側にはS極が，S極の反対側にはN極が現(あらわ)れる。これは，磁石は非常(ひじょう)に小さな磁石が集まってできたものだと考えるとよい。

2 (1)①の方位磁針の向きから，電磁石の左側はS極になっているので，右側はN極になっている。したがって②の方位磁針は東をさす。

(2)DとEで異(こと)なる条件(じょうけん)は，コイルの巻(ま)き数だけである。

(3)電磁石の磁力を強くするには，コイルの巻き数を増(ふ)やしたり，流れる電流を大きくしたりすればよいので，それにあてはまるのは**A**である。

(4)Cはコイルが100回巻きで，電池は並列(へいれつ)つなぎなので電池1個分のはたらきである。このことからDとほぼ同じ強さになると考えられる。

3 ③コイルの鉄しんがQを引きつけるはたらきをすると，QがPからはなれる。

④PとQがはなれると，コイルに電流が流れなくなる。

⑤コイルに電流が流れなくなると，コイルの鉄しんがQを引きつけるはたらきがなくなる。

⑥その結果，QがPに接(せっ)して，①の状態(じょうたい)にもどる。

✓チェック! 自由自在

① 磁石は，鉄，コバルト，ニッケルといった金属(きんぞく)を引きつける性質(せいしつ)がある。磁石には**N極**と**S極**の2つの極があり，磁石の両はしにある極の部分(磁極)の磁力が最も大きい。N極どうし，S極どうしは反発するが，N極とS極はたがいに引き合う。

② 電磁石の磁力は，**コイルの巻き数が多い**とき，**大きな電流が流れている**とき，**太い鉄しんを入れた**ときに大きくなる。

③ 電流を流すと電磁石のはたらきにより鉄片(てっぺん)を引きつけ，つちがベルを打つ。そのとき，鉄片が接点(せってん)からはなれるので電源(でんげん)が切れる。そのあと，鉄片がばねの力でもとに返り，接点とくっつき，ふたたび電流が流れてつちがベルを打つ。スイッチをおしている間，このことがくり返されるので，ベルは鳴り続ける。

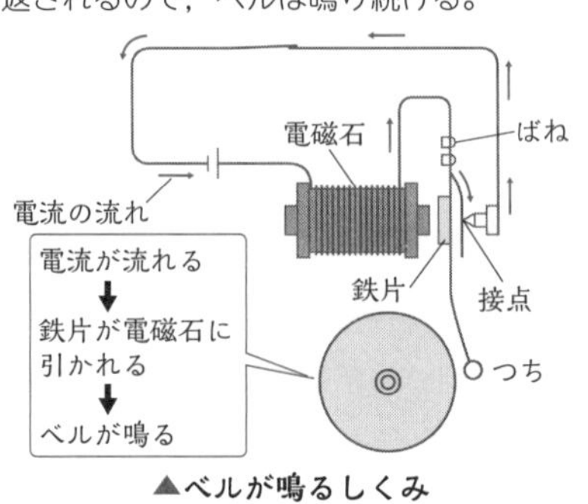

▲ベルが鳴るしくみ

ステップ3 発展問題　本冊→p.100〜101

1 (1) ア　(2) ア，ウ　(3) 直列　(4) A(と)B　(5) 4

2 (1) イ　(2) ア

3 (1) ア　(2) ア

解説

1 (1)図より，コイルの左側はS極になるから，右側はN極になる。Xの場所に方位磁針(ほういじしん)を置くと，方位磁針のS極が引きつけられる。

(2)エナメル線にもわずかながら電気抵抗(でんきていこう)があるので，コイルの巻(ま)き数を変えてもエナメル線の長さは等しくしておく。また，コイルに入れる鉄しんの太さを変えると，電磁石(でんじしゃく)の強さが変わってしまう。

(3)BではAの2倍のゼムクリップを引きつけているので，2個(こ)の電池を直列つなぎにして，電磁石に流れる電流を大きくしているとわかる。

(4)電磁石に流れる電流の大きさ(電池のつなぎ方)以外が同じものどうしを比(くら)べればよいので，AとBを比べればよい。Cは電池2個を並列(へいれつ)つなぎでつないでいるため，流れる電流の大きさはDと同じである。

(5)AとDを比べると，巻き数が2倍になれば，ゼムクリップをつける数も2倍になっていることがわかる。このことから，BとEを比べると，Bの巻き数はEの4倍になっているので，

16÷4＝4〔個〕

ココに注意

(2) 何かを比べる実験では，調べたいこと以外の条件(じょうけん)は変

えないように注意する。電磁石の巻き数を比べるときに，あまったエナメル線を切らずにたばねるのは，エナメル線の長さという条件を変えないためである。

2(1)右手の親指以外の4本の指を電流の流れる向きに合わせてコイルをにぎるようにすると，親指のさす向きがN極になる。よって，**図2のⅠ**ではコイルの左はしはN極に，Ⅱではコイルの左はしはS極になる。方位磁針のN極が電磁石のほうを向くためには，Ⅱの向きにする。

(2)電源装置に1個の電球をつないだときに，電磁石に流れる電流の大きさを1とすると，①のつなぎ方では**電球AとB**が直列つなぎになるので，電磁石に流れる電流は1より小さくなる。②のつなぎ方では**電球A**だけがつながれているので，電磁石に流れる電流は1になる。③のつなぎ方では，**電球AとB**が並列つなぎになっているので，電磁石に流れる電流は，1より大きくなる。このことより，電磁石の強さは，①<②<③になる。

3(1)台車が加速したことから，台車上の棒磁石のN極，S極がそれぞれ電磁石のS極，N極に引きつけられたと考えられる。西側の電磁石は右側がS極に，東側の電磁石は左側がN極になるように電源をつなぐ。

(2)電源の＋極と－極を入れかえると，電磁石の極が入れかわる。西側の電磁石は右側がN極に，東側の電磁石は左側がS極になるため，台車上の棒磁石と反発する。そのため，さらに加速する。

4 電気の利用

ステップ1　まとめノート　本冊→p.102～103

1 ①**回転**　②**発電**　③**発電機**　④**電気**　⑤**大きく**　⑥**逆**　⑦**コンデンサー**　⑧**蓄電池**　⑨**光電池(太陽電池)**　⑩**大きな**　⑪**大きく**　⑫**光**　⑬**LED**　⑭**ICレコーダー(スピーカー，ラジオ)**　⑮**音**　⑯**IH調理器**　⑰**電子レンジ**

2 ⑱**ヒーター**　⑲**熱**　⑳**電流**　㉑**電圧**　㉒**抵抗**　㉓**短い**

3 ㉔**熱**　㉕**光**　㉖**音**　㉗**熱**　㉘**磁界**　㉙**光電池(太陽電池)**　㉚**酸素**　㉛**燃料電池**

解説

1⑤・⑥手回し発電機のハンドルの回転数を大きくすると，大きい電流が流れ，ハンドルを逆に回すと，流れる電流の向きは逆になる。

⑦コンデンサーは，電気をたくわえるじゅう電と電気を放出する放電をコントロールしている。

⑨光電池は発電するときにごみやはい気ガスを出さず，空気をよごすこともなく，半永久的に使うことができる。

⑯・⑰IHとは，電磁誘導加熱のことである。IH調理器は，磁力発生コイルから発生した磁力線が，なべ底を通過するときにうず電流となり，その電気抵抗でなべ自体が発熱する。一方，電子レンジは，誘導電流加熱といい，マイクロ波という電磁波が食品の中にふくまれる水分などにはたらきかけ，食品そのものが発熱する。

2⑱電熱線に使われているタングステン線は，電球の**フィラメント**に用いられている。ニクロム線は，おもにニッケルとクロムをまぜ合わせた合金で，1200℃の高温にたえられる。

3㉔～㉘私たちの身のまわりには，電流が流れると光や音や熱が発生することを利用する，さまざまなものがある。

ハイブリッドカーとは，車にガソリンエンジンと高性能のモーターを組み合わせたもので，ガソリンの消費時にモーターで補助することで，ガソリンの消費や二酸化炭素のはい出の低減がはかられている。

㉛**燃料電池**は，高い発電効率をえることができ，電気のほかに発生するのは水だけなので，かん境への負担が小さい発電方法とされる。

ステップ2　実力問題　本冊→p.104～105

1 (1) a—ウ　b—エ　c—イ　d—ア
(2) ① ウ　② エ　③ カ　④ ク
(3) 33.2℃

2 (1) ア，カ　(2) b　(3) 0.25秒
(4) ウ→イ→ア→エ

解説

1 (1)そうじ機は，ファンをとりつけたモーターを回転させることによって，ごみを吸いとっている。

(2)表からわかるように，同じ長さの電熱線で，かん電池2個を直列つなぎにしたとき，太い電熱線のほうが，発熱量が多くなる。

(3)23.6－22.0＝1.6，25.2－23.6＝1.6 より，電熱線の発熱量は時間に比例することから，7分後には 1.6×7＝11.2〔℃〕水温は上しょうする。よって，22.0＋11.2＝33.2〔℃〕になる。

ココに注意

(2)・(3) 電熱線の発熱量は電流を流した時間に比例する。また，同じ時間同じ電圧をかけたときの発熱量は，抵抗の小さい電熱線のほうが大きくなる。

2 (1)太陽光発電は光から電気を，燃料電池は化学変化から電気をとり出していて，発電する際にモーターを利用していない。

(2)地面に落ちるまでの時間が短いほど，1秒間にモーターの軸が回転する数が多くなるので，とり出す電流は大きくなる。

(3)モーターの軸が1回転するときに落ちるきょりは，
1×3.14＝3.14〔cm〕
よって，100÷3.14＝31.84…〔回転〕
100 cm落ちるのにかかった時間が8秒より，
1回転あたりにかかる時間は，8÷31.84＝0.251…
より，0.25秒になる。

(4)手回し発電機で発電するときと同じように，流れる電流が大きいほど回転がおそくなり，落ちるのにかかる時間が長くなる。**ウ**は回路に電流が流れないので，落ちるまでの時間は最も短くなる。**エ**は回路に最も大きな電流が流れるので，落ちるまでの時間は最も長くなる。**ア**と**イ**では，**イ**のほうが流れる電流が小さい。これらのことから，落ちるのにかかる時間が短い順にならべると，**ウ**，**イ**，**ア**，**エ**になる。

チェック！自由自在

① 長さが同じで，太さが異なる電熱線をつないだ場合，次のようになる。

- **並列つなぎ**…それぞれの電熱線にかかる電圧は同じであるため，太い電熱線のほうが大きい電流が流れ，より熱くなる。
- **直列つなぎ**…それぞれの電熱線を流れる電流の大きさは同じであるため，細い電熱線のほうが両たんにかかる電圧が大きくなり，より熱くなる。

　太さが同じで，長さが異なる電熱線をつないだ場合，次のようになる。

- **並列つなぎ**…短い電熱線のほうが大きい電流が流れ，より熱くなる。
- **直列つなぎ**…長い電熱線のほうが電圧が大きくなり，より熱くなる。

②

水力発電	水が高い所から下へ落ちるときの力を利用して水車を回転させ，発電機によって電気をつくる。
火力発電	化石燃料を燃やした熱で蒸気をつくり，蒸気の力でタービンを回して発電機によって電気をつくる。
原子力発電	ウランを利用した熱で蒸気をつくり，蒸気の力でタービンを回して発電機によって電気をつくる。
太陽光発電	光電池を利用して電気をつくっている。
風力発電	風の力で風車を回転させ，発電機を動かして電気をつくる。
燃料電池	化学反応によって燃料の化学エネルギーから電気をつくっている。

ステップ3　発展問題　本冊→p.106～107

1 (1) 12℃　(2) 2分
(3) ① 0.75　② $\frac{8}{3}$　③ 36
(4) ④ 4.0　⑤ 1.0　⑥ 2.0
(5) (例)氷がとけている。　(6) 8分
(7) $\frac{32}{3}$ 分

2 (1) コンデンサー　(2) (例)ハンドルが回る。
(3) オ　(4) ウ，オ
(5) ⑥→④→①→②→③→⑤

解説

1 (1)スイッチを入れてから10分で水温は22℃になり，さらに2分後に24℃になったことより，1分間に水温は1℃上しょうしている。よってはじめの水温は，22－1×10＝12〔℃〕

(2)水の体積を半分にすると，同じ時間での水の上しょう温度は 2 倍になるので，(1)の結果から 1 分間に 2℃上しょうする。12℃から 16℃まで 4℃上しょうするのにかかる時間は，4 ÷ 2 = 2〔分〕

(3)**表 1** より，電池の数が同じとき，電熱線の数と時間は比例している。よって①は，1.5 ÷ 2 = 0.75〔分〕，②は，電熱線の数が 1 本のとき $\frac{4}{3}$ 分になることから，電熱線が 2 本のときは，
$\frac{4}{3} \times 2 = \frac{8}{3}$〔分〕，③は，12 × 3 = 36〔分〕

(4)**表 2** より，電流の値は電池の数に比例し，電熱線の数に反比例していることから，④は，2.0 × 2 = 4.0〔A〕，⑤は，2.0 ÷ 2 = 1.0〔A〕，⑥は，電池の数が 3 個，電熱線の数が 1 本のとき 6.0 A より，6.0 ÷ 3 = 2.0〔A〕

(5)氷から水に変化している間は，温度が一定のまま変化しない。

(6)水温が 10℃になるまでの時間は 5 g の氷を入れたときは 20 分，10 g の氷を入れたときは 32 分なので，10℃になるまでに 5 g につき 32 − 20 = 12〔分〕長くかかることがわかる。水に氷を入れないときに 10℃になるまでにかかる時間は，
20 − 12 = 8〔分〕

(7)**表 1** より，電熱線の数が 1 本のとき電池の数を 1 個から 2 個にすると，水をあたためるのにかかる時間は 9 分短くなっている。短くなった時間の割合は，電池が 1 個のときの時間の，9 ÷ 12 = $\frac{3}{4}$ である。水温が変化し始めたときから電池を 2 個にしたところ，電池が 1 個のときより短くなった時間は，20 − 13 = 7〔分〕なので，電池が 1 個のときに水温が変化し始めてから 10℃になるまでの時間は，$7 \div \frac{3}{4} = \frac{28}{3}$〔分〕
これより，スイッチを入れてから水温が変化し始めるまでの時間は，$20 - \frac{28}{3} = \frac{32}{3}$〔分〕

! ココに注意

(3)・(4) 電池の数が同じとき，電熱線を直列につなぐと，同じ温度まで上しょうさせるのにかかる時間は，電熱線の数に比例する。また，電池の数が同じとき，電熱線を直列につなぐと，流れる電流の大きさは，電熱線の数に反比例する。

2 (3)ハンドルを回した回数が 20 回のとき，コンデンサーにためられた電気を使う時間が長いものほど，消費する電気は少ない。**実験 2** の表より，豆電球が点灯した時間は 51 秒，**実験 3** の表より，電子ブザーが鳴った時間は 372 秒である。

(4)豆電球と LED を並列につなぐと，豆電球と LED には**実験 2**，**実験 3** と同じ大きさの電気が流れるので，コンデンサーにたまった電気は，豆電球が点灯した時間の 51 秒よりはやく消え，どちらも同時に消える。

(5)消費する電気が多いものほど，ハンドルを回す重さは重くなる。**実験 2**，**実験 3** の表から，消費する電気が大きいものから順にならべると，モーター，豆電球，電子ブザー，LED になる。ガラス棒は電気を通さないので，ハンドルを回す重さは最も軽くなる。リード線どうしを直接つなげると，最も大きい電流が流れるので，ハンドルを回す重さは最も重くなる。よって，⑥→④→①→②→③→⑤の順になる。

思考力/作図/記述問題に挑戦!

本冊→p.108〜109

1

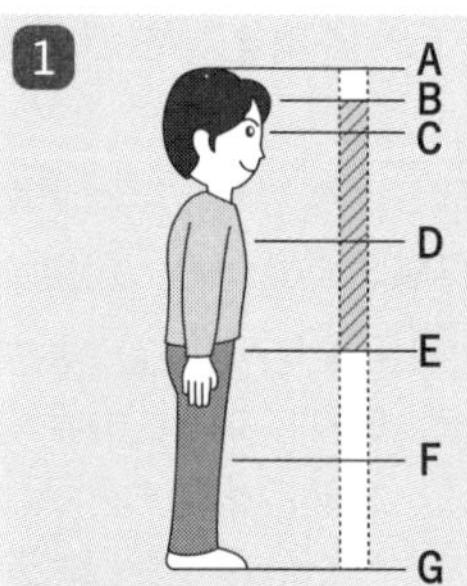

2

3 ア

理由—(例)電気抵抗が小さくなり，コイルにより大きな電流が流れるから。

4 2

5 (1) **イ，エ**

(2) **導線—ウ　かん電池—イ**

導線—ウ　かん電池—カ

解説

1 光が鏡で反射するので，目よりも上の部分と目よりも下の部分に分けて考える。

頭から出た光は，鏡のBで反射して目に入る。このとき，AB＝CBになっている。

つま先から出た光は，鏡のEで反射して目に入る。このとき，CE＝GEになっている。いずれも**入射角＝反射角**という**光の反射の法則**による。

したがって，目よりも上の部分も目よりも下の部分のどちらも，身長の半分の長さがあれば全身をうつして見ることができる。

2 下の図のように，もとになる正三角形をならべていき，正六角形をつくると，模様がまわりに広がっていることがわかる。

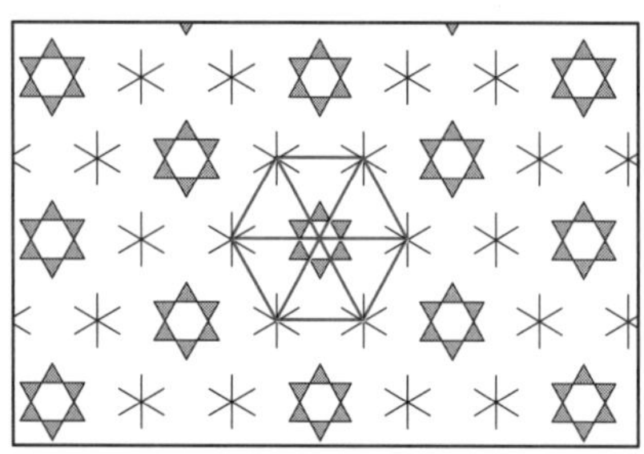

3 電流を流しやすいエナメル線にもわずかに抵抗がある。したがって，あまったエナメル線を切りとることによって，エナメル線の長さが短くなるため抵抗が小さくなり，コイルに流れる電流が大きくなる。その結果，電磁石の磁力が強くなり，つくクリップの数は多くなる。

ココに注意

電熱線の抵抗の大きさは，電熱線の長さに比例する。電熱線の長さが長いほど抵抗の大きさは大きくなる。

4 図1の矢印の向きから電流の向きを考える。

電池Aの＋極を**ア**に，－極を**エ**につないだとき，**電池A**では，**ア—イ**間，**イ—ウ**間，**ウ—エ**間には電流が流れて発光ダイオードが光る。**エ—ア**間は電流が流れないため，発光ダイオードは光らない。

電池Bの＋極を**キ**に，－極を**オ**につないだとき，**電池B**では，**キ—ク**間，**ク—オ**間には電流が流れて発光ダイオードが光る。**オ—カ**間，**カ—キ**間は電流が流れないため，発光ダイオードは光らない。その結果，電光掲示板に表れる数字は2になる。

5 (1)たんしAとBの間には導線を，たんしBとCの間にはかん電池をつないだとき，豆電球が点灯する回路は，次の図の2通りある。

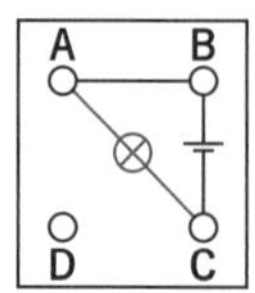

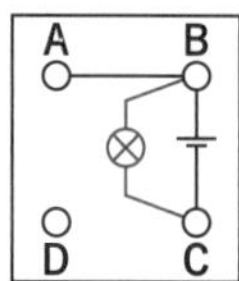

(2)たんしAとC，CとDに豆電球をつないだとき，どちらも点灯するのは，次のように導線をAとD，かん電池をAとCにつないだときと，導線をAとD，かん電池をCとDにつないだときの2通りである。

導線ウ，かん電池イにつないだとき

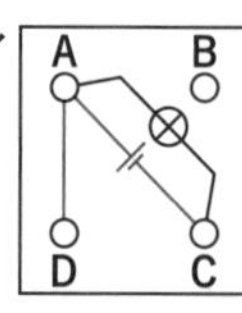

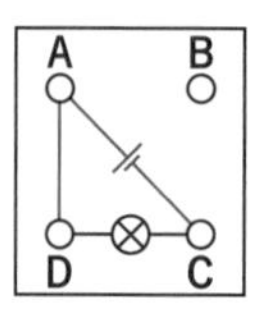

導線ウ，かん電池カにつないだとき

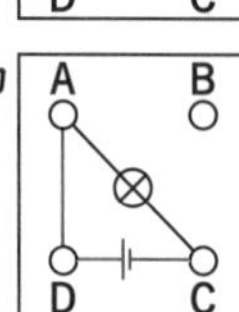

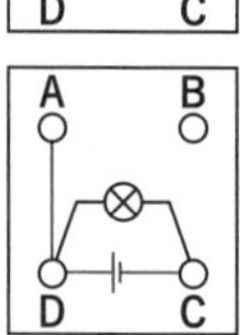

5 ものの動くようす

ステップ1 まとめノート　本冊→p.110～111

1 ①大きく ②もどろう
2 ③ふりこ ④ふりこの長さ ⑤周期
⑥ふれはば ⑦しんぷく ⑧ 0
⑨最速(最大) ⑩関係がない
⑪ふりこの長さ ⑫ 2倍 ⑬ふれはば
⑭同じ ⑮長く ⑯短く ⑰長さ ⑱等時性（とうじせい）
3 ⑲動かす ⑳速さ ㉑同じ ㉒速さ
㉓入れかわる ㉔速さ ㉕重い ㉖もと
㉗大きい ㉘はやく ㉙大きい

解説

1②このような力を**弾性力**（だんせいりょく）という。

2⑥・⑦ふれはばと**しんぷく**はちがう。
⑪・⑫ふりこの周期はふりこの長さによって変わり，ふりこの長さが4倍になると，周期は2倍になる。
⑱ふりこの周期はふりこの長さによって決まる。これを**ふりこの等時性**という。

ココに注意

⑬～⑱ ふりこの周期は，おもりの重さや形，ふれはばに関係がなく，ふりこの長さによって決まり，長さが長いほど周期が長くなる。

3⑳動いているものの速さがはやいとき，動かされるものの速さもはやくなる。
㉓動いている物体に同じ重さの物体がしょうとつすると，速さが入れかわる。
㉗～㉙高い所にあるおもりが物体にしょうとつすると，物体は長いきょりを動く。また，物体にあたる速さがはやいほど，物体の動くきょりは長くなる。同じ高さにあるおもりを物体にしょうとつさせると，おもりの重さが重いほど，ものを動かす力が大きくなる。

ステップ2 実力問題　本冊→p.112～113

1 (1) C (2) ア (3) ウ (4) イ (5) エ
2 (1) 3.0 (2) イ (3) イ (4) オ
(5) ① ア ② ア，ウ

解説

1(1)おもりの速さは，最も低い地点で最もはやくなる。
(2)このような実験では，はかり方のわずかなちがいで同じ結果にならないことがあるので，同じ操作（そうさ）を何回かくり返して，えられた値（あたい）の平均（へいきん）を求めてその結果とする。
(3)10往復（おうふく）する時間の平均はおよそ14秒である。
(4)**表3**より，ふりこの長さが10 cmのときと40 cmのときの，10往復する時間の平均を比（くら）べる。
(5)25.4 ÷ 2 = 12.7〔秒〕で，このときのふりこの長さは**表3**より40 cmである。(4)より，10往復にかかる時間の平均が2倍のとき，ふりこの長さは4倍になるので，25.4秒のとき，ふりこの長さは40 cmの4倍の長さである。

2(1)ボールをはなす高さを3倍にすると，箱の移動（いどう）きょりも3倍になっている。よって，ボールをはなす高さを2倍にすると，箱の移動きょりも2倍になる。
(2)ボールの重さを重くすると，箱の移動したきょりは長くなる。
(3)箱の重さを軽くすると，箱の移動したきょりは長くなる。
(4)同じ高さでボールをはなすと，ボールの重さや軽さに関係なく，箱にあたる直前の速さは変わらない。
(5)①ボールが箱より重いとき，ボールが箱にあたった直後，ボールも箱も右に動く。
②ボールが箱より軽いとき，ボールが箱にあたった直後，ボールも箱も右に動き，その後ボールは左向きに，箱は右向きに動く。

ココに注意

(2)～(4) なめらかなレールの上にボールをころがすとき，同じ高さでは，ボールの重さが重いほど箱は大きく動く。同じ高さからボールをはなすと，箱にあたる直前のボールの速さは，ボールの重さや大きさに関係なく，変わらない。

✔チェック！ 自由自在

① ふりこの周期は**ふりこの長さ**によって決まり，おもりの重さや形，ふれはばには関係がない。この性質（せいしつ）をふりこの等時性という。これは，イタリアの科学者**ガリレオ・ガリレイ**によって発見された。
② しゃ面をころがるおもりは，ものを動かすはたらきがある。そのはたらきは，おもりの重さが重いほど，またおもりが動く速さがはやいほど，大きくなる。
おもりの動く速さは，おもりの重さに関係しない。しゃ面の高い位置から手をはなすと，おもりの速さははやくなる。

ステップ3 発展問題　本冊→p.114～115

1 (1) 実験B(と)実験D (2) 225 (3) ア
(4) ① ウ ② 15秒

2 (1) 4倍　(2) 1倍
(3) a—210　b—112　(4) ①と③，②と④
(5) イ　(6) カ　(7) オ
(8) (例)おもりCのほうがおもりAより体積が大きく重いから。

解説

1 (1)糸の長さ，10往復にかかった時間が異なっており，おもりの高さ，おもりの重さが等しいものを選ぶ。

(2)**実験A**と比べたとき，10往復にかかる時間は3倍になっている。糸の長さが4(2×2)倍になったとき，10往復にかかる時間は2倍になることから，10往復にかかる時間が3倍になったとき，糸の長さは(3×3)倍になる。よって糸の長さは，
25×(3×3)＝225〔cm〕

(3)最も高い位置では，ふりこはとまっている。よって，この位置で糸を切った場合，おもりは重力のはたらきにより真下に落ちる。

(4)①右側で最も大きくふれたとき，おもりは20 cmの高さまであがる。

②くぎより左側でのふりこの10往復にかかる時間は，長さ100 cmのふりこが10往復にかかる時間の$\frac{1}{2}$になるので，10秒になる。くぎより右側でのふりこの10往復にかかる時間は，長さ25 cmのふりこが10往復にかかる時間の$\frac{1}{2}$になるので，5秒になる。よって，10＋5＝15〔秒〕

2 (1)**おもりB**がOで**おもりA**としょうとつするまでの時間は，**おもりB**が1往復する時間の$\frac{1}{4}$である。

(2)ふりこの周期はふれはばを変えても変化しないことから，**おもりA**としょうとつするまでの時間は変化しない。

(3)測定結果の表で，①と④，⑤を比べると，手をはなす高さを4(2×2)倍にすると，**おもりA**の速さは2倍になっている。①と⑥，⑦を比べると，22.5÷2.5＝9より，手をはなす高さが9(3×3)倍になっていることから，**おもりA**の速さは①の3倍になる。このことから，**a**には70×3＝210があてはまる。また，①と④，⑤を比べると，手をはなす高さを4倍にすると，水平きょりは2倍になっている。④，⑤と⑧を比べると，手をはなす高さは，⑧が④，⑤の4倍になっているので，**b**には56×2＝112があてはまる。

(4)①と③，②と④はそれぞれ糸の長さが2倍で，手をはなす高さも2倍になっている。

(5)**おもりA**の速さが2倍になると，水平きょりも2倍になっているので，比例の関係になっているグラフを選べばよい。

(6)測定結果の表から，**おもりA**の速さが2倍になると，水平きょりの長さは2倍，**おもりA**の速さが3倍になると，水平きょりの長さは3倍になっているので，**おもりA**が台をはなれてからゆかに落下するまでの時間はつねに一定になっていることがわかる。

(7)測定結果の表から，手をはなす高さを4(2×2)倍にすると，水平きょりの長さは2倍，手をはなす高さを9(3×3)倍にすると，水平きょりは3倍になっていることから，**おもりA**が台をはなれてからゆかに落下するまでの時間と**おもりA**のゆかからの高さの関係は，時間が2倍のとき高さは(2×2)倍，時間が3倍のとき高さは(3×3)倍という関係になっている。

(8)水平きょりが短くなったことから，**おもりC**はAより重い。AとCの材質は同じなので，Cの体積はAより大きい。

ココに注意

(3) おもりが物体にあたって物体が移動するきょりは，おもりの重さやふれ角に関係なく，おもりの高さに関係している。おもりの高さが4(2×2)倍になると物体の移動きょりは2倍，おもりの高さが9(3×3)倍になると物体の移動きょりは3倍，…という関係になる。

6 力

ステップ1　まとめノート

本冊→p.116〜117

1　①水平　②つりあっている　③支点　④つりあう　⑤きょり　⑥重さ

2　⑦支点　⑧力点　⑨作用点　⑩作用点　⑪力点

3　⑫半径　⑬力　⑭比例　⑮半径

4　⑯(力の)向き　⑰作用点　⑱半分　⑲2倍　⑳本数分の1

5　㉑弾性　㉒比例　㉓フックの法則　㉔比例　㉕反比例

6　㉖体積　㉗圧力　㉘水圧

解説

1 ⑤・⑥いちようでない棒は，1点を持ったときに水平につりあう場所が支点である。

2 ⑩・⑪このような関係から，**てこ**は小さい力で重いものを動かす道具として使われたり，短いきょりで大きく動かすことができる道具として使われたりする場合が多い。

3 ⑫**輪軸**には，輪に力を加えるものと，軸に力を加えるものがある。輪に力を加えるものには，水道のじゃ口，ドアのノブ，きり，自動車のハンドルなどがあり，軸に力を加えるものには，コンパス，こまなどがある。

4 ⑯定かっ車は，力の向きを変えるだけのかっ車で，力の大きさは変わらない。

⑱・⑲動かっ車は，力の大きさは半分ですむが，引くきょりは2倍になるかっ車である。

5 ㉓ばねののびは，**つり下げた物体の重さに比例する**という法則である。

6 ㉖水中にある物体をうき上がらせようとする力を**浮力**という。

㉘水中にある物体にはたらく圧力は，水の深さに比例して大きくなる。

ステップ2　実力問題

本冊→p.118〜119

1　(1) 150 g　(2) イ　(3) 30 g　(4) 48 g

2　(1) 60 g，5 cm　(2) 40 g，2.5 cm　(3) 110 g，30 cm　(4) 35 g，40 cm

3　(1) A—10 cm　B—15 cm　(2) A—15 cm　B—17.5 cm　(3) 80 g　(4) 20 g

解説

1 (1) ACの長さは30 cm，BCの長さは20 cm。Bにつるすおもりの重さをx〔g〕とすると，30×100＝20×xより，x＝150〔g〕

(2) AのおもりとBのおもりの重さの比は，60：40＝3：2。このとき，ACとBCの長さの比は，おもりの重さの比の逆比になるので，AC：BC＝2：3。よってACの長さは，50÷(2＋3)×2＝20〔cm〕

(3) 図より，30×30＝30×**X**となり，**X**＝30〔g〕

(4) 棒2の左はしにかかる重さは，(3)より60 gである。よって，40×60＝50×**Y**より，**Y**＝48〔g〕

2 (1) 動かっ車が1個と定かっ車が1個の組み合わせなので，ひもを引く力は，おもりの重さと動かっ車の重さを合わせた120 gの半分になる。よって，120÷2＝60〔g〕　このとき，ひもを10 cmひくと，おもりは5 cm上がる。

(2) 動かっ車が2個と定かっ車が1個の組み合わせになっている。下の動かっ車のひもの右側にかかる力は，(100＋20)÷2＝60〔g〕，上の動かっ車のひもの右側にかかる力は，(60＋20)÷2＝40〔g〕　このとき，ひもを10 cmひくと，おもりは10÷4＝2.5〔cm〕上がる。

(3) かっ車の重さを考えない場合，動かっ車のひもの右側にかかる力を1とすると，動かっ車の左側にかかる力も1になり，定かっ車の右側と左側にかかる力はそれぞれ2になる。1の力は30 gより，おもりを引き上げる力は1＋2＝3となるため，30 gの3倍の90 gになる。これに動かっ車の重さを加えると，おもりを支える力は110 gとなる。また，おもりにはたらく力と手が引く力の大きさは3：1になっているので，ひもを引く長さは，10×3＝30〔cm〕

(4) 動かっ車が2個あり，動かっ車にかかっているひもは4本なので，ひもを引く力は，
(100＋20×2)÷4＝35〔g〕
ひもを引く長さは，10×4＝40〔cm〕

3 (1) **図1**より，何もつるしていないときの**ばねA**の長さは10 cm，**ばねB**の長さは15 cm。

(2) **ばねA**，**ばねB**それぞれに20 gの力がかかる。**ばねA**は20 gで5 cmのびることから，**ばねA**の長さは15 cmになる。**ばねB**は40 gで5 cmのびることから，20 gでは2.5 cmのびるので，**ばねB**の長さは17.5 cmになる。

(3) **ばねA**と**ばねB**が同じ長さになるのは40 gのおもりをつるしたとき。ばねを並列につないでいるの

で，おもりの重さは40 × 2 = 80〔g〕

(4)(2)より，**ばねA**は20 gで5 cmのびることから，7.5 cmのびるときのばねにかかる力は30 gである。このときの浮力の大きさは，
50 − 30 = 20〔g〕

✔チェック！自由自在

① てこがつりあっているとき，**作用点にはたらく力×支点から作用点までのきょり＝力点に加える力×支点から力点までのきょり** という式がなりたつ。これは，支点が真ん中にあるときでも，はしにあるときでも同じである。

② • **定かっ車**…上下に動かないように固定された車にひもをかけて，ものを引き上げる道具のこと。おもりをつり上げる場合，力の向きを変えることができるが，力の大きさは同じである。

• **動かっ車**…ものをつり下げた車そのものが上下に動くようなかっ車のこと。ひもを引き上げる力の大きさは，おもりとかっ車の重さの和の半分である。しかし，ひもを引き上げるきょりは，おもりが持ち上げられるきょりの２倍必要である。

③ • **ばねの直列つなぎ**…同じのび方をするばねを２本，上下につないでおもりをつり下げた場合，ばね全体ののびは，ばね１本のときののびの２倍になる。

• **ばねの並列つなぎ**…同じのび方をする２本のばねを並列につないでおもりをつり下げた場合，それぞれのばねののびは，ばね１本のときののびの半分になる。

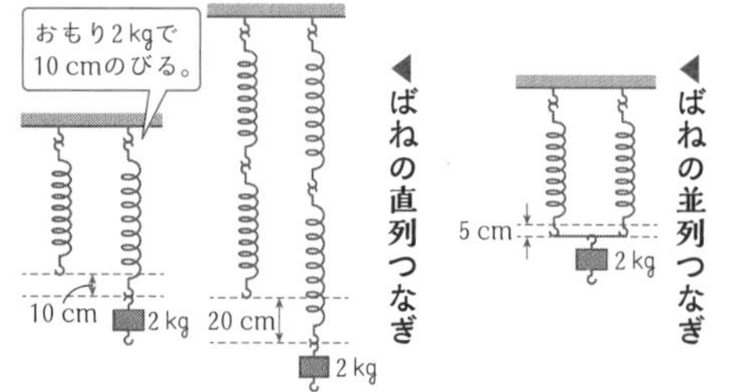

ステップ3 発展問題 本冊→p.120～123

1 (1)① 180 ② 200 ③ 30 ④ 17.5
(2) 図6―40 g 図7―216 g (3) イ

2 (1) 7回目 (2) 33.5 cm (3) 60 g
(4) 15.5 cm (5) 16.0 cm

3 (1) 20 kg (2) 20 kg (3) 20 kg
(4) Bさん―30 kg 荷物―30 kg
(5) Aさん―25 kg Bさん―15 kg
(6) 40 cm
(7) Aさん―20 kg Bさん―30 kg

4 (1) 10 cm (2) 8 cm (3) 540 g (4) イ
(5) 600 g (6) 700 g

5 (1) イ (2) 70 g (3) ア，イ (4) 0.6 cm
(5) 1.2 cm (6) 5 g (7) 6.2 cm
(8) (左はしから) 2 cm ～ 14 cm(の間)

解説

1 (1)①棒の左はしで反時計まわりにはたらく力の大きさは，20 × (60 − 15) = 900，棒の重心で反時計まわりにはたらく力の大きさは，120 × (30 − 15) = 1800 である。これらより，反時計まわりにはたらく力は，900 + 1800 = 2700 となる。よって，棒の右はしにつるしたおもりの重さは，2700 ÷ 15 = 180〔g〕

②棒の左はしで反時計まわりにはたらく力の大きさは，20 × (60 − 15) = 900，糸から15 cmの所で反時計まわりにはたらく力の大きさは，20 × 15 = 300，棒の重心で反時計まわりにはたらく力の大きさは，120 × (30 − 15) = 1800 である。これらより，反時計まわりにはたらく力は，900 + 300 + 1800 = 3000 となる。よって，棒の右はしにつるしたおもりの重さは，3000 ÷ 15 = 200〔g〕

③棒の左はしで反時計まわりにはたらく力の大きさは，120 × 20 = 2400 である。棒の重心から糸までは，30 − 20 = 10〔cm〕あり，糸より右側で時計まわりにはたらく力の大きさは，120 × 10 = 1200 と，おもりにはたらく力の大きさの和である。これが棒の左はしで反時計まわりにはたらく力の大きさと等しくなるので，糸からおもりまでの長さは，2400 − 1200 = 1200，1200 ÷ 40 = 30〔cm〕

④棒をつるしている糸にかかる重さは，5 × 3 + 35 × 3 + 120 = 240〔g〕
棒の左はしを支点とすると，棒を時計まわりにまわす力の大きさは，5 × 10 + 5 × 20 + 120 × 30 + 35 × 40 + 35 × 50 + 35 × 60 = 9000 になる。棒を反時計まわりに9000の力の大きさで回せばつりあうので，棒の左はしから糸までの長さは，9000 ÷ 240 = 37.5〔cm〕 ④は，37.5 − 20 = 17.5〔cm〕

(2)図6では，棒をつるした糸の位置を支点とすると，重さ120 gの2つのおもりにはたらく力はつりあっている。棒の重心に反時計まわりにはたらく力の大きさは，120 × 15 = 1800 になる。これとつりあうように時計まわりに力がはたらくには，ばねばかりが示す値を，1800 ÷ (60 − 15) = 40〔g〕

にすればよい。

図7では，棒をつるした糸の位置を支点とすると，棒の右はしで時計まわりにはたらく力の大きさは，120×15＝1800，棒の左はしで反時計まわりにはたらく力の大きさは，120×45＝5400，棒の重心で反時計まわりにはたらく力の大きさは，120×15＝1800になる。これとつりあうように時計まわりに力がはたらくには，ばねばかりが示す値を，(5400＋1800－1800)÷(60－20－15)＝216〔g〕にすればよい。

(**3**)棒をつるした糸の位置を支点とすると，棒の右はしで時計まわりにはたらく力の大きさは，120×15＝1800　また，棒の左はしの**A**の部分の重さは，120×(15÷60)＝30〔g〕となるため，反時計まわりにはたらく力の大きさは，30×(60－30)＝900となる。棒**AB**の部分の長さは，60－15＝45〔cm〕で，その重さは，120－30＝90〔g〕である。棒**AB**の部分の重心は，45÷2＝22.5〔cm〕の所にあり，重心で反時計まわりにはたらく力の大きさは，90×(22.5－15)＝675になる。よって，反時計まわりにはたらく力の和は，900＋675＝1575になり，時計まわりにはたらく力の大きさよりも小さくなるため，棒の**AB**の部分は，**B**側が下になるようにかたむく。

2 (**1**)**実験1**の1回目ではおもり1個あたり1.2 cmのびている。以下同様に2回目では1.5 cm，3回目では1.2 cm，4回目では1.5 cm，5回目では1.5 cm，6回目では1.2 cm，8回目では0.8 cm，9回目では0.8 cm，10回目では0.8 cmのびているが，7回目だけは2.0 cmとなり，どの数字にもあてはまらない。

(**2**)(**1**)の結果から，おもりを1個つるすと，ばねは1.2＋1.5＋0.8＝3.5〔cm〕のびるので，ばねの長さは33.5 cmになる。

(**3**)**実験2**で，**ばねA**にかかる重さは，300÷10.0×4.0＝120〔g〕，**ばねB**にかかる重さは180 gである。このことから，**ばねA**と**ばねB**ののびの比は，120：180＝2：3の逆比の3：2になる。したがって，**ばねA**はおもり1個で1.2 cmのび，**ばねB**はおもり1個で0.8 cmのびるばねである。**ばねA**は120 gの重さで2.4 cmのびるので，1.2 cmのびるおもりの重さは60 gである。

(**4**)**ばねC**は60 gのおもり1個で1.5 cmのびることから，**ばねC**ののびは，$1.5\times\frac{220}{60}=1.5\times\frac{11}{3}=5.5$〔cm〕よって，**ばねC**の長さは，10＋5.5＝15.5〔cm〕

(**5**)同じ重さのおもりをつるしたとき，**ばねA**と**ばねC**ののびの比は，1.2：1.5＝4：5　**ばねA**にかかる力の大きさは540÷9×5＝300だから，**ばねA**ののびは，300÷60×1.2＝6.0〔cm〕

ばねAの長さは10.0＋6.0＝16.0〔cm〕　**ばねC**の長さも同様である。

①ココに注意

(2) ばねののびは，おもりにかかる力に比例している(フックの法則)。ばねの長さ(ばね全体の長さ)は，おもりの重さには比例しない。ばね全体の長さを求めるときは，ばねののびを計算したあとに，のびていないときのばねの長さをたして求める。

3 (**1**)体重計が30 kgを示したことから，Aさんには，上向きに20 kgの力がはたらく。かっ車は定かっ車なので，Bさんは20 kgの力でロープを引っ張っている。

(**2**)(**1**)より，Aさんも20 kgの力で引っ張っている。

(**3**)Bさんにはたらく下向きの力は40 kg，上向きの力は20 kgなので，20 kgを示す。

(**4**)Aさんは下向きに10 kgの力でひもを引いている。Bさんも同様に10 kgの力でひもを引いているので，Bさんの体重計は30 kgを示す。動かっ車が荷物を引く力は，動かっ車の重さを引いた20－10＝10〔kg〕になるから，荷物をのせている体重計は30 kgを示す。

(**5**)AさんもBさんも，(40＋10)÷2＝25〔kg〕の力で下向きに引いているので，Aさんがのっている体重計は50－25＝25〔kg〕を，Bさんがのっている体重計は40－25＝15〔kg〕を示す。

(**6**)Aさんが30 cmロープを引くと荷物は15 cm上がり，Bさんが50 cmロープを引くと荷物は25 cm上がるので，荷物は40 cm引き上げられる。

(**7**)Bさんは，重さ10 kgの荷物を下向きに引いているので，Bさんがのっている体重計は30 kgを示す。Aさんは，下向きにはたらくBさんの力と荷物の重さに加えて，動かっ車の重さの10 kg分も引かなければならないので，30 kgの力で下向きに引いている。したがって，Aさんがのっている体重計は20 kgを示す。

4 (**1**)このばねは，**図2**のグラフより，60 gで3 cmのびるので，10 gで0.5 cmのびる。よって，重さ200 gのおもりでは，0.5×(200÷10)＝10〔cm〕のびる。

(**2**)**図4**のとき，**おもりA**の体積は40 cm^3なので，おもりAには40 gの浮力(ふりょく)がはたらいている。このときばねは160 gの力で引いているので，ばねののびは，0.5×(160÷10)＝8〔cm〕になる。

(3)はかりにはたらく下向きの力は，500＋40＝540〔g〕になる。

(4)水中にある物体にはたらく浮力の大きさは，水面から深くなっても変わらない。

(5)ばねののびが5 cmになっているとき，ばねが引いている力は，10×(5÷0.5)＝100〔g〕
はかりにはたらく下向きの力は，500＋(200－100)＝600〔g〕になる。

(6)**おもりA**には上向きの力がはたらかないので，はかりにはたらく下向きの力は，500＋200＝700〔g〕になる。

5 (1)糸をつるした所を支点とすると，**棒A**に時計まわりにはたらく力の大きさは，30×6＝180　反時計まわりにはたらく力の大きさは，棒の重心が真ん中にあるので重心にはたらく力が，20×(8－6)＝40，棒の左はしから3 cmの点にはたらく力の大きさが，180－40＝140　よって，おもりの重さは，140÷(10－3)＝20〔g〕になる。

(2)**P**には，おもりの重さ＋棒の重さ がかかっている。よって，30＋20＋20＝70〔g〕

(3)(1)より，おもりが反時計まわりにはたらく力の大きさが140になっているものを選ぶ。
アでは10×10＋20×(10－8)＝100＋40＝140，**イ**では10×(10－4)＋20×(10－6)＝60＋80＝140，**ウ**では10×(10－6)＋20×(10－4)＝40＋120＝160，**エ**では10×(10－8)＋20×(10－2)＝20＋160＝180 になる。

(4)**棒B**の右はしを支点と考えると，棒の重心に下向きにはたらく力の大きさは，20×8＝160 より，ばねに上向きにかかっている重さは，160÷16＝10〔g〕となる。ばねは50 gで3 cmのびるので，10 gでは，3÷(50÷10)＝0.6〔cm〕のびる。

(5)軸(じく)と輪の半径の比は1：2なので，ばねを0.6 cmのばすのに，**Q**は1.2 cm引かなくてはならない。

(6)10×2÷4＝5〔g〕

(7)**P**にかかっている下向きの重さは，**おもりM**(＝20 g)，30 gのおもり，**棒A**の重さ，**棒B**の重さより，20＋30＋20＋20＝90〔g〕になる。**棒B**の右はしを支点とすると，ばねにかかる重さは，90×8÷16＝45〔g〕
ばねは50 gで3 cmのびるので，45 gでは3×(45÷50)＝2.7〔cm〕のびる。よって，ばねの長さは，3.5＋2.7＝6.2〔cm〕になる。

(8)糸にかかる重さが80 gをこえてしまうと，糸は切れてしまう。**棒B**の左はしを支点とすると，ばねと左はしの糸に80 gの力がかかるとき，おもりに時計まわりにはたらく力の大きさは，
80×16－90×8＝560 より，左はしから，560÷40＝14〔cm〕の所につるすとつりあう。
同様に，**棒B**の右はしを支点とすると，右はしから，14 cmの所につるすとつりあう。16－14＝2〔cm〕より，**棒B**の左はしから2 cmから14 cmの間に40 gのおもりをつるすと，糸は切れずにつりあう。

ココに注意

(1)～(3)棒の重さを考える場合には，棒の重さはその棒の重心にすべてかかるとして計算する。また，棒がつりあう場合には，棒の支点の左側と右側にかかる力の大きさは，支点からのきょりに反比例する。

思考力/作図/記述問題に挑戦!

本冊→p.124〜125

1 (1) 6.4

(2) 右図

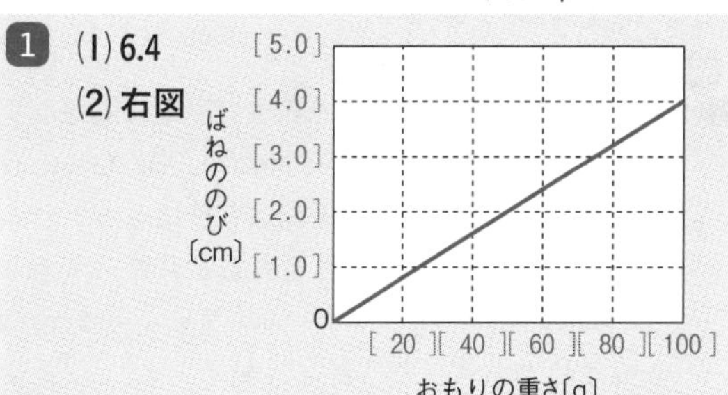

2 イ，キ

3 ②，③，⑥

4 (1) イ　(2) ウ

5 (1) 最もはやくなる所—c
とまる所—a，e
(2) (例)真下に落ちる。

6 記号—ア
理由—(例)アのほうが，力点と支点のきょりが長いから。

解説

1 (1)表から，おもりの重さが20 g重くなると，ばねの長さは0.8 cmずつ長くなっている。

2 つめ切りは，2つのてこが上下に組み合わさってできている。上のてこは，支点が**イ**，力点が**エ**，作用点が**ウ**である。下のてこは，支点が**キ**，力点が**ウ**，作用点が**ア**である。

3 ②にすると，作用点から支点までのきょりが短くなる。③にすると，作用点から支点までのきょりが短くなり，支点から力点までのきょりが長くなる。⑥にすると，支点から力点までのきょりが長くなる。

4 (1)正三角形では，3つの角を2等分する3本の直線の交点が重心になる。
(2) 2つの円の中心を通る直線上にあり，大きな円の中心に近いほうに重心がある。

5 (1)ふりこの位置が最も低くなった点で，ふりこの速さが最もはやくなる。ふりこの位置が最も高くなった点で，ふりこはとまる。
(2)図の**a**の所ではおもりはとまっているので，そこで糸が急に切れると，おもりは真下に落ちる。

6 **ア**を持つほうが，支点から力点までのきょりが長くなるので，小さな力でくぎをぬくことができる。

精選 図解チェック&資料集(エネルギー)

本冊→p.126

① 入射　② 反射　③ くっ折　④ しょう点
⑤ しょう点きょり　⑥ 全反射　⑦ きょ像
⑧ 暗い　⑨ 直列　⑩ 同じ　⑪ 並列　⑫ N
⑬ 半分　⑭ 作用点　⑮ 力点　⑯ 支点
⑰ 作用点　⑱ しんぷく　⑲ ふれはば　⑳ 30

解説

①・②入射角と反射角は等しい。

③光は，質のちがうものにななめに出入りするときに折れ曲がって進む(光のくっ折)。空気中から水中へ光が進むとき，くっ折角は入射角より小さくなる。

④・⑤とつレンズには光を一点に集める性質がある。光が集まる点をしょう点という。

⑥全反射を利用して，曲がりくねった線の中に光を通している。

⑦きょ像は，実像とはちがい，実際に光が集まってできたものではないため，スクリーンにうつすことはできない。

⑧〜⑪豆電球を直列につなぐと，豆電球に流れる電流の大きさは小さくなる。並列につなぐと，それぞれの豆電球に流れる電流の大きさは，かん電池に豆電球1個をつないだときと変わらない。

⑫電流を流すと磁力が発生する。

⑬クリップモーターの左右のうでのエナメルをどちらもすべてはがすと，モーターはとまってしまう。

⑭・⑮支点はてこを支えている点，力点は力を加える点，作用点は実際に力がはたらく点である。

⑯・⑰つめ切りは，2つのてこが組み合わさった道具である。上の部分は真ん中に作用点があるてことして，下の部分は真ん中に力点があるてことしてはたらく。

⑱・⑲ふりこの周期は，ふりこの長さによって決まる。

⑳ばねののびは，つり下げたおもりの重さに比例する。これをフックの法則という。

第4章　物　質

1　ものの性質と温度

ステップ1　まとめノート　本冊→p.128～129

1　①体積　②できない
2　③同心円状　④伝導　⑤上に　⑥対流　⑦対流　⑧放射　⑨放射熱　⑩白い　⑪黒い
3　⑫大きく　⑬小さく　⑭大きい　⑮1700
4　⑯大きく　⑰小さく　⑱小さい　⑲線ぼう張　⑳体ぼう張　㉑線ぼう張率
5　㉒氷(固体)　㉓水(液体)　㉔水蒸気(気体)　(㉒～㉔は順不同)　㉕水の三態　㉖固体　㉗液体　㉘気体　㉙状態変化　㉚ふっとう　㉛ふっ点　㉜こおり　㉝凝固点　㉞0℃　㉟凝固点降下　㊱湯気　㊲液体　㊳水蒸気

解説

2 ③・④**伝導**による熱は，熱源から同心円をえがくようにして伝わっていく。

⑤・⑥**対流**は，水や空気などの物質が動くことによって熱が伝わっていく。

⑧・⑨**放射**による熱は真空中でも伝わり，熱源からまっすぐに進み，反射したり，吸収されたりする。

⑩・⑪表面がなめらかな金属や白い板などは，放射熱を反射するため，あたたまりにくい。黒いものは，放射熱を吸収しやすいため，あたたまりやすい。

3 ⑫・⑬空気の体積は，温度が1℃変化するごとに，0℃のときの体積の約273分の1ずつ増えたり減ったりする。

4 ⑲～㉑物質によって，線ぼう張率，体ぼう張率は決まっている。

5 ㉚氷は固体から直接気体になる(**昇華**という)こともある。冷蔵庫の氷がだんだん小さくなるのはこのためである。

㉟水に砂糖や食塩をとかすと，0℃より低い温度にならなければこおらない**凝固点降下**という現象がおこる。

ステップ2　実力問題　本冊→p.130～131

1　(1)① 6　② 6　③ 12　④ 12　⑤ 12　⑥ 7　⑦ 21　⑧ 21
(2) ア　(3) D―イ　E―エ　(4) 0.12 cm

2　(1) イ，ウ　(2) ア
(3) ① 対流　② 放射

解説

1 (1)①・②熱は，金属棒のかたむき方や形に関係なく，一定の速さで伝わる。そのため，B，Cのろうがとけ始めた時間はAと同じ6秒になる。

③加熱部分から2cmの位置にあるAのろうが6秒後にとけ始めたので，加熱部分から4cmの位置にあるAのろうがとけ始めたのは12秒後である。

④・⑤B，Cのろうがとけ始めたのはAと同じ12秒後になる。

⑥加熱部分から2cmの位置にあるCのろうが6秒後にとけ始めたので，Cのろうがとけ始める時間が21秒のとき，加熱部分からろうまでのきょりは，2×(21÷6)＝7〔cm〕

⑦・⑧熱は，金属棒を一定の速さで伝わるので，A，Bのろうがとけ始めた時間はCと同じ21秒後になる。

(2)加熱した部分からのきょりが短い順に温度が高くなる。

(3)あたためられた水は上しょうするので，Dではあたためられた水は上へいき，示温インクの色は上部から下部へと変化していく。Eのように試験管の上のほうをあたためると，熱は上部にしか伝わらない。

(4)100 cmの金属棒は，温度が1℃上がるごとに0.0012 cmのびるので，200 cmの金属棒は，温度が1℃上がるごとに，0.0012×2＝0.0024〔cm〕のびる。温度が50℃上がることから，0.0024×50＝0.12〔cm〕のびる。

ココに注意

(1)熱は金属を一定の速さで伝わっていく。また，かたむきや形が変わっていても一定の速さで伝わる。

2 (1)**ア**では，金属の輪の半径のほうが大きくなるので，球は通りぬけることができる。**イ**では，球の半径のほうが大きくなるので，球は輪を通りぬけることはできない。**ウ**でも，球の半径のほうが大きくなるので，球は輪を通りぬけることはできない。**エ**では，金属の輪の半径のほうが大きくなるので，球は通りぬけることができる。

(2)表より，鉄より銅のほうが，温度が1℃上がったときの体積の増え方が大きい。したがって，銅の板のほうが大きくなり，鉄の板のほうに曲がる。

(3)①エアコンをつけると，冷たい空気が下のほうに降りてくる。

②昼は太陽からの熱を受けている。

✔チェック！ 自由自在

① 金属は，あたためた所から順に熱が伝わっていく(**伝導**)。空気や水は，あたためられた部分が上へ移動することよって全体があたたまっていく(**対流**)。

② 金属はあたためると体積が大きくなり(**ぼう張**)，冷やすと体積が小さくなる(**収縮**)。しかし，変化の割合は空気に比べて非常に小さい。

棒状の金属をあたためたときに長さがのびることを**線ぼう張**といい，金属の球をあたためたときに全体がふくらんで体積が大きくなることを**体ぼう張**という。

ステップ3 発展問題

本冊→p.132～133

1 (1)ふっとう石 (2)気体 (3)ウ

(4)(例)(液体より気体のほうが)体積が大きいから。

(5)41400 cm^3

2 (1)①25 g ②2.8 cm^3 (2)37分 (3)12.5 g

(4)45 g

3 (1)ウ (2)イ (3)空気 (4)ふっとう

(5)①8.3 ②4 ③3 ④39

解説

1(2)水がふっとうすると，液体の水が気体の水蒸気に変化して，あわとなってさかんに出てくる。

(3)・(4)水が水蒸気に変化するときには，体積が約1700倍になるが，体積30 mLのポリエチレンのふくろに集めることのできた水の重さは考えなくてもよいほど小さいものである。したがって，水の体積はほとんど変わらない。

(5)立方体の氷の体積は，3×3×3＝27〔cm^3〕で，その質量は，27×0.92＝24.84〔g〕

24.84 gの氷が水蒸気に変わると，

24.84÷0.0006＝41400〔cm^3〕になる。

2(1)①グラフから，水と氷がまじっている時間は，18－2＝16〔分間〕である。あたため始めて14分後には，14－2＝12〔分間〕より100 gの$\frac{3}{4}$が水になっているので，氷の重さは25 gになる。

②25 gの氷の体積は25÷0.9＝27.77…より，27.8 gになる。①より，氷がおしのけた水の体積は25 cm^3なので，水面より上に出ている氷の体積は，27.8－25＝2.8〔cm^3〕

(2)グラフより，－20℃の氷100 gがふっとうするまでに38分かかるので，－20℃の氷50 gがふっとうするまでにかかる時間は19分になる。

100 gの水がふっとうするまでに，38－20＝18〔分〕かかり，－20℃の氷50 gがふっとうするまでに19分かかるので，ふっとうするまでに，18＋19＝37〔分〕かかる。

(3)グラフより，100 gの水の温度を10℃上げるのにかかる時間は，(38－18)÷10＝2〔分〕

0℃の氷が完全にとけ終わるまでにかかる時間は，18－2＝16〔分〕より，2分では100 gの氷の$\frac{2}{16}$＝$\frac{1}{8}$がとけるので，100×$\frac{1}{8}$＝12.5〔g〕の氷がとける。

(4)グラフより，100℃の水60 gをすべて0℃にするのにかかる時間は，(38－18)×$\frac{60}{100}$＝12〔分〕

12分では，12.5×(12÷2)＝75〔g〕の氷がとけるので，120－75＝45〔g〕の氷が残る。

3(1)**ア**は固体の二酸化炭素(ドライアイス)が，直接気体の二酸化炭素に変わる状態変化である。**イ**は空気中の気体の水蒸気が液体の水に変わる状態変化である。**ウ**は食塩が水にとけて水よう液になる変化である。**エ**は液体の水が固体の氷に変わる状態変化である。

(2)氷が水になる状態変化では，体積は減るが，重さは変わらない。

(5)**A** －5℃の氷100 gを0℃まで上しょうさせるのに必要なカロリーは，

0.5×100 g×5℃＝250カロリー

0℃の氷100 gを水100 gにするのに必要なカロリーは，80×1℃×100 g＝8000カロリー

したがって，－5℃の氷100 gをすべて0℃の水にするのに必要な熱量は，

250＋8000＝8250〔カロリー〕である。

8250カロリー＝8.25キロカロリーより，約8.3キロカロリーになる。

B 0℃の水100 gが40℃になるまでに必要な熱量は，100 g×1×40℃＝4000カロリー よって，4キロカロリーとなる。

C・D Aより，－5℃の氷100 gを0℃の水100 gにするのに必要なカロリーは8.25キロカロリー，0℃の水100 gを100℃の水にするのに必要な熱量は，100 g×1×100℃＝10000カロリー＝10キロカロリー

このことから，必要な熱量は，8.25＋10＝18.25〔キロカロリー〕

ガスバーナーは1時間で1000キロカロリーの30％が氷や水にあたえられるので，

1000×0.3＝300〔キロカロリー〕になる。1分あたりでは，300÷60＝5〔キロカロリー〕の熱があたえられるので，

18.25÷5＝3.65〔分〕，0.65分＝60×0.65＝39秒より，3分39秒になる。

ココに注意

(2) 氷から水に変わる状態変化では，体積は減るが質量は変わらない。このことから，氷の密度は水の密度よりも小さくなる。

なるほど!資料

水の状態変化と温度

2 ものの重さととけ方

ステップ1 まとめノート 本冊→p.134～135

1 ①重力 ②重さ ③変わらない ④変わらない ⑤異なる ⑥密度

2 ⑦水よう液 ⑧ようばい ⑨よう質 ⑩コロイドよう液 ⑪とう明 ⑫こさ ⑬ほう和 ⑭ほう和水よう液 ⑮比例 ⑯水 ⑰とけている ⑱とけている ⑲水よう液

3 ⑳結しょう ㉑結しょう ㉒双眼実体けんび鏡（光学けんび鏡）

4 ㉓温度 ㉔変わらない ㉕結しょう ㉖ホウ酸 ㉗ろ紙 ㉘ろ過 ㉙ガラス棒 ㉚よう解 ㉛よう解度 ㉜大きく ㉝よう解度曲線

解説

1 ⑥ 1 cm^3あたりの物質の重さを密度という。密度は物質に固有の量である。
密度〔g/cm^3〕＝質量〔g〕÷体積〔cm^3〕で求めることができる。

2 ⑦～⑫水よう液の特ちょうは，色がついていてもとう明である，均一にまざっている，そのままにしておいてもつぶが出てこない，の3つである。
⑬～⑮ものが水にとける量は，ほう和に達するまでは，水の量に比例する。
⑱・⑲水よう液のこさは，とけているものが食塩のとき，食塩水のこさ〔％〕＝食塩〔g〕÷食塩水〔g〕×100である。

3 ⑳・㉑食塩の**結しょう**は立方体の形をしている。結しょうはゆっくりと冷やしていくと大きく成長する。

4 ㉕・㉖ものが水にとける量は温度によって決まっている。水よう液の温度を下げることによって，とけきれなくなった結しょうをとり出すことを**再結しょう**という。
㉝よう解度曲線を用いることで，ある水よう液の温度を冷やしていったときにどのくらいの結しょうが出てくるかがわかる。

ココに注意

㉓・㉔ホウ酸，ミョウバンは温度によるよう解度の差が大きい物質で，高温の水よう液を冷やすことによって

結しょうをとり出すことができる。食塩は温度によるよう解度の差が小さい物質で，冷やしてもあまり結しょうがとり出せないので，水を蒸発させることによってとり出す。

ステップ2 実力問題

本冊→p.136～137

1 (1) ア (2) 13% (3) 10 g
(4) (例)温度を下げても，食塩のとける量はあまり変化しないから。 (5) エ

2 (1) ろ過 (2) ほう和(水よう液) (3) ウ
(4) 25.9 % (5) 86.4 g

3 (1) よう解度 (2) A，B (3) B，25℃ (4) B

解説

1 (1)液体の体積をはかるときは，アのメスシリンダーを使う。

(2)ホウ酸の重さは 15 g，ホウ酸水よう液の重さは 100 ＋ 15 ＝ 115〔g〕 濃度は，15 ÷ 115 × 100 ＝ 13.0… より，13%

(3)表より，20℃の水 100 g にとけるホウ酸の量は 5.0 g だから，底にたまったホウ酸は，
15 － 5.0 ＝ 10〔g〕

(5)食塩のようなとける量の変化が少ない物質は，水を蒸発させて結しょうをとり出す。

ココに注意

(2) 濃度〔%〕＝よう質の重さ〔g〕÷水よう液の重さ〔g〕× 100 である。100 g の水にとける物質の量から濃度を求めるときには，よう質の重さは水 100 g にとける物質の量，水よう液の重さは(水 100 g にとける物質の量＋水 100 g)になる。

2 (3)食塩水中の食塩のつぶは，目に見えないくらいに小さくなり，全体に均一に散らばっている。

(4)食塩水 108 g にとけている食塩の重さは，
108 － 80 ＝ 28〔g〕 濃度は 28 ÷ 108 × 100 ＝ 25.92 …より，25.9%

(5)(4)より，室温で水 80 g にとかすことのできる食塩の重さは 28 g で，とけきれなくなった食塩は 5.6 g だったので，5.6 g の食塩をとかしていた水が蒸発したと考えられる。5.6 g の食塩がとけている水の重さは，80 ×(5.6 ÷ 28)＝ 16〔g〕より，蒸発させてろ過したあとの食塩水の重さは，
108 － 16 － 5.6 ＝ 86.4〔g〕

3 (2)グラフより，30℃の水 100 g にとける A の量は約 48 g，B の量は約 45 g，C の量は約 38 g，D の量は約 38 g になる。250 g の水では，A は 48 × 2.5 ＝ 120〔g〕まで，B は 45 × 2.5 ＝ 112.5〔g〕まで，C は 38 × 2.5 ＝ 95〔g〕まで，D は 38 × 2.5 ＝ 95〔g〕までとかすことができる。このことから，固体の質量が 100 g のとき，C，D はとけ残りが出る。

(3) 10℃の水 250 g では，A は 21 × 2.5 ＝ 52.5〔g〕まで，B は 29 × 2.5 ＝ 72.5〔g〕まで，C は 31 × 2.5 ＝ 77.5〔g〕まで，D は 37 × 2.5 ＝ 92.5〔g〕までとかすことができる。このことから，いちばん多くとけ残ったのは A，2 番目に多くとけ残ったのは B になる。
100 ÷ 2.5 ＝ 40〔g〕より，100 g の水に 40 g とける量をグラフから求めると，25℃になる。

(4)グラフより，45℃で最も多くの量をとかすことができるのは A で，2 番目に多くの量をとかすことができるのは B である。

✔チェック！自由自在

① 水よう液の濃度は，次の式で表される。

$$水よう液の濃度〔\%〕＝\frac{とけているものの重さ〔g〕}{水よう液全体の重さ〔g〕}\times 100$$

$$＝\frac{とけているものの重さ〔g〕}{水の重さ〔g〕＋とけているものの重さ〔g〕}\times 100$$

② 水よう液は，とう明で均一にまざっているという性質がある。また，液をそのままにしておいても，つぶやかたまりが水面にうき出たり底にたまったりすることはない。

③ • **ミョウバン**…水温が 60℃をこえると，とける量が急激に増える。
• **砂糖**…水の量よりも多くの量がとける。
• **食塩(塩化ナトリウム)**…温度変化によってとける量がほとんど変わらない。
• **ホウ酸**…水温が高くなるほど，とける量は増えていく。変化は比かく的おだやか。
• **水酸化カルシウム**…水温が高くなるほどとける量が減っていく。
• **塩化カリウム**…食塩と同じように温度変化によるとける量の変化は小さいが，食塩よりは温度による変化があり，水温が高くなるほどとける量が増える。

ステップ3 発展問題

本冊→p.138～139

1 (1) イ (2) 0.96 g
(3) (例)物質 A のつぶのすきまに水のつぶが入りこんだから。 (4) オ

2 (1) ウ
(2) (例)ガラス棒についた別の水よう液の一部がまざらないようにするため。
(3) b，14.1 g (4) 35.1 g (5) 39.24 g

3 (1)① よう解度(かいど)　② 再結(さいけっ)しょう
(2) 82.4 g　(3) 5.4 g　(4) 0.22 g

解説

1 (2) 物質 A 40.0 cm^3の重さは，
$0.80 \times 40.0 = 32$〔g〕となり，水 60.0 cm^3の重さは 60 g なので，まぜたあとの水よう液の重さは，$32 + 60 = 92$〔g〕となる。よって，まぜたあとの水よう液 1.0 cm^3の重さは，$92 \div 96.0 = 0.958\cdots$より，0.96 g になる。

(4) 水 1.0 cm^3と物質 A 1.0 cm^3の重さの比(ひ)は，
$1.0 : 0.80 = 5 : 4$
水 1.0 cm^3中にふくまれる水のつぶの数と物質 A 1.0 cm^3中にふくまれる物質 A のつぶの数の比は，
$\frac{5}{9} : \frac{4}{23} = 115 : 36$ となる。
よって，$\frac{115}{36} = 3.1\cdots$ より，3：1 になる。

2 (3) 20℃の水 100 g に，食塩は 35.8 g まで，ミョウバンは 5.9 g までとける。したがって，ビーカー a の食塩はすべてとけ，ビーカー b のミョウバンはとけ残りが出る。とけ残ったミョウバンの量は，$20 - 5.9 = 14.1$〔g〕になる。

(4) 表より，100℃の水 100 g にとかすことのできる食塩の量は 39.3 g であるから，13.8 g の食塩をとかすことのできる水の量は，$100 \times \frac{13.8}{39.3} = 35.11\cdots$ より，35.1 g になる。

(5) 表より，60℃の水 100 g にとかすことのできるミョウバンの量は 24.8 g で，これを 0℃に冷やすと，$24.8 - 3.0 = 21.8$〔g〕の固体が出てくる。水の量が 180 g だから，出てくる固体の量は，$21.8 \times (180 \div 100) = 39.24$〔g〕になる。

3 (2) 表より，80℃の水 100 g にとけるリュウ酸(さん)カリウムは 21.4 g なので，水の質量は，
$100 \times \frac{100}{100+21.4} = 100 \times \frac{100}{121.4} = 82.37\cdots$ より，82.4 g になる。

(3) (2)より，80℃のリュウ酸カリウムのほう和水よう液 100 g にふくまれるリュウ酸カリウムの重さは，$100 - 82.4 = 17.6$〔g〕になる。
表より，40℃の水 100 g にとけるリュウ酸カリウムは 14.8 g なので，40℃の水 82.4 g にとけるリュウ酸カリウムは，
$82.4 \times \frac{14.8}{100} = 82.4 \times \frac{37}{250} = 12.19\cdots$ より，12.2 g になる。よって，出てくる結しょうは，$17.6 - 12.2 = 5.4$〔g〕になる。

(4) 表より，60℃の水 100 g にとけるリュウ酸カリウムは 18.2 g なので，60℃のリュウ酸カリウムのほう和水よう液 100 g 中の水の質量は，
$100 \times \frac{100}{100+18.2} = 100 \times \frac{100}{118.2} = 84.60\cdots$ より，84.6 g になる。
80℃の水 100 g にとける水酸化カルシウムは 0.091 g なので，水 84.6 g にとける水酸化カルシウムは，
$84.6 \times \frac{0.091}{100} = 84.6 \times \frac{91}{100000} = 0.0769\cdots$ より，0.08 g になる。よって，0.3 g の水酸化カルシウムを入れると，出てくる結しょうは $0.3 - 0.08 = 0.22$〔g〕になる。リュウ酸カリウムは，温度を上げても結しょうは出てこない。

!ココに注意

(2) 水にとける物質の重さは，水の重さに比例(ひれい)する。そのことから，水の量を変化させても水にとけている物質の重さを求めることができる。

思考力/作図/記述問題に挑戦!

本冊→p.140〜141

1 (1) 右図
(2) 7.1 g

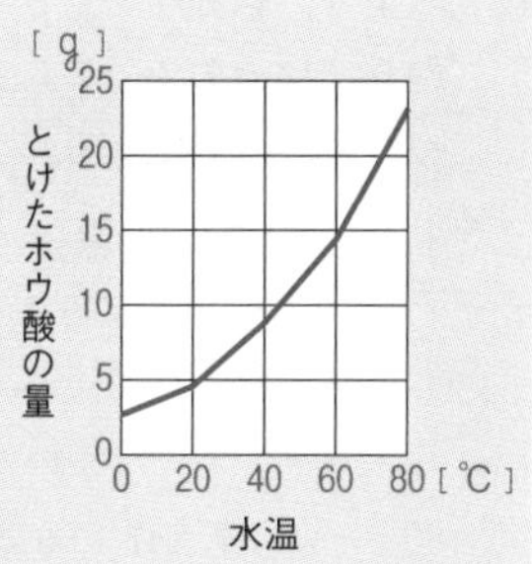

2 (1) ③→②→①→④
(2) ウ

3 (1) エ (2) ウ

4 (1) (例) 水を入れた容器とふた，食塩を入れた容器の重さがあるから。
(2) (例) 食塩を入れた容器の重さをはかり忘れたから。

解説

1 (2) 表より，20℃の水 100 mLにとける食塩は35.8 gだから，水50 mLにとける食塩は17.9 gになる。よって，とけ残る食塩は，25 − 17.9 = 7.1〔g〕

2 (1) ×印にいちばん近い③から順番に遠い所に向かってろうがとけていく。
(2) もとの形と同じ大きさで大きくなっていく。

3 (1) ガラスびんを手であたためると，びんの中の空気があたためられて空気の体積が大きくなり，10円玉が動き出す。
(2) 手の熱でガラスびんの中の空気の体積が大きくなって10円玉が動き，びんの中の空気が外ににげたため，全体の重さは軽くなる。

4 (1) とかす前の全体の重さとは，食塩，水，食塩を入れた容器，水を入れた容器とふたを合わせた重さのことである。とかす前の全体の重さと，とかしたあとの全体の重さは変化しない。
(2) 全体の重さが小さくなっていることから，食塩を入れた容器をはかり忘れたことがわかる。水を入れた容器とふたは，ふたをしてよくふるので，忘れることはないと考えられる。

3 ものの燃え方と空気

ステップ1 まとめノート

本冊→p.142〜143

1 ①長く ②空気 ③空気 ④燃えるもの
2 ⑤ちっ素 ⑥酸素 ⑦二酸化炭素
⑧二酸化炭素 ⑨白くにごる ⑩重い
⑪とける ⑫ドライアイス ⑬光合成
3 ⑭助燃性 ⑮炭素 ⑯酸素 ⑰二酸化炭素
4 ⑱気体 ⑲えん心 ⑳内えん ㉑外えん
㉒木ガス ㉓木タール ㉔木さく液
㉕木炭
5 ㉖酸化 ㉗燃焼 ㉘さび
6 ㉙オキシドール ㉚水上置かん
㉛うすい塩酸 ㉜下方置かん
㉝うすい塩酸 ㉞水上置かん ㉟軽い
㊱水 ㊲塩化アンモニウム ㊳上方置かん
㊴とけやすい

解説

1 ③・④火が燃え続ける3つの条件は，新しい空気の出入りがあること，燃えるものがあること，発火点以上の温度が保たれていること，である。

2 ⑤**ちっ素**は空気の主成分で，反応しにくい気体である。
⑫ドライアイスは二酸化炭素の固体で，−79℃で気体になる。
⑬植物は，二酸化炭素と水から，太陽のエネルギーを使って，でんぷんと酸素をつくり出している。

3 ⑮〜⑰わりばし，ろうそく，砂糖など，植物からつくられたものは炭素と水素をふくんでおり，燃えると酸素と結びつき，二酸化炭素と水ができる。

4 ⑲〜㉑**えん心**は約900℃，**内えん**は約1200℃，**外えん**は約1400℃の温度である。
㉒〜㉕木のむし焼きを**かん留**という。

ココに注意

⑳・㉑ ろうそくのほのおで最も温度が高くなっているのは，完全燃焼している外えん，最も明るいのは，炭素の小さなつぶがすすとなって燃えている内えんである。

5 ㉖物質が酸化するとき，物質と結びつく酸素の重さの比は一定である。炭素をふくむ物質(有機物)が酸化すると，二酸化炭素ができる。

6 ㉙二酸化マンガンは，オキシドールが水と酸素に分解するのをはやめるはたらきをし，二酸化マンガン自体は変化しない。

㉜二酸化炭素はおもに下方置かん法で集めるが，空気がまざっていない純すいな二酸化炭素を集めるときは水上置かん法を用いる。

㊳・㊴アンモニアは非常に水にとけやすいため，水上置かん法で集めることはできない。

ステップ2　実力問題

本冊→p.144〜145

1 (1) **酸素**　(2) **ア**

(3) **(例)新しい空気が下から入り，燃えたあとの空気が上から出ていく空気の通り道をつくり，かんの中がいつも新しい空気にふれるようにするため。**

(4) **イ**　(5) **イ**　(6) **ア**　(7) **ア**

2 (1) ① **160**　② **4.0 g**　(2) ① **水素**　② **0.24 g**

③ **75 cm³**　④ **125 cm³**

3 (1) **酸素**　(2) **酸化**　(3) **25**　(4) **1：4**

(5) **64 g**

解説

1 (1)・(2)ものを燃やすはたらきがある酸素は，空気中に約20％ふくまれている。

(3)ものが長く燃え続けるためには，空気の入れかえが必要である。

(4)発生した液体が試験管を加熱している部分に流れこむと，試験管が急に冷えて割れるおそれがある。

(5)むし焼き後のわりばしは，**木炭**になっている。

(6)試験管の口付近にたまった液体は木さく液と木タールである。木さく液は酸性を示す。

2 (1)①あえんの重さとうすい塩酸の体積は比例しているので，**ア**は160になる。

②塩酸のこさを2倍にすると，320 mLの塩酸に反応するあえんの質量も2倍になる。

(2)①うすい塩酸にアルミニウムを加えると，水素が発生する。

②アルミニウムの重さは，

$0.2 \times \frac{300}{250} = 0.2 \times \frac{6}{5} = 0.24$〔g〕

③0.3－0.24＝0.06〔g〕　0.06 gのアルミニウムに塩酸を加えたときに発生する水素の体積は，

$250 \times \frac{0.06}{0.2} = 250 \times \frac{3}{10} = 75$〔cm³〕

④塩酸のこさを2倍にしても，0.1 gのアルミニウムと反応して発生する水素の体積は変化しない。

ココに注意

(2) 一定のこさの塩酸にあえんやアルミニウムを加えると水素が発生する。発生する水素の体積は，加えた塩酸の体積に比例して増えていくが，すべてが反応すると，発生する水素の体積はそれ以上増えない。

3 (3)表より，銅の粉の重さとできた酸化銅の重さは比例しているので，**ア**にあてはまる数値は，

12.5×2＝25になる。

(4) 12.5－10＝2.5〔g〕より，2.5 gの酸素と10 gの銅が結びついているので，酸素：銅＝2.5：10＝1：4

(5)表より，銅の重さとできた酸化銅の重さは，

10：12.5＝4：5　なので，ふくまれる銅の重さは，

$80 \times \frac{4}{5} = 64$〔g〕になる。

チェック！自由自在

① 木を酸素にふれないようにして熱することを**むし焼き(かん留)**という。木は燃えずに熱で分解され，木ガス，木タール，木さく液，木炭に分解される。

②

気体	発生方法
酸素	二酸化マンガンにオキシドール(うすい過酸化水素水)を加える。
二酸化炭素	石灰石(貝がら，チョーク，大理石など)にうすい塩酸を加える。
水素	アルミニウム(あえん，鉄，マグネシウム，ニッケルなど)にうすい塩酸を加える。
アンモニア	塩化アンモニウムと水酸化カルシウムをまぜ合わせて加熱する。

③ 金属と，酸化によって結びつく酸素の重さは比例の関係になっている。金属と，酸化によって重さが増えた金属(酸化物)との間にも比例の関係がある。

- **銅**…銅と，銅が酸化してできる**酸化銅**の重さの比は銅：酸化銅＝4：5　となり，銅と結びつく酸素の重さの比は，銅：酸素＝4：1　となる。
- **マグネシウム**…マグネシウムと，マグネシウムが酸化してできる**酸化マグネシウム**の重さの比はマグネシウム：酸化マグネシウム＝3：5　となり，マグネシウムと結びつく酸素の重さの比は，マグネシウム：酸素＝3：2　となる。

ステップ3　発展問題

本冊→p.146〜147

1 (1) **ア，エ**　(2) **X—6.6　Y—4.2**

(3) **ア**　(4) **6.3 g**　(5) **4.0 g**　(6) **4.2 g**

(7) **5.2 g**

2 (1) **(例)発生した水が試験管の底に流れて急に冷えることで，試験管が割れるのを防ぐため。**

(2) ア　(3) 111 g　(4) 17 g　(5) 46.5 g

3 (1) 過酸化水素水(オキシドール)

(2) 0.27 g

(3) 水よう液A—500 g　固体B—15 g

(4) 16 g

解説

1 (1)炭素がふくまれていないものを燃やしても，二酸化炭素は発生しない。**ア**では酸素と鉄が結びつき，酸化鉄ができる。**エ**では水素が発生する。

(2)二酸化炭素は，炭素と酸素が結びついたものだから，**X**は 1.8＋4.8＝6.6〔g〕

Yは 15.4－11.2＝4.2〔g〕

(3)表より，炭素の重さと二酸化炭素の重さは比例する。

(4)表より，炭素と酸素が結びつく割合は，0.6：1.6＝3：8 より，23.1÷11×3＝6.3〔g〕

(5)結びついた酸素の分だけ重くなるので，

11.0－7.0＝4.0〔g〕

(6)9.9 g の二酸化炭素が発生したときに燃やした炭素は，9.9÷11×3＝2.7〔g〕

また，炭素 3.0 g がすべて一酸化炭素になった場合の重さは 7.0 g なので，一酸化炭素 3.5 g が発生したときの炭素の重さは 1.5 g になる。したがって燃やした炭素は，

2.7＋1.5＝4.2〔g〕

(7)9.9 g の炭素を完全に燃やしたときに発生する二酸化炭素は，9.9÷0.6×2.2＝36.3〔g〕

したがって，一酸化炭素をすべて二酸化炭素にするために必要な酸素は，36.3－31.1＝5.2〔g〕

ココに注意

(6)・(7) 炭素が完全に燃えるとき，炭素と酸素は 3：8 の割合で結びついて二酸化炭素ができる。空気が不足しているとき，炭素と酸素は 3：4 の割合で結びついて一酸化炭素ができる。

2 (1)発生した水が，試験管の底のほうに流れないようにしている。

(3)塩化アンモニウム 107 g と水酸化カルシウム 74 g がすべて反応して，34 g のアンモニアと 36 g の水と白い粉(塩化カルシウム)が残ったので，白い粉は (107＋74)－(34＋36)＝111〔g〕残る。

(4)水酸化カルシウムの重さが**実験 1** の半分になっているので，発生するアンモニアも半分になる。よって，34÷2＝17〔g〕

(5)水酸化カルシウム 37 g と塩化アンモニウム 100 g が反応してできる白い粉(塩化カルシウム)は，111÷2＝55.5〔g〕　アンモニアは 17 g 発生し，水は 18 g できるので，反応しなかったものは，

(100＋37)－(17＋18＋55.5)＝46.5〔g〕になる。

3 (1)過酸化水素水(オキシドール)に二酸化マンガンを加えると，酸素が発生する。

(2)**表 2** より，塩酸 50 cm^3 とすべて反応する固体**B**の重さは，$0.12\times\frac{720}{160}=0.12\times\frac{9}{2}=0.54$〔g〕　塩酸の体積を半分の 25 cm^3 にすると，固体**B**は少なくとも，

0.54÷2＝0.27〔g〕必要になる。

(3) 14.4÷3.6＝4 より，酸素は 2.5×4＝10.0〔L〕，気体**X**は，5.0×4＝20.0〔L〕必要になる。**表 1** より，酸素 10.0 L を発生させるのに必要な過酸化水素水は，5.0×(10.0÷0.1)＝500〔g〕，

表 2 より，気体**X**を 20.0 L 発生させるのに必要な固体**B**は，0.12×(20.0÷0.16)＝15〔g〕になる。

(4)気体**X**と結びついた酸素は，

18÷(1＋8)×8＝16〔g〕

なるほど!資料

アンモニアふん水実験

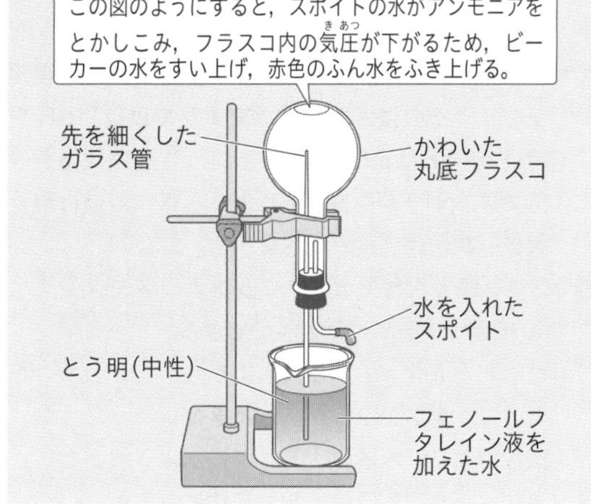

4 水よう液の性質

ステップ1 まとめノート
本冊→p.148〜149

1 ①固体 ②液体 ③気体 ④固体
⑤残らない ⑥高い ⑦とけにくく

2 ⑧青 ⑨赤 ⑩黄 ⑪赤 ⑫青 ⑬青
⑭変化しない ⑮緑 ⑯BTB液 ⑰指示薬

3 ⑱中和 ⑲中性 ⑳中性
㉑食塩(塩化ナトリウム) ㉒塩 ㉓中和

4 ㉔別の ㉕水素 ㉖アルミニウム ㉗別の
㉘水素 ㉙こい ㉚水素 ㉛異なる
㉜水素 ㉝比例 ㉞こい ㉟高い
㊱大きい

解説

1 ④・⑤固体がとけている水よう液は，液体を蒸発させるととけていた固体が残るが，液体や気体がとけている水よう液は，液体を蒸発させると，液体といっしょに蒸発するため，あとには何も残らない。

2 ⑧〜⑫手のよごれなどがつかないようにするため，リトマス紙は直接手で持たずに，ピンセットを使ってとり出すようにする。

⑯・⑰水よう液の酸性やアルカリ性の強さには強弱があり，その強さを数値で表すためには，**pH**を用いる。pHはpHメーターという装置で数値を測定でき，pH 7が中性，それより小さい数値は酸性，大きい数値はアルカリ性を示す。

3 ⑳・㉑塩酸と水酸化ナトリウム水よう液を適量ずつまぜ合わせると，食塩水ができる。

㉓塩酸と水酸化ナトリウム水よう液をまぜ合わせたときに，塩酸のほうが多いときには，水よう液は酸性になり，水酸化ナトリウム水よう液が多いときには，水よう液はアルカリ性になる。

4 ㉖〜㉙アルミニウムやあえんは，塩酸にも水酸化ナトリウム水よう液のどちらにも反応して水素が発生するので，**両性金属**とよばれている。

㉞〜㊱水よう液と金属の反応では，水よう液がこいほど，温度が高いほど，金属の表面積が大きいほど反応しやすい。

ステップ2 実力問題
本冊→p.150〜151

1 (1)①ア ②オ (2)イ，カ (3)ウ
(4)D (5)3.51 (6)225 cm³

2 (1)①オ ②エ (2)10.8 L (3)50 g
(4)水素

3 A—カ B—エ C—ア D—ウ E—キ
F—オ G—イ

解説

1 (1)ビーカーDに塩酸を150 cm³加えたときにBTB液の色が緑色になっていることから，水よう液は中性になっている。したがって，①の水よう液はアルカリ性，②の水よう液は酸性である。BTB液はアルカリ性では青色，酸性では黄色を示す。

(2)アルカリ性の水よう液はアンモニア水，石灰水である。食す，炭酸水は酸性の水よう液，砂糖水，食塩水は中性の水よう液である。

(3)ビーカーBの水よう液はアルカリ性を示しているが，中和もおこっているので，水酸化ナトリウムと食塩の固体が残っている。

(4)塩酸を加えてまぜたときにちょうど中和したものは，BTB液の色が緑色になっているDのビーカーである。

(5)ビーカーEでは，食塩だけが残っている。塩酸は塩化水素という気体がとけた水よう液で，蒸発させたあとには何も残らない。

(6)水酸化ナトリウム水よう液200 cm³と塩酸150 cm³がちょうど中和しているので，水酸化ナトリウム水よう液300 cm³とちょうど中和する塩酸の体積は，150 × 1.5 = 225〔cm³〕

ココに注意

(3)・(5) アルカリ性の水よう液に酸性の水よう液をまぜていくと，水よう液がアルカリ性であっても中和はおこっていて塩ができている。水よう液が中性になったときにアルカリ性の水よう液はすべて反応しているため，その後酸性の水よう液を加えても中和はおこらない。

2 (1)塩酸の温度が高く，こさがこいほど，アルミニウムとの反応ははやく進んでいく。塩酸とアルミニウムの反応では熱が発生するので，反応はさかんになっていく。反応が進んでいくにつれて，塩酸にとけている塩化水素の量が減っていくので，しだいに反応はおだやかになっていく。

(2)グラフより，塩酸40 mLとアルミニウム3 gとが過不足なく反応している。2倍のこさの塩酸60 mLは，もとのこさの塩酸では120 mLになる。これは40 mLの3倍なので，反応するアルミニウムは3 × 3 = 9〔g〕になり，発生する気体の体積は，3.6 × 3 = 10.8〔L〕

(3)9 gのアルミニウムがこの塩酸と反応すると，で

きた固体の重さは，
15×(9÷3)＝45〔g〕，反応せずに残ったアルミニウムは，14－9＝5〔g〕より，残った固体の重さは，45＋5＝50〔g〕

3 ③の電気を通さず，②のにおいがする**C**の水よう液はアルコール水である。もう１つの電気を通さない水よう液**B**は砂糖水である。④のアルミニウムを加えるととけるのは，水酸化ナトリウム水よう液と塩酸で，塩酸は水分を蒸発させるとあとには何も残らないので，**D**は塩酸，**A**は水酸化ナトリウム水よう液とわかる。⑥から，**F**は食塩水である。残った水よう液で，②から，においがする水よう液**G**はアンモニアとわかる。

✓チェック！自由自在

① 酸性の水よう液とアルカリ性の水よう液をまぜ合わせたときに，おたがいにその性質(せいしつ)を打ち消しあうことを**中和**という。中和反応では，塩と水ができる。
- 塩酸(酸性)＋水酸化ナトリウム水よう液(アルカリ性)→塩化ナトリウム(塩)＋水
- リュウ酸(酸性)＋水酸化バリウム水よう液(アルカリ性)→リュウ酸バリウム(塩)＋水

② • **塩酸**…アルミニウム，あえん，鉄などと反応する。
- **水酸化ナトリウム水よう液**…アルミニウムと反応する。こい水よう液ではあえんとも反応する。
- **リュウ酸**…アルミニウム，あえん，鉄などと反応する。こい水よう液では銅(どう)とも反応する。

③

酸性	炭酸水，塩酸，食す，ホウ酸水，リュウ酸　など
アルカリ性	石灰水，水酸化ナトリウム水よう液，アンモニア水　など
中性	食塩水，砂糖水，アルコール　など

ステップ3　発展問題　本冊→p.152～153

1 (1) **二酸化炭素(にさんかたんそ)**　(2) **食塩水**
(3) **ウ**　(4) **水よう液(えき)—A，D　実験方法—ウ**

2 (1) **温度—7℃　食塩—5.8 g**　(2) **3.5℃**
(3) **4.7℃**　(4) **24.4℃**

3 (1) **食塩**　(2) **8**
(3) **数—4　性質(せいしつ)—アルカリ性**　(4) **エ**
(5) **37 cm³**　(6) **3.7 g**　(7) **2.9 g**

解説

1 (1)**操作(そうさ)1**の結果から，ふきこんだ息にふくまれる二酸化炭素によって，石灰水(せっかいすい)が白くにごったと考えられる。

(2)**操作1**の結果から**B**は石灰水，**操作2**の結果から，水よう液がアルカリ性を示(しめ)したので，**C**はアンモニア水，**操作3**の結果から，**A**と**D**は気体がとけた水よう液の炭酸水(たんさんすい)か塩酸である。よって，**E**は食塩水である。

(4)(2)より，水よう液**A**と**D**は炭酸水か塩酸である。炭酸水には二酸化炭素がとけているので**B**の石灰水とまぜると白くにごる。

2 (1)塩酸も水酸化ナトリウム水よう液も**実験1**の2倍になっている。水よう液の上がる温度は7℃で同じだが，食塩は，2.9×2＝5.8〔g〕出てくる。

(2)水酸化ナトリウム水よう液のこさが**実験1**の$\frac{1}{2}$になっているので，中和によって出る熱も$\frac{1}{2}$になる。水よう液の重さは**実験1**と同じなので，水よう液の上がる温度は，
$7\times\frac{1}{2}=3.5$〔℃〕

(3)水酸化ナトリウム水よう液の重さが**実験1**の$\frac{1}{2}$になっているので，中和によって出る熱も$\frac{1}{2}$になる。水よう液の重さは全体で75 gになるため，上がる温度は，$3.5\div\frac{75}{100}=4.66\cdots$ より，4.7℃になる。

(4)**実験1**の4％の水酸化ナトリウム水よう液50 gにふくまれる固体の水酸化ナトリウムは，
50×0.04＝2〔g〕だから，中和によって出る熱は**実験1**と同じになる。50 gの食塩水ができたことから，水よう液の重さは**実験1**の$\frac{1}{2}$だから，中和によって上がる温度は，$7\div\frac{1}{2}=14$〔℃〕
また，とかした固体の水酸化ナトリウムは2 gより，**実験2**の2倍で，水よう液の重さは$\frac{1}{2}$なので，固体の水酸化ナトリウム2 gをとかしたときに上がる温度は，$2.6\times2\div\frac{1}{2}=10.4$〔℃〕
したがって水よう液の温度は，
14＋10.4＝24.4〔℃〕上がる。

3 (3)表より，蒸発皿(じょうはつざら)**E**では完全に中和したあとであることがわかる。蒸発皿**D**ではまだ完全に中和していないので，蒸発皿**A**～**D**までの水よう液はアルカリ性を示(しめ)す。

(4)塩酸は気体の塩化水素がとけた水よう液だから，加熱して水を蒸発させると，あとには何も残らない。

(5)水を蒸発させたあとに残った固体の重さが11.7 gになるときに，ちょうど中和している。表より，蒸発皿**D**に塩酸をいくらか加えたら，ちょうど中和する。塩酸を10 cm³加えると，1 gの固体ができることより，11.7－11＝0.7〔g〕の固体ができ

るときの塩酸の体積は，$10 \times \frac{0.7}{1} = 10 \times \frac{7}{10} = 7$〔$cm^3$〕よって，30＋7＝37〔$cm^3$〕の塩酸と水酸化ナトリウム水よう液40 cm^3がちょうど中和する。

(6)実験に用いた水酸化ナトリウム水よう液の濃度(のうど)は $80 \div 400 \times 100 = 20$〔%〕 よって，40 cm^3の水酸化ナトリウム水よう液中には，$40 \times 0.2 = 8$〔g〕の水酸化ナトリウムがふくまれている。これは塩酸37 cm^3とちょうど中和するため，塩酸20 cm^3とちょうど中和する水酸化ナトリウムは，

$8 \times \frac{20}{37} = 4.32\cdots$ から4.32〔g〕

よって，$8 - 4.32 = 3.68$〔g〕より，変化しなかった水酸化ナトリウムは3.7〔g〕となる。

(7)水酸化ナトリウム水よう液10 cm^3と完全に中和する塩酸の体積は，$37 \div 4 = 9.25$〔cm^3〕で，塩酸をそれ以上加えても，水を蒸発させたあとに残る固体の重さは変化しない。したがって，残る固体の重さは，$11.7 \div (40 \div 10) = 2.925$ より，2.9 g となる。

思考力／作図／記述問題に挑戦！

本冊→p.154〜155

1 (1) 右図

(2) 4 %

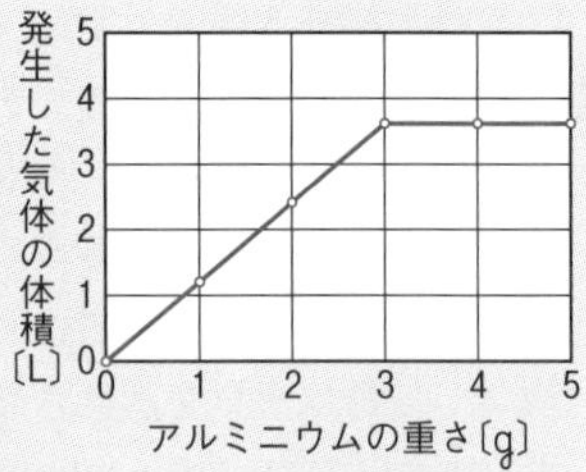

2 (1) 右図

(2) 温度

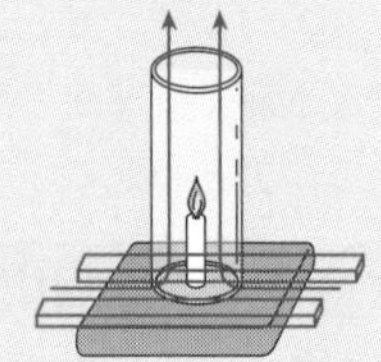

3 (1) B―石灰水(せっかいすい)　D―水　E―食塩水

(2) (例)においをかぐ，石灰水を入れる(などから1つ)

(3) (例)安全めがねをつける。

4 (1) (例)水にとけているものはろ紙に残らないため，ろ過(か)してもとけているものを調べることはできない。また，気体がとけている炭酸水(たんさんすい)とうすい塩酸(えんさん)はろ過したあとの液(えき)を蒸発(じょうはつ)させても何も残らないため，見分けることができない。

(2) (例)すべての水よう液に鉄を加え，鉄がとけたものはうすい塩酸である。残りの水よう液にアルミニウムを加え，アルミニウムがとけたものはうすい水酸化ナトリウム水よう液である。残りの水よう液を蒸発皿にとって加熱し，白い固体が残るものが食塩水，何も残らないものが炭酸水である。

解説

1 (1)アルミニウムの重さが3 gのとき，発生した気体の体積は3.6 cm^3になり，それ以上アルミニウムを加えても，発生した気体の体積は変わらないことに注意してグラフをかく。

(2)重さの比(ひ)より，アルミニウム3 gに反応(はんのう)するサク酸の重さは20 gである。グラフより，食す500 gがアルミニウム3 gとちょうど反応するので，食すにふくまれるサク酸の濃度(のうど)は，$20 \div 500 \times 100 = 4$〔%〕

2 (1)火が消えないようにするためには，新しい空気が

つつの中に入り，燃えたあとの空気がつつの外に出ていく空気の通り道をつくればよい。つつとねんどの間にわりばしを置くことですきまができるため，そこから新しい空気が入って，燃えたあとの空気はつつの上にいく。

(2)紙のなべの中には水が入っている。水のふっ点は約100℃であるため，水が入っている紙のなべは100℃以上にはならない。紙の燃える温度は100℃より高いため，中に水が入っているかぎり，燃えることはない。

3 (1)**B**は，赤色リトマス紙の色の変化からアルカリ性を示している。また，加熱したときの変化から石灰水とわかる。**D**と**E**は，リトマス紙の変化からともに中性である。加熱したときの変化から，白い結しょうが残った**E**が食塩水，何も残らなかった**D**が水とわかる。

(2)**A**と**C**は，炭酸水か食すのどちらかである。食すにはにおいがあるため，手であおぐようにしてにおいをかぐと見分けられる。また，炭酸水は二酸化炭素がとけている水よう液なので，石灰水を入れると白くにごる。

4 (1)炭酸水は気体の二酸化炭素が，塩酸は気体の塩化水素がとけた液体であるため，ろ過したあとの液には何も残らない。

(2)食塩水，炭酸水，うすい塩酸，うすい水酸化ナトリウム水よう液の中で，鉄と反応するのはうすい塩酸だけである。アルミニウムはうすい塩酸，うすい水酸化ナトリウム水よう液のどちらにもとけるが，食塩水，炭酸水にはとけない。食塩水は加熱して水分を蒸発させると，固体の食塩が残る。

精選　図解チェック&資料集(物質)

本冊→p.156

① 4　② バイメタル　③ 湯気　④ 水蒸気
⑤ とけているもの(よう質)　⑥ ろ過　⑦ 酸素
⑧ 二酸化炭素　⑨ 水素　⑩ 黄　⑪ 酸
⑫ 青　⑬ アルカリ　⑭ BTB液
⑮ 食塩(塩化ナトリウム)

解説

①水は，4℃のときに最も体積が小さくなり，最も密度が大きくなる。

②バイメタルは，熱くなりすぎるとスイッチが切れるため，こたつやアイロンなどに利用されている。

③・④水蒸気は目に見えない。水をあたためたときに出る湯気は，水蒸気が冷やされて液体になった水である。

⑤食塩を水にとかしても，重さはなくならない。

⑥ホウ酸のほう和水よう液を冷やすと，とけきれなくなったホウ酸をとり出すことができる。このようにして結しょうをとり出す方法を再結しょうという。

⑦・⑧酸素にはものを燃やす助燃性というはたらきがある。ものが燃えるときは，酸素が使われ，二酸化炭素ができる。

⑨水素は燃える気体である。酸素と結びついて燃えたあとは，水ができる。

⑩・⑪酸性の水よう液を青色リトマス紙につけると赤色になり，BTB液に入れると黄色になる。

⑫・⑬アルカリ性の水よう液を赤色リトマス紙につけると青色になり，BTB液に入れると青色になる。

⑭中和反応の実験のときにBTB液を入れることで，いつ中性になったかがわかる。

⑮酸性とアルカリ性の水よう液をまぜ合わせて中和させると，水と塩ができる。塩酸と水酸化ナトリウム水よう液をまぜ合わせたときにできる塩は食塩(塩化ナトリウム)である。

1 表やグラフに関する問題

本冊→p.158～159

1 (1) メスシリンダー　(2) 下図左　(3) 250 mg
(4) 210 mL　(5) 525 mL　(6) 下図右
(7) 5 mL　(8) 280 mL　(9) 630 mL

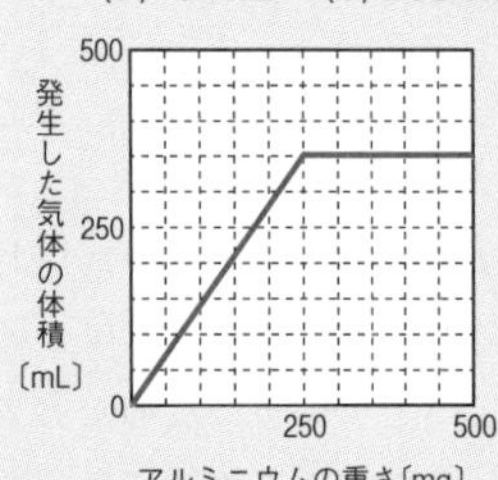

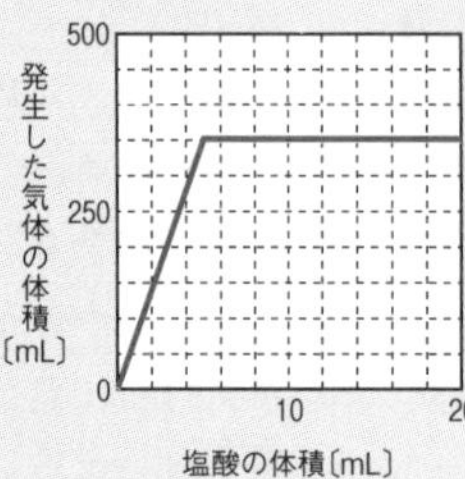

2 (1) ① オ　② ア　③ ウ　(2) イ
(3) ① ウ　② 11 km/時　(4) ① 5 cm　② ア

解説

1 (3) うすい塩酸10 mLにとけるアルミニウムの最大の重さは，表から，発生した気体の体積は350 mLが最大なので，$100 \times \frac{350}{140} = 100 \times \frac{5}{2} = 250$〔mg〕

(4) 発生する気体の体積は，$140 \times \frac{150}{100} = 140 \times \frac{3}{2} = 210$〔mL〕

(5) うすい塩酸15 mLにとける最大量のアルミニウムは，$250 \times (15 \div 10) = 375$〔mg〕で，アルミニウムは500 mgあるので，すべて反応すると，アルミニウムのほうがあまる。よって発生する気体の体積は，$350 \times (15 \div 10) = 525$〔mL〕になる。

(6)・(7) 2倍のこさの塩酸を加えると，もとの塩酸10 mLと同じはたらきをする塩酸の体積は5 mLなので，2倍のこさの塩酸5 mLとアルミニウム250 mgとが過不足なく反応する。このときに発生する気体の体積は350 mLである。

(8) アルミニウム250 mgとこさが2倍の塩酸5 mLが過不足なく反応して，気体が350 mL発生するので，2倍のこさの塩酸4 mLでは，気体は，
$350 \times (4 \div 5) = 280$〔mL〕発生する。

(9) アルミニウム450 mgと反応する2倍のこさの塩酸の体積は，$5 \times (450 \div 250) = 9$〔mL〕なので，2倍のこさの塩酸のほうがあまる。このとき発生する気体の体積は，
$350 \times (450 \div 250) = 630$〔mL〕である。

2 (1) ① 気圧は，**ヘクトパスカル(hPa)** という単位で表す。

② 降水とは，雨，雪，あられ，ひょうなどの空から落ちてくる水のことで，一定時間に降る降水量はmmの単位で表す。

③ 風速とは，1秒あたりの風の速さを表したもので，m/秒の単位で表す。

(2) ○時の降水量とは，その前1時間に降った雨や雪の量を示したものである。8時の降水量は，7時から8時までに降った量のことである。

(3) ① 風速が10以下になっているのが，13時ごろから22時ごろまでであることから，この時間帯に台風の目に入っていたと考えられる。

② 台風の目に入っていた時間はおよそ9時間で，その間に100 km移動しているので，この台風の移動速度は，
$100 \div 9 = 11.1\cdots$ より，11 km/時になる。

(4) ① 8月12日の3時から12時までの間に海面の高さは15 cm上がっており，気圧は3目盛り下がっていることから，1目盛り下がると，海面は，$15 \div 3 = 5$〔cm〕上がっている。

② 北太平洋上に**小笠原高気圧**が発達することで，海水面の温度が高くなり，海水がぼう張する。そのため，夏は1年の中で海面が最も高くなる。

2 計算に関する問題 ①

本冊→p.160〜161

1 (1) 1秒 (2) 17秒間 (3) 17.5秒
(4) ① 0.5 ② 680

2 (1) 6 g
(2) ① 12.8 g ② 15℃

3 (1) 50 g (2) 50 cm^3 (3) 8 g (4) 0.88倍
(5) 1.4 g

解説

1 (1) 観測者(かんそくしゃ)から340 mはなれたP点で鳴らした音が，観測者に聞こえるのは，
340 ÷ 340 = 1〔秒〕

(2) 車がP点からQ点まで進むのにかかる時間は，170 ÷ 10 = 17〔秒〕より，17秒間になる。

(3) 観測者から170 mはなれたQ点で鳴らした音が，観測者に聞こえるのは，
170 ÷ 340 = 0.5〔秒〕だから，観測者が音を聞き終わる時刻(じこく)は，17 + 0.5 = 17.5〔秒〕

(4) ①車がP点で出した音が観測者に聞こえるのは音を出してから1秒後で，Q点で出した音が観測者に聞こえるのは音を出してから0.5秒後なので，観測者が音を聞く時間は，車が音を鳴らした時間より0.5秒短い。

②①より，0.5秒の差が170 mにあたるので，観測者が音を聞く時間が，車が音を鳴らした時間より2秒短かったとき，車が音を出しながら走ったきょりは，170 ×(2 ÷ 0.5)= 680〔m〕になる。

2 (1) 表より，10℃の空気1 m^{3}中にふくむことができる最大の水蒸気(すいじょうき)の量は9.4 gで，この空気10 m^{3}中にふくむことができる最大の水蒸気の量は，
9.4 × 10 = 94〔g〕
よって，気温が20℃で，100 gの水蒸気をふくむ空気10 m^{3}を10℃まで下げたとき，出てくる水てきは，100 − 94 = 6〔g〕になる。

(2) ① 30℃のとき，空気1 m^{3}中には最大で30.4 gの水蒸気をふくむことができる。しつ度が42 %より，30.4 × 0.42 = 12.768〔g〕の水蒸気がふくまれている。よって，この空気1 m^{3}あたりにふくまれる水蒸気の量は12.8 gになる。

② 1 m^{3}中に12.8 gの水蒸気量でほう和になる温度は，表より15℃である。

3 (1) おもりAを水の中に入れたときの，ばねばかりの指針(ししん)が350 gになっていたことより，おもりAが受ける浮力(ふりょく)は，400 − 350 = 50〔g〕

(2) 浮力の大きさはしずめた物体がしりぞけた体積の液体(えきたい)の重さに等しい。水50 gの体積は50 cm^{3}だから，おもりAの体積は50 cm^{3}となる。

(3) おもりAの1 cm^{3}あたりの重さは，
400 ÷ 50 = 8〔g〕

(4) よう液aの中での浮力は，
400 − 330 = 70〔g〕
よう液bの中での浮力は，
400 − 320 = 80〔g〕
浮力はその物体がおしのけた体積の液体の重さに等しいので，よう液aの重さは，よう液bの重さの70 ÷ 80 = 0.875より，0.88倍になる。

(5) よう液aは，50 cm^{3}あたりの重さが70 gなので，1 cm^{3}あたりの重さは，
70 ÷ 50 = 1.4〔g〕になる。

第1章 第2章 第3章 第4章 第5章 第6章 中学入試予想問題

3 計算に関する問題 ②

本冊→p.162～163

1 (1) イ　(2) 26℃　(3) 8 分　(4) 30℃
(5) ウ　水温─58℃　(6) 30℃　(7) 66℃

2 (1) 断層(だんそう)　(2) イ　(3) イ　(4) a
(5) 10.5 m　(6) 159.5 m　(7) 8 m
(8) 142 m

解説

1 (1)電熱線が細いほうが流れる電流が小さいことから，水の温度変化は小さくなる。

(2)**図 2** のグラフより，電熱線**A**を用いると，8 分間に 8℃水温が上しょうしている。

(3)**図 2** のグラフより，電熱線**B**を用いると，6 分間に 12℃水温が上しょうしているので，1 分間に，12÷6＝2〔℃〕上しょうする。
34－18＝16〔℃〕より，上しょうするのにかかる時間は，16÷2＝8〔分〕である。

(4)水の重さが $\frac{1}{2}$ になると，水の上しょう温度は 2 倍になる。電熱線**A**で 200 g の水を 6 分間あたためたとき，水の温度は 6℃上しょうすることから，100 g の水では，6×2＝12〔℃〕上しょうする。したがって水の温度は，18＋12＝30〔℃〕になる。

(5)同じ時間あたためるとき，電池を並列(へいれつ)につなぐよりも直列につなぐほうが，細い電熱線よりも太い電熱線のほうが，水の温度は高くなる。したがって，**ウ**が最も水の温度が高くなる。電池 2 個(こ)を直列につなぐと電圧(でんあつ)は 2 倍になり，電池 1 個のときの 2 倍の電流が流れるので，水が上しょうする温度は(2×2)倍になる。**図 2** のグラフより，電熱線**B**を用いると，1 分間に 2℃水温が上しょうするので，5 分間では，2×5＝10〔℃〕上しょうする。よって，電池 2 個を直列につないだときの水の温度は，18＋10×(2×2)＝58〔℃〕になる。

(6)電熱線**A**にも電熱線**B**にも電池 1 個分の電流が流れる。**図 2** のグラフより，電熱線**A**を用いると 1 分間に水温が 1℃上しょうし，電熱線**B**では 1 分間に水温が 2℃上しょうする。したがって，水温は 18＋1×4＋2×4＝30〔℃〕になる。

(7)電熱線**A**にも電熱線**B**にも電池 2 個分の電流が流れる。18℃の水 200 g を 6 分間あたためたとき，上しょうする温度は，
1×6×(2×2)＋2×6×(2×2)＝72〔℃〕になる。水 300 g をあたためるので，上しょうする温度は，72÷$\frac{300}{200}$＝48〔℃〕より，水温は，
18＋48＝66〔℃〕になる。

2 (2)・(3)小石と砂(すな)がまじって固まってできたれき岩の中の小石は，川の流れで運ばれてくるうちに，角がとれてまるみを帯びる。

(4)地点**B**の火山灰(かざんばい)の層のすぐ上には**c**のれき岩の層がたい積している。このことより，地点**A**の**a**の層とつながっている。

(5)地点**B**の火山灰の層は地点**A**の**a**の層に，地点**C**の火山灰の層は地点**A**の**b**の層につながっている。
cの層の厚(あつ)さは 1.5 m，また，地点**A**の地層のつながりより，**a**の層の上面から**d**の層の上面までの厚さは，9.5－0.5＝9〔m〕
よって，9＋1.5＝10.5〔m〕になる。

(6)地点**C**でいちばん上に見られる層を**e**とする。この層は，地点**A**では上から 4 番目，地点**B**ではいちばん下に見られる。**e**の層の下面の標高は，
150＋8.5＝158.5〔m〕で，層の厚さが 2.5 m なので，
eの層の上面の標高は，
158.5＋2.5＝161.0〔m〕である。
したがって，地点**B**の足もとの標高は，
161.0－1.5＝159.5〔m〕となる。

(7)地点**A**の層の重なりから，**b**の火山灰の層の上面の標高は 157 m。足もとの標高が 165 m の地点からは，165－157＝8〔m〕になる。

(8)地点**C**の**d**の層の上面の標高は，
150＋4＝154〔m〕で，地点**D**の**a**の層の下面の標高も 154 m である。地点**A**の層の重なりから，地点**D**の**d**の層の上面の標高は，
154－(9－0.5)＝145.5〔m〕
dの層の厚さは，4－0.5＝3.5〔m〕なので，
地点**D**の**d**の層の下面の標高は，
145.5－3.5＝142〔m〕になる。

4 実験・観察に関する問題 ①

本冊→p.164〜165

1 (1) **(例)葉の緑色をぬくため。**
(2) **ア**
(3) **インゲンマメA**
(4) ① **二酸化炭素** ② **水** ③ **光合成**

2 (1) **プラス(+)たんし**
(2) **ウ**
(3) **右図**
(4) **2100 mA**
(5) **(例)電気を通しにくい性質**
(6) **(例)マイナスたんしを別のものにつなぎ変える。**

かん電池
電流計
鉄くぎ

解説

1 (1)葉の緑色の部分(**葉緑体**)にある緑色の小さなつぶ(**葉緑素**)をとりのぞいて，ヨウ素液との反応を見やすくするために行う。

(2)昼間，葉でつくられたでんぷんは，水にとけやすい糖に変えられ，師管を通って根やくきに運ばれて，成長のための養分に使われる。

(3)インゲンマメ**A**の葉は日光によくあたっていることから，葉にでんぷんができている。インゲンマメ**B**の葉は日光にあたっていないことから，葉にでんぷんはできていない。

(4)植物が，空気中からとり入れた二酸化炭素と根から吸い上げた水を原料として，光のエネルギーにより**でんぷん**をつくりだすはたらきを，光合成という。

2 (1)電流計のたんしには，50 mA，500 mA，5 Aの3つのマイナスたんしとプラスたんしがある。

(2)調べる電流の大きさがどれくらいか予想できないときには，5 Aのたんしから使う。

(3)かん電池の+極と電流計の+たんしを導線でつなぐ。電流計の−たんしは5 Aのたんしを選び，鉄くぎとつなぐ。かん電池の−極と鉄くぎをつなぐ。

(4) 5 Aのたんしにつないでいるので，2.1 Aと読みとれる。2.1 A＝2100 mA である。

(5)小さい電流しか流れないので，鉄くぎに比べて電気を通しにくいことがわかる。

(6)針のふれが小さくて読みとりにくいときは，500 mA，50 mAの順にたんしをつなぎ変えて，針のふれが読みとりやすいようにする。

5 実験・観察に関する問題 ②

本冊→p.166〜167

1 (1) **4.35 gとけ残る** (2) **75 g** (3) **1.6 g**
(4) **イ** (5) **90℃**

2 (1) **(例)直射日光をさけて観察する。**
(2) **(例)液面からの水の蒸発を防ぐ。**
(3) **蒸散** (4) **A—ウ　C—オ　E—ア**
(5) **8倍** (6) **下図**

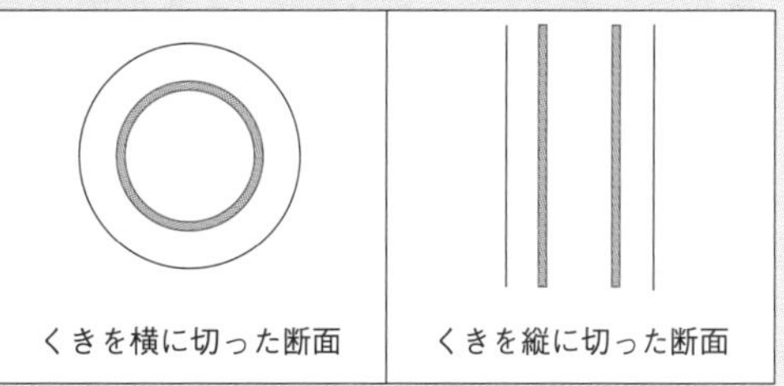
くきを横に切った断面　くきを縦に切った断面

解説

1 (1)表より，20℃の水100 gに塩は35.9 gまでとける。
20℃の水350 gには，
35.9×(350÷100)＝125.65〔g〕までとけるので，
130−125.65＝4.35〔g〕とけ残る。

(2)表より，70℃の水100 gに塩は37.5 gまでとける。
70℃の水200 gには，
37.5×2＝75〔g〕とける。

(3)表より，水100 gでは水よう液の温度が70℃から50℃に下がると，
37.5−36.7＝0.8〔g〕の沈殿物が出てくる。水200 gでは，0.8×2＝1.6〔g〕の沈殿物が出てくる。

(4)ビーカー**A**の水の温度が上がっていることから，ビーカー**B**の水の熱がビーカー**A**に移動したとわかる。

(5)ビーカー**A**がえた熱の量は，
500 g×(40℃−20℃)＝10000 となり，ビーカー**B**からビーカー**A**に移った熱の量はこれに等しい。
よって，ビーカー**B**の水の温度は，
10000÷200＝50〔℃〕下がったことから，はじめに入っていた水の温度は，
40＋50＝90〔℃〕である。

2 (1)けんび鏡は，直射日光があたらない明るい所で観察する。

(2)試験管の液面に油を注ぐことによって，液面からの水の蒸発を防ぎ，実験の結果が正しく示されるようにしている。

(4)**A**は葉の裏側とくきからの，**B**は葉の表側とくきからの，**C**はくきからの蒸散量を調べる実験であ

る。DとEは蒸散量と光の強さについて調べる実験である。葉の裏側と表側を比べると，気こうは葉の裏側のほうに多くあるので，葉の裏側からの蒸散量が多くなる。以上のことからA～Eを蒸散量の多い順にならべると，E，D，A，B，Cになる。よって，Aは**ウ**，Cは**オ**，Eは**ア**である。

(5)グラフより，実験を始めて4時間後には，Eからの蒸散量は8，Cからの蒸散量は1になっている。よって，8÷1＝8〔倍〕になる。

(6)根から吸い上げられた水は，くきの中の道管を通ってからだ全体にいきわたる。ホウセンカでは，くきの横断面では輪のようにつながっていて，くきの縦断面では下から上へとつながっている。

1 生き物 ①

本冊→p.168～169

1 **(1)水，肥料**
(2)記号―ア
成長する順―たまご，幼虫，成虫の順に成長する。

2 **(1)イ，ウ，エ　(2)実験1―ウ　実験2―ア**
(3)①蒸散　②でんぷん(栄養分)

解説

1 (1)日光にあてる，日光にあてない以外はすべて同じ条件にしておかなくてはならない。図より空気の条件は同じになっている。そのほかで植物の成長に必要なものには，水と肥料がある。

(2)**ア**はバッタ，**イ**はダンゴムシ，**ウ**はチョウ，**エ**はミミズである。トンボはさなぎの時期がない**不完全変態**をするこん虫で，そのなかまのこん虫は**ア**のバッタである。トンボやバッタは，たまご，幼虫，成虫の順に成長する。

2 (1)種子の発芽に必要な条件は，水，空気，適した温度の3つである。太陽などの光，肥料は，種子が発芽してから大きく成長するために必要な条件である。

(2)**実験1**では，インゲンマメは日光があたる明るい場所に置いてあるので，光合成と呼吸を行っている。このとき，光合成のはたらきのほうが大きいので，ふくろの中の二酸化炭素の割合が減り，酸素の割合が増える。**実験2**では，インゲンマメは日光があたらない暗い場所に置いてあるので，呼吸だけを行っている。そのため，ふくろの中の二酸化炭素の割合が増え，酸素の割合が減る。

(3)①植物が，葉にある気こうから水蒸気を出すはたらきを**蒸散**という。蒸散は，明るい日中ほどさかんに行われる。

②植物は，葉に日光があたるとでんぷんなどの栄養分をつくり出す。このはたらきを**光合成**という。光合成では，空気中の二酸化炭素と根から吸い上げた水を原料にして，光のエネルギーを利用してでんぷんをつくり，酸素を出している。

2 生き物 ②

本冊→p.170〜171

1 (1) イ，ウ(順不同)

(2) (例)メダカAのほうが，おなかのふくらんだ部分の栄養分をたくさん使っているから。

2 (1) (例)日光があたることで，みずからでんぷんなどの栄養分をつくるはたらきがあるから。

(2) (例)カツオがえさとするイワシの数が減るため，カツオの数は減り，動物プランクトンを食べるイワシの数が減るため，動物プランクトンの数は増える。

3 (1) ①，④(順不同)　(2) ②

(3) ② ゴキブリ　④ トンボ

解説

1 (1)メダカのおすとめすを見分けるには，**せびれ**と**しりびれ**の形で見分ける。おすのせびれには切れこみがあり，めすのせびれには切れこみがない。おすのしりびれは平行四辺形に近い形をしており，めすのしりびれはおすに比べて小さく三角形の形をしている。

(2)たまごからかえったばかりのメダカは，しばらくの間何も食べず，おなかのふくろの中にある栄養分を使って育つ。栄養分が入ったふくろのことを**卵黄のう**という。

2 (1)植物は，日光にあたることで光合成を行い，自分ででんぷんなどの栄養分をつくることができる。

(2)イワシの数が急に減ると，イワシを食べるカツオは，えさが少なくなるため数が減る。イワシに食べられる動物プランクトンは，イワシの数が減ることで数が増える。

3 (1)しょっ角の長さが短いものや，やや長いものは，しょっ角にたよらずに，なかまを見つけるときにおもに目を使っている。

(2)しょっ角の長さが長く，鳴かないもので，すがたやからだの色が目立たないものは，なかまを見分けるときに，においをたよりにしている。

(3)①はチョウ，②はゴキブリ，③はコオロギ，④はトンボと考えられる。

3 地　球

本冊→p.172〜173

1 (1) 右図

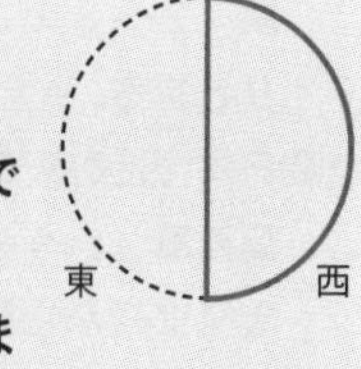

(2)① 記号―D

理由―(例)同じ位置で観察していないので，目印にするものが決まらず，連続する月の動き方がわからない。

② イ→ウ→ア

2 (1) (例)空の雲のしめる割合が，9割以上のときはくもりの日で，8割以下のときは晴れの日となる。

(2) 明日の天気―晴れ

理由―(例)天気は西から東へと移り変わっていく。表で，新潟市よりも西側で，新潟市に最も近い大阪市の天気は，前日の10月6日が晴れとなっているから。

3 記号―A

理由―(例) 8月10日午後8時から8月11日午前2時までは6時間である。北の空の星は，一定の速さで1日に1周しているので，360÷24＝15で，1時間に15度ずつ動いていることがわかる。よって，6時間では15×6＝90で90度動くことになる。北極星を中心に午後8時の位置から90度動くとAの位置となる。

(別解)午前2時は午後10時から4時間後である。15×4＝60で，60度動いた位置はAである。

解説

1 (1)**図1**の西の空に見えた月は三日月で，それから4日後の真南の空に見える月は半月(**上げんの月**)である。上げんの月は，地球から見て右半分(西のほう)がかがやいて見える。

(2)①連続する月の動き方を観察するためには，同じ場所で，目印になるものなどを決めて，一定の時間ごとにスケッチするとよい。

②月も太陽と同じように東の空からのぼり，南の空を通って西の空にしずんでいく。**図2**のスケッチの方角を考えると，**ア**は北の方角が右にあるので西の空を見ていて，**イ**は北の方角が左にあるので東の空を見ている。**ウ**は東の方角が

左にあるので，南の空である。

2 (1)天気は，空をおおう雲の量(雲量)で決まる。空全体の広さを10として，雲量が0～1のときは**快晴**，2～8のときは**晴れ**，9～10のときは**くもり**とする。

(2)日本付近の天気は，日本付近の上空をふいている**偏西風**という強い西風のえいきょうを受けやすく，天気は西から東へと移り変わっていく。そのため，自分の住んでいる地方より西側の地方の天気により，これから先の天気はある程度予想できる。

3 北の空の星は，**北極星**を中心にして，円をえがくように，左(反時計)まわりに1時間に15度ずつ動いている。8月10日の午後8時から午後10時までは2時間なので30度動いている。さらに4時間後の8月11日の午前2時までの4時間で，60度動いていることから考えればよい。

4 エネルギー

本冊→p.174～175

1 (1)(例)ふりこが1往復する時間は，ふりこの長さで決まります。ふりこの長さが同じならば，おもりの重さやふれはばを変えても1往復する時間は変わりません。

(2) 5.6

2 (1) 2 cm

(2) 350 g

3 右図

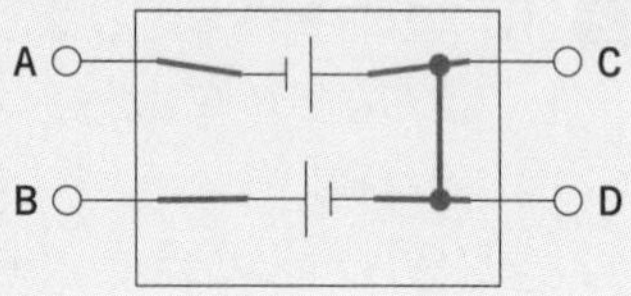

解説

1 (1)**実験結果**より，ふりこが1往復する時間は，ふりこの長さによって決まることがわかる。

(2)**表**より，ふりこの長さが4倍になると，1往復するのにかかる時間は2倍になることがわかる。ふりこの長さが800 cmのとき，800÷4＝200〔cm〕より，ふりこの長さが200 cmのふりこが1往復するのにかかる時間の2倍である。

よって，2.8×2＝5.6〔秒〕になる。

2 (1)皿に10 gの分銅をのせたとき，棒の左はしで反時計まわりにはたらく力の大きさは，

10×(100＋10)＝1100

50 gのおもりをつるした所で時計まわりにはたらく力の大きさも1100になることから，ひもから印をつけた所までの長さは

1100÷50＝22〔cm〕となり，印と印の間は2 cmとなる。

(2)ひもから，50 gのおもりをつるした所までの長さは，60－5－10＝45〔cm〕より，時計まわりにはたらく力の大きさは，45×50＝2250

反時計まわりにはたらく力の大きさも2250より，皿と皿にのせたものの重さの和は，

2250÷5＝450〔g〕

皿にのせたものの重さは，

450－100＝350〔g〕となる。

3 **実験と結果**の④から，かん電池2個が直列つなぎになるように，上のかん電池の＋極と下のかん電池の－極を導線でつなぎ，上のかん電池の－極と**A**とを，下のかん電池の＋極と**B**とを導線で結ぶ。次に，①，②の結果になるように，上のかん電池の＋極と**D**とを，下のかん電池の－極と**C**とを導線で結ぶ。③の結果になるためには，**C**と**D**に電流が流れないような回路をつくる。そのことから，解答に示した図のように導線をつなげばよい。

5 物　質

本冊→p.176〜177

1 (1) カ　(2) 360 g
(3) 記号―エ
方法―(例) A，B，Cのそれぞれの部分から，同体積の食塩水をとり出し，重さを調べる。このとき，食塩水の重さが重いほど食塩水のこさがこいといえる。

2 (1) ア―840　イ―1260　(2) 銀
(3) A―570 J　B―660 J　C―840 J
C＞B＞A

解説

1 (1)グラフより，ミョウバンのほうが食塩より多くとけるのは，60℃のときとわかる。

(2)水温が20℃のとき，50 mLの水にとける食塩の量はおよそ18 g
よって，1 Lの水にとける食塩の量は，
1 L＝1000 mLより，
18×(1000÷50)＝360〔g〕になる。

(3)水よう液のこさは，どの部分でも同じになる。

2 (1)同じ温度まで上しょうさせるとき，必要なエネルギーの量は，水の重さに比例するので，**ア**には1680÷2＝840 が入る。同じように考えると，**イ**には420×3＝1260 が入る。

(2)**表2**から，1 gの金属を1℃上しょうさせるのに，使うエネルギーの量が最も少ないのは銀である。

(3)**A**の150 gの銅を10℃上しょうさせるのに必要なエネルギーの量は，
0.38×150×10＝570〔J〕
同じように，**B**の50 gのアルミニウムでは，
0.88×50×15＝660〔J〕
Cの20 gの水では，**表1**より840 Jのエネルギーの量が必要になる。

中学入試予想問題 第1回

本冊→p.178〜181

1 (1) 252　(2) カ　(3) ウ　(4) イ　(5) エ
(6) エ
配点：(1)〜(6)各4点＝24点

2 (1) キ　(2) ア　(3) ア　(4) イ　(5) 45
(6) エ
配点：(1)〜(4)各4点，(5)(6)各5点＝26点

3 (1) イ　(2) ウ　(3) ウ　(4) エ　(5) エ
(6) イ　(7) こと座，はくちょう座
配点：(1)〜(6)各3点，(7)2点＝20点【(7)完答】

4 (1) (カ，6)　(2) (ウ，6)　(3) 180 g
(4) (カ，4)　(5) (カ，4)
配点：(1)〜(5)各6点＝30点

解説

1 (1)表より，成虫のはじめの数は844，さなぎのはじめの数は1096なので，死んだ数は，
1096－844＝252

(2)表より，各段階でのはじめの数にたいして死んだ数の割合は，
たまご：2692÷10000＝0.2692
1令幼虫：3708÷7308＝0.5073…
2令幼虫：35÷3600＝0.0097…
3令幼虫：113÷3565＝0.0316…
4令幼虫：327÷3452＝0.09472…
5令幼虫：2029÷3125＝0.64928
以上のことから，死んだ割合が最も高いのは5令幼虫である。

(3)モンシロチョウはキャベツの葉の裏など，アブラナ科の植物にたまごを産みつける。アゲハはミカンなどのミカン科の植物にたまごを産みつける。レタスはキク科の植物である。

(4)モンシロチョウはこん虫類，クモはクモ類の動物であるが，どちらもからだがかたいからにおおわれ，あしに節がある**節足動物**である。クモのからだは頭胸部と腹部の2つに分かれている。クモの目は8個のものが多い。口の形がストローのようになっているのは，チョウのなかまにみられる。

(5)表より，たまごから成虫になる割合は，
844÷10000＝0.0844 なので，成虫まで生き残る数が1500ひきになるためには，
1500÷0.0844＝17772.5…〔個〕より，たまごは約18000個必要である。

(6)表より2令幼虫の死ぬ割合は約1％，3令幼虫で

は約3.2％，４令幼虫では約9.5％である。ほかの**ア**，**イ**，**ウ**は表からはわからない。

2 ⑴水がこおりはじめてから，すべてがこおり終わるまでの温度は０℃のままで変化しない。水がすべて氷になると，温度は０℃よりも下がっていく。

⑵ ０℃で，氷の体積は水の体積の1.1倍であることから，水の立方体の１辺の長さを１として，氷の立方体について，その１辺の長さを比べてみると，
1.03 × 1.03 × 1.03 ＝ 1.09…
1.05 × 1.05 × 1.05 ＝ 1.15… より，1.03倍となる。

⑶空気中の水蒸気が直接氷になったものは**しも**で，**つゆ**，**きり**は空気中の水蒸気が水になったものである。

⑷冬の日本では，シベリア大陸から北西の**季節風**がふく。

⑸95％の空気をふくんだ雪１m^3にふくまれる氷の体積は，１m^3 ＝ 1000000 cm^3 より，
1000000 × 0.05 ＝ 50000〔cm^3〕になる。氷の体積は水の体積の1.1倍だから，同じ重さの水の体積は，
50000 ÷ 1.1 ＝ 45454.5…〔cm^3〕になる。水１cm^3 ＝１gより，45454.5…gになる。
45454.5 ÷ 1000 ＝ 45.4545〔kg〕で，約45 kg

⑹１辺が10 cmの正方形の面積は，
10 × 10 ＝ 100〔cm^2〕雪にふくまれる氷が面積１cm^2の正方形のわくを１秒間に４g通過するので，100 cm^2の面積を通過する重さは400 g
氷400 gの体積は，400 × 1.1 ＝ 440〔cm^3〕で，雪にふくまれる氷の割合は１％だから，雪の体積は，
440 ÷ 0.01 ＝ 44000〔cm^3〕で，44 Lになる。

3 ⑴北極側から地球を見ると，地球は太陽のまわりを左(反時計)まわりに回っている。

⑵**図１**より，地球から見て，太陽の方向にいて座があるのは１月である。そのため，午前０時ごろ真南に見えるのは７月になる。

⑶いて座が真南の空に見えるとき，やぎ座はいて座より東よりの空に見える。真南を中心にするといて座とやぎ座は，
360 ÷ 12 ＝ 30〔度〕はなれている。星は１時間に，360 ÷ 24 ＝ 15〔度〕ずつ動いて見えるので，この日やぎ座が真南に見えるのは，30 ÷ 15 ＝ 2〔時間〕より，午前２時ごろになる。

⑷**図１**より，地球から見てふたご座が太陽の方向に見えるのは７月になる。１月にはふたご座は太陽とは反対の方向にあるから，午前０時ごろ南の空に見える。

⑸**図１**より，地球から見ておとめ座が太陽の方向に見えるのは10月になる。

⑹**図１**より，地球から見てうお座が太陽の方向に見えるのは４月になる。このことから，太陽のすぐ近くに見える星が南中したときの高さは，秋分の日に太陽が真南に見えた(南中した)ときの高さに最も近い。

⑺**夏の大三角**をつくる星は，わし座のアルタイル，こと座のベガ，はくちょう座のデネブである。

4 ⑴**図３**より，**OA**の長さを３とすると，**OC**の長さも３になる。100：150 ＝２：３ であることから，**OC**間で長さが２になる格子点につるせばよいので，**(カ，６)**になる。

⑵**図４**より，120：60 ＝２：１であることから，**BX**：**CX** ＝１：２になる点を上向きに引けばよい。よって，**X**は**(ウ，６)**。

⑶針金のわくの中心**O**につけている糸は，120 gの力で針金のわく全体を引いているので，格子点**X**につないだ糸は，
120 ＋ 60 ＝ 180〔g〕の力で引いている。

⑷**図５**より，格子点**A(ア，１)**と格子点**B(ア，７)**をそれぞれ100 gで引いているので，この２つの力を１つにまとめると，格子点**(ア，４)**を200 gで引いていることになる。この力とつりあうようにするには，200:300 ＝２：３ より，**O**から**(ア，４)**とは反対の向きに２はなれた格子点に300 gのおもりをつるせばよい。よって，**(カ，４)**になる。

⑸**図６**より，格子点**A(ア，１)**を100 g，格子点**(オ，１)**を300 gで引いているので，この２つの力を１つにまとめると，100：300 ＝１：３より，**ア**から**オ**を３：１に分ける格子点**(エ，１)**を400 gで引いている。次に，格子点**(エ，１)**を400 g，格子点**(ウ，７)**を400 gで引いている力を１つにまとめると，**(エ，１)**と**(ウ，７)**の真ん中の，点**O**から0.5はなれた点を800 gで引いている。
800：200 ＝４：１ より，0.5 × 4 ＝ 2 となり，点**O**から，**(エ，１)**と**(ウ，７)**をまとめた点とは反対の向きに，２はなれた格子点に200 gのおもりをつるせばよい。よって，**(カ，４)**となる。

中学入試予想問題 第2回

本冊→p.182〜184

1 (1) ア　(2) 166.5 g　(3) エ　(4) オ
(5) たんぱく質　(6) ウ

配点：(1)〜(6)各 6 点＝36 点

2 (1) ① ア　② ウ　(2) 10円玉
(3) ① ウ　② エ
(4) ① 18 g　② A—24 g　B—9 g
(5) ① 氷河　② 地下水　③ ウ

配点：(1)各 5 点，(2) 8 点，(3)各 5 点，(4)各 8 点，(5)各 4 点＝64 点

解説

1 (1)太陽は非常に遠い所にあるので，その光は平行になっている。電灯は近い所にあるので，その光は放射状に広がっている。

(2) 3 人の水とうに入る体積は，
1000 ＋ 650 ＋ 600 ＝ 2250〔mL〕＝ 2.25〔L〕
とかす粉末は，74 × 2.25 ＝ 166.5〔g〕になる。

(3)朝 7 時ごろに山のふもとを出発したころ，太陽は右方向にあったことから，右の方向が東にあたると考えると，北に向かって進んでいる。

(4)空気中の二酸化炭素の濃度は，はく息に比べて低い。また，酸素の濃度は，はく息にくらべて高い。

(5)**三大栄養素**とは，し質(しぼう)，糖質(でんぷん)，たんぱく質の 3 つで，このうちゆでたまごに特に多くふくまれるのは，たんぱく質である。

(6)山の上では大気の圧力が小さくなるため，スナック菓子のふくろはふくらむが，家に帰ると大気の圧力がもとにもどるため，ふくろの大きさはもとにもどる。

2 (1)①氷のほうが水よりも 1 cm^3 あたりの重さ(密度)が小さいため，氷は水にうく。

②水面より上に出た氷の体積は，水が氷になったときに増えた体積に等しいことから，水面の高さは変わらない。

(2)木，紙，スポンジ，布，銅(10円玉)のうち，銅が最も熱を伝えやすいので，氷が最もはやくとける。

(3)①・②冷たい水の入っている部分の外側で，コップに接している空気中の水蒸気が冷やされて，水てきになったものがコップの表面についている。

(4)①水素 2 g と反応する酸素は 16 g なので，生じる水は，2 ＋ 16 ＝ 18〔g〕

②A 水素：酸素＝1：8 より，水 27 g にふくまれる酸素は，
27 ÷ (1 ＋ 8) × 8 ＝ 24〔g〕

B 混合気体 31 g の中のちっ素の重さは，
31 − 24 ＝ 7〔g〕 ちっ素：酸素＝7：2 の割合でまざっているので，空気の重さは，
7 ＋ 2 ＝ 9〔g〕

(5)①**X**は，「高い山や南極，北極地域などに降り積もった雪がしだいに厚い氷のかたまりとなり，その重さで長い年月をかけてゆっくり流れるようになったもの」とあるので，**氷河**である。

②**Y**は，「半分以上が地下 800 m よりも深い地層にあり」とあるので，**地下水**である。

③**氷山**はおもに雪のかたまりで，**流氷**はおもに海水がこおって割れたものである。

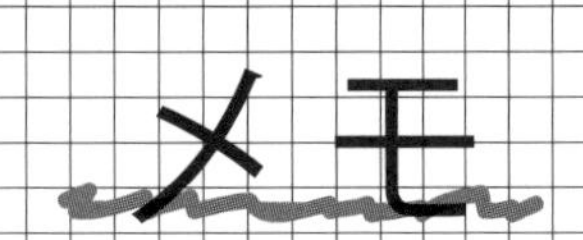
メモ

☆24

自由自在問題集

中学入試 理科

解答解説